普通高等教育“十二五”规划教材
北京高等教育精品教材

化工设备机械基础应用教程

主　编　蔡晓君
副主编　刘湘晨　郭　炜
参　编　窦艳涛　刘淑晶
主　审　朱　江

机 械 工 业 出 版 社

本书内容涉及化工生产常用设备的结构和功能、化工设备表达特点、化工机械传动的基本知识和化工生产自动化、计算机辅助设计等的相关知识。面向专业不但包括以化工生产、设备设计为主的过程控制与装备及大部分机械类专业，也包括化学工程、高分子材料、生物工程、制药工程等具有石油化工、化学化工背景的非机械类专业，还包括为石油化工、化学化工企业生产提供服务的自动化测试与控制专业、电气工程专业和自动化专业等。

本教材可供一般本科学校或部分高职高专学校选用。教材的培养目标群体为高级应用型人才，在教学内容选择和处理上以应用为目的，强调具有化工背景的机械基础知识综合应用能力的培养。教材涉及的专业面广泛，强调工程实际和工程技能，符合现代企业、社会对人才需求的定位。

图书在版编目（CIP）数据

化工设备机械基础应用教程/蔡晓君主编. —北京：机械工业出版社，2011.4（2025.7 重印）
北京高等教育精品教材
ISBN 978-7-111-33603-7

Ⅰ.①化…　Ⅱ.①蔡…　Ⅲ.①化工设备—高等学校—教材　②化工机械—高等学校—教材　Ⅳ.①TQ05

中国版本图书馆 CIP 数据核字（2011）第 032686 号

机械工业出版社（北京市百万庄大街 22 号　邮政编码 100037）
策划编辑：余　皞　邓海平　责任编辑：余　皞
版式设计：霍永明　责任校对：李　婷
封面设计：张　静　责任印制：常天培
河北虎彩印刷有限公司印刷
2025 年 7 月第 1 版第 9 次印刷
184mm×260mm · 15.25 印张 · 374 千字
标准书号：ISBN 978-7-111-33603-7
定价：45.00 元

电话服务　网络服务
客服电话：010-88361066　机　工　官　网：www.cmpbook.com
010-88379833　机　工　官　博：weibo.com/cmp1952
010-68326294　金　书　网：www.golden-book.com
封底无防伪标均为盗版　机工教育服务网：www.cmpedu.com

前　言

教材的质量决定着教学的质量。我们在大量的主干课程、基础课程中使用国家级、省市级精品教材，使用"十一五"国家级规划教材等水平高、应用范围广的教材，有助于提高教师的授课水平，有助于开阔学生的视野，有助于学生走向社会的深造。这并不说明我们不需要具有自身特色、切实反映行业发展现状的教材，恰恰相反，作为以培养高级应用型人才为主的本科院校，结合教育部关于"工程应用型"人才培养的战略目标，我们更需要建设一大批符合新时代人才特点，具有先进课程改革理念，突出高级应用型人才培养特色，具有灵活性、实践性和前瞻性的特色教材。

本教材基于二十大报告中关于"深入实施人才强国战略""坚持尊重劳动、尊重知识、尊重人才、尊重创造"的要求，在详细讲授基础理论知识的同时融入探索性实践内容，以增强学生的自信心和创造力，即用学科理论知识促进学生活跃思维、敢于创新，尽可能地将新思路在实践中进行创造性的转化，推动科学技术实现创新性发展。

对化学工程、高分子材料、生物工程、制药工程等非机械类专业的学生来说，"机械工程基础"课程是他们学习机械基础理论，认知机械产品结构，了解化工过程装置的唯一途径，因此在教材内容的选择上必须认真探讨。工程力学和工程材料属于机械技术基础知识，是机械产品设计、分析和制造的基础，非机械类学生所要掌握的不是其中的计算、分析技能，而是了解工程力学的基本分析方法，了解常用工程材料的种类、特性及处理方法等；机械零件与机械设计章节，主要掌握通用机械结构的组成、工作特点及应用，对化工专业的非机械类学生来说今后从事机械设计工作的机会毕竟较少，因此本章节关于机械设计的理论及方法等内容可适当减少；化工设备与装置是化工专业学生实现其生产流程所必须的，因此对典型化工设备与装置的要求是掌握其基本组成，了解其工作特性，另外教材对典型化工设备的设计方法和零部件选用原则有较为详实的介绍，方便教师选择和为学有余力的学生自学使用。在对大量毕业学生和工程技术人员的调研中获知，化工类非机械类本科生毕业后往往多从事化工工艺员、物料检验员、流程分析员等工作，对化工工艺和流程具有较高要求，因此在教材中增加了化工生产常用图样简介一章，重点介绍化工流程图、设备布置图和管道布置图等常用化工图样的阅读与绘制，尤其对管道布置要求学生具有平面表达和立体绘制两方面的技能。教材最后一章为计算机辅助设计，主要介绍机械常用的计算机辅助设计的方法、手段与发展趋势，目的在于开阔学生的视野，增强学生对先进技术应用的认知。

教材除授课外，安排了1～2周的课程设计。课程设计题目以搅拌反应釜为主，作为典型的化工设备，搅拌反应釜既有传动装置、密封装置等通用的机械结构，又有筒体、封头、夹套、人孔等化工常用的零部件，既可以训练学生计算设计的能力，又能够训练学生查阅使用相关专业标准、手册的能力，以及学习化工设备的绘图表达的能力，为今后工作打下坚实的基础。

1. 教材的特色

本教材体现了"专业"的特色，教材紧紧围绕培养高级应用型人才的本科院校化工专业学生的知识积累进行教学，教材内容的选取做到有的放矢，重点放在化工设备装置的设计、表达和选用，并对其他同类教材忽略的化工工艺流程、化工设备布置和化工管道布置等内容进行了必要的补充和介绍。力争使学生对专业方面的技能深入了解并领会。

本教材体现了“产品”的特色，作为主要针对普通高等院校的教材，将机械结构、机械原理及机械设计，用典型机械产品引出、讲解，进而细化并使学生掌握，先感性再理性，并通过机械产品引入工程背景和工程知识，教材中所有插图均采用相关工程产品，符合学生的认知规律和学生的实际水平，可达到良好的教学效果。

本教材体现了“应用”的特色，教材在有关基础理论的教学内容以必需、够用为度，以掌握概念、强化应用为重点，精减繁杂的理论分析及公式推演过程，解决了日益缩减的理论学时与不断扩充的新知识新内容之间的矛盾。教材注意结合工程实际提出问题、分析问题和解决问题，通过工程案例，巧妙地将工程力学、工程材料、机械零件、机械设计等知识点以工程应用为纽带结合在一起，力求从根本上杜绝非机械类学生完成机械工程基础的学习后，对机械没有一个整体概念的那种“只见树木，不见森林”的陈旧的教学模式，为培养学生正确的思维方法打下基础。

2. 教材的创新点

（1）教材将机械工程基础作为一个有机的整体，强调各学科知识的相互渗透与相互衔接，注重工程背景知识的引入。

（2）教材与以往同类教材相比在知识点引入、运用方面进行了大量的改革，知识点的引入不再是简单的罗列和叠加，而是按学生的认知规律发掘知识间的内在联系，围绕工程实例而展开，以解决工程实际问题为切入点，以培养学生运用知识能力为目标，教给学生的不再是枯燥的公式和推理，而是解决工程问题的工具和技能。

（3）教材中首次增加了机械计算机辅助设计、先进设计方法和手段的介绍，这种安排有利于非机械类学生计算机应用能力的培养以及计算机知识的扩充和储备。

（4）为便于教学与实践，教材附录中给出了化工设备常用零部件的最新国家标准，对学生能力的训练起到积极的作用。

本书由蔡晓君老师任主编，主要负责第1章、第2章、第3章、第8章和第10章的编写，刘湘晨老师和郭炜老师任副主编，主要负责第4章、第5章、第6章、第7章和第9章的编写，刘淑晶老师和窦艳涛老师参与了第3章的编写。朱江老师对全书进行了审稿。全书统稿工作由蔡晓君和郭炜老师完成，在此向各位老师表示感谢。

由于编者水平有限，书中难免有错误或遗漏，敬请广大教师及读者批评指正。

编　者

于北京

目录

绪　论

化工过程工业的任何一个生产装置都需要使用多种机器、设备和管道，如各种形式的压缩机、泵、换热设备、反应设备、塔设备、干燥设备、分离设备、储罐、炉窑、管子、管件等，以完成生产过程中的各种化学反应、热交换、不同成分的分离、各种原料（包括中间产物）的传输、气体压缩、原料和产品的储存等工作。化工机械是化工生产中使用的各种机械设备的统称。

图 0-1 所示为常减压蒸馏工艺流程图。

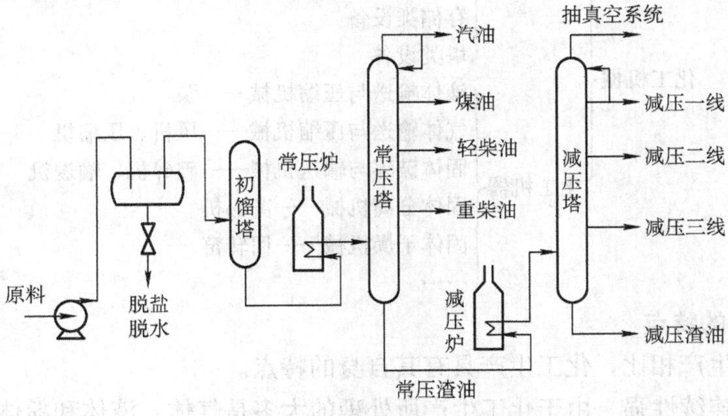

图 0-1　常减压蒸馏工艺流程图

常压蒸馏和减压蒸馏习惯上合称常减压蒸馏，常减压蒸馏基本属于物理过程。原料油在蒸馏塔里按蒸发能力分成沸点范围不同的油品（称为馏分），这些油有的经调和、加添加剂后以产品形式出厂，相当大的部分是后续加工生产的原料，因此，常减压蒸馏又被称为原油的一次加工。它包括三个工序：原油的脱盐、脱水，常压蒸馏，减压蒸馏。流程中使用的机器有原油泵，设备有储罐、加热炉和各种塔。所有机器、设备之间全部用管子、管件和阀门连接。

图 0-2 所示为中海油宁波大榭石化 800 万 t/a 常减压蒸馏装置示意图。

图 0-2 中海油宁波大榭石化 800 万 t/a 常减压蒸馏装置

1. 化工机械与化工设备

在化工机械中，有一类机械依靠自身的运转进行工作，称为“运转设备”或“转动设备”（俗称动设备）；另一类机械工作时不运动，依靠特定的机械结构等条件，让物料通过机械内部“自动”完成工作任务，称为“静止设备”（俗称静设备）。为了便于化工机械的分类管理和学生的学习，通常将化工机械分为“化工设备”（即静设备）和“化工机器”（即动设备）两大部分。

- 化工机械
  - 化工设备
    - 反应类设备
    - 换热类设备
    - 分离类设备
    - 存储类设备
    - 塔类设备
  - 化工机器
    - 液体输送与压缩机械——泵
    - 气体输送与压缩机械——风机、压缩机
    - 固体破碎与输送机械——破碎机、输送机
    - 固体分离机械——离心机
    - 固体干燥机械——回转窑
    - ……

2. 化工生产的特点

与其他工业生产相比，化工生产具有其自身的特点。

(1) 生产的连续性强　由于化工生产所处理的大多是气体、液体和粉体，便于输送和控制，处理过程如传质、传热、化学反应可连续进行。为了提高生产效率，节约成本，化工生产过程一般采用连续的工艺流程。在连续的过程中，每一生产环节都非常重要，若出现事故，将破坏整套生产流程。

(2) 生产的条件苛刻

1) 介质腐蚀性强。化工生产过程中，有很多介质具有腐蚀性。例如，酸、碱、盐一类的介质，对金属或非金属物件的腐蚀，使机器与设备的使用寿命大为降低。腐蚀生成物的沉积，可能堵塞机器与设备的通道，破坏正常的工艺条件，影响生产的正常进行。

2) 温度和压力变化大。根据不同的工艺条件要求，介质的温度和压力各不相同。介质

温度从深冷到高温，压力从真空到数百兆帕。有的设备要承受高温或高压，有的设备要承受低温或低压。温度和压力的不同，影响到设备的工作条件和材料选择。

3）介质大多易燃、易爆、有毒性。化工生产过程中，有不少介质是容易燃烧和爆炸的，例如氨气、氢气、苯蒸气等均属此类。还有不少介质有较强的毒副作用，如二氧化硫、二氧化氮、硫化氢、一氧化碳等。这些易燃、易爆、有毒性的介质一旦泄漏，不仅会造成环境的污染，而且还可能造成人员伤亡和重大事故的发生。

4）生产原理的多样性。化工生产过程按作用原理可分为质量传递、热量传递、能量传递和化学反应等若干类型。同一类型中功能原理也多种多样，如传热设备的传热过程，按传热机理又可分为热传导、对流和辐射，故化工设备的用途、操作条件、结构形式也千差万别。

5）生产的技术含量高。现代化工生产既包含了先进的生产工艺，又需要先进的生产设备，还离不开先进的控制与检测手段。因此，生产技术含量要求高，并呈现出学科综合，专业复合，化、机、电一体化的发展势态。

3. 化工生产对化工设备的基本要求

（1）安全性能要求

1）足够的强度。材料强度是指载荷作用下材料抵抗永久变形和断裂的能力。屈服强度和抗拉强度是钢材常用的强度判据。过程设备是由多种材料制造而成的，其安全性与材料强度紧密相关。在相同设计条件下，提高材料强度，可以增大许用应力，减薄过程设备的壁厚，减轻重量，便于制造、运输和安装，从而降低成本，提高综合经济性。对于大型过程设备，采用高强度材料的效果尤为显著。

2）良好的韧性。韧性是指材料断裂前吸收变形能量的能力。由于原材料制造（特别是焊接）和使用（如疲劳、应力、腐蚀）等方面的原因，化工设备的构件常带有各种各样的缺陷，如裂纹、气孔、夹渣等。如果材料韧性差，可能因其本身的缺陷或在波动载荷作用下发生脆性断裂。

3）足够的刚度和抗失稳能力。刚度是过程设备在载荷作用下保持原有形状的能力。刚度不足是过程设备过度变形的主要原因之一。例如，螺栓、法兰和垫片组成的连接结构，若法兰因刚度不足而发生过度变形，将导致密封失效而产生泄漏。

4）良好的耐蚀性。过程设备的介质往往是腐蚀性强的酸、碱、盐。材料被腐蚀后，不仅会导致壁厚减薄，而且有可能改变其组织和性能。因此，材料必须具有较强的耐蚀性。

5）可靠的密封性。密封性是指化工设备防止介质泄漏的能力。由于化工生产中的介质往往具有危害性，若发生泄漏不仅有可能造成环境污染，还可能引起中毒、燃烧和爆炸。因此，可靠的密封性是化工设备安全运行的必要条件。

（2）工艺性能要求

1）达到工艺指标。化工设备都有一定的工艺指标要求，以满足生产的需要，如储罐的储存量、换热器的传热量、反应器的反应速率、塔设备的传质效率等。工艺指标达不到要求，将影响整个过程的生产效率，造成经济损失。

2）生产效率高、消耗低。化工设备的生产效率用单位时间内单位体积（或面积）所完成的生产任务来衡量。如换热器在单位时间单位传热面积的传热量、反应器在单位时间单位容积内的产品数量等。消耗是指生产单位质量或体积产品所需要的资源（如原料、燃料、电能等）。设计时应从工艺、结构等方面来考虑提高化工设备的生产效率和降低消耗。

（3）使用性能要求

1）结构合理、制造简单。化工设备的结构要紧凑、设计要合理、材料利用率要高。制造方法要有利于实现机械化、自动化，有利于成批生产，以降低生产成本。

2）运输与安装方便。化工设备一般由机械制造厂生产，再运至使用单位安装。对于中小型设备运输安装一般比较方便，但对于大型设备，应考虑运输的可行性，如运载工具的能力、空间大小、码头深度、桥梁与路面的承载能力、吊装设备的吨位等。对于特大型设备或有特殊要求的设备，则应考虑采用现场组装的条件和方法。

3）操作、控制、维护简便。化工设备的操作程序和方法要简单，最好能设有防止错误操作的报警装置。设备上要有测量、报警和调节装置，能检测流量、温度、压力、浓度、液位等状态参数，当操作过程中出现超温、超压和其他异常情况时，能发出警报信号，并可对操作状态进行调节。

4. 化工生产操作和化工设备维护

化工工艺和化工设备是紧密相连的，化工生产操作的好坏是和化工设备的状态密切相关的。因而，在化工生产操作中做好设备的维护管理非常重要。化工生产过程的绝大多数事故与化工设备直接或间接有关。如：某厂聚丙烯车间，用注射泵从卧式储罐往外输送甲醇，随着液面的下降，卧式储罐受力变形而报废。这件事故的原因就是操作人员在起动注射泵之前没有打开往卧式储罐内补氮气的阀，在运行中也没有检查卧式储罐内的压力，致使因负压造成设备变形而报废。化工生产技术人员缺乏化工设备机械基本常识，只是简单地考虑开泵送液这个工艺要求，故酿成重大事故发生。因此化工生产技术人员，要了解设备、懂得设备；要操作的好，就要维护好设备。“安、稳、长、满、优”是现代化工企业追求的生产运行目标，实现这一目标的基础在于坚持优良的工艺操作和良好的设备维护能力。

5. 学习化工设备机械基础课程的目标

1）化工生产离不开化工机械，化工技术人员必须具有一定的化工机械知识和能力，以便更好地开展工作和与机械工作人员协调合作。

2）课程学习中，尽可能结合化工实际生产设备、结合实际案例进行，注意紧密联系实际，注意实际技能的提高。

第1章

化工设备结构认识

1.1 常用化工设备种类

化工装置的生产过程，都可以归纳为一些基本操作，如蒸发、冷凝、吸收、蒸馏、萃取、抽提、聚合、回收以及干燥、活化等，称为单元操作。用以完成各种反应和单元操作的设备，如容器、换热器、塔和反应罐等，统称为化工设备。图1-1是几种典型化工设备结构示意图。

（1）反应类设备　主要用于使物料在其中进行化学反应，生成新的物质或对物料进行搅拌、沉降等单元操作。

（2）换热类设备　主要用来使两种不同温度的物料进行热交换，达到加热或冷却的目的，如热交换器、冷凝器、蒸发器、冷却器等。

（3）储存类设备　主要用于盛装生产用的原料气体、液体、液化气体等，如各种形式的储罐。

（4）塔类设备　主要用于吸收、蒸馏、萃取等单元操作。均为直立式，横截面为圆柱形，如吸收塔、干燥塔和过滤塔等。

1.2 典型化工设备结构

1.2.1 容器

在化工厂中，可以看到许多设备。在这些设备中，有的用来储存物料，例如各种储罐、计量罐、高位槽；有的进行物理过程，例如换热器、蒸馏塔、沉降器、过滤器；有的用来进行化学反应，例如缩聚釜、反应器、合成炉。这些设备虽然尺寸大小不一，形状结构不同，

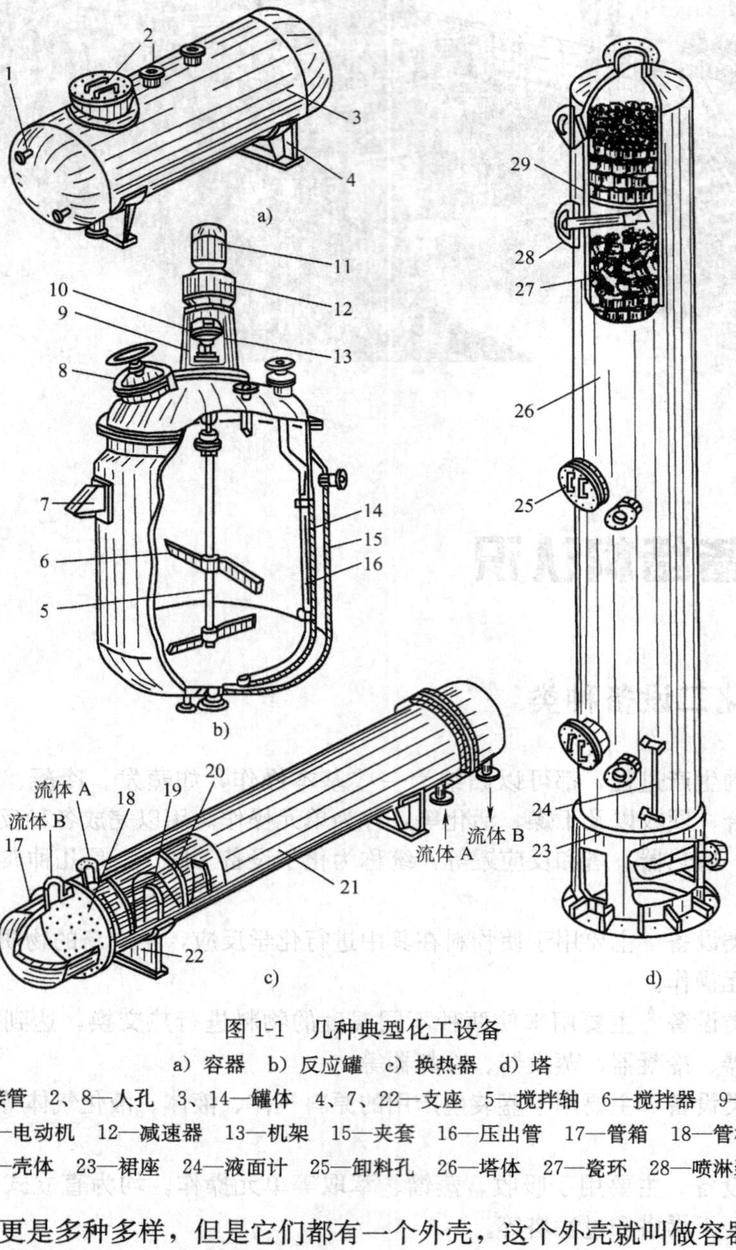

图 1-1　几种典型化工设备

a）容器　b）反应罐　c）换热器　d）塔

1—液面计接管　2、8—人孔　3、14—罐体　4、7、22—支座　5—搅拌轴　6—搅拌器　9—轴封装置　10—联轴器　11—电动机　12—减速器　13—机架　15—夹套　16—压出管　17—管箱　18—管板　19—换热管　20—折流板　21—壳体　23—裙座　24—液面计　25—卸料孔　26—塔体　27—瓷环　28—喷淋装置　29—栅板

内部构件的形式更是多种多样，但是它们都有一个外壳，这个外壳就叫做容器。所以，容器是化工生产所用各种设备外部壳体的总称。

化工容器常见的结构形式如图 1-2 所示。它是一钢制圆筒形结构，主要由钢制圆筒体和两端的封头组成，并设有各种化工工艺接管（如物料进出口管、压力表接管、液面计接管等），以及为检修方便开设的人孔、手孔，为保护容器安全而设置的安全装置（如溢流阀、爆破片）等，整个容器借助支座安放在基础上。

化工容器与其他行业的容器相比较有其自身的特点：它经常在高温、高压下工作，介质易燃、易爆、有毒、有害且具有腐蚀性。因而要保证化工容器能长期安全地运转，化工容器必须具备足够的强度、密封性、耐蚀性及稳定性。

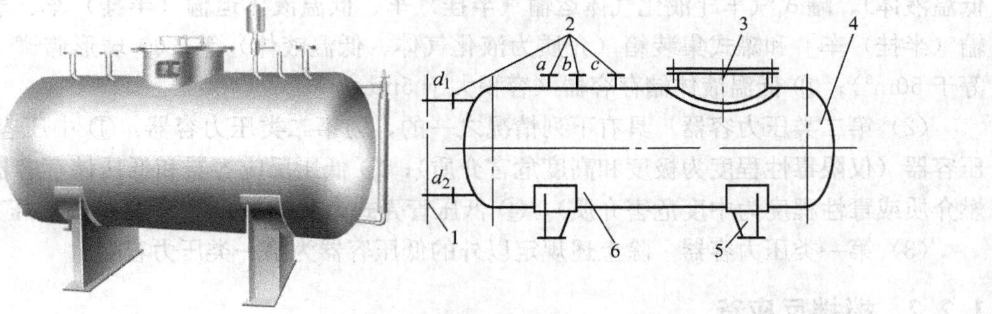

图 1-2　卧式容器示意图

1—液面计　2—接管　3—人孔　4—封头　5—支座　6—筒体

1. 容器形状

常见的容器形状主要有三种：

（1）方形或矩形容器　由平板焊成，制造简单，但承压能力差，故只用作小型常压储槽。

（2）球形容器　由数块弓形板拼焊成，具有承压能力好，在表面积一定的前提下容积最大等特点，但由于安置内件不便和制造稍难，故一般用作储罐，如图 1-3 所示。

图 1-3　球罐示意图

（3）圆筒形容器　它是用圆柱形筒体和各种成形封头（半球形、椭圆形、碟形、锥形）所组成。作为容器主体的圆柱形筒体制造容易、安装内件方便，而且承压能力较好，因此这类容器应用最广（图 1-2）。

2. 容器的受压情况

（1）受内压　压力小于 0.1MPa 为常压容器，0.1～1.6MPa 为低压容器，1.6～10MPa 为中压容器，10～100MPa 为高压容器。大于 100MPa 为超高压容器。

（2）受外压　如真空容器（真空精馏塔）或容器外有夹套，用有压蒸汽加热的情况。

3. 容器分类

《压力容器安全技术监察规程》采用既考虑容器压力与容积乘积大小，又考虑介质危险性以及容器在生产过程中的作用的综合分类方法，以有利于安全技术监督和管理。该方法将压力容器分为三类：

（1）第三类压力容器　具有下列情况之一的，为第三类压力容器：① 高压容器；② 中压容器（仅限毒性程度为极度和高度危害介质）；③ 中压储存容器（仅限易燃或毒性程度为中度危害介质，且 pV 乘积大于等于 10MPa · m^3）；④ 中压反应容器（仅限易燃或毒性程度为中度危害介质，且 pV 乘积大于等于 0.5MPa · m^3）；⑤ 低压容器（仅限毒性程度为极度和高度危害介质，且乘积大于等于 0.2MPa · m^3）；⑥ 高压、中压管壳式余热锅炉；⑦ 中压搪玻璃压力容器；⑧ 使用强度级别较高（指相应标准中抗拉强度规定值下限大于等于 540MPa）的材料制造的压力容器；⑨ 移动式压力容器，包括铁路罐车（介质为液化气体、低温液体)、罐式汽车［液化气体运输（半挂）车、低温液体运输（半挂）车、永久气体运输（半挂）车］和罐式集装箱（介质为液化气体、低温液体）等；⑩ 球形储罐（容积大于等于 $50m^3$）；⑪ 低温液体储存容器（容积大于 $5m^3$）。

（2）第二类压力容器　具有下列情况之一的，为第二类压力容器：① 中压容器；② 低压容器（仅限毒性程度为极度和高度危害介质）；③ 低压反应容器和低压储存容器（仅限易燃介质或毒性程度为中度危害介质）；④ 低压管壳式余热锅炉；⑤ 低压搪玻璃压力容器。

（3）第一类压力容器　除上述规定以外的低压容器为第一类压力容器。

1.2.2　搅拌反应釜

搅拌反应釜是化工生产中常用的一种典型化工设备，广泛用于物料的混合、溶解、萃取、分散、结晶、吸收和解吸等生产过程。搅拌反应釜主要零件有：搅拌器、内筒、夹套、搅拌轴、悬挂支座、人孔、轴封装置和传动装置等，如图 1-4 所示。

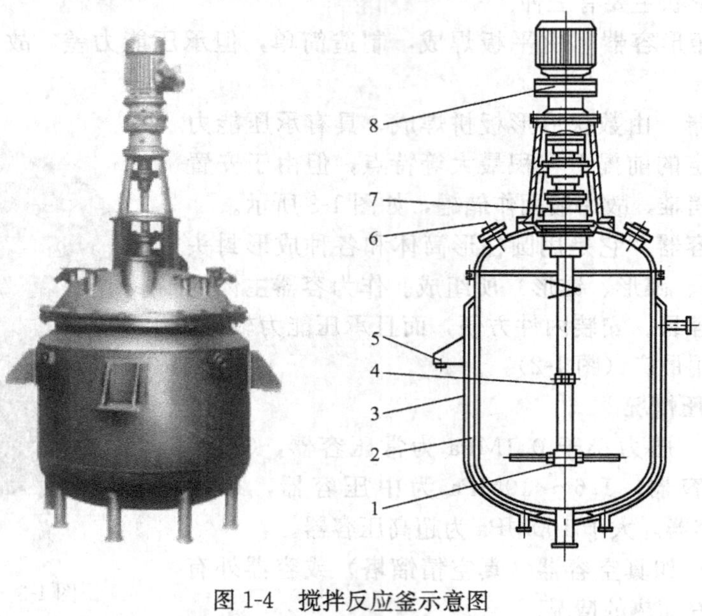

图 1-4　搅拌反应釜示意图

1—搅拌器　2—内筒　3—夹套　4—搅拌轴　5—悬挂支座　6—人孔　7—轴封装置　8—传动装置

1. 釜体

釜体是一个容器，为物料进行化学反应提供一定的空间。釜体通常由圆筒形筒体及上、下封头（大多为椭圆形，为卸料方便也有用锥形下封头的）组成，反应釜的直径和高度由生产能力和反应要求决定。由于化学反应物料可能是易燃、易爆或有毒的，而且常要保持一定的操作温度、压力（或真空）等，所以反应釜大多数是密闭的，在常压、无毒及反应过程允许的条件下它也可设计成敞开的。

2. 传热装置

由于化学反应过程一般都伴有热效应，即反应过程中放出热量或吸收热量，因此在釜体的外部或内部需设置供加热或冷却用的传热装置。加热或冷却都是为了使温度控制在反应所需范围内。常用的传热装置是在釜体外部设置夹套，有时同时在釜体内部设置蛇管（图 1-5）。

3. 搅拌装置

为了使参加反应的各种物料混合均匀，接触良好，加速反应的进行，需要在釜体内设置搅拌装置。搅拌装置由搅拌轴和搅拌器组成。搅拌装置的转动一般是由电动机经减速器减速到搅拌器所需转速后，再通过联轴器来带动。搅拌轴一般是悬臂的，需要时也可在釜内设置中间轴承或底轴承。

图 1-5　釜体内部加热蛇管

搅拌器的形式主要有：桨式、推进式、框式、涡轮式、螺杆式和螺带式等。

（1）桨式搅拌器（图 1-6）　当反应釜直径很大时采用两个或多个桨叶。桨式搅拌器适用于流动性大、黏度小的液体物料，桨式搅拌器也适用于纤维状和结晶状的溶解液。桨式搅拌器使用中如果液体物料层很深时，可在轴上装置数排桨叶。

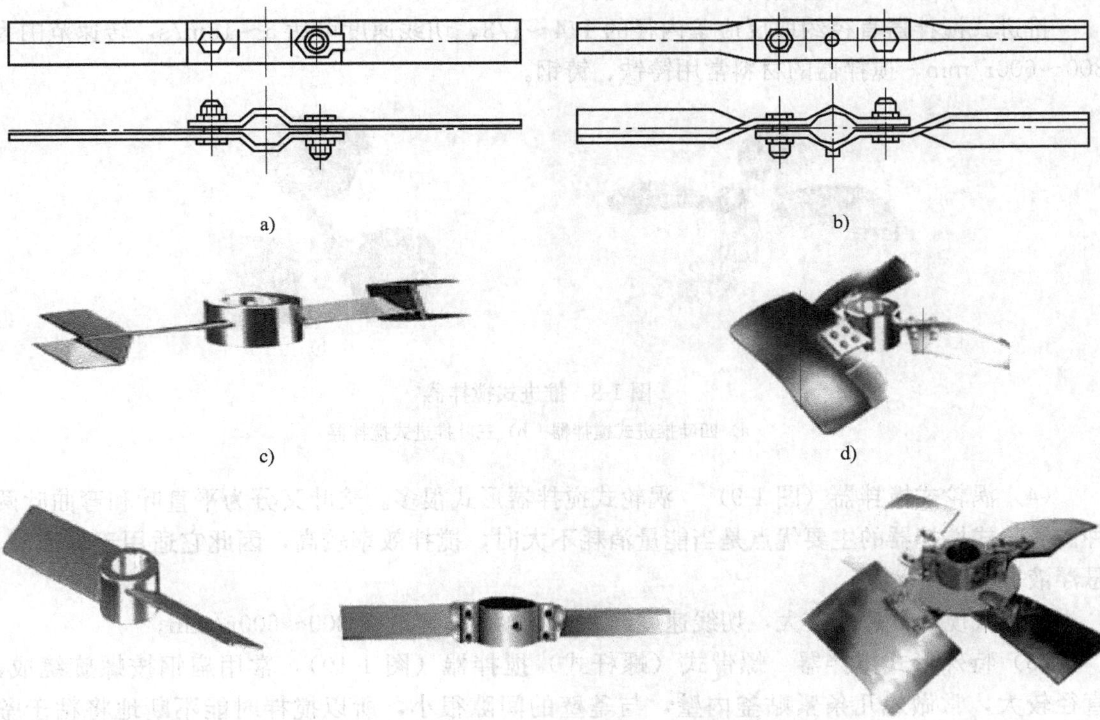

a)　b)　c)　d)　e)　f)

图 1-6　桨式搅拌器

a）平桨　b）折叶桨　c）折叶桨式搅拌器　d）三宽叶桨式搅拌器　e）斜叶桨式搅拌器　f）四叶旋桨式搅拌器

（2）框式和锚式搅拌器　框式搅拌器可视为桨式的变形，即将水平的桨叶与垂直的桨叶联成一体成为刚性的框。框式搅拌器结构比较坚固，搅动物料量大。如果这类搅拌器底部形状和反应釜下封头形状相似，通常称为锚式搅拌器，如图 1-7 所示。

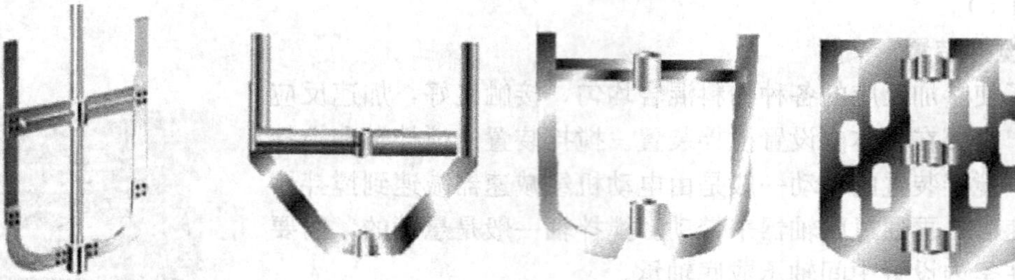

a) b)

图 1-7 框式和锚式搅拌器

a）框式和锚式搅拌器 b）特殊框式搅拌器

（3）推进式搅拌器（图 1-8） 通常同时使用两个搅拌器，第一个搅拌器安装在反应釜的上部，把液体或气体往下压；第二个搅拌器安装在下部，把液体往上推。搅拌时能使物料在反应釜内循环流动，所起作用以容积循环为主，剪切作用较小，上下翻腾效果良好。当需要有更大的流速时，反应釜内设有导流筒。

推进式搅拌器直径约取反应釜内径的 1/4～1/3，切线速度可达 5～15m/s，转速范围为 300～600r/min，搅拌器的材料常用铸铁、铸钢。

a) b)

图 1-8 推进式搅拌器

a）四叶推进式搅拌器 b）三叶推进式搅拌器

（4）涡轮式搅拌器（图 1-9） 涡轮式搅拌器形式很多。桨叶又分为平直叶和弯曲叶两种。涡轮式搅拌器的主要优点是当能量消耗不大时，搅拌效率较高，因此它适用于乳浊液、悬浮液等。

涡轮式搅拌器速度较大，切线速度约 3～8m/s，转速范围 300～600r/min。

（5）特殊形式搅拌器 螺带式（螺杆式）搅拌器（图 1-10），常用扁钢按螺旋绕成，直径较大，常做成几条紧贴釜内壁，与釜壁的间隙很小，所以搅拌时能不断地将粘于釜壁的沉积物刮下来。对黏稠物料，采用行星传动搅拌器。行星传动搅拌器的优点是搅拌强度很高，被旋转部分带动搅拌的物料体积很大，缺点是结构复杂。上述两种搅拌器目前较少使用。

（6）搅拌附件 搅拌附件通常指在搅拌釜内为了改善流动状态而增设的零件，如挡板、导流筒等，如图 1-11 所示。

1）挡板。挡板的作用是为了消除切线流和“打漩”，一般为 2～4 块。但低速搅拌高粘度液体的锚式和框式搅拌器安装挡板效果不好。

图 1-9　涡轮式搅拌器

a）六叶开启涡轮式搅拌器　b）六斜叶开启涡轮式搅拌器　c）齿形圆盘涡轮式搅拌器
d）四叶开启涡轮式搅拌器　e）三叶开启涡轮式搅拌器
f）常用圆盘涡轮式搅拌器　g）异形叶圆盘涡轮式搅拌器

2）导流筒。导流筒的作用是控制流动状态（加强轴向流）及提高混合效果。不同形式的搅拌器的导流筒安置方位不同。

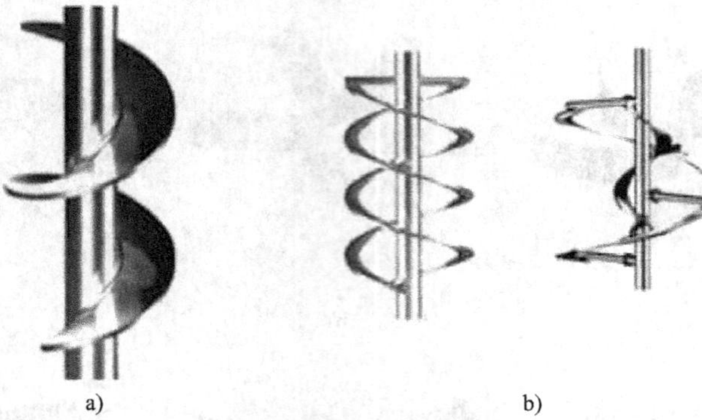

图 1-10　特殊形式搅拌器

a）螺杆式搅拌器　b）螺带式搅拌器

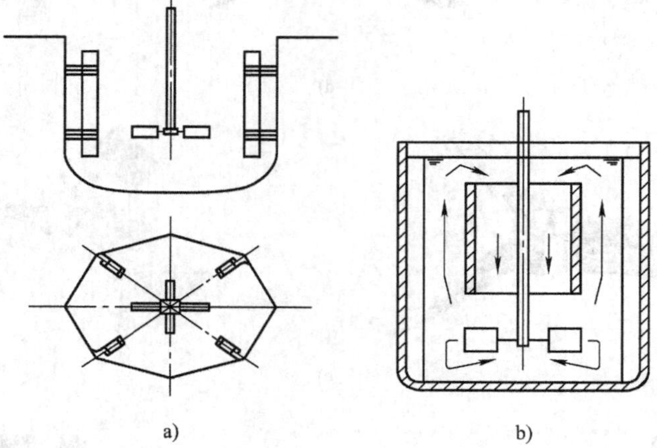

图 1-11　搅拌附件

a）挡板　b）导流筒

4. 轴封装置

由于搅拌轴是转动的，而釜体封头是静止的，在搅拌轴伸出封头之处必然有间隙，物料会由此泄漏或使空气渗入釜内。物料的泄漏会造成浪费并污染环境，且易燃、易爆、剧毒、腐蚀性物料的泄漏会危及人身和设备的安全，因此必须进行密封（轴封）。

密封装置按密封面间有无相对运动，分为静密封和动密封两大类。搅拌反应釜上法兰面之间是相对静止的，它们之间的密封属于静密封。静止的反应釜顶盖（上封头）和旋转的搅拌轴之间存在相对运动，物料在转动轴与封头之间会产生泄漏，它们之间的密封属于动密封。动密封通常简称为轴封。反应釜中使用的轴封装置主要有填料密封和机械密封两种。

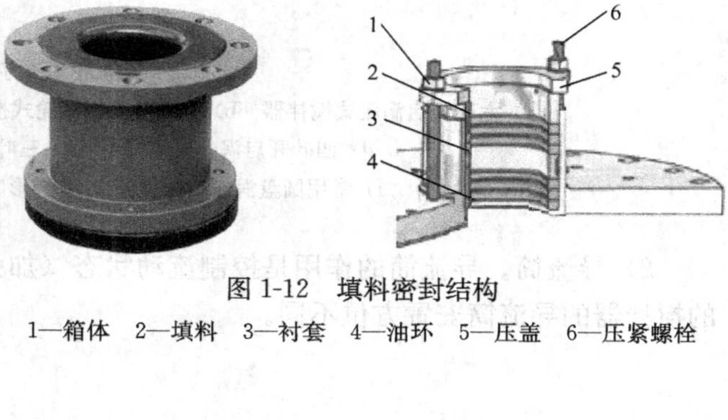

图 1-12　填料密封结构

1—箱体　2—填料　3—衬套　4—油环　5—压盖　6—压紧螺栓

（1）填料密封　填料密封又称压盖续料密封，其结构如图 1-12 所示。填料箱是由箱体、填料、衬套、油环、压盖和压紧螺栓等零件组成。旋紧压紧螺栓时，压盖压缩填料（一般为石棉织物，并含有石墨或润滑脂作润滑剂），使填料变形并紧贴在轴的表面上，阻塞了物料泄漏的通道，从而达到密封的作用。

填料密封结构简单，易于制造，并适用于低压、低温的场合。

（2）机械密封　机械密封又称端面密封，它不仅在反应釜中而且也在泵、压缩机等其他设备中广泛使用。机械密封的结构和类型多种多样，不同的机械密封适用于不同的设备和工作条件。

机械密封是指两块环形密封元件，在其光滑而平直的端面上作用，在相互贴合的情况下作相对转动，从而构成了密封结构。图1-13是一种釜用机械密封。机械密封是由动环、静环、弹簧加载装置等组成。当轴转动时，带动弹簧座、弹簧、弹簧压板、动环等零件一起旋转。由于弹簧力的作用使动环紧紧压在静环上，当轴旋转时，动环与轴一起旋转，而静环则固定于座架上静止不动，动环与静环相接触的环形密封端面阻止了物料的泄漏。因此，从结构上看，机械密封主要是将较易泄漏的轴向密封改变为不易泄漏的端面密封。

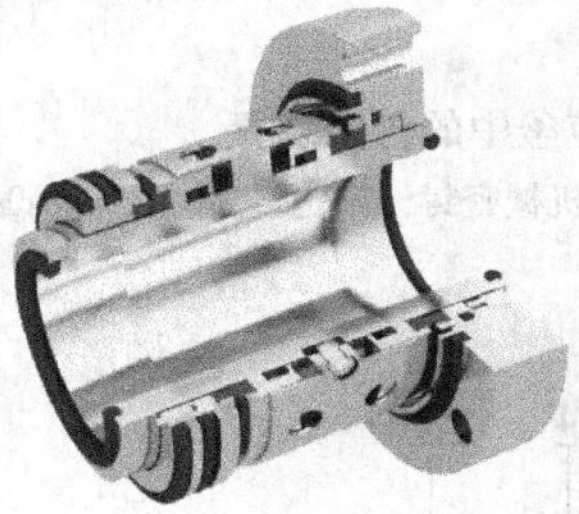

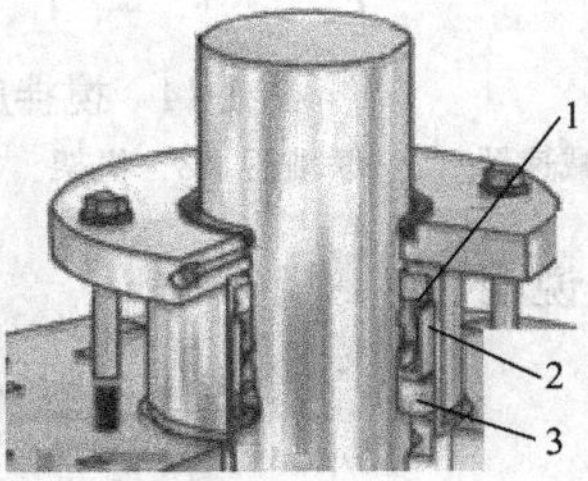

图1-13　釜用机械密封

1—弹簧加载装置　2—动环　3—静环

（3）机械密封与填料密封的比较　机械密封与填料密封有着很大的不同。首先，从密封面的位置来看，在填料密封中轴和填料的接触是圆柱形面；而在机械密封中，动环和静环接触是环形平面。其次，从密封力来看，在填料密封中，密封力是靠旋紧螺栓后，使填料在径向胀出而产生的。在轴的运转过程中，伴随着填料与轴的摩擦，发生了磨损，减小了密封力，因此介质就容易泄漏。但是，在机械密封中，密封力是依靠弹簧压紧动环与静环而产生的。当这两个环有微小磨损后，密封力（弹簧力）基本上可保持不变，因而介质就不容易泄漏。

5. 传动装置

搅拌反应釜的传动装置通常采用立式布置在罐体的顶部，如图1-14所示，它包括电动机、减速装置、联轴器及机架等。电动机经减速器将转速减至工艺要求的搅拌转速，再通过联轴器带动搅拌轴及搅拌器转动。

（1）电动机　搅拌反应釜用的电动机绝大部分与减速器配合使用，只有在搅拌转速很高时，才由电动机直接驱动搅拌轴。因此，电动机的选用一般与减速器互相配合考虑。

选用电动机主要确定电动机系列、功率、转速以及安装形式和防爆要求等内容。

搅拌反应釜常用的电动机系列有：Y系列三相异步电动机、YB2系列隔爆型异步电动机、YF系列耐腐蚀型三相异步电动机、YXJ系列摆线针轮减速异步电动机等。

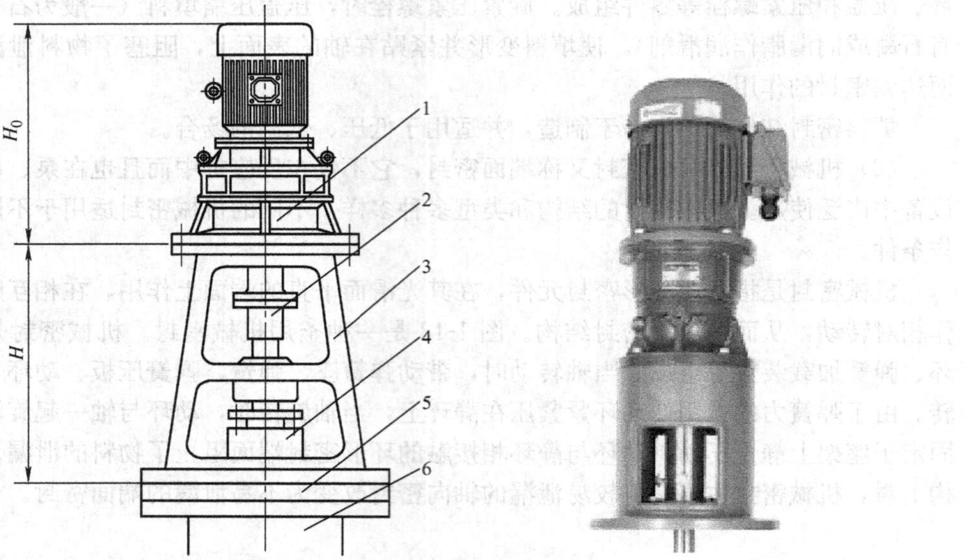

图 1-14　搅拌反应釜中的传动装置

1—减速器　2—联轴器　3—机架　4—机械密封　5—安装底盖　6—凸缘底盖

1）电动机型号说明。

Y　132　S2 — 4　TH

- Y—异步电动机
- 132—机座中心高（mm）
- S2—短机座，第二种铁心长度
- 4—电动机极数
- TH—湿热带型

Y　B　2—355　M　1 — 4 —W

- Y—异步电动机
- B—隔爆型
- 2—第二次改型设计
- 355—机座中心高（mm）
- M—机座长度代号
- 1—铁心长度代号
- 4—电动机极数
- W—特殊环境代号

2）电动机功率计算。电动机的功率主要根据搅拌所需的功率及传动装置的传动效率来确定。搅拌所需的功率一般由工艺要求提出，通常已考虑了物料搅拌起动的需要，当根据化工计算所得的搅拌轴计算功率与实际情况有较大出入时，还要参考相近物料、相近搅拌情况下所需的功率。传动效率根据所选传动装置的类型不同而不同，其数值可在减速器的有关资料中查到。此外，还应考虑搅拌轴通过密封装置时产生摩擦损失等因素。因此搅拌反应釜所

需的电动机的功率可由式（1-1）表示

$$P=\frac{P_e+P_m}{\eta} \tag{1-1}$$

式中，P 为电动机功率（单位为 kW）；P_e 为工艺要求的搅拌功率（单位为 kW）；P_m 为密封摩擦损失功率（单位为 kW）；η 为传动系统的机械效率。

注意：

① 如果电动机功率选得过小，会出现“小马拉大车”现象，造成电动机长期过载，使其绝缘因发热而损坏，甚至导致电动机被烧毁。

② 如果电动机功率选得过大，会出现“大马拉小车”现象，其输出机械功率不能得到充分利用，功率因数和效率都不高，不但对用户和电网不利，而且还会造成电能浪费。

③ 短时工作定额的电动机与功率相同的连续工作定额的电动机相比，最大转矩更大，重量轻，价格低。因此，在条件许可时，应尽量选用短时工作定额的电动机。

④ 对于断续工作定额的电动机，其功率的选择要根据负载持续率的大小，选用专门用于断续运行方式的电动机。

此外也可用类比法来选择电动机的功率。所谓类比法，就是与类似生产机械所用电动机的功率进行对比。具体做法是：了解本单位或其他单位的类似生产机械使用多大功率的电动机，然后选用相近功率的电动机进行试车。试车的目的是验证所选电动机与生产机械是否匹配。

验证的方法是：使电动机带动生产机械运转，用钳形电流表测量电动机的工作电流，将测得的电流与该电动机铭牌上标出的额定电流进行对比。如果电动机的实际工作电流与铭牌上标出的额定电流上下相差不大，则表明所选电动机的功率合适。如果电动机的实际工作电流比铭牌上标出的额定电流低70%左右，则表明电动机的功率选得过大（即“大马拉小车”），应调换功率较小的电动机。如果测得的电动机工作电流比铭牌上标出的额定电流大40%以上，则表明电动机的功率选得过小（即“小马拉大车”），应调换功率较大的电动机。

一般异步电动机的转速按电动机的极数分成几档，如3000r/min、1500r/min、1000r/min、750r/min、600r/min等，其中1500r/min的电动机价格较低，供应较普遍，故应用最广泛。

（2）减速器　我国目前常用的反应釜用立式减速器主要有摆线针轮行星减速器、两级齿轮减速器、V带减速器和谐波减速器四种。以上几种常用减速器的有关数据、主要特点、应用条件等基本特性及其标定符号列于表1-1。

表1-1　几种常用立式减速器的基本特性

特　性	减速器类型			
	摆线针轮行星减速器	两级齿轮减速器	V带减速器	谐波减速器
减速比范围	9～87	6～11	3～4.5	90～360
输出轴转速范围/（r/min）	16～100	125～250	320～500	4～16
功率范围/kW	0.6～30	0.6～30	0.6～5.5	0.6～13
效率	0.9～0.95	0.93	0.91	>0.83

（续）

特　性	减速器类型			
	摆线针轮行星减速器	两级齿轮减速器	V带减速器	谐波减速器
主要特点	利用少齿差内啮合行星传动的减速装置，减速比大，寿命长，故障少，装拆方便，结构紧凑，重量轻，与同功率的齿轮减速器相比，功率高而体积可小一半左右，有取代齿轮减速器的趋势	两级同心距斜齿轮传动的减速装置，传动比准确、寿命长	单级V带传动的减速装置，结构简单，过载时会产生打滑现象，因此能起安全保护作用。由于带滑动不能保持精确的传动比	利用行星轮为柔轮的少齿差内啮合行星传动的减速装置，减速比可很大
特定参数	功率、按输出轴轴径而分的型号、减速比	中心距	V带型号、根数	柔轮分度圆直径
应用条件	对过载和冲击载荷有较强承受能力，可短期过载75%；允许正反旋转，可用于有防爆要求的车间，与电动机直接相连	允许正反旋转，应采用夹壳联轴器或弹性块式联轴器与搅拌轴连接，不允许承受外加轴向载荷；适用于连续搅拌的化工设备，可用于有防爆要求的车间，与电动机直接相连	允许正反旋转；一般以夹壳联轴器与搅拌轴连接；搅拌器重量可由本机承受；不能用于有防爆要求的车间；适用于连续搅拌的化工设备	可不需多级传动而用于转速极低的搅拌传动装置；可用于有防爆要求的车间

1）减速器选择。减速器型号可先根据基本转速所需功率，从表中查出减速器公称轴转速及所配电动机功率，根据这两项数值，便可确定减速器类型和该减速器的特性参数（如机型号等）以及机型的顺序号（即功率 P/转速 n 的代号）。在确定减速器型号后，可从有关机械设计手册中，查到该型号的减速器外形尺寸、安装尺寸、重量以及各项的具体参数。

注意：

① 尽量选用接近理想减速比的减速器，减速比＝电动机转速/减速器输出轴转速。

② 转矩计算。对减速器的寿命而言，转矩计算非常重要，并且要注意加速度的最大转矩值（T），是否超过减速器的最大负载转矩。

例 1-1　电动机带动减速器再带动发动机转动，要求 600r/min，所需转矩 $T=124.5\ \text{N}\cdot\text{m}$。试确定减速器所需功率。

解： 输出功率：$P=Tn/9550\text{kW}=124.5\times600/9550\text{kW}=7.82\text{kW}$，考虑功率损失，选 8kW，转速为 1500r/min 的电动机。

有两个型号电动机供选：Y132M1-4（7.5kW，1500r/min）和 Y160M1-4（11kW，1500r/min）。输出功率只有 8kW，用 11kW 电动机有点浪费，用 7.5kW 应该可以。

设计减速器：减速比 i＝电动器转速/减速器输出轴转速＝1460/600＝2.43，用一级直齿圆柱齿轮减速器。小齿轮材料为 20Cr 渗碳，大齿轮材料为 45 钢调质。

确定齿轮基本参数（供参考）：$m=3$，$z_1=21$，$z_2=51$。速度误差为 0.95%，在 5%的范围之内。

2）减速器型号说明。一般减速器型号命名规则是由产品代号、安装型式代号、电动机功率、机型号、传动比等组成。

型号与标记

① 型号

ZLY——两级圆柱齿轮（硬齿面）减速器

② 标记

减速器 ZLY 560—11.2—Ⅰ JB/T8853—2001

- 标准号
- 第一种装配型式
- 公称传动比为11.2
- 低速级中心距a=560mm
- 型号为两级圆柱齿轮（硬齿面）减速器
- 名称

6. 其他附件

（1）机座　搅拌反应釜传动装置的机座上端与减速机装配，下端与底座相连。一般来讲，机座上还需要有容纳联轴器、轴封装置等部件及其安装所需要的空间。有时，机座中间还要安装中间轴承，以改善搅拌轴的支撑条件。选用时，首先考虑上述要求，然后根据所选减速器的输出轴轴径及安装定位面的尺寸选配合适的机座。常用机座有 J-A 型、J-B 型和 JXLD 型等。

J-A 型为不带中间支撑的机座，如图 1-15 所示，适用于反应釜传来的轴向力不大的场合。

J-B 型为带中间支撑的机座，如图 1-16 所示，适用于反应釜传来的轴向力较大的场合，但必须在釜内或填料箱处设置径向支承。

（2）底座　底座一般焊接在釜体的上封头。为了易于保证底座既与减速器座连接又使穿过轴封装置的搅拌轴运转顺利，要求减速器座和轴封装置安装时有一定的同轴度，一般将两者的定位安装面做在同一块底座上。图 1-17 为一种底部按封头曲率车削的整体底座。

图 1-15　J-A 型机座

图 1-16　J-B 型机座

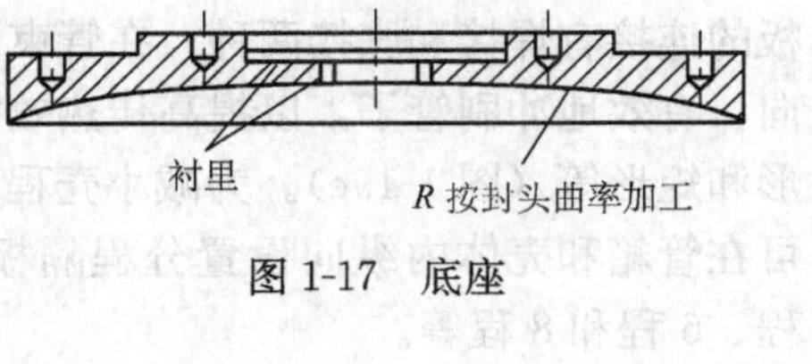

图 1-17　底座

1.2.3 换热设备——管壳式换热器

管壳式换热器又称列管式换热器，是以封闭在壳体中管束的壁面作为传热面的间壁式换热器。这种换热器结构较简单，操作可靠，可用各种结构材料（主要是金属材料）制造，能在高温、高压下使用，是目前应用最广的类型。

管壳式换热器由一个壳体和包含许多管子的管束所构成，冷、热流体之间通过管壁进行换热。管壳式换热器作为一种传统的标准换热设备，在化工、炼油、石油化工、动力、核能和其他工业装置中得到普遍采用，特别是在高温高压和大型换热器中的应用占据绝对优势。通常的工作压力可达 4MPa，工作温度在 200℃以下，在个别情况下还可达到更高的压力和温度。一般壳体直径在 1800mm 以下，管子长度在 9m 以下，在个别情况下也有更大或更长的。

1. 工作原理

图 1-18 所示为固定管板式换热器。流体 A 从接管 9 流入壳体内，通过管间从接管 5 流出。流体 B 从接管 3 流入，通过管内从接管 8 流出。如果流体 A 的温度高于流体 B，热量便通过管壁由流体 A 传递给流体 B；反之，则通过管壁由流体 B 传递给流体 A。壳体以内、管子和管箱以外的区域称为壳程，通过壳程的流体称为壳程流体（流体 A）。管子和管箱以内的区域称为管程，通过管程的流体称为管程流体（流体 B）。

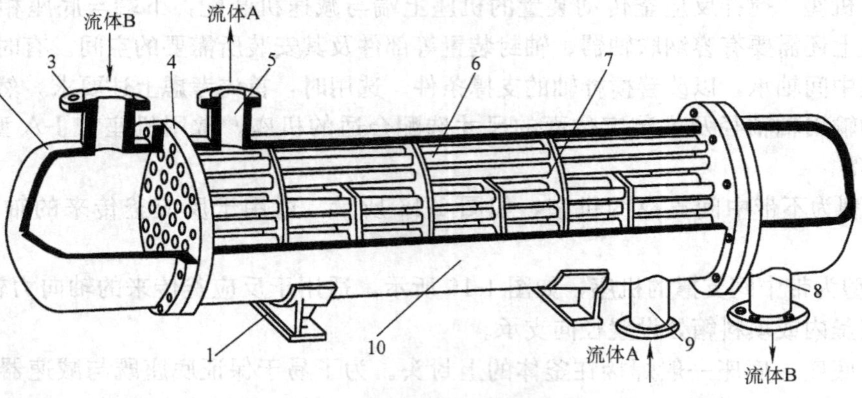

图 1-18 固定管板式换热器

1—支座 2—管箱 3、5、8、9—接管 4—管板 6—传热管 7—折流板 10—壳体

2. 结构组成

管壳式换热器主要由管箱、管板、管子、壳体和折流板等零件构成，如图 1-19f 所示。壳体通常为圆筒形（图 1-19a），管子为直管或 U 形管。管子的布置有等边三角形、正方形和同心圆形等多种形式（图 1-19c）。管板和管子的总体称为管束（图 1-19b）。管子端部与管板的连接有焊接和胀接两种。在管束中横向设置一些折流板，引导壳程流体多次改变流动方向，有效地冲刷管子，以提高传热效能，同时对管子起支承作用。折流板的形状有弓形、圆形和矩形等（图 1-19e）。为减小壳程和管程流体的流通截面、加快流速，以提高传热效能，可在管箱和壳体内纵向设置分程隔板（图 1-19d），将壳程分为 2 程，将管程分为 2 程、4 程、6 程和 8 程等。

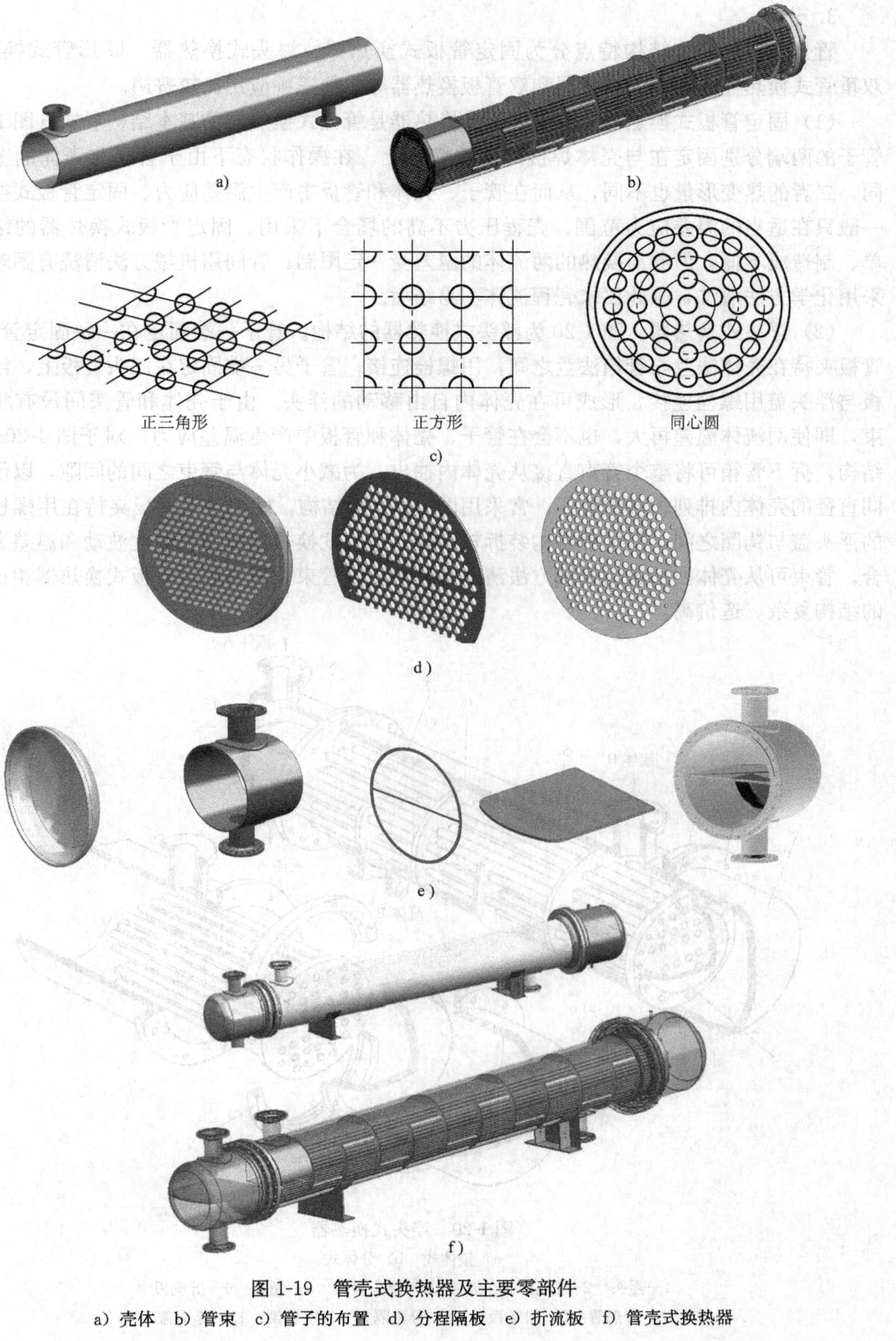

图 1-19　管壳式换热器及主要零部件

a）壳体　b）管束　c）管子的布置　d）分程隔板　e）折流板　f）管壳式换热器

3. 分类

管壳式换热器按结构特点分为固定管板式换热器、浮头式换热器、U 形管式换热器、双重管式换热器、填函式换热器和双管板换热器等。前三种应用比较普遍。

（1）固定管板式换热器　固定管板式换热器是管壳式换热器的基本结构形式（图 1-18）。管子的两端分别固定在与壳体焊接的两块管板上。在操作状态下由于管子与壳体的壁温不同，二者的热变形量也不同，从而在管子、壳体和管板中产生温差应力。固定管板式换热器一般只在适当的温差应力范围、壳程压力不高的场合下采用。固定管板式换热器的结构简单、制造成本低，但参与换热的两流体的温差受一定限制；管间用机械方法清洗有困难，须采用化学方法清洗，因此要求壳程流体不易结垢。

（2）浮头式换热器　图 1-20 为浮头式换热器的结构。管子一端固定在一块固定管板上，管板夹持在壳体法兰与管箱法兰之间，用螺栓连接；管子另一端固定在浮头管板上，浮头管板与浮头盖用螺栓连接，形成可在壳体内自由移动的浮头。由于壳体和管束间没有相互约束，即使两流体温差再大，也不会在管子、壳体和管板中产生温差应力。对于图 1-20a 中的结构，拆下管箱可将整个管束直接从壳体内抽出。为减小壳体与管束之间的间隙，以便在相同直径的壳体内排列较多的管子，常采用图 1-20b 的结构，即把浮头管板夹持在用螺栓连接的浮头盖与钩圈之间，但这种结构装拆较麻烦。浮头式换热器适用于温度波动和温差大的场合。管束可从壳体内抽出用机械方法清洗管间或更换管束。但与固定管板式换热器相比，它的结构复杂、造价高。

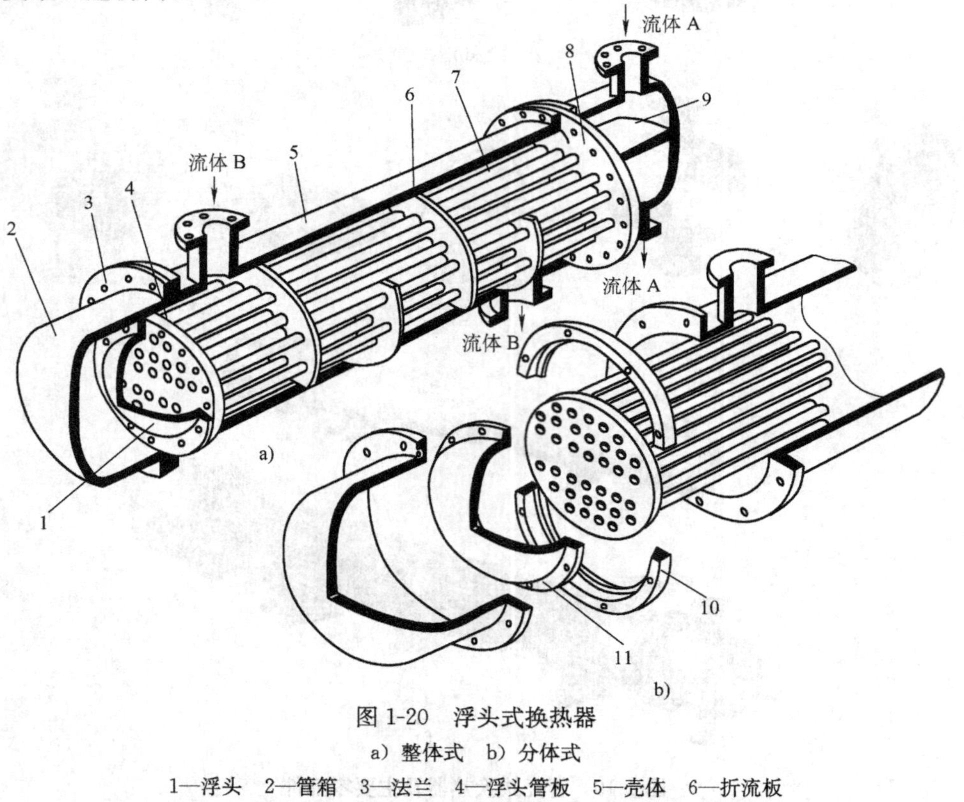

图 1-20　浮头式换热器

a）整体式　b）分体式

1—浮头　2—管箱　3—法兰　4—浮头管板　5—壳体　6—折流板

7—传热管　8—固定管板　9—分程隔板　10—钩圈　11—浮头盖

(3) U 形管式换热器　U 形管式换热器的一束管子被弯制成不同曲率半径的 U 形管，其两端固定在同一块管板上，组成管束（图 1-21）。管板夹持在管箱法兰与壳体法兰之间，用螺栓连接。拆下管箱即可直接将管束抽出，便于清洗管间。管束的 U 形端不加固定，可自由伸缩，故它适用于两流体温差较大的场合。又因其构造较浮头式换热器简单，只有一块管板，单位传热面积的金属消耗量少，造价较低，也适用于高压流体的换热。但管子有 U 形部分，管内清洗较直管困难，因此要求管程流体清洁，不易结垢。管束中心的管子被外层管子遮盖，损坏后难以更换。相同直径的壳体内，U 形管的排列数目较直管少，相应的传热面积也较小。

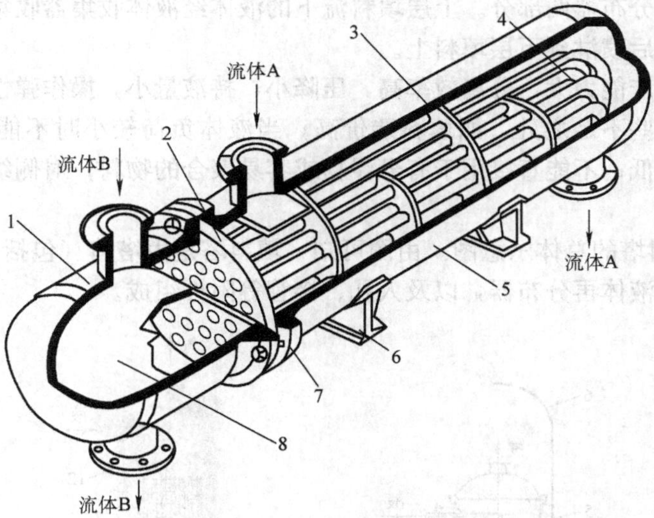

图 1-21　U 形管式换热器

1—管箱　2—管板　3—折流板　4—管子　5—壳体　6—支座　7—法兰　8—分程隔板

1.2.4　塔设备

塔设备是石油、化工、轻工、食品等工业部门中最重要的设备之一。气（汽）液或液液两相在塔内充分接触，可达到相互传热或传质的目的。精馏、吸收、解吸、气体增湿、离子交换等单元操作可在塔设备中进行。

虽然塔设备中所进行的工艺过程（单元操作）各不相同，塔的结构形式各异，但根据塔的内件，一般可将塔分成填料塔和板式塔两大类。

从设备设计的角度看，不论板式塔或填料塔，其基本结构可以概括为：

1）塔体，包括筒节、端盖和连接法兰等。

2）内件，指塔板或填料及其支承装置。

3）支座，一般均用裙式支座。

4）附件，包括人孔、接管、液体和气体的分配装置，以及塔外的扶梯、平台、保温层等。

1. 填料塔

填料塔是以塔内的填料作为气液两相间接触构件的传质设备。填料塔的塔身是一直立式圆筒，底部装有填料支承板，填料以散装或规整的方式放置在支承板上。填料的上方安装填料压板，以防被上升气流吹动。液体从塔顶经液体分布器喷淋到填料上，并沿填料表面流下。气体从塔底送入，经气体分布装置（小直径塔一般不设气体分布装置）分布后，与液体呈逆流状态连续通过填料层的空隙，在填料表面上，气液两相密切接触进行传质。填料塔属于连续接触式气液传质设备，两相组成沿塔高连续变化，在正常操作状态下，气相为连续相，液相为分散相。

当液体沿填料层向下流动时，有逐渐向塔壁集中的趋势，使得塔壁附近的液流量逐渐增大，这种现象称为壁流。壁流效应造成气液两相在填料层中分布不均，从而使传质效率下降。因此，当填料层较高时，需要进行分段，中间设置再分布装置。液体再分布装置包括液体收集器和液体再分布器两部分。上层填料流下的液体经液体收集器收集后，送到液体再分布器，经重新分布后喷淋到下层填料上。

填料塔具有生产能力大，分离效率高，压降小，持液量小，操作弹性大等优点。

填料塔也有一些不足之处，如填料造价高；当液体负荷较小时不能有效地润湿填料表面，使传质效率降低；不能直接用于有悬浮物或容易聚合的物料；对侧线进料和出料等复杂精馏不太适合等。

图 1-22 为填料塔的总体示意图。由图可知，填料塔是由塔体（包括裙座）、填料、填料支承、喷淋装置、液体再分布器，以及人孔、接管等附件组成。

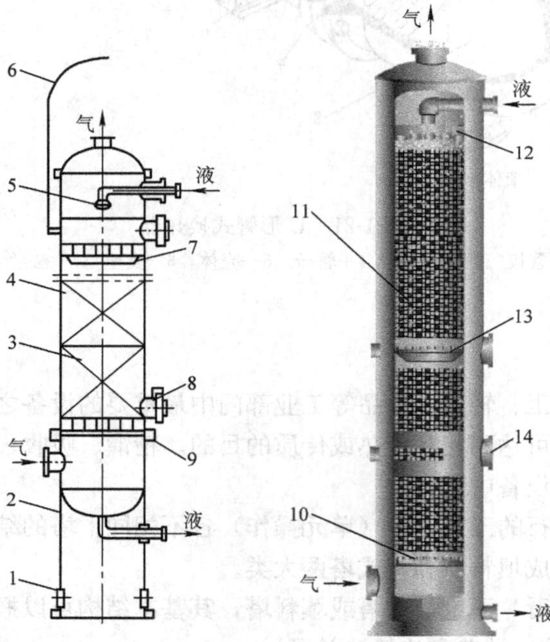

图 1-22　填料塔的总体示意图

1—出入口　2—裙座　3、11—填料　4—塔体　5、12—喷淋装置　6—吊柱　7—液体再分布器
8—卸料孔　9—填料支承　10—栅板　13—再分配器　14—人孔

（1）填料　填料是填料塔气液接触的元件，其作用是增大气液的接触面，使其相互强烈混合，填料选择的正确与否，直接影响填料塔的生产效率与成本。填料可分成散装填料和规整填料两大类。

1）散装填料。散装填料是具有一定几何形状和尺寸的颗粒体，一般以随机的方式堆积在塔内，又称为乱堆填料或颗粒填料。散装填料根据结构特点不同，又可分为环形填料、鞍形填料、环鞍形填料等。

拉西环：拉西环填料于 1914 年由拉西（F. Rashching）发明，为外径与高度相等的圆环，如图 1-23a 所示。拉西环填料的气液分布较差，传质效率低，阻力大，通量小，目前工业上已较少应用。

鲍尔环：鲍尔环填料是对拉西环的改进，在拉西环的侧壁上开出两排长方形的窗孔，被切开的环壁的一侧仍与壁面相连，另一侧向环内弯曲，形成内伸的舌叶，诸舌叶的侧边在环中心相搭，如图 1-23b 所示。鲍尔环由于环壁开孔，大大提高了环内空间及环内表面的利用率，气流阻力小，液体分布均匀。与拉西环相比，鲍尔环的气体通量可增加 50%以上，传质效率提高 30%左右。鲍尔环是一种应用较广的填料结构形式。

阶梯环：阶梯环填料是对鲍尔环的改进，与鲍尔环相比，阶梯环高度减少了一半并在一端增加了一个锥形翻边，如图 1-23c 所示。由于高径比减少，使得气体绕填料外壁的平均路径大为缩短，减少了气体通过填料层的阻力。锥形翻边不仅增加了填料的机械强度，而且使填料之间由线接触为主变成以点接触为主，这样不但增加了填料间的空隙，同时成为液体沿填料表面流动的汇集分散点，可以促进液膜的表面更新，有利于传质效率的提高。阶梯环的综合性能优于鲍尔环，成为目前所使用的环形填料中最为常用的一种。

弧鞍填料：弧鞍填料属鞍形填料的一种，其形状如同马鞍，一般采用瓷质材料制成。弧鞍填料的特点是表面全部敞开，不分内外，液体在表面两侧均匀流动，表面利用率高，流道呈弧形，流动阻力小。其缺点是易发生套叠，致使一部分填料表面重合，使传质效率降低。弧鞍填料强度较差，容易破碎，工业生产中应用不多。

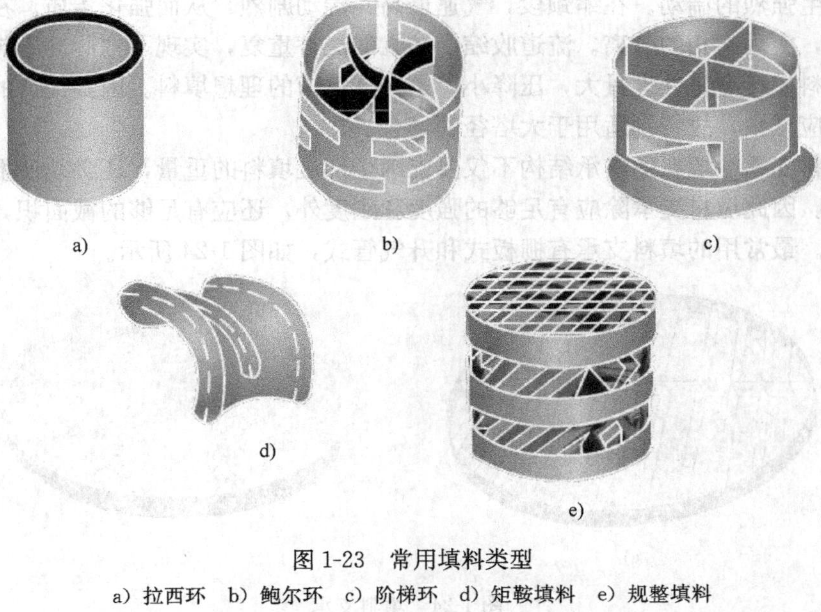

a)　b)　c)　d)　e)

图 1-23　常用填料类型

a）拉西环　b）鲍尔环　c）阶梯环　d）矩鞍填料　e）规整填料

矩鞍填料：将弧鞍填料两端的弧形面改为矩形面，且两面大小不等，即成为矩鞍填料，如图 1-23d 所示。矩鞍填料堆积时不会套叠，液体分布较均匀。矩鞍填料一般采用瓷质材料制成，其性能优于拉西环。目前，国内绝大多数应用瓷拉西环的场合，均已被瓷矩鞍填料所取代。

金属环矩鞍填料：环矩鞍填料（国外称为 Intalox）是兼顾环形和鞍形结构特点而设计出的一种新型填料，该填料一般以金属材质制成，故又称为金属环矩鞍填料。环矩鞍填料将环形填料和鞍形填料两者的优点集于一体，其综合性能优于鲍尔环和阶梯环，在散装填料中应用较多。

除上述几种较典型的散装填料外，近年来不断有构形独特的新型填料开发出来，如共轭环填料、海尔环填料、纳特环填料等。工业上常用的散装填料的特性数据可查有关手册。

2）规整填料。规整填料（图 1-23e）是按一定的几何构形排列，整齐堆砌的填料。规整填料种类很多，根据其几何结构可分为格栅填料、波纹填料、脉冲填料等。

格栅填料：格栅填料是以条状单元体经一定规则组合而成的，具有多种结构形式。目前应用较为普遍的有格里奇格栅填料、网孔格栅填料、蜂窝格栅填料等，其中以格里奇格栅填料最具代表性。格栅填料的比表面积较低，主要用于要求压降小、负荷大及防堵等场合。

波纹填料：目前工业上应用的规整填料绝大部分为波纹填料，它是由许多波纹薄板组成的圆盘状填料，波纹与塔轴的倾角有 30°和 45°两种，组装时相邻两波纹板反向靠叠。各盘填料垂直装于塔内，相邻的两盘填料间交错 90°排列。波纹填料按结构可分为网波纹填料和板波纹填料两大类，其材质又有金属、塑料和陶瓷等之分。

波纹填料的优点是结构紧凑，阻力小，传质效率高，处理能力大，比表面积大（常用的有比面积为 $125m^2/m^3$、$150m^2/m^3$、$250m^2/m^3$、$350m^2/m^3$、$500m^2/m^3$、$700m^2/m^3$ 等几种）。波纹填料的缺点是不适于处理粘度大、易聚合或有悬浮物的物料，且装卸、清理困难，造价高。

脉冲填料：脉冲填料是由带缩颈的中空棱柱形个体，按一定方式拼装而成的一种规整填料。脉冲填料组装后，会形成带缩颈的多孔棱形通道，其纵面流道交替收缩和扩大，气液两相通过时产生强烈的湍动。在缩颈段，气速最高，湍动剧烈，从而强化传质。在扩大段，气速减到最小，实现两相的分离。流道收缩、扩大的交替重复，实现了“脉冲”传质过程。

脉冲填料的特点是处理量大，压降小，是真空精馏的理想填料。因其优良的液体分布性能使放大效应减少，故特别适用于大塔径的场合。

（2）填料支承　填料的支承结构不仅要支承全部湿填料的重量，还必须使上升的气体能够顺利通过。因此填料支承除应有足够的强度和刚度外，还应有足够的截面积，以免在支承处发生液泛。最常用的填料支承有栅板式和升气管式，如图 1-24 所示。

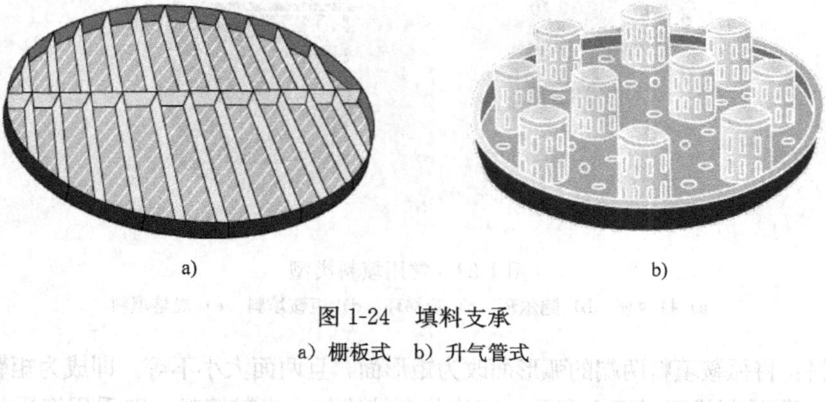

a)　　b)

图 1-24　填料支承

a）栅板式　b）升气管式

（3）液体喷淋装置　填料塔操作时，在任一横截面上保证气液的均匀分布十分重要。因此，对液体喷淋装置的基本要求是：能均匀分布液体，不易堵塞；气体通过时阻力小，喷淋时液滴飞溅小；不需要很大的液体压力。常用的液体喷淋装置如图 1-25 所示。

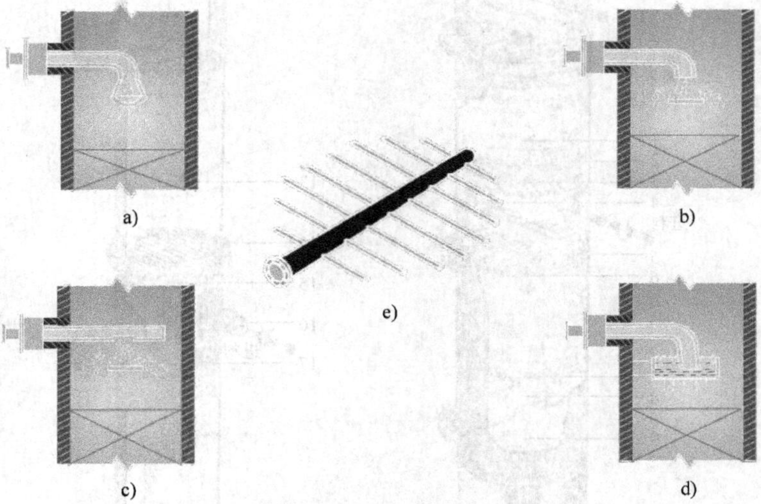

图 1-25　液体喷淋装置
a）莲蓬式　b）弯管式　c）缺口式　d）筛孔式　e）多孔管式

（4）液体再分布器　当液体沿填料层向下流动时，有流向器壁形成壁流的倾向，其结果是使液体分布不均，传质效率降低，严重时甚至使塔中心的填料不能被润湿而形成“干锥”。为了使液体沿塔截面均匀分布，不论散装填料或规整填料，堆积高度若超过塔径的 2～6 倍，则应设置液体再分布器，使向塔壁弥散的液体重新集中于塔截面中部。图 1-26为几种液体再分布器结构。

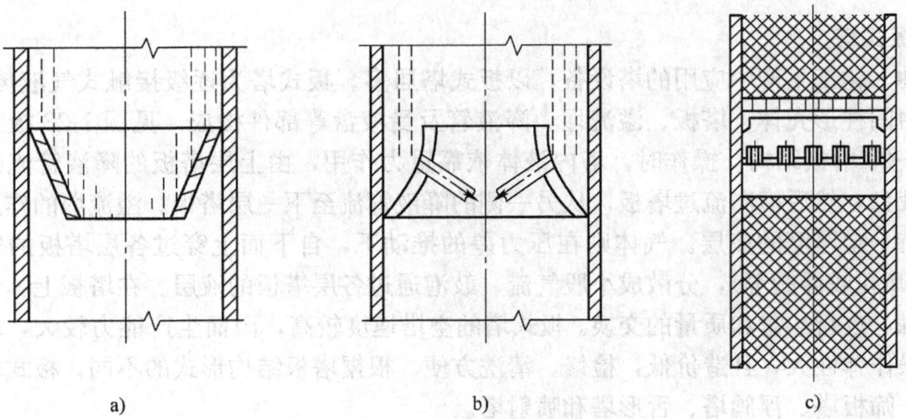

图 1-26　液体再分布器
a）锥形体　b）槽形体　c）升气管

图 1-27 为填料塔详图。

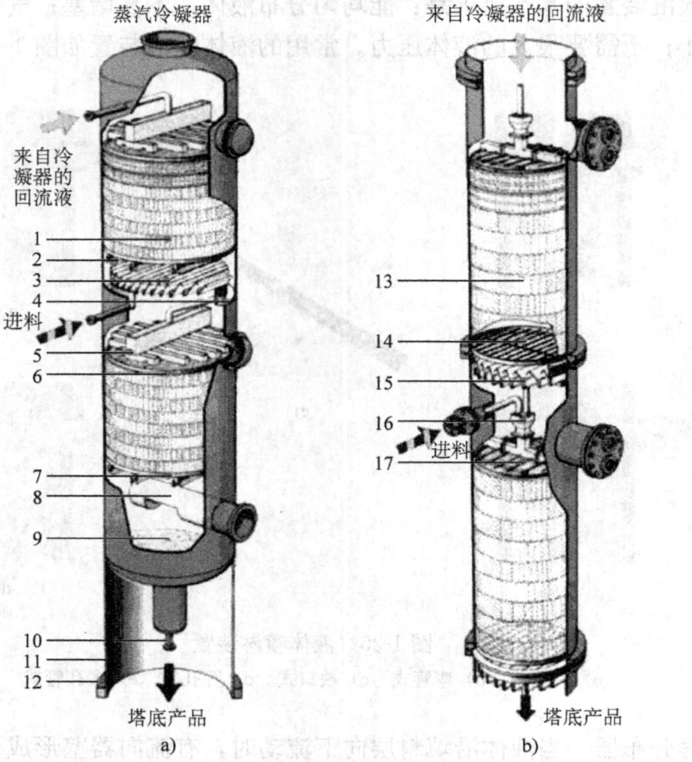

图 1-27　填料塔详图

a）适合于直径大于等于 800mm 的填料塔　b）适合于直径小于 800mm 的填料塔

1、13—规整填料　2、7、14—支撑栅板　3、15—液体收集器　4—集液环

5—多级槽式液体再分布器　6—填料压圈　8—蒸汽入口管　9—塔底

10—至再沸器循环管　11—裙座　12—底座环　16—降液管　17—管式液体分布器

2. 板式塔

石油、化工生产中应用的塔设备，以板式塔居多。板式塔为逐级接触式气液传质设备，它主要由圆柱形壳体、塔板、溢流堰、降液管及受液盘等部件构成，见图 1-28 板式塔示意图和图 1-29 塔板结构。操作时，塔内液体依靠重力作用，由上层塔板的降液管流到下层塔板的受液盘，然后横向流过塔板，从另一侧的降液管流至下一层塔板。溢流堰的作用是使塔板上保持一定厚度的液层。气体则在压力差的推动下，自下而上穿过各层塔板的气体通道（泡罩、筛孔或浮阀等），分散成小股气流、鼓泡通过各层塔板的液层。在塔板上，气液两相密切接触，进行热量和质量的交换。板式塔的空塔速度较高，因而生产能力较大，塔板效率稳定，操作弹性大，且造价低，检修、清洗方便。根据塔板结构形式的不同，板式塔可分为泡罩塔、筛板塔、浮阀塔、舌形塔和喷射塔。

工业上最早出现的板式塔是筛板塔和泡罩塔。筛板塔出现于 1830 年，很长一段时间内被认为难以操作而未得到重视。泡罩塔结构复杂，但容易操作，自 1854 年应用于工业生产以后，很快得到推广，直到 20 世纪 50 年代初，它始终处于主导地位。第二次世界大战后，

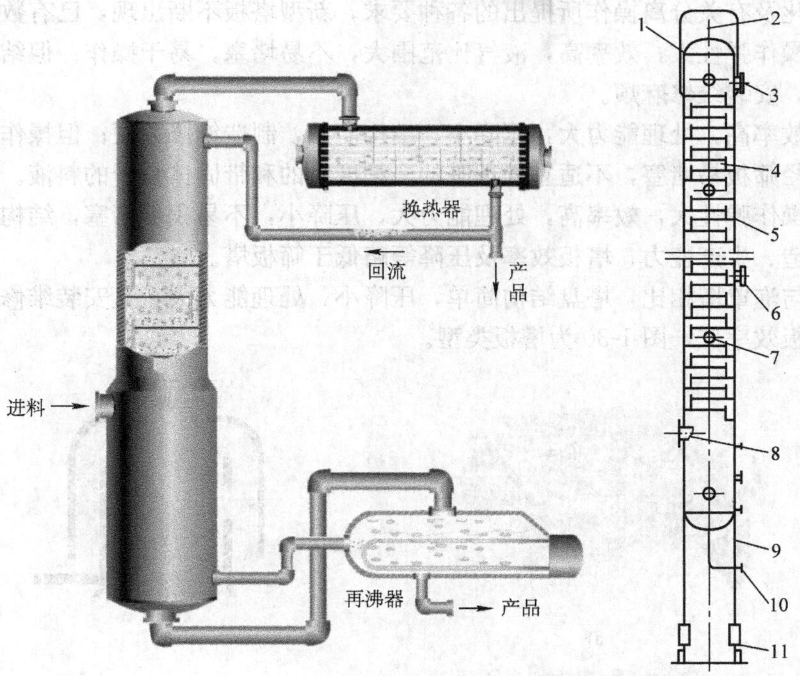

图 1-28　板式塔示意图

1—吊柱　2—气体出口　3—回流液入口　4—塔板　5—壳体　6—料液进口
7—人孔　8—气体入口　9—裙座　10—釜液出口　11—出入口

图 1-29　塔板结构

炼油和化学工业发展迅速，泡罩塔结构复杂、造价高的缺点日益突出，而结构简单的筛板塔重新受到重视。通过大量的试验研究和工业实践，逐步掌握了筛板塔的操作规律和正确设计方法，还开发了大孔径筛板，解决了筛孔容易堵塞的问题。因此，20 世纪 50 年代起，筛板塔迅速发展成为工业上广泛应用的塔型。与此同时，还出现了浮阀塔，它操作容易，结构也比较简单，同样得到了广泛应用。而泡罩塔的应用则日益减少，除特殊场合外，已不再新建。20 世纪 60 年代以后，石油化工的生产规模不断扩大，大型塔的直径已超过 10m。为满足设备大型化及有关分离操作所提出的各种要求，新型塔板不断出现，已有数十种。

泡罩塔操作弹性大，效率高，液气比范围大，不易堵塞，易于操作；但结构复杂，造价高，压降大，安装维修麻烦。

筛板塔效率高，处理能力大，压降小，结构简单，制造维修方便；但操作弹性稍低于泡罩塔，小孔径筛板易堵塞，不适宜处理脏的、粘度大的和带固体粒子的料液。

浮阀塔操作弹性大，效率高，处理能力大，压降小，不易积垢堵塞，结构简单，安装容易；但其构造、生产能力、塔板效率及压降等略低于筛板塔。

舌形塔与泡罩塔相比，塔盘结构简单，压降小，处理能力大，且安装维修方便，但操作弹性小，塔板效率低，图 1-30 为塔板类型。

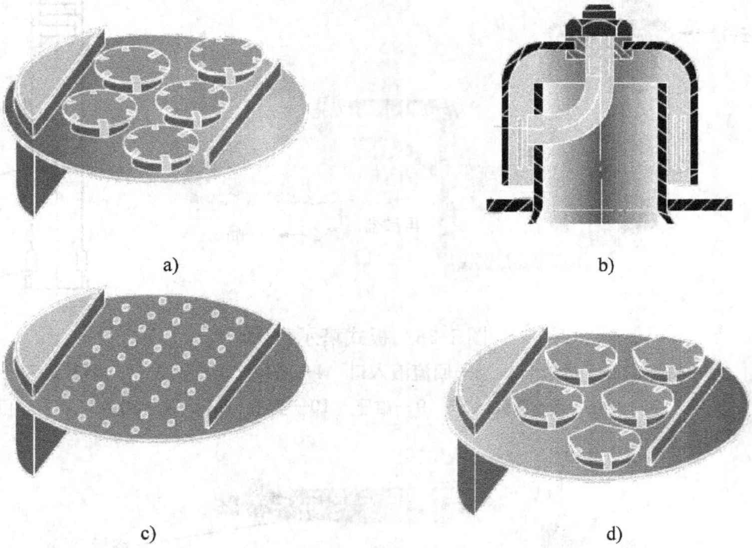

图 1-30　塔板类型

a）浮阀塔板　b）泡罩塔　c）筛板　d）舌形塔板

1.3　化工设备零部件标准化

各种化工设备形式各不相同，结构多种多样，分析其结构组成，可以看出它们都是由：① 容器（简体、封头）。② 法兰。③ 人孔、手孔、视孔。④ 搅拌器。⑤ 密封装置。⑥ 连接零件。⑦ 机械传动件。⑧ 设备附件，如支座、接管、液面计、气体或液体分布器，等组成的。

为了便于设计、制造及互换零部件，提高化工设备的质量，降低成本，各国已制定了一系列化工设备零部件标准。例如：① 简体标准：GB/T 9019—2001《压力容器公称直径》。② 封头标准：JB/T 4746—2002《钢制压力容器封头》。③ 法兰标准：管法兰标准 HG 20592～20635—2009，压力容器法兰标准：JB/T 4700～4707—2000《压力容器法兰》。④ 支座标准：耳式支座标准 JB/T 4712.3—2007《耳式支座》，鞍式支座标准 JB/T 4712.1—2007《鞍式支座》。⑤ 人孔标准：HG/T 21514～21535—2005《钢制人孔手孔》。

化工设备及零部件标准化的最重要参数是公称直径与公称压力。

1. 公称直径与公称压力

（1）公称直径　标准化的名义直径，代号 DN（或 Dg）。例如，钢板卷制筒体的公称直径为其内径，见表 1-2。

表 1-2　卷制压力容器公称直径

DN/mm	300，350，400，（间隔 50…），700，750 800，900，1000，（间隔 100…），2500，2600，2800 3000，3200，3400，3500，3600，3800，4000…

无缝钢管制筒体公称直径是无缝钢管外径，见表 1-3。

表 1-3　钢管制压力容器公称直径

DN/mm	159，219，273，325，377，426　…

设备的直径包括与之配合的封头、法兰等的直径，必须符合以上规定。

（2）公称压力　规定的标准压力等级。表示管子、法兰、管件的耐压程度，记作 PN。如 GB/T 1048—2005 将管路元件的公称压力定为 8 个等级：PN2.5、PN6、PN10、PN16、PN25、PN40、PN63、PN100。

2. 筒体

化工设备中圆筒形容器应用最为广泛，无论是立式或卧式。其主体一般是由圆筒体和两个封头组成的。筒体有钢板卷焊而成和取自大口径无缝钢管的两种。直径较大的圆筒，一般用钢板卷制，其内径必须符合公称直径的数值，并且均为整数。直径较小的筒体，可选用适当的无缝钢管，由于钢管内径会因不同厚度规格而变化，故取外径为筒体的公称直径。

3. 封头

（1）常用封头形式　常见的封头形式有椭圆形、碟形、球形、锥形和平板封头等（见表 1-4）。塔、换热器、反应器等最常用的是椭圆形封头。

表 1-4　常用封头形式与特点

名　称	形　式	特　点
椭圆形封头	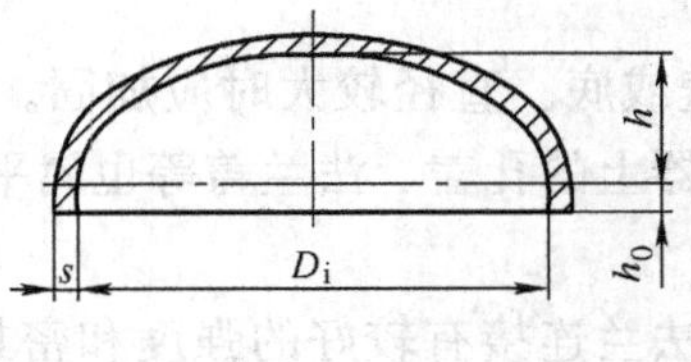	（1）由长短轴之比为 2 的半椭球和高度为 h_0 的直边组成，椭圆过渡 （2）应力分布均匀，承压好
碟形封头	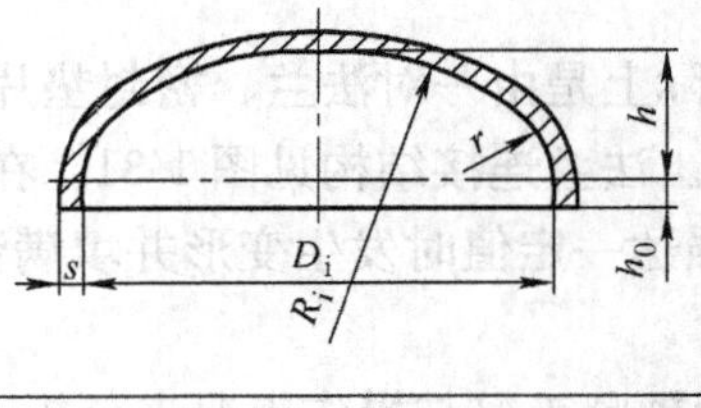	（1）以 R_i 为半径的球面，r 为半径的过渡圆弧和直边组成 h_0：$s\leqslant 8$，$h_0=25$，$s=10\sim 18$，$h_0=40$，$s\geqslant 20$，$h_0=50$ （2）受力情况较差

（续）

名　称	形　式	特　点
无折边球形封头	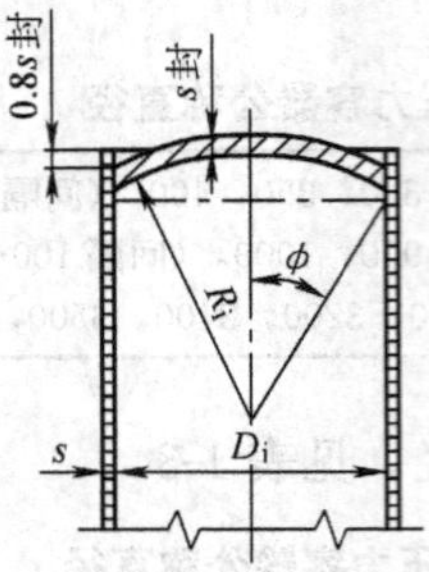	(1) 半径 R_i 的球面直接焊在筒体上，易制造 (2) 球面与筒体连接部分局部应力严重
锥形封头（底）	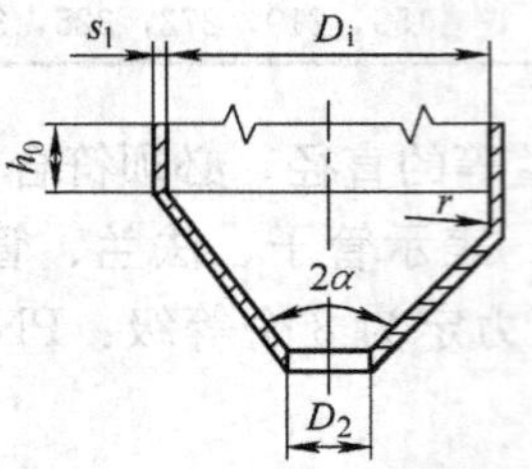	(1) 适用于某些设备的底盖，以便收集固体物或使流体分布均匀 (2) 制造较困难 (3) 无折边锥形封头的局部应力较大
平板封头（底）	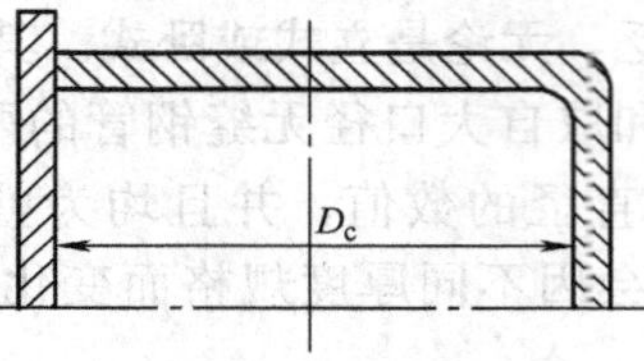	(1) 制造方便 (2) 边缘局部应力大，壁厚较其他封头大得多 (3) 适于常压或小型低压容器

(2) 封头形式的选择

1）一般压力容器封头（中、低压），在条件许可时，应采用受力状态好与制造难度不大的椭圆形封头。

2）当制造条件较差时可用碟形或无折边球形封头，但壁厚应适当加大或采用加固措施。

3）锥体封头（底）一般用于收集固体颗粒或使流体分布均匀的场合。此外，也常用于两直径不等设备的连接过渡段（变径段）。

4）平板封头一般用作常压容器的盖或底。直径较大时应加固。当制造条件较差时，也可考虑作小型低压设备的封头。压力容器上的孔盖、法兰盖等也属平板封头。

4. 法兰连接

法兰连接是可拆连接的一种。由于法兰连接有较好的强度和密封性，使用范围也较广，因而在化工企业中广泛应用。

(1) 工作原理　所谓法兰连接，实际上是由一对法兰、密封垫片和螺栓、螺母、垫圈等零件组成。法兰是其中的一个主要零件。法兰连接结构见图 1-31。在螺栓的作用下，法兰将垫片夹紧（称预紧）。当垫片承受的压强达一定值时发生变形并填满法兰密封面上的不平处，从而阻止设备中或管道中的流体外泄。

法兰的整个工作过程可简单地分为预紧工况与操作工况来分析。

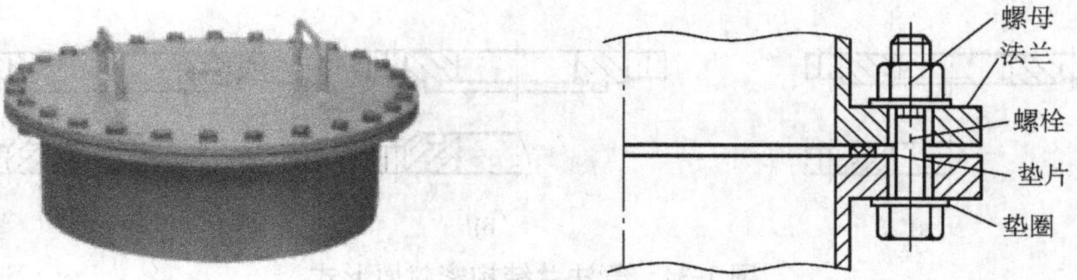

图 1-31　法兰连接

预紧工况：预紧螺栓时，螺栓力通过法兰压紧面作用到垫片上，使垫片发生弹性或塑性变形，以填满法兰压紧面上的不平间隙，如图 1-32a 所示，这就为阻止介质泄漏形成了初始密封条件。形成初始密封条件时在垫片单位面积上受到的压紧力，称为预紧密封比压。

操作工况：当通入介质压力时，如图 1-32b 所示，螺栓被拉长，法兰压紧面沿着彼此分离的方向移动、垫片的压缩量减小，垫片产生部分回弹，预紧密封比压下降。如果垫片具有足够的回弹能力，使压缩变形的回复能补偿螺栓和压紧的变形，使预紧密封比压值不小于某一值（这个比压值称为工作密封比压），则密封良好。反之，如果垫片的回弹能力不足，预紧密封比压下降到工作密封比压之下，则密封失效。可见，在操作工况下，为了保持紧密不漏，垫片上必须留有一定的残余压紧力，螺栓和法兰都必须具有足够高的强度和刚度，使螺栓在容器内压形成的轴向力作用下不发生过大的变形。

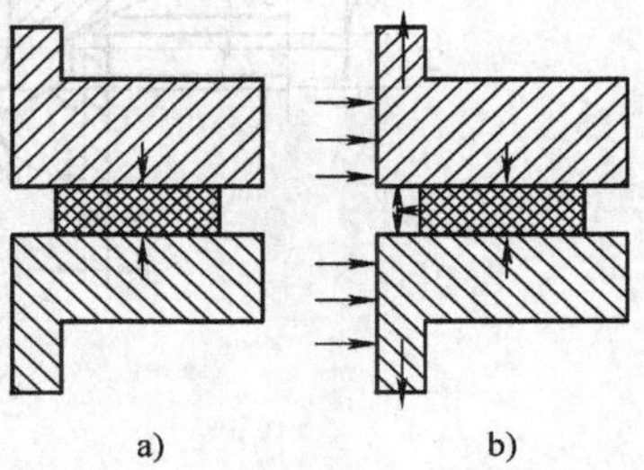

图 1-32　法兰密封垫片受力
a）预紧工况　b）操作工况

（2）分类　化工设备用的法兰有两类：管法兰和压力容器法兰（或称设备法兰）。前者用于管道连接，后者用于设备筒体（或封头）的连接。

管法兰相关标准：HG 20592～20635—2009。

设备法兰相关标准：JB/T 4700～4707—2000。

标准法兰的主要参数是公称直径 Dg 和公称压力 Pg。管法兰和设备法兰即使公称直径相同，它们的实际尺寸也是不一样的，选用时必须注意区别。

（3）法兰的结构与密封面形式

1）管法兰。常用的管法兰结构形式有：平焊法兰、对焊法兰、螺纹法兰、活套法兰和法兰盖等（图 1-33）。材料有碳钢、铸铁、不锈钢及铜合金、铝合金等。密封面形式主要有平面（图 1-34a）、凸凹面（图 1-34b）和榫槽面（图 1-34c）。

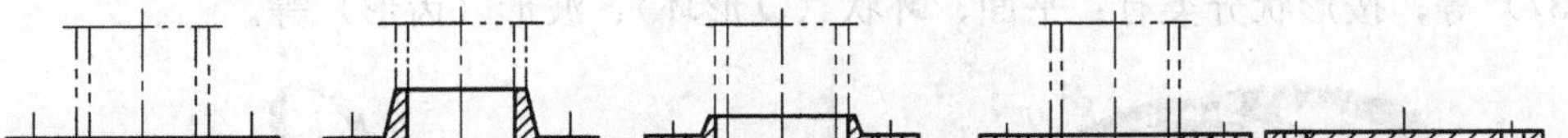

图 1-33　管法兰结构形式
a）平焊法兰　b）对焊法兰　c）螺纹法兰　d）活套法兰　e）法兰盖

2）压力容器法兰。其结构标准规定三种形式：甲型平焊法兰、乙型平焊法兰、长颈对

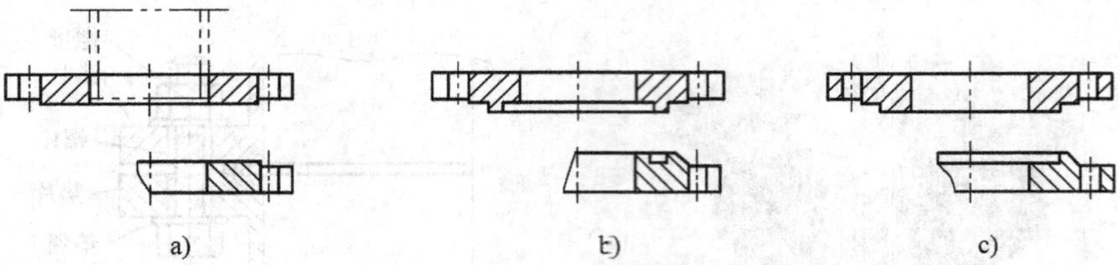

图 1-34　管法兰结构密封面形式

a）平面密封　b）凸凹面密封　c）榫槽面密封

焊法兰，如图 1-35 所示。材料有 Q235F、Q345 等。密封面形式有平面、凸凹面和榫槽面。

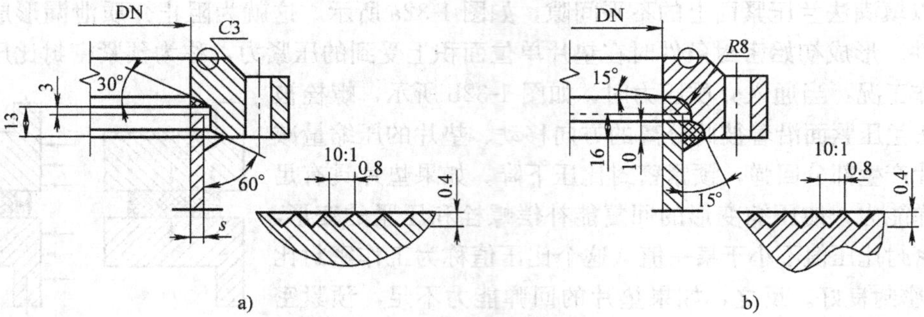

图 1-35　压力容器法兰

a）甲型平焊法兰　b）乙型平焊法兰

（4）标准法兰的设计方法

1）根据介质的化学特性、温度，选择适宜的法兰材料。一般法兰材料与筒体、管道材料一致，在后者为不锈钢或其他贵重材料以及要求防介质腐蚀时，可用活套法兰、衬环法兰等结构。

2）根据操作压力与操作温度，设备、管道的公称直径以及材料，选择法兰形式与密封面的形式。一般 Pg＜0.6MPa 用平焊平面法兰；凹凸面与榫槽面法兰由于垫片安放在槽内，不易被内压挤出或被物料侵蚀，严密性好，故用于压力较高、物料易燃、易爆或有毒的场合，Pg＝2.5～4.0MPa 时，应采用窄槽面。

3）根据设备、管道最高工作压力与操作温度、法兰材料等，按标准确定法兰的公称压力。对于一定法兰形式及密封面的形式，可查标准图确定法兰的全部尺寸。

5. 垫片

垫片的种类很多，按材料分类有：橡胶板、塑料板、石棉板、石棉橡胶板、缠绕垫片（薄金属带与石棉带一起缠绕成形，如图 1-36 所示）、金属片包裹石棉垫片、金属垫片（图 1-37）等；按形状分类有：平面、环状（O 形环）、波形（齿形）等。

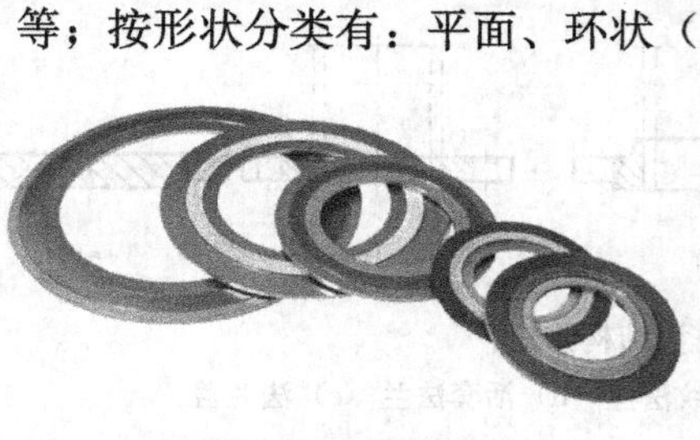

图 1-36　缠绕垫片

图 1-37　金属垫片

普通橡胶垫片适用于温度低于 120℃的场合。石棉橡胶板用于对水蒸气温度低于 450℃，对油类温度低于 350℃，压力小于 5MPa 以下的情况。对于一般的腐蚀性介质，最常用的是耐酸石棉板。在一些重要场合，则可用聚四氟乙烯作垫片材料。缠绕垫片具有多道密封作用，可做成较大直径而没有接口，并有较好的弹性。因此，在温度、压力有较大波动时，应用缠绕垫片较适宜。

各种法兰的密封垫片也已有标准规定，常用的有非金属软垫片（JB 1161—1982），缠绕垫片（JB 1162—1982），金属包垫片（JB 1163—1982）等。

6. 手孔和人孔

为了便于安装、检修或清洗设备内部的装置，需要在设备上开设人孔或手孔。人孔、手孔的基本结构类如图 1-38 所示，也有标准化规定。目前所用的标准为 HG/T 21514～21535—2005《钢制人孔手孔》，该标准的适用范围为公称压力 0.25～6.3MPa，工作温度 −40～500℃。设计时可以依据设计条件直接选用。

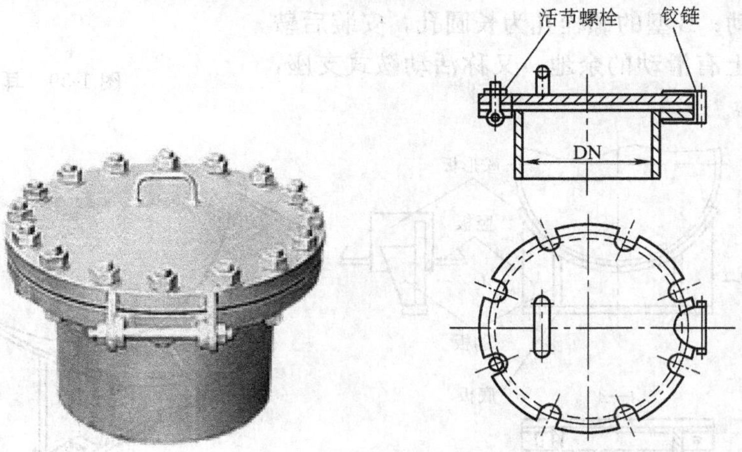

图 1-38　人孔基本结构

手孔的直径一般为 150～250mm，标准中手孔的公称直径有 DN150 和 DN250 两种。手孔的结构一般是在容器上接一短管，并在其上盖一盲板。标准规定的手孔有 8 种形式，它们是：常压手孔、板式平焊法兰手孔、带颈平焊法兰手孔、带颈对焊法兰手孔、回转盖带颈对焊法兰手孔、常压快开手孔、旋柄快开手孔、回转盖快开手孔。

当设备的直径超过 900mm 时，应开设人孔。人孔的形状有圆形和椭圆形两种。椭圆形人孔的短轴应与受压容器的筒身轴线平行，椭圆形人孔的尺寸为 450mm×350mm。

一般情况：① 容器直径为 900mm～1000mm 时，应选 DN400 人孔；② 容器直径为 1000mm～1600mm 时，应选 DN450 人孔；③ 容器直径为 1600mm～3000mm 时，应选 DN500 人孔；④ 容器直径≥3000mm 时，应选 DN600 人孔。

7. 支座

设备的支座用来支承设备的重量和固定设备的位置。支座有适用于立式设备和卧式设备两大类，分别按设备的结构形状、安装位置、材料和载荷情况而有多种形式。下面介绍几种典型支座。

(1) 耳式支座　又称耳架，广泛应用于立式设备。耳式支座结构的各项参数已标准化，标准号为 JB /T 4712.3—2007《耳式支座》，根据载荷的大小来选用。标准中规定有 A 型和 B

型两种：A型的肋板和底板较窄，适用于将设备安装在钢架梁上；B型的肋板和底板较宽，适用于在楼板、水泥梁上安装，或在有保温层的设备上安装，如图1-39所示。

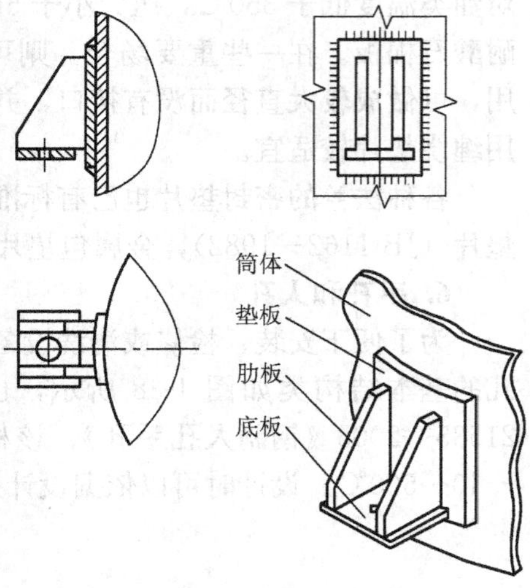

图1-39　耳式支座

(2) 鞍式支座　卧式设备中应用最广的一种支座。鞍形板实际起着垫板的作用，可改善受力分布情况。

鞍式支座的结构和尺寸也有标准，标准号为JB/T 4712.1—2007《鞍式支座》。标准中规定了适用于Dg150～Dg3600共33种不同直径的鞍式支座尺寸系列，并按设备的直径大小，分成四种结构形式，每种又分A、B两型。A型的地脚螺栓孔为圆孔，安装后鞍座固定不动；B型的螺栓孔为长圆孔，安装后鞍座能在基础面上有滑动的余地，又称活动鞍式支座，如图1-40所示。

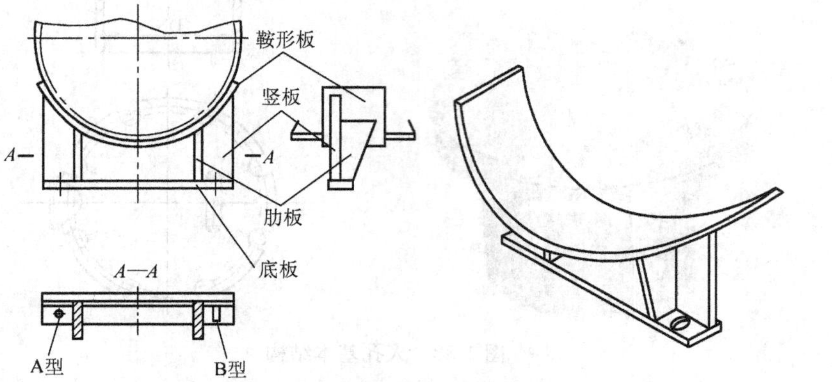

图1-40　鞍式支座

(3) 裙式支座　用钢板卷焊成圆筒或锥形并焊于容器底部的支承结构。可用作直立塔式容器或小型球形容器的支座，简称裙座。裙座属直立自支承式支座，即容器重量通过容器自身传给支座和地基，不产生附加弯矩。它主要由裙座体、地脚螺栓及地脚螺栓座组成，裙座体有圆筒形和锥形两种。与圆筒形裙座相比，锥形裙座可安置更多的地脚螺栓，稳定性好，适用于高径比大的容器。裙座的优点是受力合理，承载能力大，缺点是结构较复杂。裙座结构如图1-41所示。裙式支座目前尚无标准，设计时可参考JB/T 4710—2005《钢制塔式容器》。

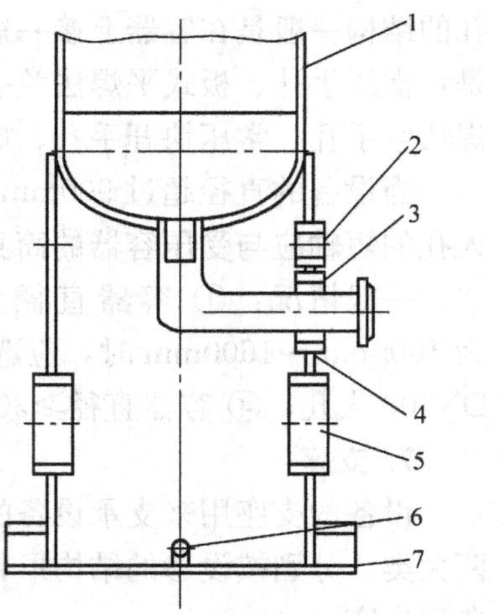

图1-41　裙式支座

1—塔体　2—排气管　3—引出管通道　4—裙座
5—人孔　6—热液孔　7—地脚螺栓座

(4) 腿式支座　腿式支座是压力容器支座类型中的一种，用于立式设备，标准号为JB/T 4712.2—2007《腿式支座》。这种支座的支腿可采用钢管、型钢制造，其结构由一块底板、一块盖板、一个支柱焊接而成。底板上有螺栓孔，用螺栓固定设备于地基之上。一般在设备周围均匀分布三个腿式支座，大一点的设备可以用四个。其结构如图 1-42 所示。

图 1-42　腿式支座

其他几种已标准化的零部件如液面计、视镜、凸缘、温度计接头、补强圈等，可参阅有关的设计手册。

习　题

1-1　化工容器的主要结构包括哪几部分？

1-2　化工容器可分成哪几类？除了课本介绍的几种分类方式外，你还知道哪些分类方式？请举例说明。

1-3　化工生产对化工设备的基本要求有哪些？

1-4　试阐述搅拌反应釜的组成及各主要组成部分的功用。

1-5　反应釜的传热装置有哪些？各运用在什么情况之下？

1-6　搅拌器有哪些形式，各适用于何种反应情况？

1-7　列管式换热器有哪几种类型，其中管子与壳体之间无温差应力的换热器有哪几种？

1-8　固定管板式列管换热器管壳之间易产生温差应力，为什么在现实中应用还较为广泛？

1-9　管子与管板之间的连接通常有三种方式，试比较这三种方式各自的优缺点。

1-10　折流板有何作用？它可分为哪几类？

1-11　填料塔由哪几部分组成，它与板式塔在结构上有何区别？

1-12　试阐述填料的种类及其运用情况。

1-13　试阐述喷淋装置的种类及各自的优缺点。

1-14　板式塔由哪几部分组成？试说明各主要组成部分的作用。

1-15　试比较泡罩塔、浮阀塔和筛板塔三种板式塔的优缺点。

1-16　化工设备上通用零部件标准的最基本参数是？

1-17　法兰密封面的形式有哪三种？

1-18　设备支座最常用的标准化结构有哪几种？

第 2 章

化工设备材料及热处理

2.1 化工设备材料选用原则

材料的选用受到多方面因素的制约，主要应考虑使用性、工艺性和经济性等原则。

1. 使用性原则

使用性是指材料所能提供的使用性能指标对零件功能和寿命的满足程度。使用性原则选材的主要依据是材料的力学性能（使用性能）指示和零件的工作情况。首先应分析零件所受载荷的大小和性质，应力的大小、性质及分布情况，它们是选材的基本依据。在满足强度或刚度要求的前提下，尽量考虑其他因素，如工作的繁重程度，摩擦磨损的程度，工作温度和工作环境状况，零件的重要程度，安装部位对零件尺寸和质量的限制等。

2. 工艺性原则

所选材料要保证零件能方便地制造出来，即应与零件的结构和复杂程度、尺寸大小和毛坯的制造方法相适应。例如，外形复杂、尺寸较大的零件，若用铸造毛坯，则应选用适合铸造的材料；若用焊接毛坯，则应选用焊接性较好的材料；尺寸小，外形简单、批量大的零件适于冲压或模锻，所选材料的塑性就应较好。

零件材料的选用和零件的结构设计是互相影响的。在选用材料时要考虑到零件的结构形状，而在零件的结构设计时，又应考虑到零件所选材料及毛坯的制造方法。

3. 经济性原则

材料及其加工的经济性是选材的重要条件，它要求在保证零件使用性能的前提下，尽可能优化设计方案，选用廉价材料并降低其加工和使用过程中的费用。此外，还应考虑材料的供应和管理问题，选材时应尽量减少品种规格，以便于采购和管理。

应该指出，上述选材的三条原则是彼此相关的有机整体，在选材时应综合考虑数个方案，经分析对比确定最佳方案。

2.2　化工设备常用材料

化工设备常用材料分为三大类：金属材料、非金属材料和复合材料。

金属材料分为钢铁材料和非铁金属材料两大类，非铁金属材料包括除钢铁以外的金属及合金。

非金属材料包括陶瓷、玻璃、工程塑料、橡胶、石墨等。

复合材料是由两种或两种以上不同性质的材料，通过物理、化学方法，组成的具有新性能的材料。

2.3　金属材料的力学性能

力学性能是指材料在受力过程中强度和变形方面所表现出的性能。材料的力学性能都是通过试验得出的。试验不仅是确定材料的力学性能的唯一方法，而且也是建立理论和验证理论的重要手段。

2.3.1　金属材料的强度与塑性

（1）强度　指金属材料在外力作用下对变形与断裂的抵抗能力。衡量材料强度的指标有屈服强度 σ_s 和抗拉强度 σ_b。一般材料到达屈服强度 σ_s 后将出现不能消失的塑性变形，抗拉强度 σ_b 是材料能够承受的最大的强度极限值。

（2）塑性　指金属材料在外力作用下产生塑性变形而不破坏的能力。一般用伸长率 δ 或断面收缩率 Ψ 来反映材料塑性的好坏。

$$\delta=\frac{l_1-l}{l}\times100\%，\Psi=\frac{A-A_1}{A}\times100\%$$

式中，l_1 为拉伸后的长度；l 为原始长度；A_1 为收缩后断面的面积；A 为原始断面面积。

屈服强度 σ_s 和抗拉强度 σ_b 都是设计机械零件和评定金属材料质量的重要依据。零件工作时一般不允许产生塑性变形。强度高，机械的零件尺寸就可以减小，减轻自重，节省材料，降低成本。而材料的伸长率 δ 或断面收缩率 Ψ 值越大，说明材料的塑性越好。良好的塑性材料可以用于轧制、锻造、冲压等加工成形方法；塑性好的零件也可以避免机器在使用过程中万一超载而突然断裂，提高了工作的安全性。

2.3.2　金属材料的硬度

硬度是金属材料表面抵抗硬物压入而引起塑性变形的能力。硬度越大，表明材料抵抗塑性变形的能力越大，材料产生塑性变形就越困难。

硬度的测试方法广泛采用压入法。根据所使用压入法的不同硬度可分为布氏硬度、洛氏硬度、维氏硬度等。

（1）布氏硬度（HB）　1990 年瑞典工程师布利涅尔（Brinell）提出将一定直径的淬火钢球或硬质合金球，在规定载荷下压入被测金属的表面，并保持一定时间，然后卸除载荷，以金属表面压痕单位面积上所承受载荷的大小来确定被测金属材料的硬度。布氏硬度的单位为 MPa，一般不标出。

用钢球压头所测出的硬度值用 HBS 表示；用硬质合金球压头所测出的硬度值用 HBW 表示。布氏硬度的优点是测定结果较准确，缺点是压痕大。目前布氏硬度计一般以硬质合金球为压头，主要用于测定较软的金属材料的硬度。

(2) 洛氏硬度（HR） 1919 年美国洛克威尔提出：用金刚石圆锥体或淬火钢球作为压头，在一定试验力的作用下，将压头压入试样表面，经规定的保持时间后，卸除试验力，用测量的残余压痕深度计算被测材料的硬度。洛氏硬度有 HRA、HRB 和 HRC 三种标尺，其中以 HRC 应用最多，一般用于测量经过淬火处理后较硬材料的硬度。表 2-1 为洛氏硬度的分类。

表 2-1 洛氏硬度的分类

符　号	压　头	总载荷 /N	范　围	应　用
HRA	金刚石圆锥体 120°	588.4	20～88HRA	硬质合金，表面渗碳淬火或渗碳层
HRB	直径 1.5875mm 钢球	980.7	20～100HRB	非铁金属、退火处理、正火处理等，如铜铝，退火钢等
HRC	金刚石圆锥体 120°	1471	20～70HRC	调质钢、淬火钢等

(3) 维氏硬度（HV）[英国的维克斯（Vickers）公司] 维氏硬度的试验原理与布氏硬度的试验原理相同，但维氏硬度试验的压头不是钢球，而是用两面夹角为 136°的金刚石四棱锥体作为压头。维氏硬度载荷小（有 49.1N，98.1N，196.2N，294.3N，490.5N，981N 六种），压痕深度浅，适用于测量较薄的材料或表面硬化层的硬度，所以维氏硬度广泛用来测定金属镀层、薄片金属以及化学热处理后的表面硬度。

2.4 金属材料的物理和化学性能

2.4.1 物理性能

金属材料的物理性能主要有密度、熔点、热膨胀系数、热导率和导电率等。由于机械零件的用途不同，对其物理性能的要求也不同。例如飞机零件要选用密度小的材料来制造，电动机、电器零件要考虑材料的导电性等。同时，材料的物理性能对加工工艺也有一定影响，如锡基轴承合金、铸铁和铸钢的熔点各不相同，因此这三者的熔炼工艺有很大的不同；高速钢的导热性差，加热速度应很慢，否则会产生裂纹。

2.4.2 化学性能

化学性能是金属材料在常温或高温时抵抗各种化学作用的能力，如耐酸性、耐碱性和抗氧化性。

对于在腐蚀介质中或高温下工作的零件，由于其腐蚀作用比在空气中或室温下工作时更为强烈，因此在设计这类零件时，应特别注意金属材料的化学性能，并采用化学稳定性良好的合金，如化工设备、医疗机械可采用不锈钢。

2.5 金属材料的工艺性能

要将金属材料变成毛坯或零件，就要对其进行加工，来改变形状和尺寸。按加工原理的不同，主要的加工方法有四种：铸造、锻压、焊接和切削加工。其中切削加工主要用于零件的最终加工，而铸造、锻造和焊接主要用于生产毛坯，但在某些情况下也可以直接生产成品。

2.5.1 铸造

将熔化的金属浇注到铸型的型腔中，待其冷却后得到毛坯或直接得到零件的加工方法称为铸造。由铸造得到的毛坯或零件称为铸件。铸件的应用十分广泛，据统计，在机械设计中，铸件重量占整体重量的 50%～80%。

2.5.2 锻压

锻压是指锻造和板料冲压。锻造是指金属加热后，用锤或压力机使其产生塑性变形，从而获得具有一定形状、尺寸和力学性能的毛坯或零件的加工方法。锻造零件广泛用于机床、汽车、拖拉机、化工机器中，如齿轮、连杆、曲轴、刀具、模具等都采用锻造加工。

板料冲压是指板料在机床压力作用下，利用装在机床上的冲模使其变形或分离，从而获得毛坯或零件的加工方法。

2.5.3 焊接

焊接是一种永久连接金属材料的工艺方法。它是通过局部加热、加压或同时加热加压的方法，使分离金属借助原子间结合与扩散作用而连接起来的工艺方法，其应用广泛。

2.5.4 切削加工

金属切削加工是利用金属切割工具，从金属坯件上切去多余金属，从而获得成品或半成品金属零件的加工方法。切削加工分机械加工和钳工两大类，常用的机械加工有：车削、钻削、镗削、刨削、铣削及磨削加工。

2.6 金属材料的热处理

所谓热处理是指将钢用适当的方法进行加热、保温和冷却（图 2-1），从而改变钢的内部组织和改善钢的性能的一种工艺方法。生产中不但各种刀具、工具要进行热处理，使它们具有足够的硬度，而且对于一些重要机械零件，如轴、齿轮、凸轮等也要进行热处理。通过热处理能显著改善金属材料的力学性能，延长其使用寿命。

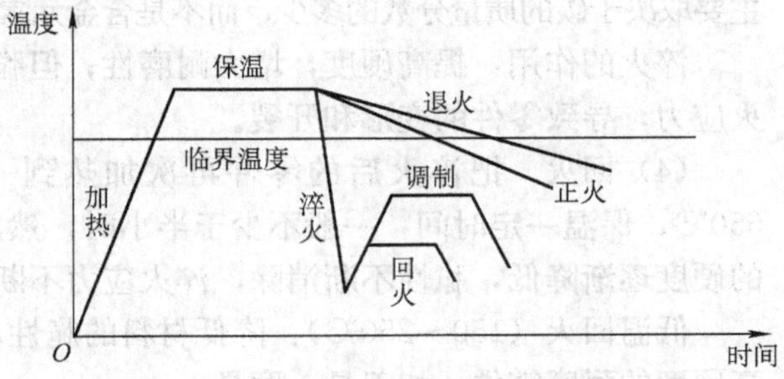

图 2-1　钢的热处理

热处理的作用是在不改变工件的形状和尺寸的条件下，改变工件材料的力学性能，从而满足了工件的不同使用要求。热处理能发挥金属材料的潜在性能，使零件的尺寸和重量减小，质量可以进一步提高。

应当指出，材料的力学性能主要取决于材料的成分，以及内部的组织，包括组织晶粒的粗细，这是事物变化的内因。但没有外因，材料内部的组织是不会起变化的。因此通过热处理这个外因，促使金属内部组织发生变化改变材料的性能，满足使用要求。

根据热处理的目的、要求和工艺方法不同，通常的热处理方法大致分类如下：

- 热处理
  - 普通热处理
    - 退火
    - 正火
    - 回火
    - 淬火
  - 表面热处理
    - 表面淬火
      - 感应加热表面淬火
      - 火焰加热表面淬火
    - 化学热处理
      - 渗碳
      - 渗氮
      - 碳氮共渗及其他

2.6.1 普通热处理

(1) 退火　加热至临界温度以上（临界温度指使钢组织转变的温度，不同钢的临界温度不同，一般是 710～760℃），然后在此温度下保持一定时间，再在炉中慢慢冷却。退火主要用于铸件和焊件。

退火的作用：降低材料的硬度，提高塑性，细化结晶组织结构，改善切削加工性能，消除铸件、锻件及焊接件由于冷热变形引起的内应力。

(2) 正火　正火热处理操作与退火基本相同，只是冷却速度较退火快，一般在空气中冷却。正火用于低、中碳钢。

正火的作用：可获得较细的结晶组织结构，改善材料的综合力学性能，得到较高的强度、硬度。

(3) 淬火　把钢加热到临界温度以上，经保温后快速冷却。常用盐水和油作为冷却剂。淬火后硬度高且脆，必须经过回火消除其淬火应力，所以淬火和回火两种热处理工艺操作常常是零件的最终热处理。

注意：碳的质量分数相同的合金钢和碳钢，淬火后的最高硬度基本相同，这说明淬火的硬度主要取决于碳的质量分数的多少，而不是合金元素的存在与否，但合金钢的淬透性比碳钢好。

淬火的作用：提高硬度，增大耐磨性；但脆性也增加，塑性、韧性降低，形成较大的淬火应力，导致零件的变形和开裂。

(4) 回火　把淬火后的零件再次加热到一定温度（低于临界温度），一般为 150～650℃，保温一定时间，一般不少于半小时，然后在空气中冷却。随着回火温度的升高，钢的硬度逐渐降低，脆性不断消除，淬火应力不断减少。一般回火分为三种：

低温回火（150～250℃）：降低材料的脆性和淬火应力，能保持高的硬度，适用于要求高硬度的耐磨零件，如刀具、磨具。

中温回火（350～500℃）：保持在一定韧性的条件下，提高材料的弹性和屈服强度，适用于各种弹簧和承受冲击的零件。

高温回火（500～650℃）：可提高和改善材料的综合力学性能，包括强度、硬度、塑性和韧性等，如：连杆、齿轮和轴。

2.6.2　表面热处理

（1）表面淬火　对于一些要求表面有高硬度以增加其耐磨性，而心部有高韧性以提高其抵抗冲击能力的零件，可以采用表面热处理，即对钢的表层进行淬火的工艺。表面热处理主要有感应加热表面淬火和火焰加热表面淬火。

（2）化学热处理　把零件放入化学介质（如碳、氮等）中加热、保温，使介质元素渗入零件表层中，改变其化学成分，从而使表层的组织性能变化。

1）渗碳。渗碳可提高零件表面硬度和耐磨性，心部仍保持塑性和韧性，适用于低碳钢和低碳合金钢。

2）渗氮。可在零件表面形成高硬度层，但是不能承受大的冲击和压力。常用的材料为渗氮钢 38CrMoAl。

3）碳氮共渗（氰化处理）。碳氮共渗以后，淬火、低温回火，其渗层的硬度和耐磨性比渗碳层高；氰化温度比渗碳温度低，故零件变形小。它适用于低碳钢和中碳钢。

2.7　金属材料的种类

2.7.1　钢铁材料

钢铁材料的品种多、规格全、性能好、价格低并且可用热处理的办法改善其力学性能，是工业中应用最广的材料。按照碳的质量分数的不同分为钢（$<2.11\%$）和铸铁（$>2.11\%$）。钢按照化学成分的不同又分为碳钢和合金钢。

1. 碳钢

碳钢的分类方法很多：

1）按钢中碳（C）的质量分数分为低碳钢（$w_C<0.25\%$）、中碳钢（$0.25\%<w_C<0.6\%$）、高碳钢（$w_C>0.6\%$）。

2）按钢所含硫 S、磷 P 的质量分数分为普通钢（$w_S\leqslant0.05\%$，$w_P\leqslant0.045\%$）、优质钢（$w_S\leqslant0.035\%$，$w_P\leqslant0.035\%$）和高级优质钢（$w_S\leqslant0.025\%$，$w_P\leqslant0.025\%$）。

3）按钢的用途分为结构钢和工具钢。结构钢是制造一般机械零件和工程结构的钢，其碳的质量分数一般都小于 0.7%。工具钢主要用于制造各种刀具、量具、模具，其碳的质量分数一般都大于 0.7%。

（1）普通碳素结构钢　该类钢对化学成分要求不严格，但必须保证其力学性能。普通碳素结构钢，其冶炼容易、工艺性能好、价廉、产量较大，广泛用于制造一般机械零件和其他金属结构件。钢牌号的表示方法是用屈服强度的“屈”字汉语拼音首位字母 Q，屈服强度数值、质量等级符号（A、B、C、D）、脱氧方法（镇静钢 Z、特殊镇静钢 TZ、沸腾钢 F）等四部分按顺序组成。

例如：Q235AF 即表示屈服强度数值为 235MPa 的 A 级沸腾钢。若为镇静钢和特殊镇静钢，其符号“Z”和“TZ”可予以省略。

碳素结构钢的牌号、力学性能及用途见表 2-2。

表 2-2 碳素结构钢的牌号、力学性能及用途

牌号	等级	力学性能			用途
		屈服强度 σ_s/MPa	抗拉强度 σ_b/MPa	伸长率 δ（%）	
Q195	—	195	315～390	33	用于制作钉子、铆钉、及轻载荷的冲压件
Q215	A B	215	335～410	31	
Q235	A B C D	235	375～460	26	用于制作小轴、拉杆、连杆、螺栓、螺母、法兰等不太重要的零件
Q275	A B C D	275	410～610	24	用于制作拉杆、连杆、转轴、心轴、齿轮、键等

（2）优质碳素结构钢　该类钢既要保证力学性能、又要保证化学成分，且钢中的 S、P 等有害杂质较少。常用于制造比较重要的机械零件，一般要进行热处理。牌号用两位数字表示，这两位数字表示钢中碳的平均质量分数的万分数。如 45 钢表示碳的平均质量分数为 0.45%。如果是高级优质钢，则在牌号后面加“A”表示，如果是沸腾钢则加“F”。锰的质量分数较高时则在牌号后面加锰元素符号“Mn”，如 40Mn、70Mn。

低碳钢强度低，而塑性、韧性和焊接性好，易于冲压加工，主要用于制造受力不大，不需淬火的零件，如螺钉、螺母、冲压件和焊接件等。最常用的是 20 钢。中碳钢具有较高的强度和硬度，其塑性随碳的质量分数的增加而降低，可加工性良好，一般需经正火或调质后使用，应用广泛，多用于制造齿轮、连杆和各种轴类零件等，最常用的是 45 钢。高碳钢热处理后具有高强度、高硬度和良好的弹性，但可加工性、淬透性和焊接性差，主要用于制造弹簧和要求耐磨损的零件。优质碳素结构钢的牌号、力学性能及用途见表 2-3。

表 2-3 优质碳素结构钢的牌号、力学性能及用途

牌号	力学性能			用途
	屈服强度 σ_s/MPa	抗拉强度 σ_b/MPa	伸长率 δ（%）	
08F	175	295	35	管子、垫片，要求不高的渗碳或碳氮共渗零件。如套筒、短轴
08	195	325	33	
10	205	335	31	冷冲压件、连接件及渗碳零件，如心轴、套筒、螺栓、螺母、吊钩、摩擦片、离合器盘等
20	245	410	25	
30	295	490	21	调质零件，如齿轮、套筒、连杆、轴类零件及连接件等
40	335	570	19	
45	355	600	16	
50	375	630	14	

（续）

牌　号	力学性能			用　途
	屈服强度 σ_s/MPa	抗拉强度 σ_b/MPa	伸长率 δ（%）	
60 70 85	400 420 980	675 715 1130	12 9 6	弹簧、弹性垫圈、凸轮及易磨损零件

（3）铸钢　铸钢主要用于制造承受重载的大型零件，较少受尺寸、形状和重量的限制。铸钢的牌号以“ZG”表示，后面的两组数字分别表示其屈服强度和抗拉强度值，如 ZG 310-570。铸钢常用来制造泵体、阀体齿轮、高压法兰和阀等。常用铸钢的牌号、力学性能及用途见表 2-4。

表 2-4　常用铸钢的牌号、力学性能及用途

牌　号	力学性能			用　途
	屈服点 σ_s/MPa	抗拉强度 σ_b/MPa	伸长率 δ（%）	
ZG 200-400	200	400	25	各种形状机件，如机座、变速器箱等
ZG 230-450	230	450	22	机座、机盖、箱体等，焊接性良好
ZG 270-500	270	500	18	飞机、机架、蒸汽锤、联轴器、承压机等，焊接性能尚好
ZG 310-570	310	570	15	联轴器、汽缸、齿轮、重载机架等
ZG 340-640	340	640	10	起重运输机中的齿轮、联轴器等重要机件

（4）碳素工具钢　通常指碳的质量分数为 0.65%～1.35%的高碳钢，经淬火和回火后硬度很高且耐磨性好，专门用来制造切削刀具和工具，如车刀、铣刀、钻头、锉刀和锯等。

按质量分为普通碳素工具钢和高级优质碳素工具钢两种：碳素工具钢的牌号以“T”表示，后面的数字表示碳的平均质量分数的千分数。例如：T10 表示碳的平均质量分数为 1%的普通碳素工具钢；如为高级优质钢，后面加注“A”，如 T10A。

2. 合金钢

在碳素钢中加入一定量的合金元素（如硅、锰、铬、镍、钼、钛、钒等），即构成合金钢。由于合金元素的存在，合金钢的性能比碳钢好，主要表现在：① 有好的淬透性，即淬火时冷却速度不必太快，可以获得一定的淬透层深度。② 有较高的综合力学性能，既具有一定的强度和硬度，又具有较高的塑性和韧性。③ 具有一些特殊的性能，如耐热、耐低温、耐腐蚀等。但应注意，使用合金钢时要进行热处理，以便充分发挥其潜在能力。合金钢常用于制造受载荷较大的重要零件。合金钢按用途可分为合金结构钢、合金工具钢和特殊性能钢三类。

（1）合金结构钢　牌号以“两位数字＋合金元素符号＋数字”表示。前面的两位数字表示碳的平均质量分数的万分数，合金元素符号后的数字表示该元素质量分数的百分数，质量分数低于1.5%的元素后面不加注数字，如20Mn2表示碳的平均质量分数约为万分之二十，锰的平均质量分数约为2%。

合金结构钢根据性能和用途的不同，又可分为低合金高强度结构钢、易切削钢、合金渗碳钢、合金调质钢、合金弹簧钢和滚动轴承钢等。

（2）合金工具钢　合金工具钢是在碳素工具钢的基础上加入少量合金元素（硅、锰、铬、钒等）制成的。由于合金元素的加入，提高了材料的热硬性、耐磨性，改善了热处理性能。合金工具钢常用来制造各种量具、模具和刀具等。

合金工具钢的牌号表示方法与合金结构钢相似。但碳的质量分数的表示方法为：碳的平均质量分数大于1%时，钢号中不标出。碳的平均质量分数小于1%时，则以千分之几（一位数字）表示。如CrMn钢的碳的平均质量分数为1.3%～1.5%，而9Mn2V钢的碳的平均质量分数为0.85%～0.95%。合金工具钢均属高级优质钢，牌号后不加标“A”。

合金工具钢又有合金工具钢和高速工具钢之分。低合金工具钢主要是含铬的钢，而高速工具钢是一种含钨、铬、钒等合金元素较多的钢。高速工具钢有很高的热硬性，当切削温度高达550℃时，其硬度仍无明显下降；此外，它还具有足够的强度、韧性和耐磨性，所以它是重要的切削刀具材料。常用的高速工具钢有W18Cr4V、W6Mo5Cr4V2等。

（3）特殊性能钢　含有较多合金元素，并且有某些特殊物理、化学性能的合金钢，其牌号表示方法与合金工具钢基本相同。常用的有不锈钢、耐热钢等。

不锈钢和耐热钢的牌号是以数字表示碳的平均质量分数的万分之几，合金元素符号后的数字表示该合金元素平均质量分数的百分之几。如12Cr13表示碳的平均质量分数为0.12%，Cr的质量分数为13%。

不锈钢是指在空气中耐腐蚀的钢。钢中的主要合金元素是铬和镍。因为铬与氧化合，在钢表面形成一层致密的氧化膜，保护金属内部进一步腐蚀。一般Cr的质量分数不低于12.5%的钢才具有良好的耐蚀不锈性能，适用于化工设备中的吸收塔、储槽、化工管道和容器等。常用的不锈钢有12Cr13、20Cr13、30Cr13、12Cr18Ni9、1Cr18Ni9等。

耐热钢是在高温下不发生氧化并具有较高强度的钢。钢中常含有较多铬和硅，以保证具有高的抗氧化性和高温下的力学性能。耐热钢用于制造在高温条件下工作的零件，如化工、炼油中的塔件、炉管、高温高压管、工业锅炉、汽轮机、内燃机等，常用的耐热钢有10Cr25N、40Cr10Si2Mo、12Cr16Ni35等。

3. 铸铁

碳的质量分数高于2%的铁碳合金称为铸铁。工业上常用铸铁的碳的质量分数一般为2.5%～4%。由于它具有良好的铸造性、可加工性，生产工艺简单，价格低廉，并且具有耐压、耐磨、减振等性能，所以在石油化工、交通运输、机械制造等行业获得广泛的应用。根据碳在铸铁中存在形态的不同，铸铁可分为白口铸铁、灰铸铁、可锻铸铁、球墨铸铁等。

（1）白口铸铁　碳在铁中以渗碳体的形态存在，断口呈亮白色，故称白口铸铁。其性硬而脆，极难切削加工。除要求表面有高硬度和耐磨的铸件，如冷铸车轮、轧辊等表面是白口铸铁外，一般不用来制造机械零件，主要用作炼钢的原料。

（2）灰铸铁　碳在铸铁组织中以片状石墨的形态存在，断口呈灰色，故称灰铸铁。它的性能是软而脆，但具有良好的铸造性、耐磨性、减振性和可加工性。所以灰铸铁常用于受力不大、冲击载荷小、需要减振或耐磨的各种零件，如机床床身、机座、箱壳、阀体等。灰铸铁是生产中使用最多的一种铸铁。灰铸铁的牌号用“HT”及其最低抗拉强度的一组数字表示，如HT200表明它是最低抗拉强度为200MPa的灰铸铁。

（3）可锻铸铁　碳在铸铁组织中以团絮状石墨形态存在。它是由白口铸铁经长期高温退火而得的铸铁。团絮状石墨对金属基体的割裂作用较片状石墨小得多，所以有较高的力学性能，尤其是它的塑性、韧性较灰铸铁有明显的提高。但可锻铸铁仍然不能进行锻造。常用来制造汽车、拖拉机的薄壳零件、低压阀门和各种管接头等。可锻铸铁的牌号一般用“KTH”表示。

（4）球墨铸铁　碳在铸铁组织中以球状石墨形态存在。球化处理是在浇注前向一定成分的铁液中加入一定数量的球化剂（镁或稀土元素等）和石墨化剂（硅铁或硅钙合金），使石墨呈球状，对基体的割裂作用及应力集中都大为减小，因而有较高的力学性能。其综合力学性能优于灰铸铁，有的接近钢材，但价格低于钢材，因此广泛地应用于机械制造、交通、冶金等工业部门。

目前，球墨铸铁常用来制造汽缸套、曲轴、活塞、中压阀门等机械零件。球墨铸铁的牌号用“QT”及两组数字组成，两组数字分别表示最低抗拉强度和最低伸长率，例如QT400-18，其最低抗拉强度为400MPa，最低伸长率为18%。

（5）合金铸铁　在铸铁中加入合金元素而构成合金铸铁。例如，在铸铁中加入磷、铬、钼、铜等合金元素，可得到具有较高耐磨性的耐磨铸铁；在铸铁中加入硅、铝、铬等合金元素，可得到各种耐热铸铁；在铸铁中加入铬、钼、铜、镍、硅等元素，可得各种耐蚀铸铁等。它们主要应用于内燃机活塞环、水泵叶轮等耐磨、耐热、耐蚀的零件。

2.7.2　非铁金属材料

非铁金属材料是指除钢铁以外的其他金属，统称为非铁金属。非铁金属及其合金种类很多，具有许多特殊性能，如导电性和导热性好、密度低、摩擦因数小，在空气、海水以及酸碱介质中耐蚀性好等。在现代工业中除大量使用钢铁材料外，非铁金属材料也得到广泛的应用。非铁金属材料种类繁多，一般工业部门最常用的有铝及其合金、铜及其合金、钛及其合金、轴承合金等。

1. 铝及其合金

纯铝显著的特点是密度小（约为铁的1/3），导电性和塑性好，制造加工性好，但强度和硬度低。在空气中铝有良好的耐蚀性，铝在许多腐蚀性介质中能生成表面氧化膜，保护基体免受腐蚀。铝的纯度越高，耐蚀性越好，所以高纯铝用来制造浓硝酸的储槽。铝中加入适量的铜、镁、硅、锰等元素即构成铝合金，它有足够的强度、较好的塑性和良好的耐蚀性，且多数可以热处理强化。所以要求重量轻、强度高的零件多用铝合金。铝制化工设备具有钢制化工设备所没有的优异性能，因而它在化工生产中有许多特殊用途。例如，铝的导热性好，适于制作换热器。铝撞击时不会产生火花，可做储存易燃、易爆物料的容器。

铝合金分为变形铝合金和铸造铝合金两大类，变形铝合金具有较高的强度和良好的塑性，可通过压力加工制作各种半成品，且可以焊接，主要用作各类型材和结构件，如发动机机架、飞机大梁等。变形铝合金又分为防锈铝合金、硬铝合金、超硬铝合金和锻铝合金。

铸造铝合金包括铝镁、铝锌、铝硅、铝铜等合金。它们有良好的铸造性能，可以铸成各种形状复杂的零件，但塑性低，不宜进行压力加工。各类铸造铝合金的代号均以“ZL”加三位数字组成，第一位数字表示合金类别（1 为铝硅系，2 为铝铜系，3 为铝镁系，4 为铝锌系），第二、三位数字是顺序号。

2. 铜及其合金

纯铜外观呈紫红色，又称紫铜。纯铜具有很高的导电性和导热性，塑性好，但强度低，主要用于各种导电材料，如电线等。化工机械中主要用来做深度冷冻设备和换热器。工业上大多使用铜合金，铜合金分为青铜和黄铜两大类。

（1）黄铜　铜和锌的合金统称为黄铜。黄铜的强度、硬度和塑性随锌的质量分数的增加而升高。除了铜和锌以外，再加入少量其他元素的铜合金叫特殊黄铜，如锡黄铜、铅黄铜等。黄铜一般用于制造耐蚀和耐磨零件，如弹簧、阀门、管件等。

黄铜的牌号用“黄铜”或“H”与后面两位数字表示，数字表示铜的质量分数，其余为锌。如 H65 表示铜的质量分数为 65%，锌的质量分数为 35%。特殊黄铜则在牌号中标出合金元素的质量分数。例如 HPb59-1 表示铜的平均质量分数为 59%，铅的平均质量分数为 1%，其余为锌的铅黄铜。

（2）青铜　青铜是人类历史上应用最早的合金，青铜有锡青铜和无锡青铜之分。铜与锡组成的合金称为锡青铜。锡青铜有良好的力学性能、铸造性能、耐蚀性和减摩性，是一种很重要的减摩材料。主要用于摩擦零件和耐蚀零件的制造，如蜗轮、轴瓦以及泵壳、阀门等零部件。

除锡以外的其他合金元素与铜组成的青铜合金统称为无锡青铜，主要包括铝青铜和铍青铜等，它们通常作为锡青铜的廉价代用材料使用。

青铜的牌号以“Q”为第一位，后面标出主要元素的符号及其平均质量分数的百分数。青铜大部分是铸造加工的，牌号前加“Z”，例如 ZCuSn5Pb5Zn5 为铸造锡青铜，锡、铅、锌的质量分数各为 5%，余量为铜。

3. 轴承合金

轴承合金是用来制造滑动轴承的特定材料，它软硬适当，摩擦因数小，容易构成润滑油膜，形成良好的润滑状态。应用比较广泛的轴承合金有锡锑轴承合金、铅锑轴承合金和铝基轴承合金等。锡锑轴承合金和铅锑轴承合金，习惯上称为巴氏合金。

4. 钛及其合金

钛及钛合金具有比强度高，耐热性和耐蚀性好等特点，主要用作航空、航天、造船以及化工工业重要的结构材料。钛和铝一样很容易生成致密坚固的氧化膜保护基体，因而具有优越的耐蚀性。

纯钛是银白色轻金属，密度小、熔点高、强度低、塑性好，易加工成形。钛在大气、海水和很多腐蚀介质中具有优良的耐蚀性，它的抗氧化能力优于大多数奥氏体不锈钢。主要用于制造在 350℃以下工作的零部件，如飞机蒙皮、隔热板、热交换器等。

在钛中加入锰、铝或铬、钒等金属元素能获得力学性能优良的钛合金。钛还是很好的耐热材料，广泛应用于航空、航天工业。

2.7.3　非金属材料

非金属材料具有优良的耐蚀性，原料来源丰富，品种多样。既可以用做单独的结构材料，又能用做金属设备的保护衬里、涂层，还可做设备的密封材料、保温材料和耐火材料。

根据组成分为无机非金属材料、有机非金属材料两大类。

1. 化工陶瓷

化工陶瓷具有良好的耐蚀性，足够的不透性、耐热性和一定的强度。它的主要原料是黏土、瘠性材料和助溶剂，用水混合后经过干燥和高温焙烧，形成的表面光滑、断面细密的石质材料。陶瓷导电性差，线膨胀系数较大，受撞击或温差急变时易破裂。

在化工生产中，化工陶瓷的应用日益广泛，主要产品有塔、储槽、泵、阀、管道、管件、搅拌器等。

2. 化工搪瓷

化工搪瓷是由硅的质量分数高的瓷釉，通过900℃左右的高温煅烧，使瓷釉紧密附着在金属表面制成的产品。化工搪瓷能耐除强碱外的各种浓度的酸类、盐类、有机溶剂和弱碱的腐蚀。化工搪瓷设备具有金属设备的力学性能，但搪瓷层较脆易碎裂，且不能用火焰直接加热。

化工搪瓷在化工生产中用于制作换热器、蒸发器、储罐、塔和阀门等。

3. 玻璃

制作化工设备的玻璃不是一般的钠钙玻璃，而是硼玻璃和高铝玻璃，它们具有良好的热稳定性和耐蚀性。玻璃光滑，流体阻力小，不易结垢粘附，不会污染物料。玻璃透明，可以直接观察内部情况，但质脆，耐温度急变性差，不耐冲击和振动。目前已成功地采用在金属管道内衬玻璃或用玻璃钢加强玻璃管道的办法，以弥补其不足之处。

玻璃可制作管道和管件，也可制作容器、反应器、泵和换热器等。

4. 工程塑料

塑料是以高分子聚合物（通常称为树脂）为基础，加入一定添加剂，在一定温度、压力下可塑制成形的材料。按塑料的应用范围可分为通用塑料、工程塑料和耐高温塑料等。工程塑料是指常在工程技术中用作结构材料的塑料。它们的机械强度高、质轻、绝缘、减摩、耐磨，具备耐热、耐蚀等性能，而且成形工艺简单，生产效率高，是一种良好的工程材料，因而可代替金属制作某些机械零件或用于其他特殊场合。

工程塑料在机械工业中应用比较广泛，大量用于制造小型零件（齿轮、轴承等），以代替非铁金属及其合金。在化工生产中工程塑料用于制作各种化工设备如容器、反应器、泵、塔、阀门等。

5. 橡胶

橡胶是以高分子化合物为基础的具有显著弹性的材料。在较小外力作用下，能产生很大的变形，外力去除又很快恢复原状，故它有优良的储能能力。此外，橡胶还具有耐磨、隔热、绝热等性能，广泛用于制造密封件、减振件、轮胎、电线电缆的绝缘层等。

6. 不透性石墨

石墨是碳的同素异构物，根据它的来源可分为天然石墨和人造石墨两种。不透性石墨属于人造石墨。用各种树脂浸渍石墨以消除空隙即得到不透性石墨。它具有较高的导热性和化学稳定性，热膨胀系数小，耐温度急变性好，不污染物料而保证产品的纯度，切削加工方便，相对密度小，但是机械强度低，而且质脆。

不透性石墨的耐蚀性主要取决于浸渍树脂的性能。由于不透性石墨的导热性好，因而常用来制作强腐蚀性介质的换热器，也可用作泵和反应器上的机械密封环等。

2.7.4　复合材料

复合材料是由两种或两种以上不同性质或不同组织的组分，以宏观或微观方式复合形成的新型材料，一般由基体组元和增强相或功能组元组成。常用复合材料有以下几种。

1. 玻璃钢

基体：树脂。增强体：玻璃纤维。

性能：强度高、密度小（钢的 1/4)、耐蚀性强、绝缘性好。

应用：人造卫星、导弹和火箭外壳（瞬时耐高温性能），雷达罩（不反射无线电波，微波透过性好），电动机、电器及仪表的绝缘零部件，各种管道、泵、阀门、容器等。

2. 碳纤维增强树脂基复合材料

基体：树脂。增强体：碳纤维。

性能：高的比强度和比模量，良好的高温性能，优良的抗疲劳性能、耐冲击、减摩耐磨、耐腐蚀等。

应用：制造需要承载、耐磨的零件，如轴承、密封圈、齿轮等。多用于化学工业、汽车制造业、航空航天和国防工业等。

3. 颗粒增强铝基复合材料

基体：铝合金。增强体：SiC、Al_2O_3、B_4C 及石墨等。

性能：重量轻、比强度高、耐疲劳、耐磨损、热膨胀系数低、尺寸稳定性好、缺口敏感性低。

应用：超大规模集成电路基板、各种结构型材和耐磨部件。

4. 碳/碳（C/C）复合材料

基体：碳。增强体：碳纤维。

性能：强度和冲击韧性特别高，比强度高，高温强度好（2500℃)，良好的耐蚀性和抗热振性。

应用：主要用于航空航天、军事和生物医学，如洲际导弹头部的隔热罩、固体火箭喷管、飞机制动片、赛车制动系统等。

习　题

2-1　什么是金属材料的力学性能？金属材料的力学性能主要有哪些？

2-2　什么是强度？用什么符号和单位表示？

2-3　什么是塑性？用什么指标表示？

2-4　什么是硬度？常用测量硬度的方法有哪几种？

2-5　什么是金属材料的物理性能和化学性能？

2-6　金属材料的工艺性能主要包括哪些方面？

2-7　什么是钢的热处理？工程上常用的热处理工艺有哪些？其目的是什么？

2-8　说明下列材料的牌号的意义：

Q235、45、40Cr、65Mn、ZG 230-450、HT200、12Cr13

2-9　金属材料的一般选用原则是什么？

2-10　常见的非金属化工材料有哪些？适用于哪些设备？

第3章

化工生产常用图样简介

3.1 概述

化工工程设计是由多方面专业技术人员共同配合、协作完成的。化工工艺人员主要从事化工工艺设计和提供工艺图样，并向其他专业提出工艺条件，各专业根据工艺条件做出相应的施工图设计。最后，工艺人员还要根据其他专业所提供的设计资料和图样来修改和完成化工工艺图。

化工工艺图主要有：① 工艺流程图；② 设备布置图；③ 管道布置图（或称配管图）。

3.2 工艺流程图

工艺流程图是用来表达化工生产工艺流程的设计文件。工艺流程图包括：方案流程图、物料流程图和施工流程图（或称带控制点的工艺流程图）。

3.2.1 方案流程图

方案流程图在工艺路线选定后，进行概念性设计时完成，不编入设计文件。

1. 作用

表达物料从原料到成品或半成品的工艺过程，及所使用的设备和机器。用于设计开始时的工艺方案的讨论，也可作为施工流程图的设计基础。

2. 内容

（1）设备　用示意图表示生产过程中所使用的机器、设备，用文字、字母、数字注写设备的名称和位号。

（2）工艺流程　用工艺流程线及文字表达物料由原料到成品或半成品的工艺流程，如图

3-1 所示。

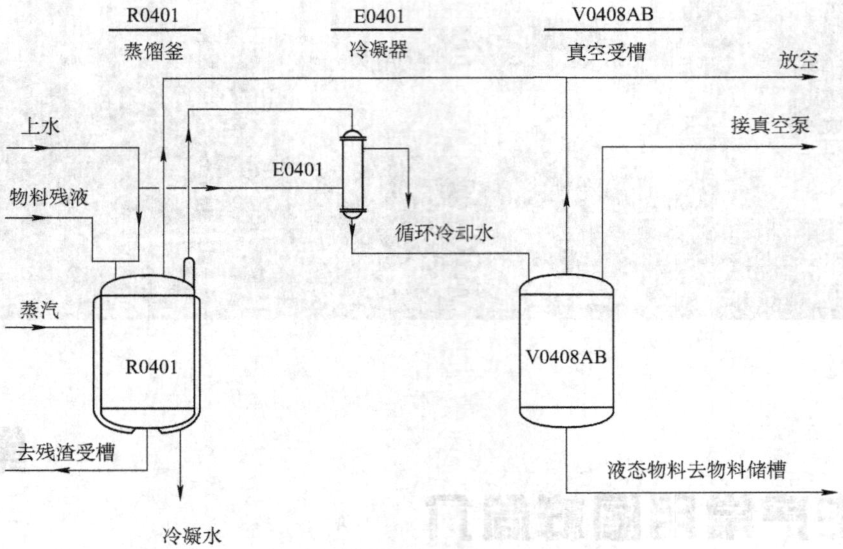

图 3-1　某物料残液蒸馏处理的工艺方案流程图

3.2.2　物料流程图

在初步设计阶段，完成物料衡算时绘制。

1. 作用

物料流程图是在方案流程图的基础上，用图形与表格相结合的形式，反映设计中物料衡算和热量衡算结果的图样。

2. 内容

在方案流程图上增加以下内容：

（1）在设备位号及名称的下方加注设备特性数据或参数　如：换热设备的换热面积，塔设备的直径、高度，储罐的容积，机器的型号等。

（2）在流程的起始处以及使物料产生变化的设备后，列表注明物料变化前后其组分的名称、流量（kg/h）、摩尔分数（%）等参数及各项的总和，实际书写项目依具体情况而定。注意表格线和指引线都用细实线绘制，如图 3-2 所示。

3.2.3　施工流程图

施工流程图也称带控制点的工艺流程图，是在方案流程图的基础上绘制的内容较为详尽的一种工艺流程图。

1. 作用

1）施工流程图是设计、绘制设备布置图和管道布置图的基础，又是施工安装和生产操作时的主要参考依据。

2）在施工流程图中应把生产中涉及的所有设备、管道、阀门以及各种仪表控制点等都画出。

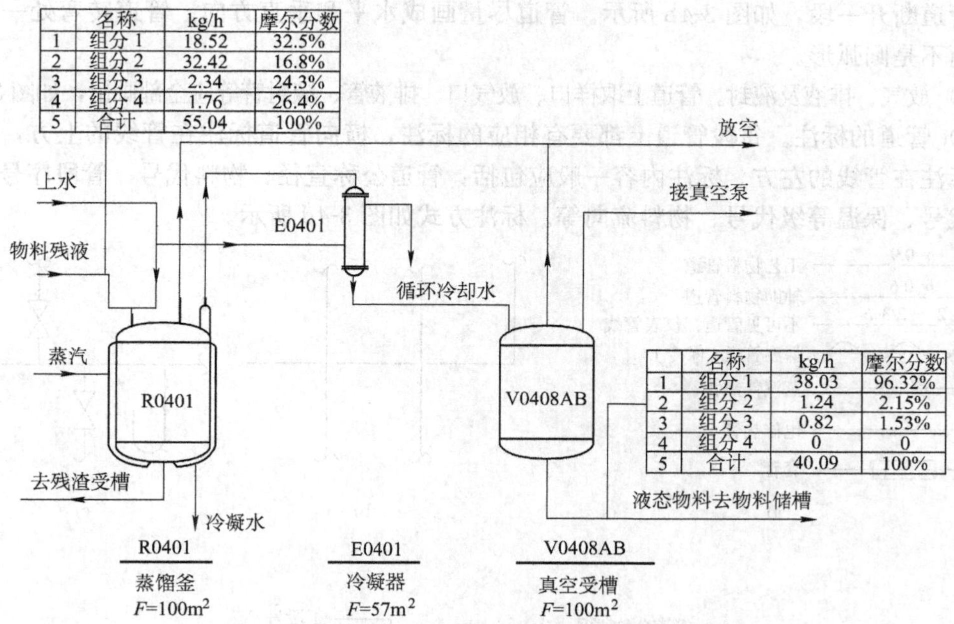

图 3-2　某物料残液蒸馏处理的物料流程图

2. 内容（图 3-3）

（1）设备示意图　带接管口的设备示意图，注写设备位号及名称，设备的表示与工艺流程图的标注相一致。

（2）管道流程线　带阀门等管件和仪表控制点（测温、测压、测流量及分析点等）的管道流程线，注写管道代号。

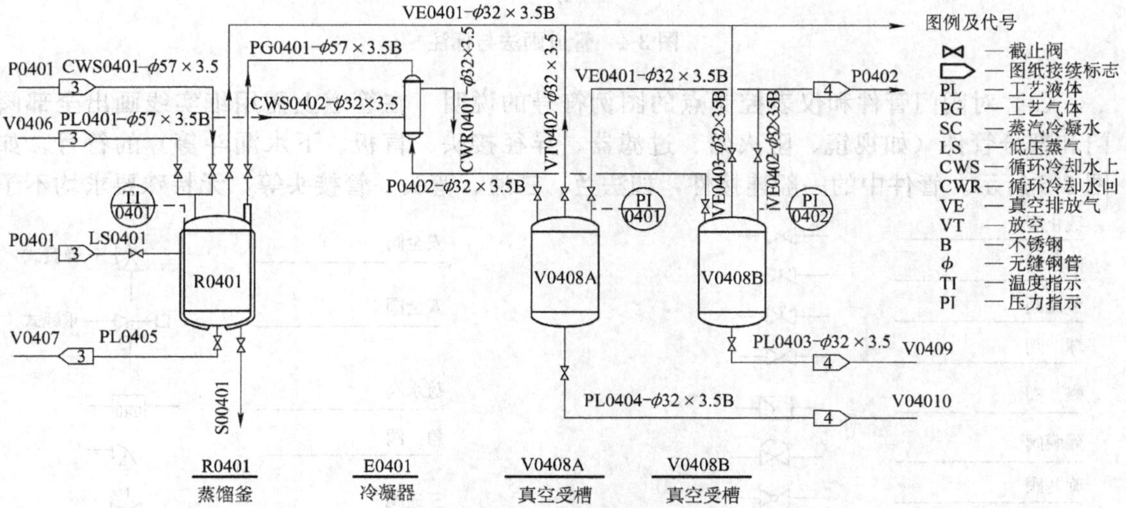

图 3-3　某物料残液蒸馏处理的施工流程图

1）管道线形的规定。常用管道的线形规定如图 3-4a 所示。

2）管道交叉与转弯。绘制管道时，尽量避免穿过设备或管道交叉，不能避免时，应将横向管道断开一段，如图 3-4b 所示。管道尽量画成水平和垂直方向。管道转弯处一般画成直角而不是圆弧形。

3）放气、排液及液封。管道上取样口、放气口、排液管、液封管等应全部画出，如图 3-4c 所示。

4）管道的标注。每段管道上都要有相应的标注，横向管道标注在管线的上方，竖向管道则标注在管线的左方。标注内容一般应包括：管道公称直径、物料代号、管段序号、管道等级代号、保温等级代号、物料流向等。标注方式如图 3-4d 所示。

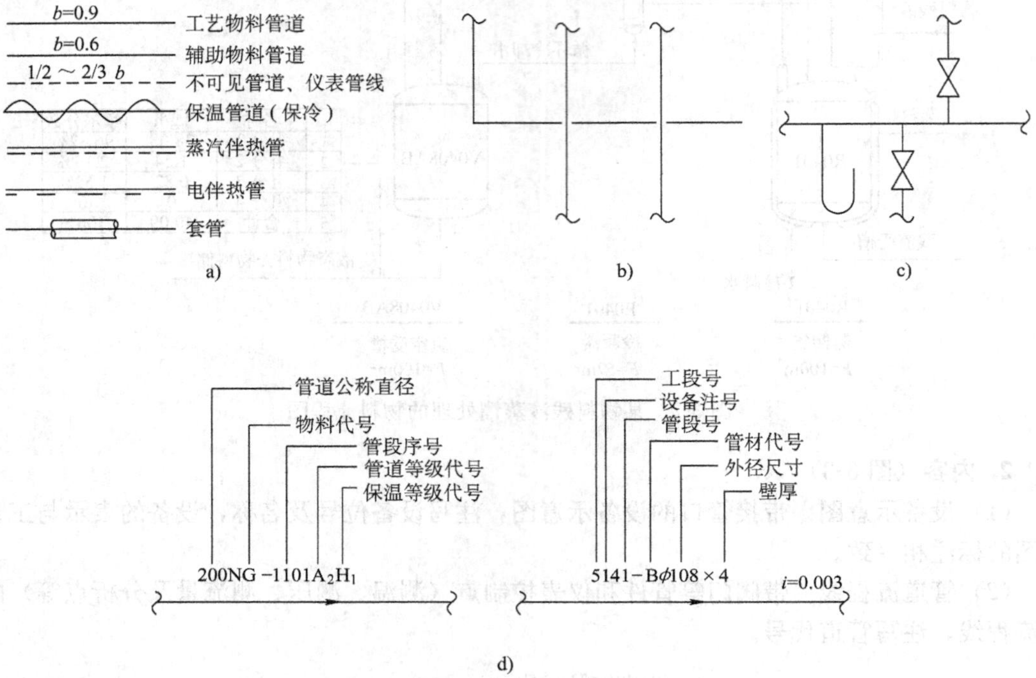

图 3-4　管道画法与标注

（3）对阀门管件和仪表控制点的图例符号的说明　在管道上需用细实线画出全部阀门和部分管件（如视镜、阻火器、过滤器、异径接头、盲板、下水漏斗等）的符号，如图 3-5 所示。管件中的一般连接件，如法兰、三通、弯头、管接头等，无特殊要求均不予

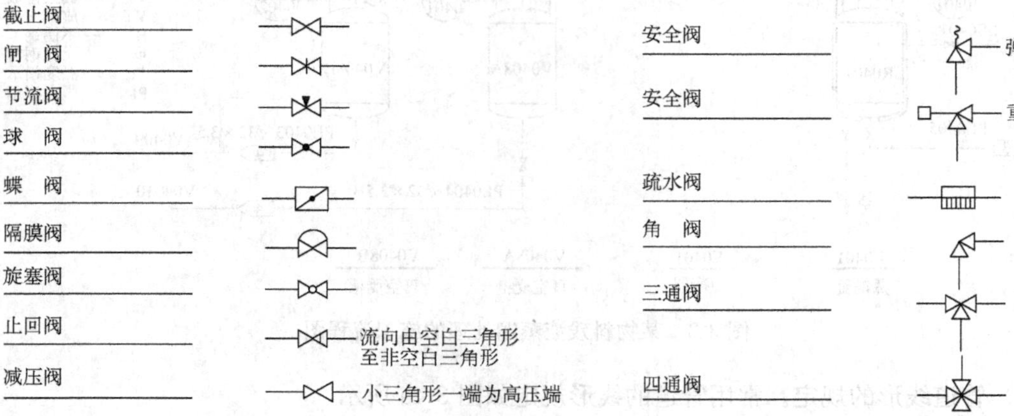

图 3-5　阀门与管件的图例符号

画出。

（4）仪表控制点的表示方法　在石油工业生产装置中仪表的使用在不断增加，使工艺装置和系统工程的过程控制更加准确，又节省人力。工艺生产流程中的仪表控制点应该安装在有关的设备或管道上，并大致按安装位置在工艺流程图上用代号、符号表示。仪表的测量参数主要有：温度、压力、流量和液位。

常用参量的代号如表 3-1 所示。

表 3-1　常用参量的代号

序　号	参　量	代　号
1	温度	T
2	压力	P
3	流量	F
4	液位	L
5	重量	W
6	转速	N
7	浓度	C
8	分析	A
9	热量	Q
10	氢离子浓度	pH
11	密度	γ
12	湿度	ϕ

表示仪表功能的常用代号如表 3-2 所示。

表 3-2　仪表功能常用代号

序　号	功　能	代　号
1	指示	Z
2	记录	J
3	调节	T
4	报警	X
5	手动遥控	K
6	变速	B
7	连锁	L
8	积算	S

常用仪表控制点的图形符号如表 3-3 所示。

表 3-3　常用仪表控制点的图形符号

序　号	名　称	代　号	序　号	名　称	代　号
1	变送器		7	锐孔板	
2	就地安装仪表		8	转子流量计	
3	机组盘或就地 仪表盘安装仪表		9	靶式流量计	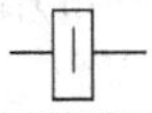
4	控制室仪表盘安装仪表		10	电磁流量计	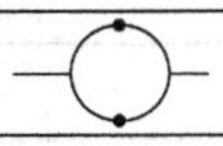
5	处理两个参量相同 （或不同）功能的复式仪表	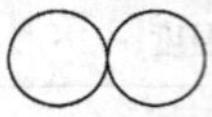	11	蜗轮流量计	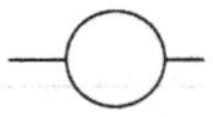
6	检测点	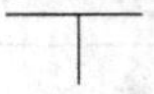	12	变压计	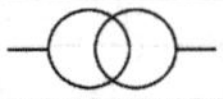

仪表的功能标志由 1 个首位字母和 1～3 个后续字母组成，其中首位字母为被测变量，后续字母表示为输出功能。

例如$\frac{\text{PT}}{0402}$表示为安装在控制室的压力指示仪表，位号为 0402。

调节阀起调节控制作用，是仪表的主要功能之一，也是控制生产正常运行的重要方面。调节阀安装在自控系统中，按调节信号的指令，使阀体开或关一个微量，从而调节流量、压力等参量。调节阀的图形符号也以细实线绘制。图形分控制元件和阀体两个组成部分，各控制元件的规定符号如图 3-6 所示，各种调节阀的规定符号如图 3-7 所示。

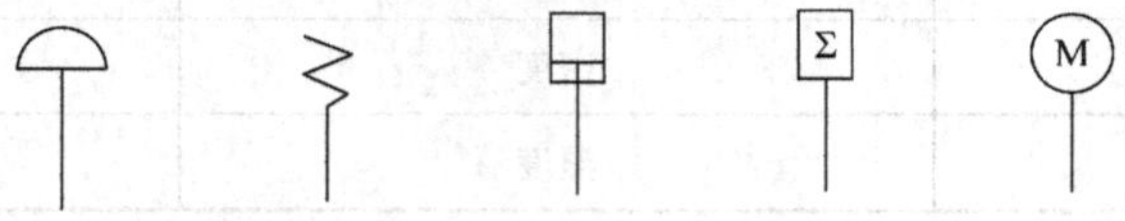

a)　b)　c)　d)　e)

图 3-6　控制元件的规定符号

a）带弹簧薄膜元件　b）弹簧元件　c）活塞元件　d）电磁元件　e）电动元件

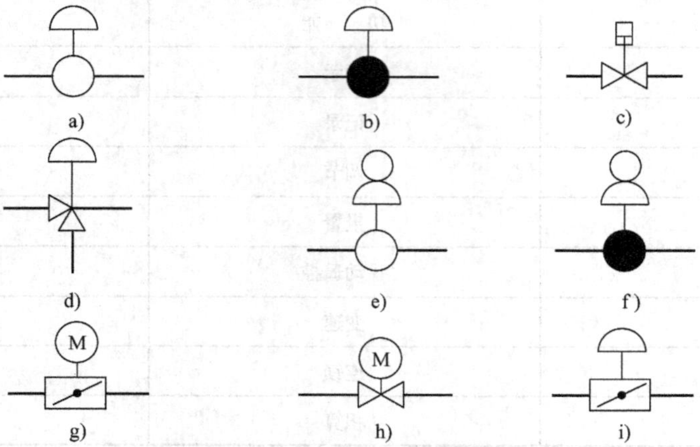

图 3-7　调节阀的规定符号

a）气关式气动调节阀　b）气开式气动调节阀　c）气动活塞调节阀　d）气动角形调节阀　e）带阀门定位器的气关式气动调节阀　f）带阀门定位器的气开式气动调节阀　g）电动蝶形调节阀　h）电动调节阀　i）气动蝶形调节阀

3.3　设备布置图

设备布置图是用来表示设备与建筑物、设备与设备之间的相对位置，并能直接指导设备安装的重要技术文件。

3.3.1　设备布置图的表达

设备布置图是按正投影原理绘制的（图 3-8），一般包括以下几方面内容：

（1）一组视图　表示厂房建筑的基本结构和设备在厂房内外的布置情况。

1）正立面图。表达建筑物正面外形的主视图。侧视图称为左或右侧立面图。

2）平面图。建筑物俯视图上的剖视图。即假想掀去屋顶的水平剖视图，多层建筑需绘制各层的平面图，表达各层的平面结构。

3）剖视图。沿垂直方向剖切建筑物，画出立面剖视图，表达高度方向设备布置和结构形状。

4）详图。是局部放大的图，用较大比例画出细部结构的视图，如基础详图、钢结构节点详图、安装详图等。

5）定位轴线。厂房建筑图中的墙、柱或墙垛，一般用点画线画出它们的定位轴线，并编号。纵向定位轴线按水平方向从左至右顺次用阿拉伯数字编号，横向定位轴线按垂直方向由下而上顺次用大写拉丁字母编号。

6）标高与基准面。建筑物各层楼、地面和其他构筑物相对于某一基准面的高度，称为“标高”，可用英文 EL（elevation）表示。标高数值以 m 为单位，一般标注至小数点后第三位。基准面，如以建筑物的一层地面为基准，其标高为零，标注为±0.000。高于基准面的标高为正，标高数字前一律不加正号。低于基准面的标高为负，标高数字前应加注负号。上述标高为相对标高，在总图上标注的为绝对标高。

（2）尺寸及标注　设备布置有关的尺寸和建筑定位轴线的编号、设备位号、名称等。

（3）安装方位标　安装方位标也称设计北向标志，是确定设备安装方位的基准。一般将其画在图纸的右上方。方位标的画法目前各部门无统一的规定，有的设备布置图中有方位标，有的因在建筑图中或供审批的初步设计中已确定了方位，设备布置图中则不再标注。

方位标由粗实线画出的直径为 20mm 的圆和水平、垂直两轴线构成，并分别注以 0°、90°、180°、270°等字样。一般采用建筑北向（以“N”表示）作为零度方向基准。该方位一经确定，凡必须表示方位的图样均应统一。

（4）说明与附注　对设备安装布置有特殊要求的说明。

（5）设备一览表　列表填写设备位号、名称、型号或图号、主要技术特性、数量、外形尺寸等。

（6）标题栏　注写图名、图号、比例、设计阶段等。

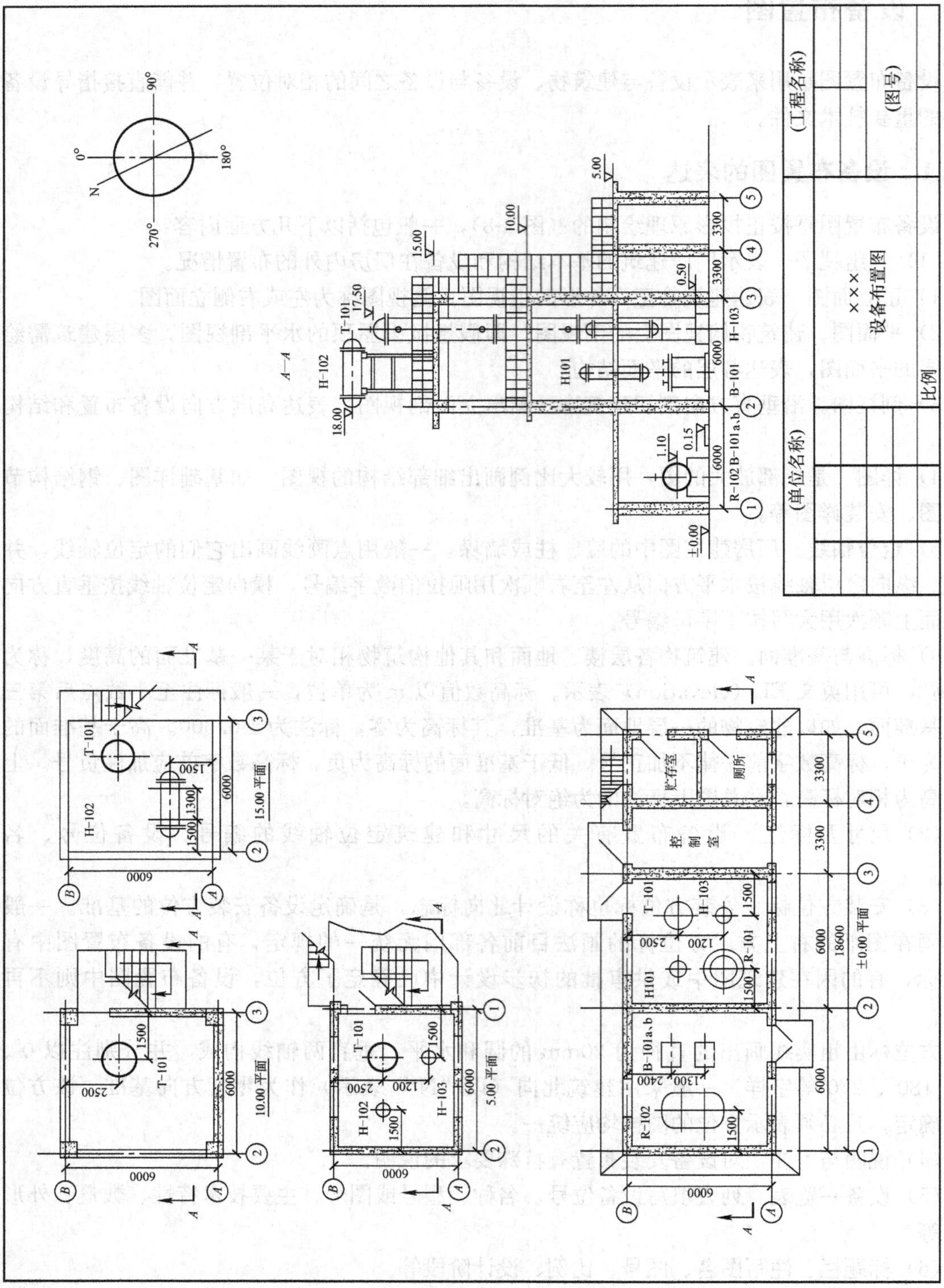
(工程名称)
(图号)
×××
设备布置图
比例
(单位名称)
A—A
T-101
H-102
H-103
H101
B-101
R-101
R-102
B-101a,b
控制室
贮存室
厕所
15.00 平面
10.00 平面
5.00 平面
±0.00 平面

图 3-8　设备布置图

3.3.2　设备布置的基本要求

设备布置图是化工工艺人员绘制的，设备布置图的绘制应满足以下基本要求。

1. 熟悉和了解有关图样

以施工流程图、厂房建筑图、设备设计条件单等为依据，充分了解工艺过程的特点、要求和厂房建筑的基本结构等。

2. 考虑设备布置的合理性

设备平面布置必须满足工艺、经济及用户要求，还有操作、维修、安装、安全、外观等方面的要求。

（1）满足生产工艺要求　设备布置设计要考虑工艺流程和工艺要求，由工艺流程图中物料流动顺序来确定设备的平面位置。

（2）符合经济原则　设备布置在满足工艺要求的基础上，应尽可能做到合理布置，节约投资。如中央架空管廊，其下面安装一排泵，泵排后面作载重的汽车道。所有的塔、储槽和热交换器安置在中央通道的两侧，在中央通道之外是载重汽车道路，可供热交换管束的抽芯和作为设备的检修通道。控制柜、压缩机房及其他特别大型的设备应安装在远离载重汽车道路的另一边。跨越道路的设备配管应编排成组，并尽量减少交叉。

（3）便于操作、安装和检修　设备布置应为操作人员提供良好的操作条件，如操作及检修通道，合理的设备通道和净空高度，必要的平台、楼梯和安全出入口等。设备布置应考虑在安装或维修时有足够的场地、拆卸区及通道，设备的端头和侧面与建筑物、构筑物的间距，设备之间的间距应考虑拆卸和设备维修的需要。

（4）符合安全生产要求　在化工生产中，易燃、易爆、高温、有毒的物品较多，其设备、建筑物、构筑物之间应达到规定间距。若场地受到限制，则要求在危险设备的周围三边设置混凝土墙，敞开口一边对着空地。高温设备与管道应布置在操作人员不能触及的地方或采用保温措施。明火设备要远离泄漏可燃气体的设备，并布置在下风处。重量大的及振动较大的设备应布置在底层。

（5）其他要求　设备布置应尽可能整齐、美观、协调。泵、换热器群排列要整齐。成排布置的塔、人孔方位应一致，人孔的标高尽可能取齐。所有容器或储罐，在基本符合流程的前提下，尽量以直径大小分组排列。

3.4　管道布置图

管道布置设计仅在施工图设计阶段中进行。以带控制点的工艺流程图、设备布置图、设备装配图及有关的土建、自控、电气专业图和资料为依据，对管道做出符合工艺操作要求的合理设计。

（1）管道布置图　管道布置图又称管道安装图或配管图，主要表达车间或装置内管道和管件、阀、仪表控制点的空间位置、尺寸和规格，以及与有关机器、设备的连接关系，如图 3-9 所示。

1）一组视图。按正投影原理，画一组平面、立面剖视图，表达整个车间（装置）的设备、建筑物简单轮廓以及管道、管件阀门、仪表控制点等的布置安装情况，如图 3-10 所示。

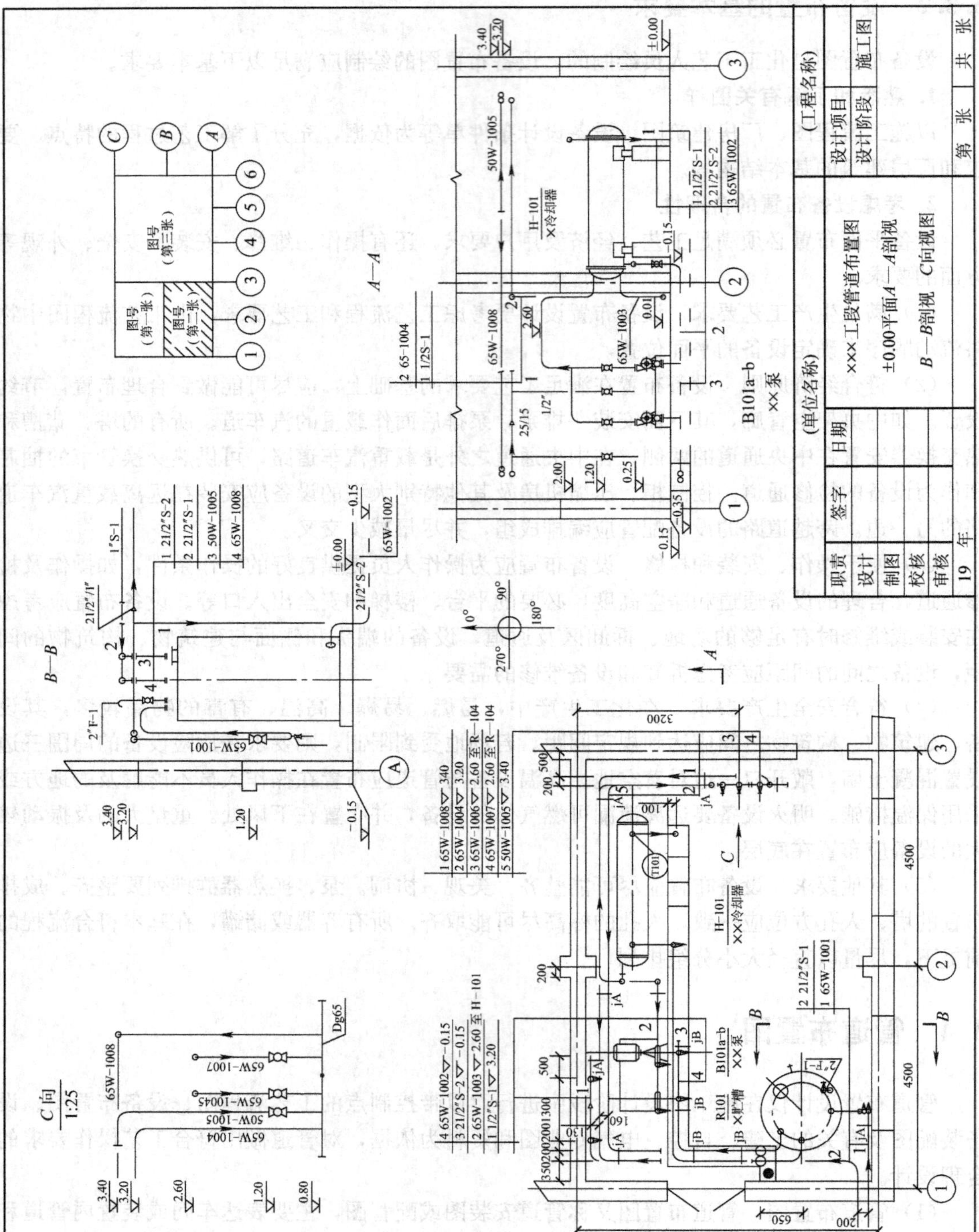

A—A
B—B
C向 1:25
H-101 ×冷却器
B101a-b ××泵
R101 ×贮槽
(单位名称)
(工程名称)
××× 工段管道布置图
±0.00平面A—A剖视
B—B剖视 C向视图
设计项目
设计阶段
施工图
职责
签字
日期
设计
制图
校核
审核

图 3-9 管道布置图

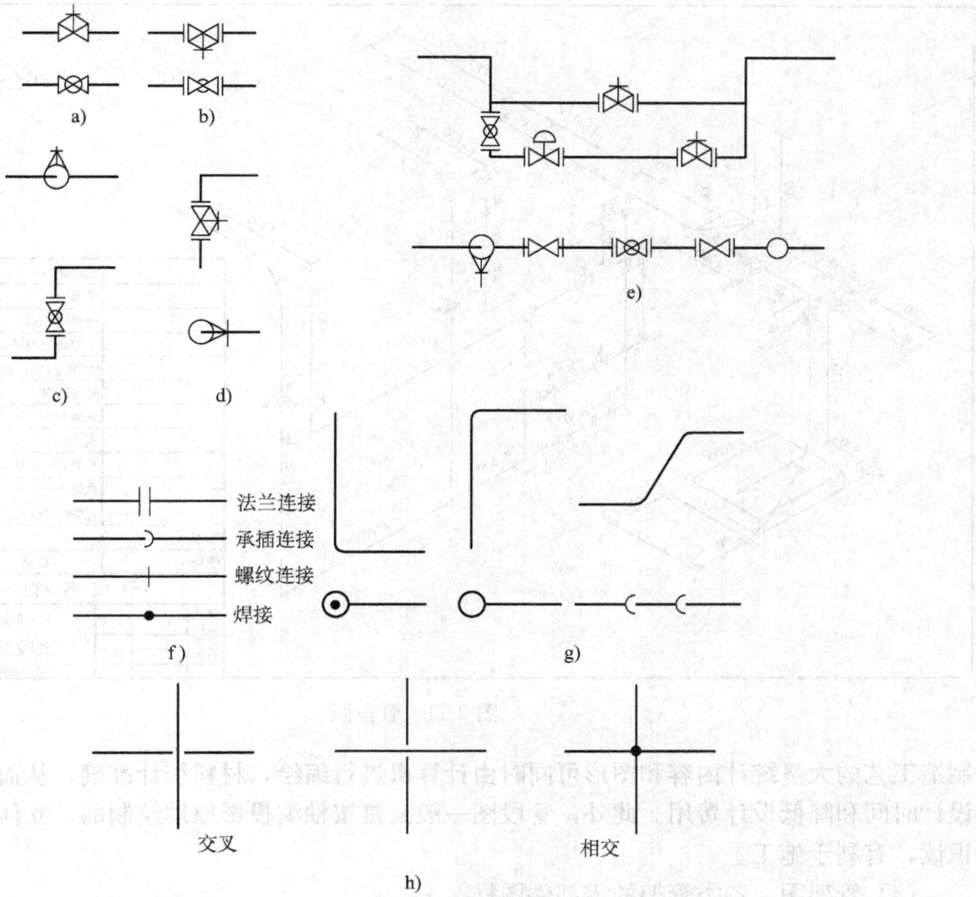

图 3-10　管道布置表示方法

a）～e）组视图　f）管路连接表示方法　g）管路弯折表示方法　h）管路交叉表示方法

2）尺寸和标注。注出管道及某些管件、阀门、控制点的平面位置尺寸和标高。标注建筑物定位轴线编号、设备位号、管段序号、控制点代号。标高、坐标以 m 为单位，小数点后取三位数。其余的尺寸一律以 mm 为单位，只注数字，不注单位。管子公称直径一律用 mm 表示。

3）分区简图。表明车间（装置）分区的简单情况。

4）方位标。表示管道安装的方位基准。

5）标题栏。注写图名、图号、设计阶段及所属工程项目。

（2）蒸气伴管系统布置图　表达车间内各蒸气分配管与冷凝液收集系统的平、立面布置的图样。

（3）管段图　表达一个设备至另一个设备（或另一管道）间的一段管道的立体图样（图 3-11）。为了加快施工进度，提高施工质量，在车间安装施工中，比较大型和复杂的管道最好整段预先制作。如带衬里的管道、石墨管道、酚醛塑料管道等，在安装施工现场进行加工比较困难，而在制造厂预制就比较方便。同时，也可降低施工费用，提高机械化施工程度。绘制管段图就为上述情况提供了条件。管段图如果使用了计算机进行绘制，图上所附材料、

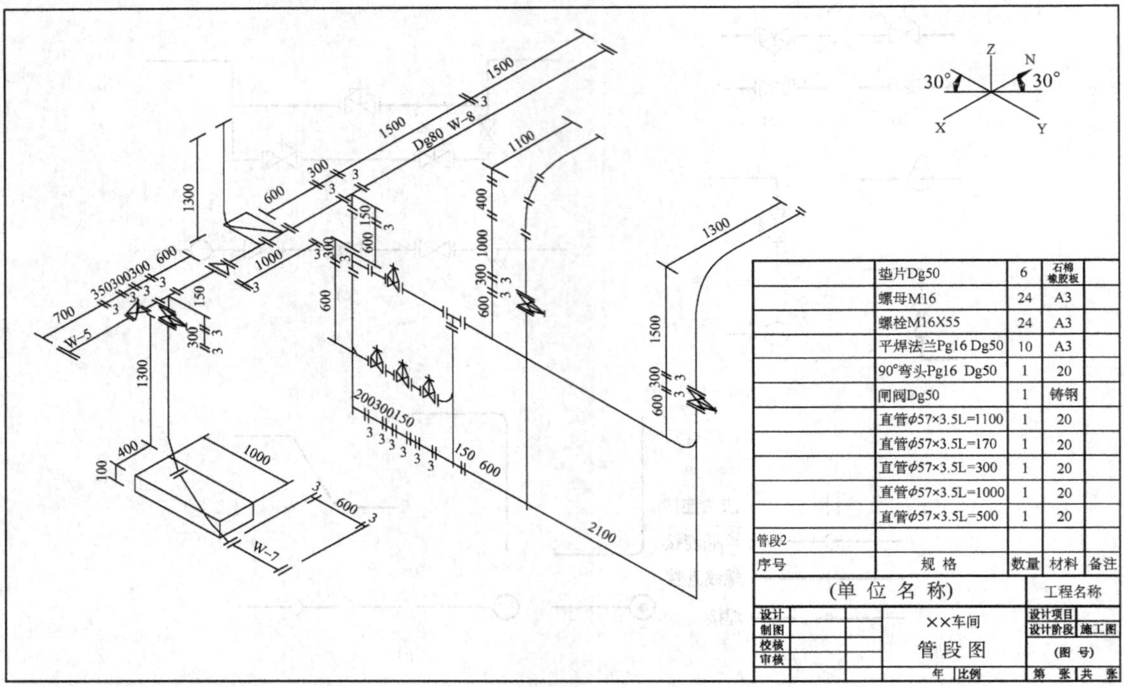

图 3-11　管段图

制造工艺的大量统计内容和图形可同时由计算机进行编绘，材料统计准确，从而可大大缩短设计时间和降低设计费用。此外，管段图一般又是按轴测投影原理绘制的，立体感强，便于识读，有利于施工。

（4）管架图　各类管架的零部件图样。

（5）管件图　表达管件的零部件图样。

3.5　化工设备装配图

化工设备装配图（简称化工设备图）是化工设备设计、制造、安装、检修的主要的技术文件和依据。化工设备图与一般机械图样类似。本篇主要根据化工生产的特点，讨论化工设备的表达方法和图示特点。化工设备图的施工图样包括以下几种：

（1）总装配图　表示一台复杂设备或相关的一组设备的主要结构、技术特性及主要装配连接关系和尺寸的图样，以提供总体结构和安装连接情况。

（2）设备装配图　表达一台设备的结构形状、技术特性、各零部件之间的装配连接关系以及必要尺寸的图样，提供制造、检验、装配、检修的依据。

（3）部件装配图　表示设备中某一部件（可拆和不可拆部分）的结构形状、装配连接关系和必要尺寸的图样，提供制造、检修、装配的依据。

（4）零件图　表示零件的结构形状、尺寸及加工技术要求等内容的图样，提供制造、检修的依据。

3.5.1　化工设备图的图示表达特点

1. 化工设备结构上的基本特点

(1) 壳体以回转形为主　主要由筒体和封头两部分组成。筒体有圆柱形或椭圆形。封头形式有椭圆形、碟形、球形、锥形和平板形等。

(2) 尺寸相差悬殊　化工设备的总体尺寸与设备的某些局部结构的尺寸往往相差悬殊。如塔高与直径之比，直径与壁厚之比，直径与管口尺寸之比。

(3) 有较多的开孔和管口　在设备壳体的轴向和周向各种位置上，有较多的开孔和管口，这是工艺或仪表安装等的需要。

(4) 大量采用焊接结构　如筒体、封头、管口、支座等都采用焊接工艺连接，强度高，密封性好，能满足高压、高温的工艺要求。

(5) 广泛采用标准化、系列化、通用化的零部件　如人孔、手孔、液面计、视镜、管法兰、设备法兰、封头等，均采用标准化零部件，以提高设计工效。

2. 化工设备图的表达特点

(1) 基本视图的配置　由于设备以回转形体居多，所以一般用两个基本视图来表达设备的主体。立式设备采用主、俯视图，卧式设备采用主、左视图。其中，主视图一般采用全剖视的表达方式。

(2) 多次旋转剖视的表达方法　由于设备开孔和管口多，为了在视图上能清楚表达它们的形状、结构和位置，采用多次旋转剖视的表达方法，允许不作任何标注。周向管口方位以管口方位图或俯视图为准，如图 3-12 所示。

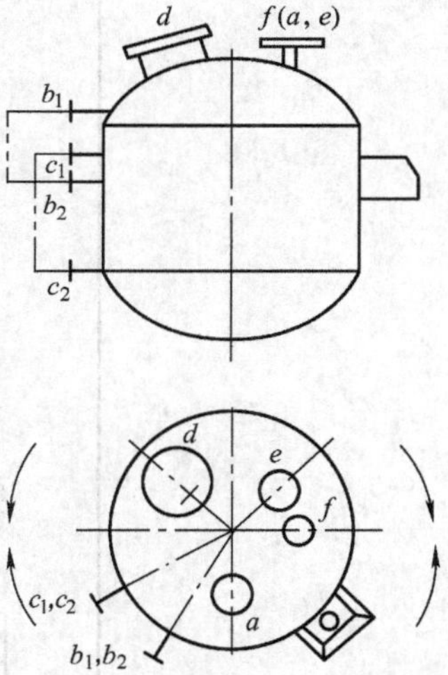

图 3-12　旋转表达方法

(3) 局部结构的表达方法　由于设备总体与某些零部件的尺寸大小相差悬殊，按总体尺寸所选的比例，无法同时表达清楚某些局部的结构形状。所以在化工设备图上较多地采用局部放大图的表达方法，来补充表达某些节点的结构形状。这种图在化工设备图中又常称为节点图，它的画法和要求与机械制图中局部放大图的画法和要求基本相同。

局部放大图可以用多种形式来表达，一般在装配图的右侧画出。塔的底部裙座局部放大表达如图 3-13 所示。

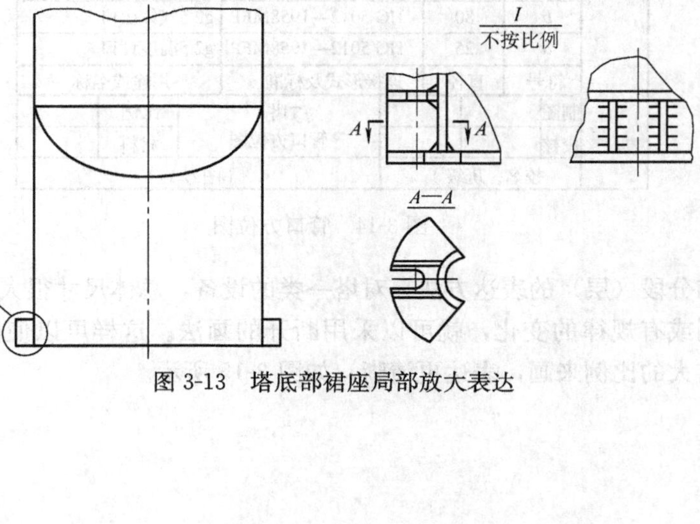

图 3-13　塔底部裙座局部放大表达

（4）夸大的表达方法　为了解决设备总体与一些零部件间尺寸相差悬殊的矛盾，除了采用局部放大的画法外，有时可采用夸大的表达方法。如设备的壁厚、垫片、折流板、补强圈等，可不按实际比例，夸大地画出。

（5）管口方位的表达方法　管口方位图是供制造设备时确定各管口的方位、管口与支座、管口与地脚螺栓的相对位置的图样，也是设备安装时确定安装方位的依据。

管口方位和设备的安装位置是由工艺设计决定的，根据流程、配管要求等综合考虑而确定的。所以管口方位图由工艺人员绘制，由设备人员会签，而后附入设备图和设备布置图中。

图 3-14 所示是管口方位图的图例，图样包括：① 视图——设备上各管口的方位情况；② 尺寸标注——各管口及有关零部件的安装方位角；③ 方位标——安装方位基准的图标，与设备布置图的方位标要一致；④ 管口编号及管口表——各管口的名称、用途、公称直径、方位标高等；⑤ 标题栏——注写图名、图号等。

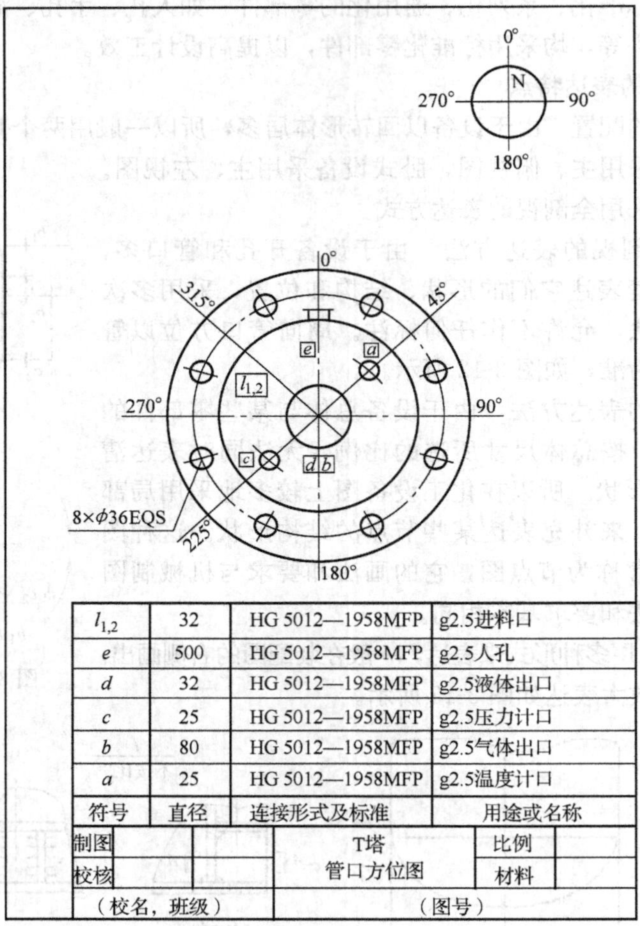

$l_{1,2}$	32	HG 5012—1958MFP	g2.5进料口
e	500	HG 5012—1958MFP	g2.5人孔
d	32	HG 5012—1958MFP	g2.5液体出口
c	25	HG 5012—1958MFP	g2.5压力计口
b	80	HG 5012—1958MFP	g2.5气体出口
a	25	HG 5012—1958MFP	g2.5温度计口
符号	直径	连接形式及标准	用途或名称

制图		T塔 管口方位图	比例	
校核			材料	
（校名，班级）		（图号）		

图 3-14　管口方位图

（6）断开和分段（层）的表达方法　对塔一类的设备，总体尺寸很大，而组成的各塔节形状和结构相同或有规律的变化，就可以采用断开的画法。这样可以使图形缩短，简化作图，并可以用较大的比例来画，表达更清晰，如图 3-15 所示。

（7）设备整体的表达方法　设备采用断开或分段画法后，不能提供完整的图形。为了表达设备的总体形状和各部分结构的相对位置和有关尺寸，必须画出一个表示设备整体情况的图形。

如图 3-15 所示，板式塔用较大的缩小比例，用粗实线画出塔的整体形状和结构。从图上能够了解到塔总高、各管口的定位尺寸和标高、人（手）孔的位置、塔板总数、顺序号及间距等。

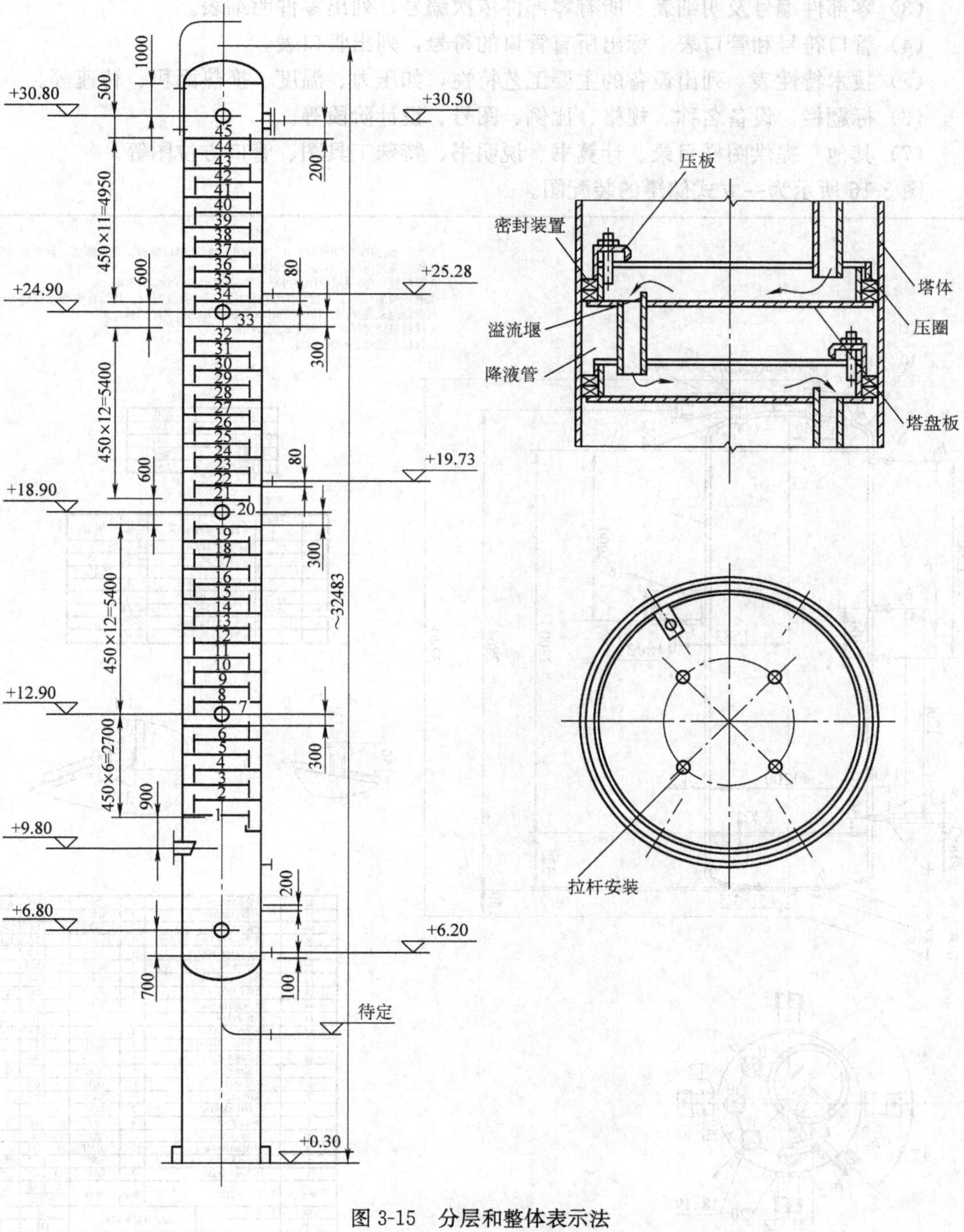

图 3-15　分层和整体表示法

3.5.2 化工设备图的主要内容

（1）视图　一组视图表示设备结构形状和装配关系。正投影法，按机械制图的要求画。

（2）尺寸　标注设备的总体大小、规格、装配和安装等数据。

（3）零部件编号及明细表　所有零部件依次编号，列出零件明细表。

（4）管口符号和管口表　标出所有管口的符号，列出管口表。

（5）技术特性表　列出设备的主要工艺特性，如压力、温度、换热面积、转速等。

（6）标题栏　设备名称、规格、比例、图号、设计阶段等。

（7）其他　提供图样目录、计算书、说明书、特殊工具图、管口方位图等。

图 3-16 所示为一立式储罐的装配图。

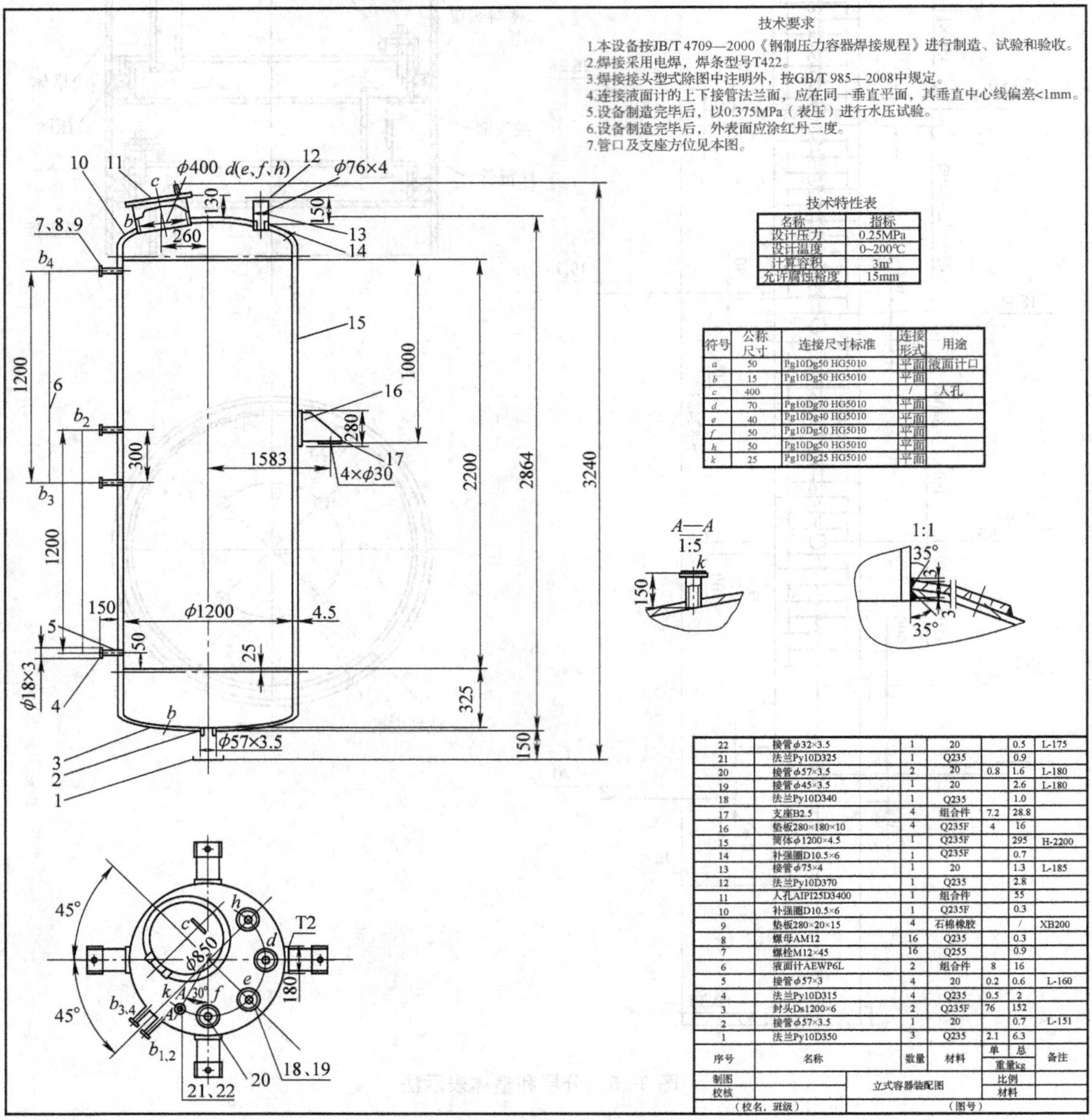

图 3-16　立式储罐装配图

3.5.3　化工设备图中的简化画法

化工设备图中，除采用国家标准《机械制图》的规定画法和简化画法外，根据化工设备的特点和设计、生产的需要，补充了若干简化画法。

1. 设备结构用单线表示的简化画法

设备上的某些结构有零部件图、局部放大图等，已经表达清楚的，设备的装配图中这些结构允许用单线表示。例如列管式换热器的画法（图 3-17），从图中能看出该换热器由封头、带法兰接管、筒体、拉杆和定距管、折流板、膨胀节、补强圈等零部件组成。

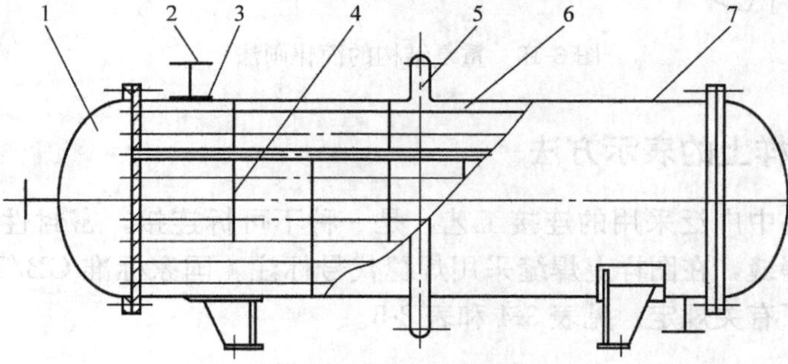

图 3-17　设备结构单线简化画法

1—封头　2—带法兰接管　3—补强圈　4—折流板　5—膨胀节　6—拉杆和定距管　7—筒体

2. 标准零部件的画法

对于化工设备上已经标准化的通用零部件，在装配图中可按比例画出简单外形。如人（手）孔、填料箱、液面计、视镜等，另外提供标准图册或复制图。

3. 管法兰的简化画法

在装配图中，管法兰的画法均可按图 3-18 所示的方法绘制。法兰的规格、连接密封面形式等均可在管口表中说明。

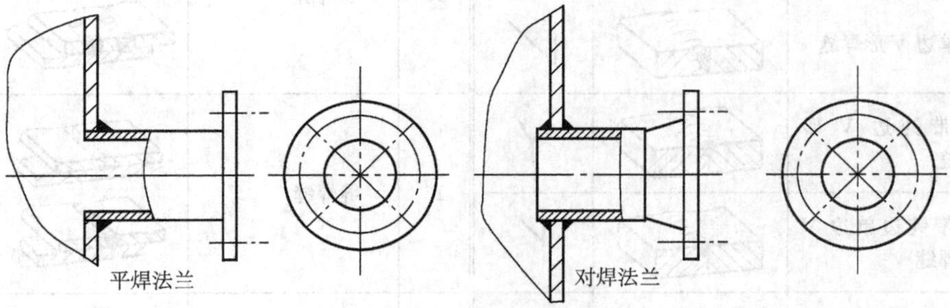

图 3-18　管法兰的简化画法

4. 重复结构的简化画法

如图 3-18 所示，螺孔、螺栓连接的简化画法。螺栓孔可省略圆孔的投影，只画出中心位置。填料塔中的填料等也可用简化画法，如图 3-19 所示。

化工设备图的表达特点和简化画法，在不同的部门，可能有许多不统一的地方。各部门也有自己规定的画法，视需要而定。

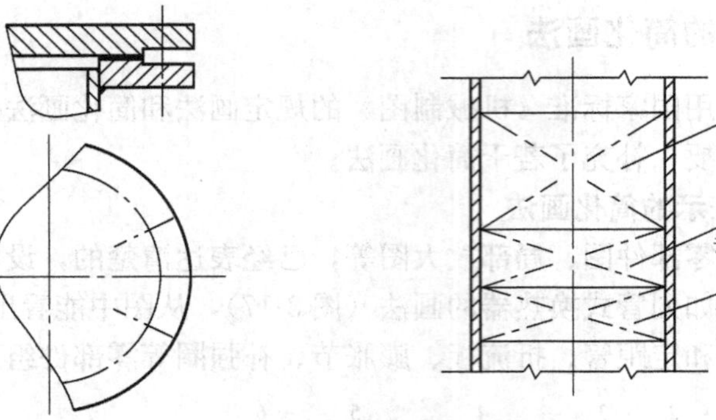

图 3-19　重复结构的简化画法

3.5.4　焊缝在图样上的表示方法

焊接是化工设备中广泛采用的连接工艺，是一种不可拆连接，密封性好，有较高的强度。焊接的接缝称焊缝，在图样上焊缝采用焊缝代号标注。国家标准 GB/T 324—2008《焊缝符号表示法》作了有关规定，见表 3-4 和表 3-5。

表 3-4　焊接基本符号（摘自 GB/T 324—2008）

序号	名　称	示意图	符　号	序号	名　称	示意图	符　号
1	卷边焊缝（卷边完全熔化）			10	角焊缝		
2	I 形焊缝			11	塞焊缝或槽焊缝	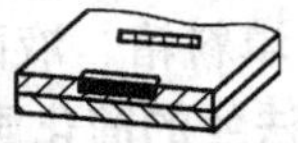	
3	V 形焊缝			12	点焊缝	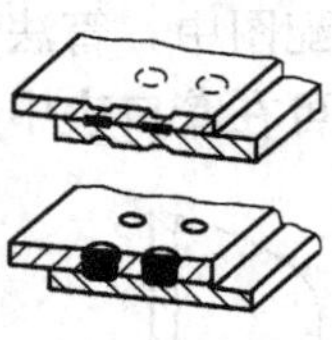	
4	单边 V 形焊缝						
5	带钝边 V 形焊缝			13	缝焊缝		
6	带钝边单边 V 形焊缝		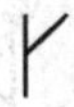				
7	带钝边 U 形焊缝			14	陡边 V 形焊缝		
8	带钝边 J 形焊缝		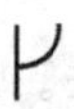	15	陡边单 V 形焊缝	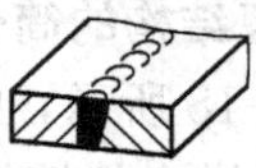	
9	封底焊缝	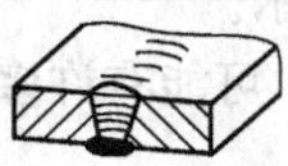		16	端焊缝		

表 3-5　焊接补充符号（摘自 GB/T 324—2008）

序　号	名　称	符　号	说　明
1	平面	—	焊缝表面通常经过加工后平整
2	凹面		焊缝表面凹陷
3	凸面		焊缝表面凸起
4	圆滑过渡		焊趾处过渡圆滑
5	永久衬垫	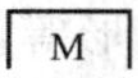	衬垫永久保留
6	临时衬垫	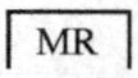	衬垫在焊接完成后拆除
7	三面焊缝		三面带有焊缝
8	周围焊缝		沿着工件周边施焊的焊缝标注位置为基准线与箭头线的交点处
9	现场焊缝		在现场焊接的焊缝
10	尾部		可以表示所需的信息

1. 焊接方法

焊接的方法和种类很多，制造化工设备时最常用的是电弧焊。电弧焊就是利用电弧产生的高热量（可达 6000～8000℃）将被焊金属局部迅速加热熔化形成熔池，熔池金属由于热源向前快速移动，随即冷却凝固形成焊缝，使被焊金属连接起来。

根据操作方法，电弧焊又分为手工电弧焊和自动、半自动电弧焊等。制造化工设备时还采用气焊、氩弧焊、电渣焊等。

2. 焊接接头形式和坡口形式

（1）焊接接头形式　由于两个焊件间相对位置的不同，焊接接头常见的几种基本形式有：对接、搭接、角接和 T 形接头。对接接头应用于筒体与封头的焊接。搭接接头应用于悬挂式支座的垫板与筒体的焊接，补强圈的焊接。角接接头应用于接管与法兰、管束与管板等的焊接。T 形接头常用于鞍式支座的焊接。

（2）坡口形式　为了保证焊接质量，一般需要在焊件的接边处预制成各种形状，称为坡口。中、高压容器和管道焊接的坡口尤为重要。

以对接接头的 V 形坡口为例，由图 3-20 可见，坡口主要由三部分组成，钝边高度 p 是为了防止电弧烧穿焊件。对接间隙 b 是为了保证两焊件焊透。坡口角度 α 是为了使焊条能伸入焊件的底部。

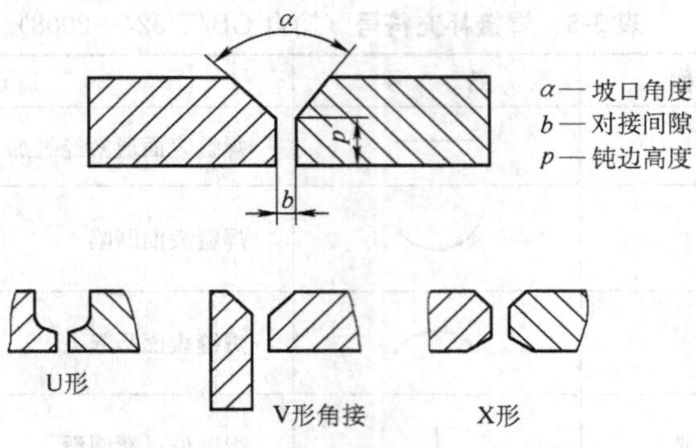

图 3-20　坡口形式

坡口形式除了 V 形外，尚有 U 形、X 形、K 形等，它们分别适用于不同厚度的焊件。压力容器的焊接方法、焊缝设计可参阅 JB/T 4709—2000《钢制压力容器焊接规程》。

3. 焊缝的标注方法

在图上一般用焊缝代号、焊缝辅助符号、焊缝尺寸代号、焊缝尺寸符号来绘制，并加以标注。

(1) 焊缝指引线　焊缝的指引线一般由带有箭头的细实线和两条基线（一条实线和一条虚线）组成。当需要注明其他说明时，可在基线的另一端画出尾部，尾部说明的内容用文字表示，如图 3-21 所示。

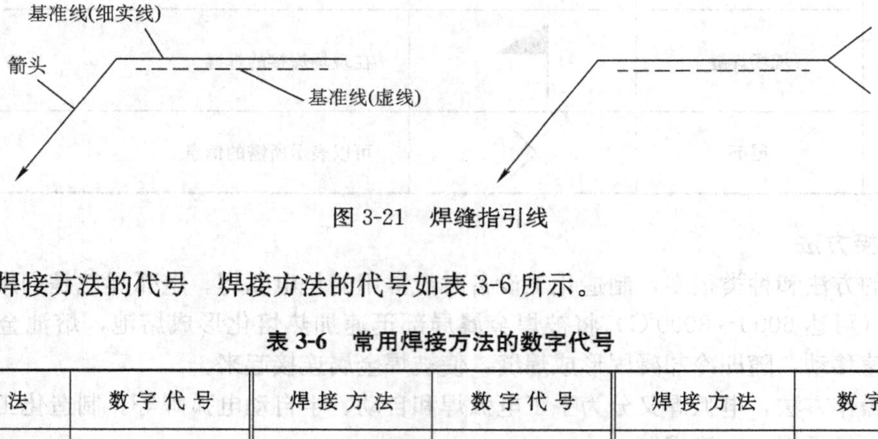

图 3-21　焊缝指引线

(2) 焊接方法的代号　焊接方法的代号如表 3-6 所示。

表 3-6　常用焊接方法的数字代号

焊接方法	数字代号	焊接方法	数字代号	焊接方法	数字代号
电弧焊	1	气焊	3	电渣焊	71
焊条电弧焊	111	氧乙炔焊	311	激光焊	751
埋弧焊	12	缝焊	22	电子束焊	76
等离子焊	15	压焊	4	烙铁软钎焊	952
点焊	21	超声焊	41	软钎焊	92
电阻焊	2	摩擦焊	42	硬钎焊	91

(3) 焊缝标准示例　焊缝标准的示例，如图 3-22 所示。

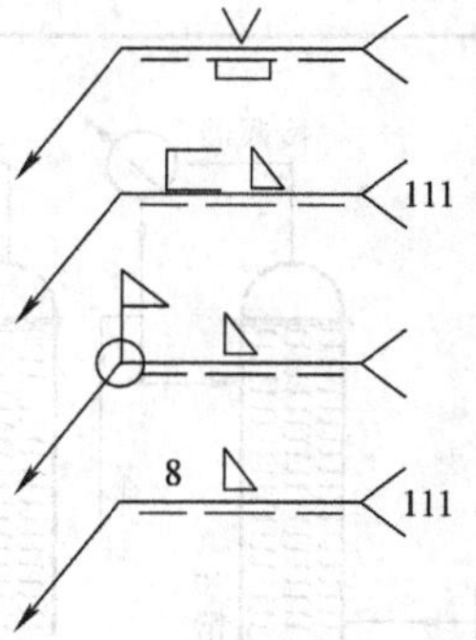

图 3-22　焊缝标准示例

习　题

3-1　如图 3-23 所示苯乙烯及聚合物的工艺流程图。主要原料为苯和乙烯。制法是以分子筛为催化剂，苯和乙烯气相反应，生成乙苯。要求：看懂其流程，简述生产流程。

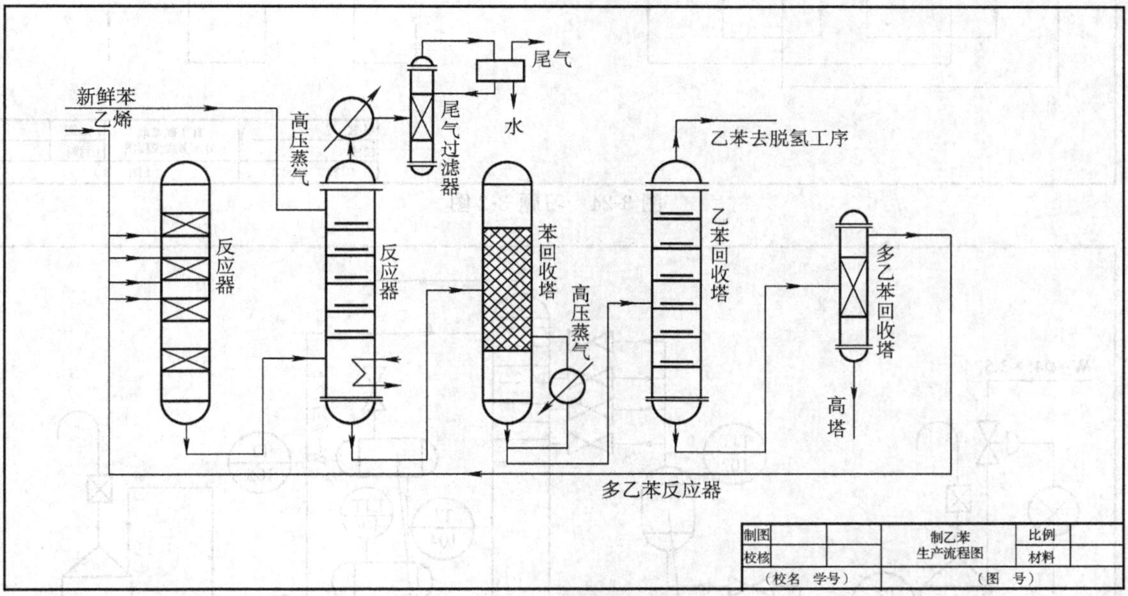

图 3-23　习题 3-1 图

3-2　如图 3-24 所示为芳烃分离工艺流程图。主要原料为加氢裂解汽油和粗苯。制法是用环丁砜作萃取剂，从原料油中将其烃萃取出来，再利用其烃间的沸点差，用蒸馏的方法分离苯、甲苯、二甲苯。要求：看懂其流程，简述生产流程。

3-3　简述带控制点的工艺流程图的作用及内容。

3-4　图 3-25 为带控制点的工艺流程图。要求：看懂带控制点的工艺流程图，熟悉其设备、流程线及控制点的画法，补全图例。

3-5　读图 3-26 并回答下列问题：

(1) 图中各设备的定位尺寸是多少？

(2) 氨水泵 205、鼓风机 201 各多少台？位置如何？

(3) 举例说明设备的平面定位尺寸和高度方向定位尺寸如何确定？尺寸基准如何确定？

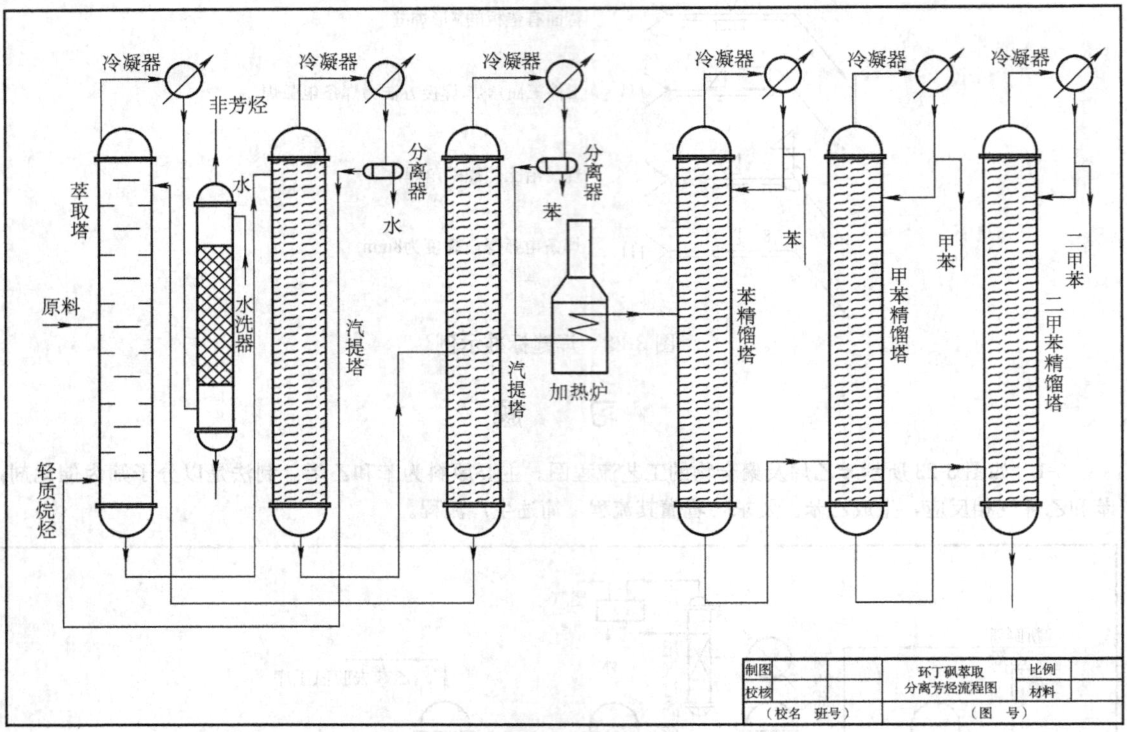

图 3-24 习题 3-2 图

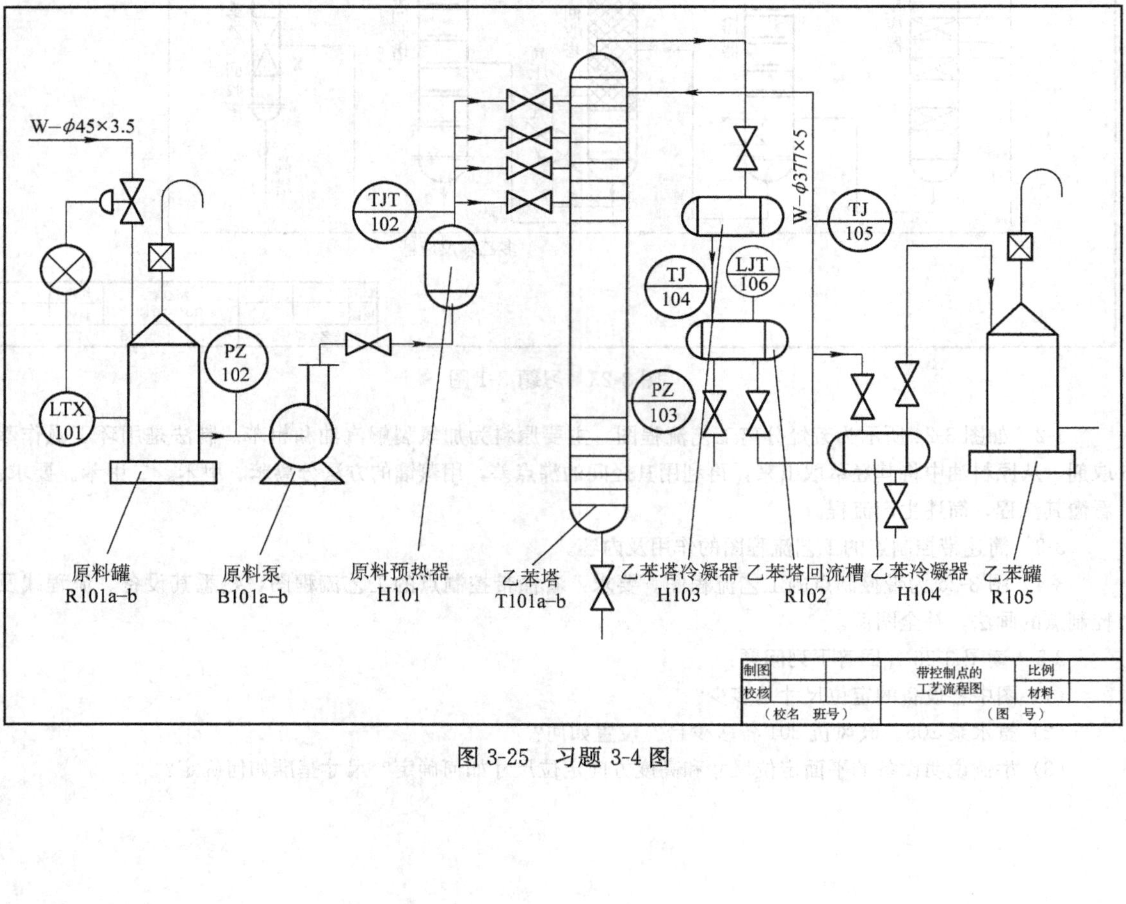

图 3-25 习题 3-4 图

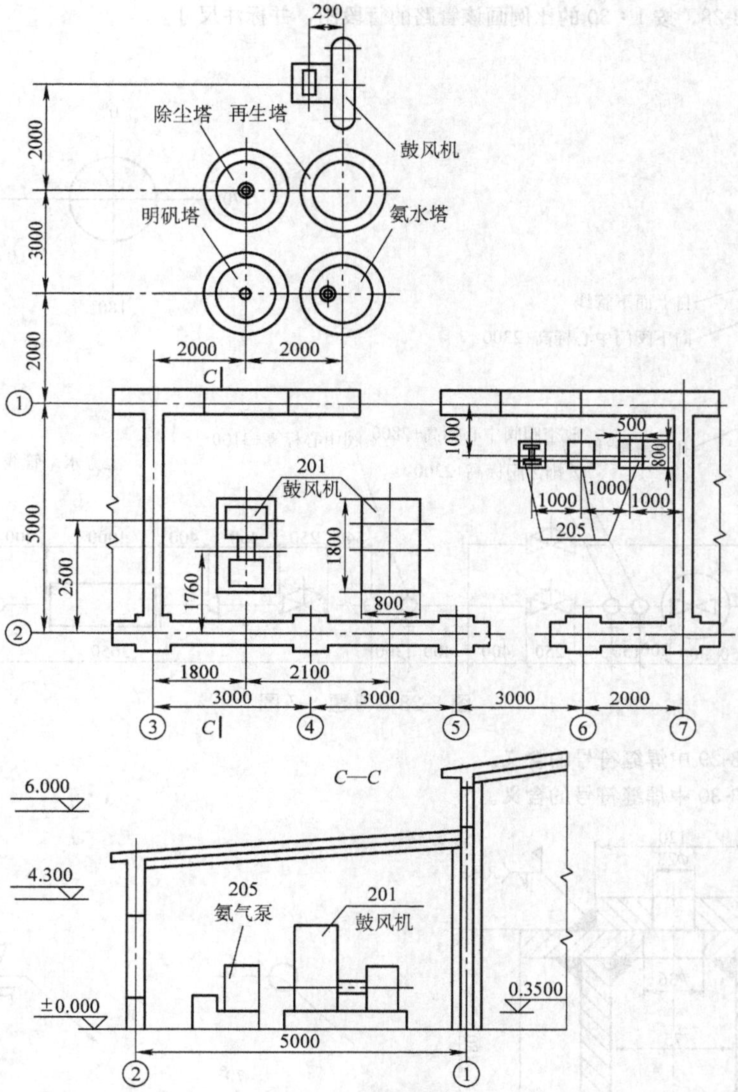

图 3-26　习题 3-5 图

3-6　根据图 3-27，画出立体图。

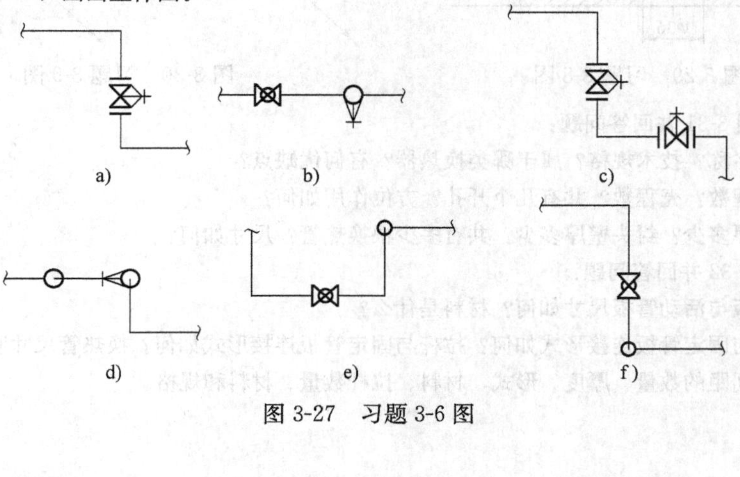

图 3-27　习题 3-6 图

3-7　根据图 3-28，按 1∶30 的比例画该管路的管段图，并标注尺寸。

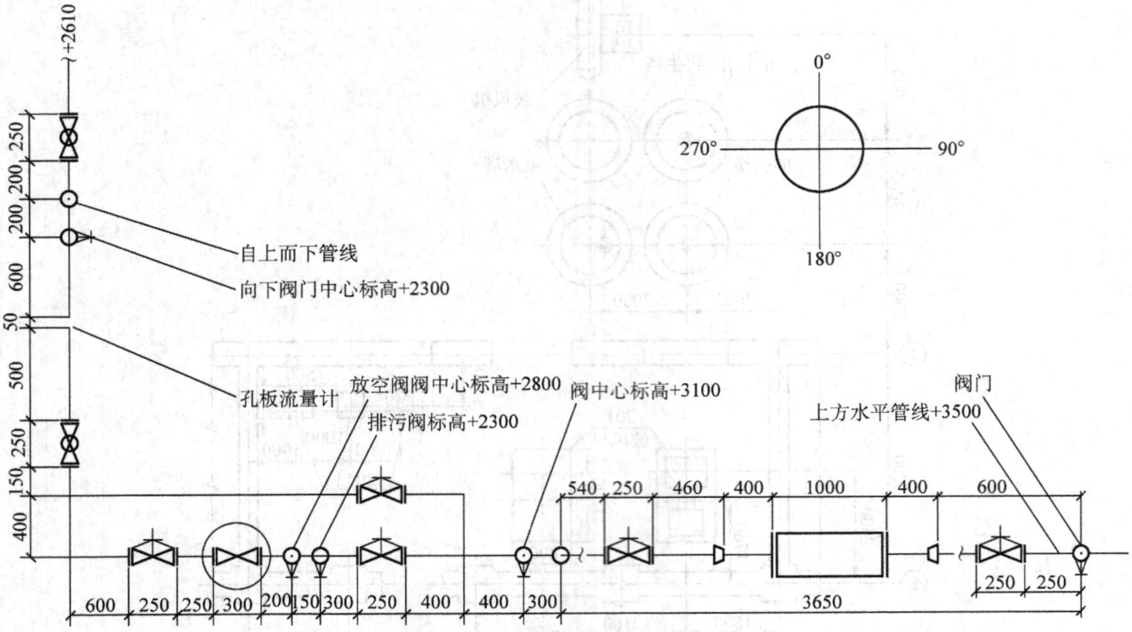

图 3-28　习题 3-7 图

3-8　说明图 3-29 中焊缝符号的含义。

3-9　解释图 3-30 中焊缝符号的含义。

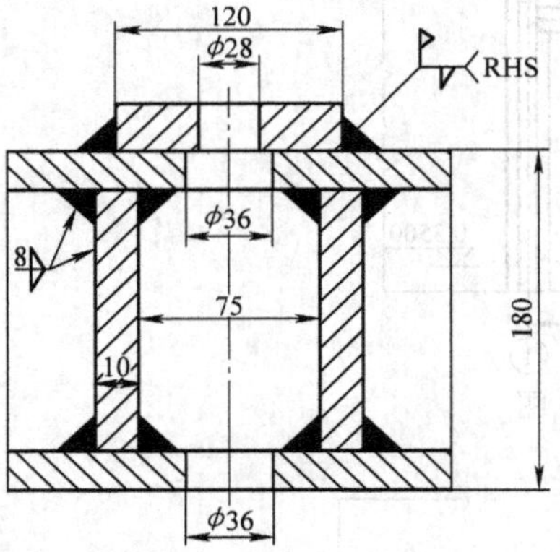

图 3-29　习题 3-8 图

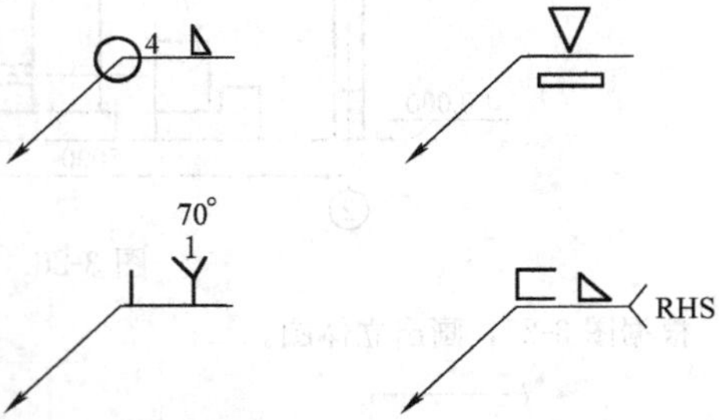

图 3-30　习题 3-9 图

3-10　阅读图 3-31 并回答问题：

(1) 该设备名称？技术规格？属于哪类换热器？有何优缺点？

(2) 设备管程数？壳程数？共有几个开孔？方位作用如何？

(3) 设备壁厚多少？封头壁厚多少？共有多少根换热管？尺寸如何？

3-11　读图 3-32 并回答问题：

(1) 固定管板与活动管板尺寸如何？材料是什么？

(2) 换热管与固定管板连接形式如何？拉杆与固定管板连接形式如何？换热管尺寸和数量为多少？

(3) 折流板间距的数量、厚度、形式、材料、拉杆数量、材料和规格。

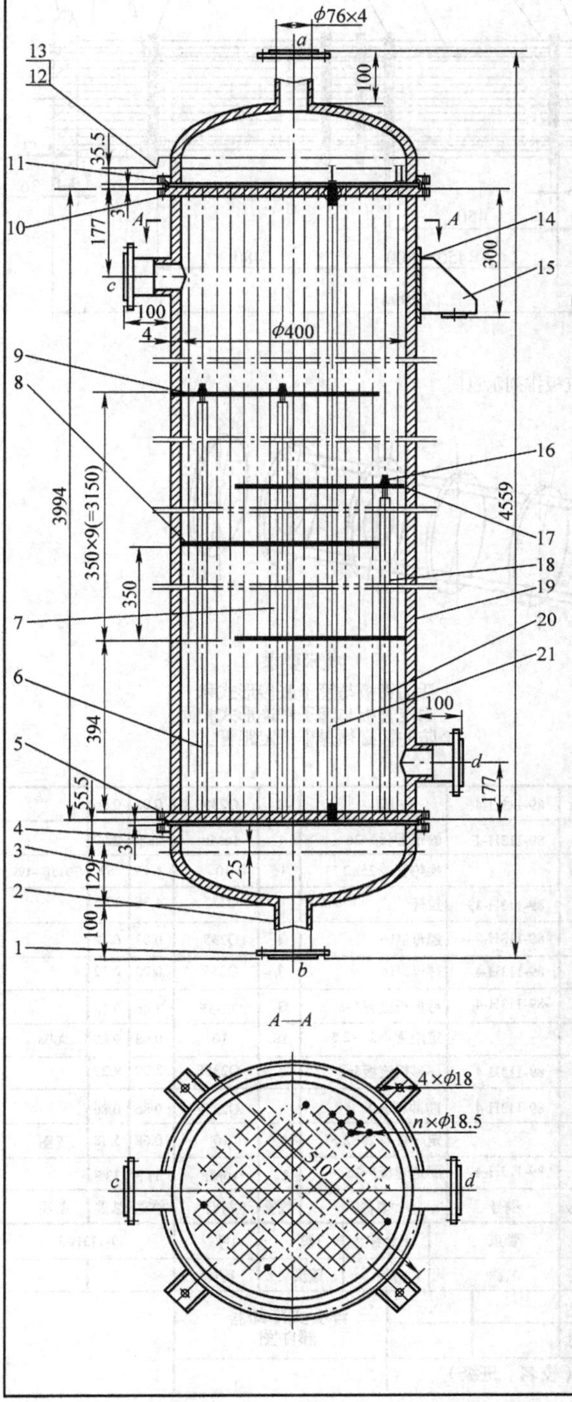

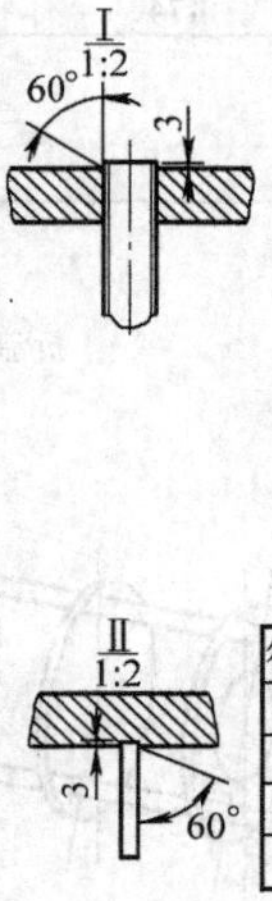

技术要求

1.本设备按JB/T 4709—2000《钢制压力容器焊接规程》进行制造、试验和验收。
2.焊接采用电焊，焊条型号为T422。
3.焊缝结构形式按GB/T 985—2008和JB/Z 105—1997规定，法兰焊接按有关规定。
4.焊缝需进行无损探伤检查，检查长度为对接焊缝的15%。
5.设备制成后，管程以588kPa，壳程以688kPa进行水压试验。

技术特性表

名称	管程	壳程
设计压力	294kPa	392kPa
设计温度	87~97℃	135~110℃
物料名称	溶液	尾气
换热面积	50m²	

管口表

符号	连接尺寸标准	连接面形式	用途
a	Pg6Dg70HG5012-58	凹面	溶液出口
b	Pg6Dg70HG5012-58	凹面	溶液入口
c	Pg6Dg70HG5012-58	凹面	废气出口
d	Pg6Dg70HG5012-58	凹面	废气入口

件号	标准号	名称	数量	材料	单重	总重	备注
21		换热管ϕ18×2L=4000	173	10			
20		定距管ϕ18×2L=388	3	10			
19		筒体Dg400×4	1	Q235F			
18		定距管ϕ18×2L=692	8	10			
17		拉杆ϕ12L=3234	1	Q235F			
16	GB/T 41—2000	螺母M12	8	Q235			
15	JB/T 4725—1992	支座A 0.5	4	Q235F			
14		加强板200×125=6	4	Q235F			
13	GB/T 41—2000	螺母M16	40	Q235			
12	GB/T 31—1988	螺栓M16×70	40	Q235			
11	JB/T 4701—1992	法兰Sb-400	2	Q235			
10		管板	2	Q235			
9		拉杆ϕ12L=3584	3	Q235F			
8		折流板	10	Q235F			
7		定距管ϕ18×2L=344	18	10			
6		定距管ϕ18×2L=738	1	10			
5		垫板	2				
4		筒节	2	Q235			
3	JB/T 4737—1995	封头Dg400×4	2	Q235			
2		接管ϕ76×4	4	10			
1	GB/T 9124—2000	法兰Pg6 dg7	4	Q235			

制图		热交换器	比例	
校核			材料	
（校名　班级）		（图号）		

图 3-31　习题 3-10 图

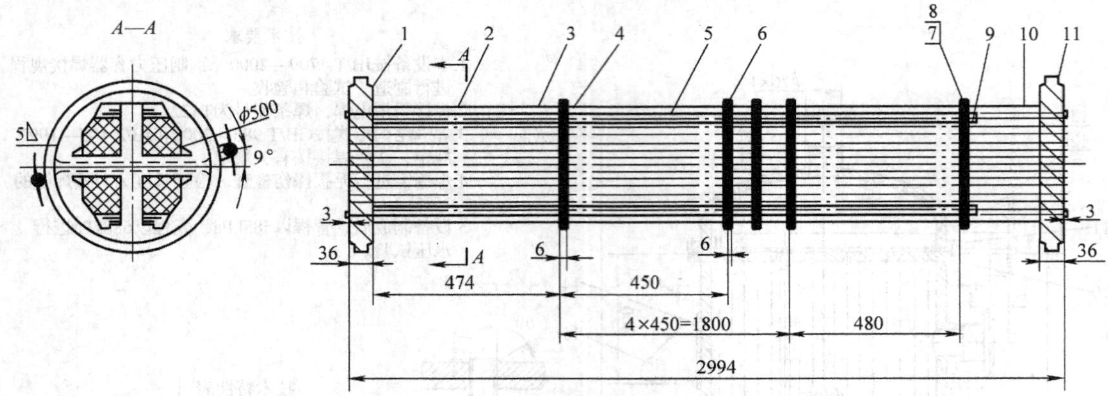

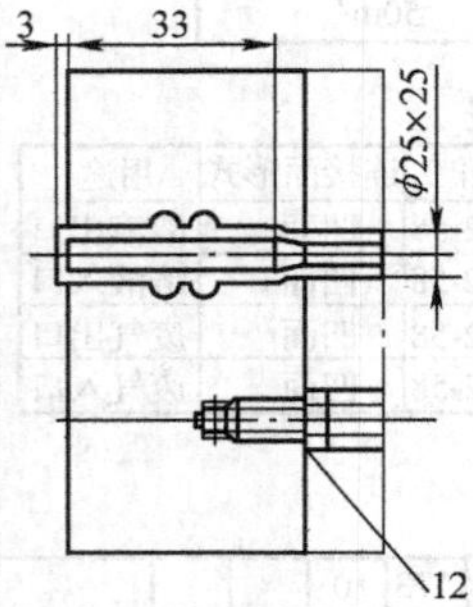

管子和拉杆与固定管板连接样图

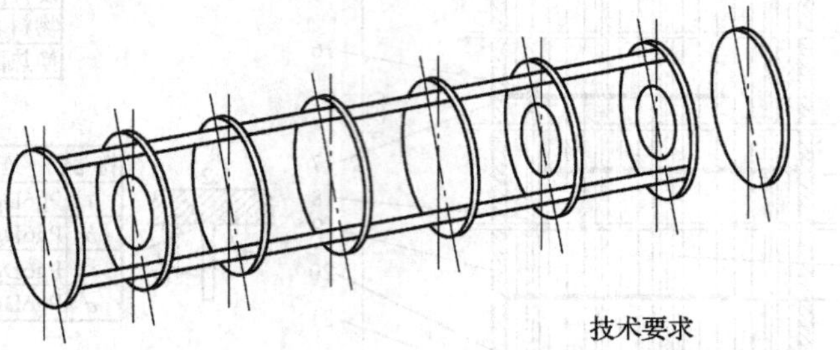

折流板排列示意图

技术要求

1.活动管板与管子胀接形式和固定管板与管子胀连形式相同。

2.防冲板必须焊牢于定距管上。

件号	编号	名称	数量	材料	单重	总重	备注
12	89-113H-4	支耳	2	Q235	0.03	0.06	
11	89-113H-4	固定管板δ=36	1	16Mn	22.9	22.9	
10		换热管 ϕ 25×2.5	16	10	4.13	67	GB151—1999
9	89-113H-33	拉杆	4	Q235	4.38	17.5	
8	89-113H-84	螺母M16	4	Q235	0.03	0.12	
7	89-113H-4	螺母M16	4	Q235	0.03	0.12	
6	89-113H-4	弓形折流板δ=6	3	Q235F	3.06	9.18	
5		定距管 ϕ 25×2.5	16	10	0.68	9.80	无图
4	89-113H-4	环形折流板δ=6	3	Q235F	3.09	9.27	
3	89-113H-4	防冲板δ=2	1	Q235F	0.86	0.86	
2		定距管 ϕ 25×2.5	8	10	0.68	5.38	无图
1	89-113H-4	固定管板δ=36	1	16Mn	33.3	33.3	

图号	名称	材料	重量	比例	
14	管束	组合件	123	1:4	89-113H-3

制图		浮头式冷却器 部件图
校核		
（校名 班级）		

图 3-32 习题 3-11 图

第4章

零部件的力学性能分析

4.1 概述

机械零部件由于某种原因不能正常工作时，称为失效。在不发生失效的条件下，零部件所能安全工作的限度，称为工作能力。通常此限度是对载荷而言，所以习惯上又称为承载能力。所以承载能力是指构件在外载荷作用下能够满足强度、刚度和稳定性要求的能力。

强度指构件抵抗破坏的能力，刚度指构件抵抗变形的能力，而稳定性指受压的细长杆件保持其原有平衡状态的能力。

零部件的常见失效形式有：断裂或塑性变形、过大的弹性变形、工作表面过度磨损或损伤、发生强烈振动、连接松弛、摩擦传动打滑等。例如，轴的失效可能由于疲劳断裂，也可能由于过大的弹性变形（即刚度不足），致使轴颈在轴承中倾斜。若轴上装有齿轮则轮齿受载便不均匀，以致影响正常工作。在前一情况下，轴的承载能力决定于轴的疲劳强度，而在后一情况下则取决于轴的刚度。显然，两者中的较小值决定了轴的承载能力。又如，轴承的润滑、密封不良时，轴瓦或轴颈就可能由于过度磨损而失效。此外，当周期性干扰力的频率与轴的自振频率相等或接近时，就会发生共振，这种现象称为失去振动稳定性，共振可能在短期内使零部件损坏。

机械零部件虽然有多种可能的失效形式，但归纳起来最主要的为强度、刚度、耐磨性、稳定性和温度的影响等几个方面的因素。对于各种不同的失效形式，相应地有各种工作能力判定条件。例如，当强度为主要因素时，按强度条件判定，即应力小于等于许用应力。当刚度为主要因素时，按刚度条件判定，即变形量小于等于许用变形量。判定条件可概括为计算量小于等于许用量。这种为防止失效而制定的判定条件，通常称为工作能力计算准则。

设计机械零件时，常根据一个或几个可能发生的主要失效形式，运用相应的判定条件，确定零件的形状和主要尺寸。

4.2 杆件的基本变形

任何物体在外力作用下都将发生变形。在静力学中，构件的微小变形对静力平衡分析是一个次要因素，故可不加考虑。在材料力学中，研究的是构件的强度、刚度及稳定性问题，变形成为一个主要因素，必须加以考虑。所以自本节开始所研究的一切物体都是变形体。

材料力学对变形固体作如下假设：

1）连续性假设。认为组成固体的物质在其整个固体体积的几何空间内是密实的和连续的，这样，可将力学变量看做位置坐标的连续函数，便于应用数学分析的方法。

2）均匀性假设。认为固体材料各部分的力学性能完全相同，由于固体的力学性能反映的是各组成部分力学性能的统计平均值，所以可以认为各部分的力学性能是均匀的。

3）各向同性假设。认为固体材料沿各个方向的力学性能完全相同。工程中使用的大多数金属材料均具有宏观各向同性性质。

4）小变形假设。认为构件因外力作用而产生的变形远小于构件的原始几何尺寸。这样，在研究平衡问题时，可以忽略构件的变形而按其原始尺寸进行分析，使得计算得到简化，而引起的误差非常微小。

物体在外力作用下会产生变形。当外力卸除后，物体能完全或部分恢复其原有的形态。随外力卸除而消失的变形称为弹性变形，不能消失的变形称为塑性变形或残余变形。在材料力学中，主要研究材料在弹性变形范围内的受力性质。

材料力学以杆件为主要研究对象。杆件是指长度方向的尺寸远大于其他两个方向尺寸的构件。垂直于杆件长度方向的截面称为杆的横截面，杆的各个横截面形心的连线称为杆的轴线。轴线是直线的杆称为直杆。各横截面均相同的直杆称为等截面直杆，简称等直杆。

在外力的作用下，杆件可以产生如图 4-1 所示几种基本变形形式。

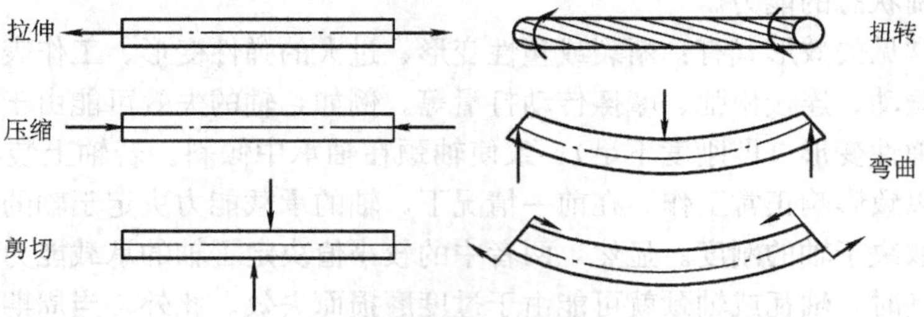

图 4-1 杆件的基本变形形式

4.3 杆件的内力与截面法

图 4-1 所示的杆件在拉伸、压缩、剪切、扭转、弯曲的外力作用下，杆件内部各质点间要发生相对位置变化，从而引起质点之间的相互作用力，以抵抗由于外力作用而发生的变形或断裂，这种力叫做内力。

内力是杆件内部各质点间，或一部分与另一部分之间的相互作用力，是随外力作用而产生、随外力变化而变化的一种力，而不是物体内部分子或原子间的吸引力。外力增大，杆件在外力作用下所产生的内力也增大，当内力随外力增大到一定程度时，杆件即发生破坏。对于不同尺寸、形状和材质的材料，内力大小有不同的限度。

要计算某截面的内力，假想用截面将杆件切开，取该截面任意一侧部分杆件为研究对象，将另一部分对该部分的作用以截面上的内力代替，并画出它的受力图，利用静力平衡方程求得内力，这种方法称为截面法。截面法的步骤可归结为：

1）截开。欲求某一截面上的内力时，沿该截面假想地把物体分为两部分，任取一部分作为研究对象。

2）代替。用作用于截面上的内力（力或力偶）代替另一部分对被研究对象的作用。

3）平衡。对研究部分建立平衡方程，从而确定截面上内力的大小和方向。

4.4　轴向拉伸和压缩

4.4.1　轴向拉伸和压缩概念

轴向拉伸和压缩是四种变形中最简单的一种。在工程上产生轴向拉伸和压缩的杆件比较多。图 4-2 所示的拔桩机在工作时，液压缸顶起吊臂将桩从地下拔起，液压缸杆产生压缩变形，桩在拔起时产生拉伸变形，钢丝绳产生拉伸变形。图 4-3 所示桁架的竖杆、斜杆和上下弦杆，作用在这些杆上的外力的合力作用线与杆轴线重合。在这种受力情况下，杆所产生的变形主要是纵向伸长或缩短。产生轴向拉伸或压缩的杆件称为拉杆或压杆。

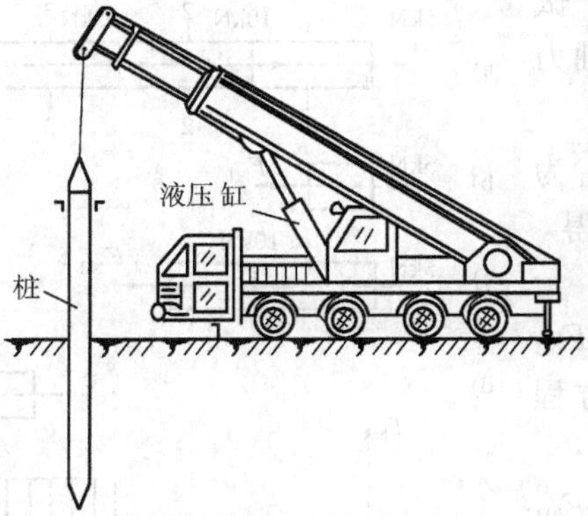

图 4-2　拔桩机在工作时

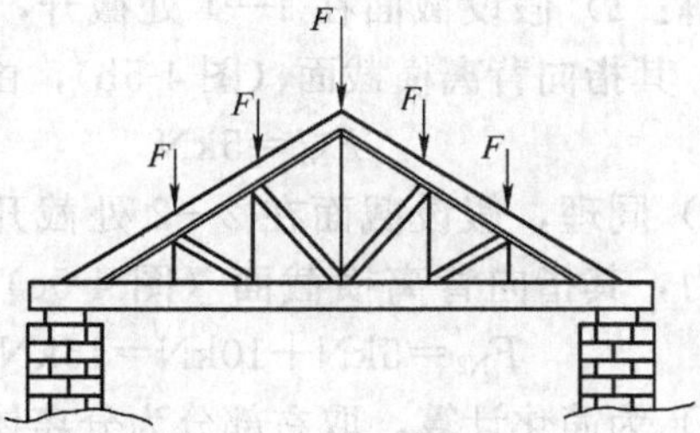

图 4-3　桁架受力图

4.4.2　轴向拉压杆的内力（轴力）

例 4-1　如图 4-4a 所示，杆件受两等值、反向、共线的力 P 作用，处于平衡，求任意截面处的内力（轴力）。

解： 运用截面法进行分析。

假想用一截面将杆件切开，分析杆件左半部分。首先标出右半部分在该截面上对左半部分的作用力 N_1，并沿杆件的轴线取坐标轴 x。坐标轴 x 取截面法线方向为正，如图 4-4b 所示。

其次，列平衡方程：$\sum X=0$，$P-N_1=0$

可得：$N_1=P$

式中，N_1 为截面的内力，与杆轴线重合，又称杆件的轴力。规定轴力的方向为：离开截面为正，指向截面为负。如果算出的 N_1 为负值，说明实际的 N_1 方向与事先假设的方向相反。某处轴力为正时则该处杆受拉，反之受压。

如分析右截面，则如图 4-4c 所示，计算方法类似。

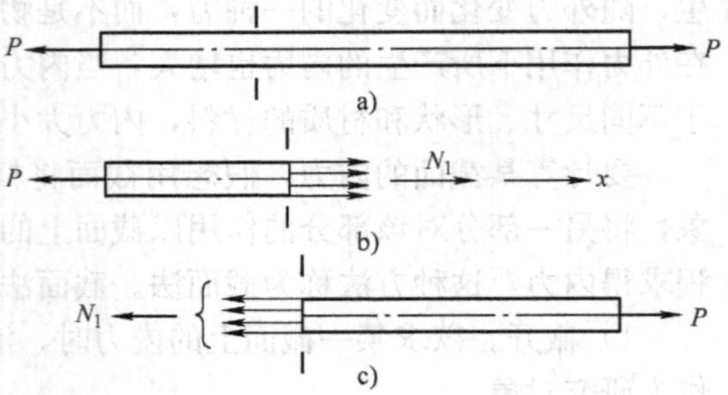

图 4-4　截面法求拉压内力

4.4.3　拉压杆件的轴力图

为了表明轴力沿杆轴线变化的情况，用平行于轴线的坐标表示横截面的位置，垂直于杆轴线的坐标表示横截面上轴力的数值，以此表示轴力与横截面位置关系的几何图形，称为轴力图。

作轴力图时应注意以下几点：

1）轴力图的位置应和杆件的位置相对应。轴力的大小，按比例画在坐标上，并在图上标出代表点数值。

2）习惯上将正值（拉力）的轴力图画在坐标的正向，负值（压力）的轴力图画在坐标的负向。

例 4-2　一等直杆及受力情况如图 4-5a 所示。试作杆的轴力图，并分析如何调整外力，可使杆上轴力分布得比较合理。

解： 1）假设截面在 1—1 处截开，设轴力 F_{N1} 为拉力，其指向背离横截面（图 4-5b），由平衡方程得

$$F_{N1}=5kN$$

2）同理，假设截面在 2—2 处截开，设轴力 F_{N2} 为拉力，其指向背离横截面（图 4-5c），由平衡方程得

$$F_{N2}=5kN+10kN=15kN$$

3）为简化计算，取右部分为分离体，设轴力 F_{N3} 为拉力，其指向背离横截面（图 4-5d），由平衡方程得

$$F_{N3}=30kN$$

4）按作轴力图的规则，作出轴力图，如图 4-5e 所示。

5）轴力的合理分布。因为轴力和正应力有正比函数关系。如果杆件上的轴力减小，应力也减小，杆件的强度就会提高。因此，有条件地调整杆上外力的分布，可以达到减小轴力，提高杆件强度的目的。该题若将外力 15kN 和 30kN 对调，轴力分布如图4-5f所

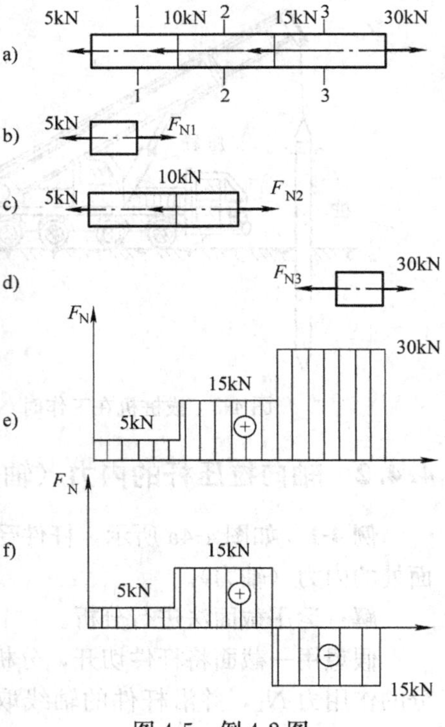

图 4-5　例 4-2 图

示，杆上最大轴力减小了，轴力分布就比较合理。

4.4.4　轴向拉（压）时横截面上的应力

1. 应力的概念

用截面法可求出拉压杆横截面上分布内力的合力，它只表示截面上总的受力情况。单凭内力的合力的大小，还不能判断杆件是否会因强度不足而破坏。例如，两根材料相同、截面面积不同的杆，受同样大小的轴向拉力 F 作用，显然两根杆件横截面上的内力是相等的，随着外力的增加，截面面积小的杆件必然先断。这是因为轴力只是杆横截面上分布内力的合力，而要判断杆的强度问题，还必须知道，内力在截面上分布的密集程度（简称内力集度）。

内力在一点处的集度称为应力。为了说明截面上某一点 E 处的应力，可在点 E 取一微小面积 ΔA，作用在 ΔA 上的内力合力记为 ΔF（图 4-6a），则 ΔF 与 ΔA 的比值称为 ΔA 上的平均应力。

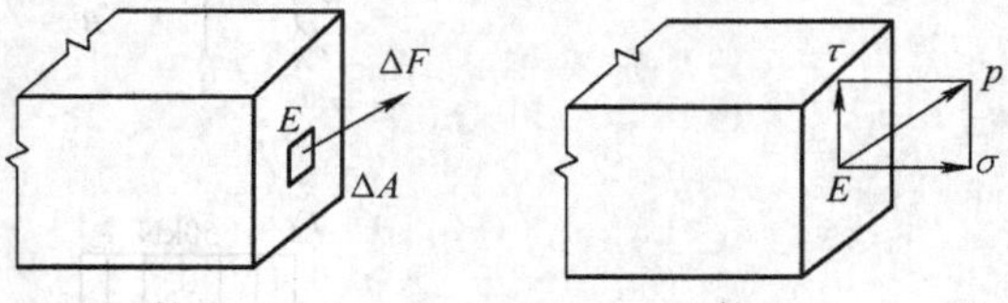

图 4-6　应力的概念

$$p_m=\frac{\Delta F}{\Delta A}$$

一般情况下，截面上各点处的内力虽然是连续分布的，但并不一定均匀，因此，平均应力的值将随 ΔA 的大小而变化，它还不能表明内力在点 E 处的真实强弱程度。只有当 ΔA 无限缩小并趋于零时，平均应力 p_m 的极限值 p 才能代表点 E 处的内力集度。p 称为点 E 处的应力。

$$p=\lim_{\Delta A\to 0}\frac{\Delta F}{\Delta A}=\frac{dF}{dA}$$

应力 p 也称为点 E 的总应力。通常应力 p 与截面既不垂直也不相切，力学中总是将它分解为垂直于截面和相切于截面的两个分力（图 4-6b）。与截面垂直的应力分量称为正应力（或法向应力），用 σ 表示。与截面相切的应力分量称为切应力，用 τ 表示。应力的单位是帕斯卡，简称为帕，符号为 Pa。

$$1\text{Pa}=1\text{N/m}^2\ (1\text{帕}=1\text{牛/米}^2)$$

工程实际中应力数值较大，常用千帕（kPa）、兆帕（MPa）及吉帕（GPa）作为单位。

$$1\text{kPa}=10^3\text{N/m}^2,\ 1\text{MPa}=10^6\text{N/m}^2,\ 1\text{GPa}=10^9\text{N/m}^2$$

工程图样上，长度尺寸常以 mm 为单位，则 $1\text{MPa}=10^6\text{N/m}^2=1\text{N/mm}^2$

2. 横截面上的应力

轴力是轴向拉压杆横截面上的唯一内力分量，但是轴力不是直接衡量拉压杆强度的指标，因此必须研究拉压杆横截面上的应力。根据材料均匀性假设，变形相同，则截面上每点受力相同，即轴力在横截面上分布集度相同（图 4-7）。轴向拉压等截面直杆，横截面上正应力均匀分布，表达为

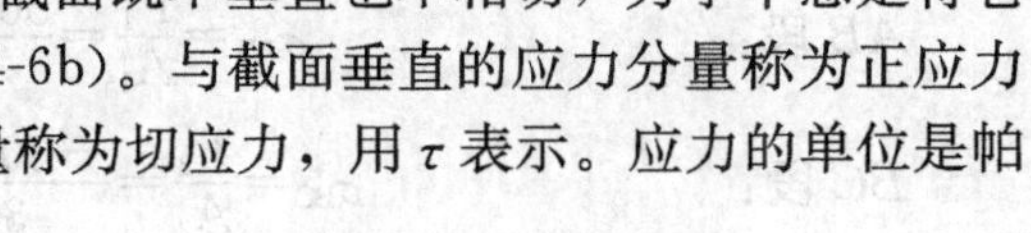

图 4-7　横截面上正应力分布

$$\sigma=\frac{F_N}{A} \tag{4-1}$$

经试验证实，以上公式适用于轴向拉压，符合平面假设的横截面为任意形状的等截面直杆。

正应力与轴力有相同的正、负号，即：拉应力为正，压应力为负。

例 4-3　一阶梯形直杆受力如图 4-8a 所示，已知横截面面积为 $A_1=400\text{mm}^2$，$A_2=300\text{mm}^2$，$A_3=200\text{mm}^2$，试求各横截面上的应力。

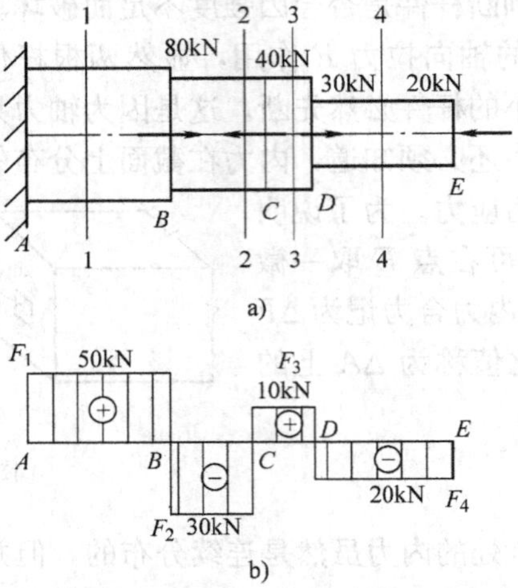

图 4-8　例 4-3 图

解：（1）计算轴力，画轴力图　利用截面法可求得阶梯杆各段的轴力为 $F_1=50\text{kN}$，$F_2=-30\text{kN}$，$F_3=10\text{kN}$，$F_4=-20\text{kN}$。轴力图如图 4-8b 所示。

（2）计算机各段的正应力

AB 段：$$\sigma_{AB}=\frac{F_1}{A_1}=\frac{50\times10^3}{400}\text{MPa}=125\text{MPa}$$（拉应力）

BC 段：$$\sigma_{BC}=\frac{F_2}{A_2}=\frac{-30\times10^3}{300}\text{MPa}=-100\text{MPa}$$（压应力）

CD 段：$$\sigma_{CD}=\frac{F_3}{A_2}=\frac{10\times10^3}{300}\text{MPa}=33.3\text{MPa}$$（拉应力）

DE 段：$$\sigma_{DE}=\frac{F_4}{A_3}=\frac{-20\times10^3}{200}\text{MPa}=-100\text{MPa}$$（压应力）

4.4.5　安全系数、许用应力、强度条件

1. 安全系数与许用应力

在力学性能试验中，我们测得了两个重要的强度指标：屈服强度 σ_s 和强度极限 σ_b。对于塑性材料，当应力达到屈服强度时，构件已发生明显的塑性变形，影响其正常工作，称之为失效，因此把屈服强度作为塑性材料的极限应力；对于脆性材料，直到断裂也无明显的塑性变形，断裂是失效的唯一标志，因而把强度极限作为脆性材料的极限应力。

根据失效的准则，将屈服强度与强度极限通称为极限应力，用 σ_u 表示。

为了保障构件在工作中有足够的强度，构件在载荷作用下的工作应力必须低于极限应力。为了确保安全，构件还应有一定的安全储备。在强度计算中，把极限应力 σ_u 除以一个

大于 1 的系数，得到的应力值称为许用应力，用 $[\sigma]$ 表示，即

$$[\sigma]=\frac{\sigma_u}{n} \tag{4-2}$$

式中，大于 1 的系数 n 称为安全系数。

在工程中安全系数 n 的取值范围，由国家标准规定，一般不能任意改变。对于一般常用材料的安全系数及许用应力数值，在国家标准或有关手册中均可以查到。

2. 强度条件

为了保障构件安全工作，构件内最大工作应力必须小于许用应力，称为强度条件，表示为

$$\sigma_{max}=\left(\frac{F_N}{A}\right)_{max}\leqslant[\sigma] \tag{4-3}$$

利用强度条件，可以解决以下三类强度问题：

(1) 强度校核　在已知拉压杆的形状、尺寸、许用应力及受力的情况下，检验构件能否满足上述强度条件，以判别构件能否安全工作。

(2) 设计截面　已知拉压杆所受的载荷及所用材料的许用应力，根据强度条件设计截面的形状和尺寸，表示为

$$A\geqslant\frac{F_{Nmax}}{[\sigma]} \tag{4-4}$$

(3) 计算许用载荷　已知拉压杆的截面尺寸及所用材料的许用应力，计算杆件所能承受的许可轴力，再根据此轴力计算许用载荷，表示为

$$F_{Nmax}\leqslant A[\sigma] \tag{4-5}$$

在计算中，若工作应力不超过许用应力的 5%，在工程中仍然是允许的。

例 4-4　起重吊钩的上端用螺母固定，如图 4-9 所示。若吊钩螺栓内径 $d=55\text{mm}$，$F=170\text{kN}$，材料许用应力 $[\sigma]=160\text{MPa}$。试校核螺栓部分的强度。

解： 计算螺栓内径处的面积

$$A=\frac{\pi d^2}{4}=\frac{\pi\times(55\times10^{-3})^2\text{m}^2}{4}=2375\text{mm}^2$$

$$\sigma=\frac{F_N}{A}=\frac{170\times10^3\text{N}}{2375\text{mm}^2}=71.6\text{MPa}$$

$\sigma\leqslant[\sigma]=160\text{MPa}$，故吊钩螺栓部分安全。

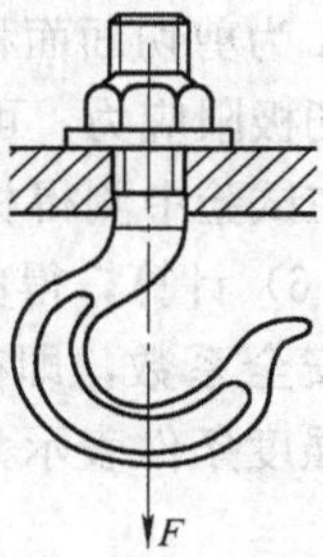

图 4-9　例 4-4 起重吊钩受力图

例 4-5　如图 4-10 所示一托架，AC 是圆钢杆，许用应力 $[\sigma]=160\text{MPa}$，BC 是方木杆，$F=60\text{kN}$，试确定钢杆直径 d。

解： (1) 轴力分析　取结点 C 为研究对象，并假设钢杆的轴力 F_{NAC} 为拉力，木杆轴力 F_{NBC} 为压力，由静力平衡条件

$\sum F_y=0$，$F_{NBC}\sin\alpha-F=0$

$$F_{NBC}=\frac{F}{\sin\alpha}=\frac{60}{\frac{2}{\sqrt{2^2+3^2}}}\text{kN}=108\text{kN}$$

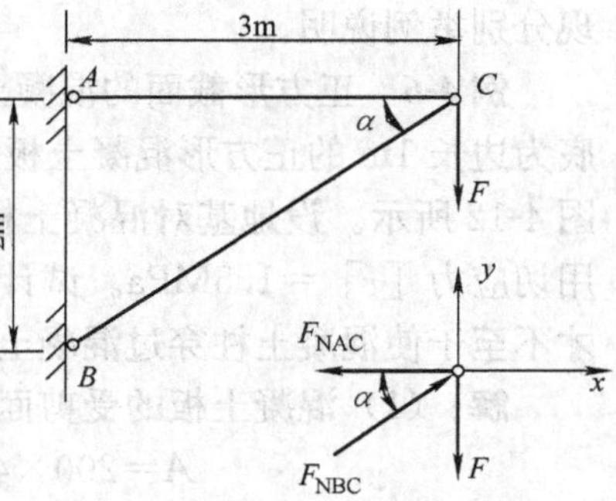

图 4-10　例 4-5 托架受力图

$$\sum F_x=0,\ F_{NBC}\cos\alpha-F_{NAC}=0$$

$$F_{NAC}=F_{NBC}\cos\alpha=\frac{F}{\sin\alpha}\cos\alpha=60\times\frac{3}{2}\text{kN}=90\text{kN}$$

（2）设计截面

钢杆
$$A=\frac{\pi d^2}{4}\geqslant\frac{F_{NAC}}{[\sigma]}$$

$$d\geqslant\sqrt{\frac{4F_{NAC}}{\pi[\sigma]}}=\sqrt{\frac{4\times90\times10^3}{\pi\times160}}\text{mm}=26.8\text{mm}$$

取
$$d=30\text{mm}$$

4.5 剪切

作用在同一物体上的两个等值、反向、互相平行且距离很近的力称为剪力，构件受到剪力作用称为剪切，如图 4-11a 所示。两块钢板通过铆钉连接，其中铆钉的受力如图 4-11b 所示。在外力作用下，铆钉在 $m-n$ 截面将发生相对错动，称为剪切面。

利用截面法，从 $m-n$ 截面截开，剪力为 F_Q 如图 4-11c 所示。由平衡方程可知 $F_Q=F$。

在剪切面上，假设切应力均匀分布，即

$$\tau=\frac{F_Q}{A}\tag{4-6}$$

式中，A 为剪切面面积。

剪切极限应力，可通过材料的剪切破坏试验确定。在试验中测得材料剪断时的剪力值，同样按式（4-6）计算，得剪切极限应力 τ_u。极限应力 τ_u 除以安全系数，即得出材料的许用应力 $[\tau]$。则抗剪强度条件表示为

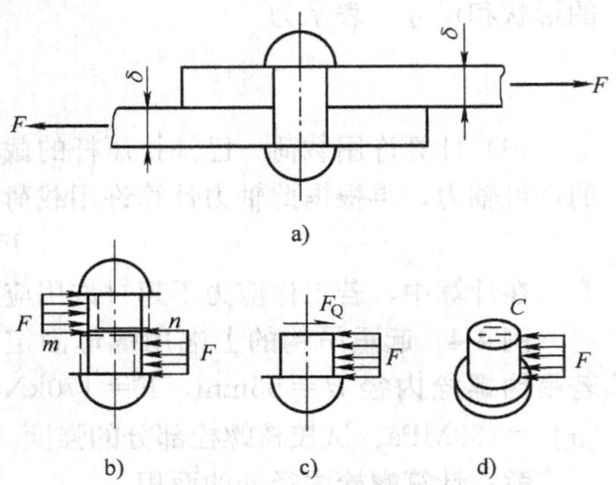

图 4-11　铆钉受剪切作用

$$\tau=\frac{F_Q}{A}\leqslant[\tau]\tag{4-7}$$

在工程中，剪切计算主要有以下三种：① 强度校核。② 截面设计。③ 计算许用荷载。现分别举例说明。

例 4-6　正方形截面的混凝土柱，其横截面边长为 200mm，其基底为边长 1m 的正方形混凝土板，柱承受的轴向压力 $F=100$kN，如图 4-12 所示。设地基对混凝土板的支反力为均匀分布，混凝土的许用切应力 $[\tau]=1.5$MPa。试计算混凝土板的最小厚度 δ 为多少时，才不至于使混凝土柱穿过混凝土板？

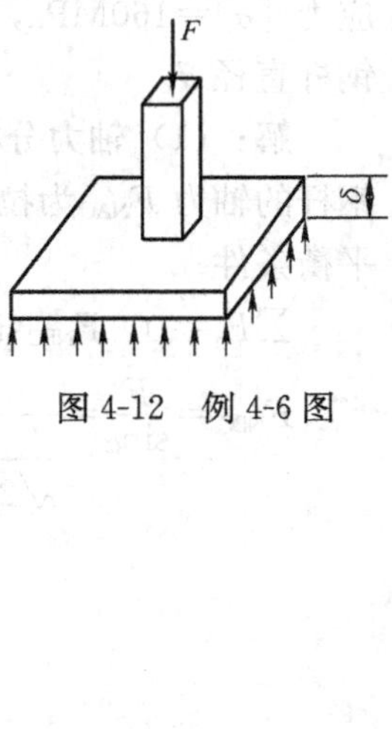

图 4-12　例 4-6 图

解：（1）混凝土板的受剪面面积

$$A=200\times4\times\delta=800\delta\text{mm}^2$$

（2）剪力计算

$$F_Q = F - \left[0.2 \times 0.2 \times \left(\frac{F}{1 \times 1}\right)\right] = 100 \times 10^3\text{N} - 4000\text{N} = 96 \times 10^3\text{N}$$

（3）混凝土板厚度设计

$$\delta \geqslant \frac{F_Q}{[\tau] \times 800} = \frac{96 \times 10^3\text{N}}{1.5\text{MPa} \times 800\text{mm}} = 80\text{mm}$$

（4）取混凝土板厚度

$$\delta = 80\text{mm}$$

例 4-7　图 4-13 所示钢板的厚度 $\delta = 5\text{mm}$，其剪切极限应力 $\tau_u = 400\text{MPa}$，问要加多大的冲剪力 F，才能在钢板上冲出一个直径 $d = 18\text{mm}$ 的圆孔。

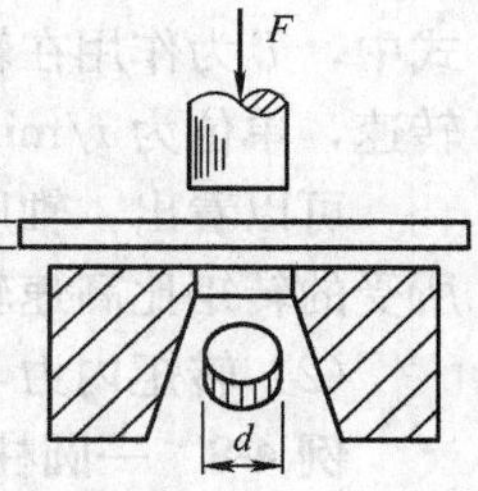

图 4-13　例 4-7 图

解：（1）钢板受剪面面积

$$A = \pi d\delta$$

（2）剪断钢板的冲剪力

$$\tau = \frac{F_Q}{A} = \frac{F}{A} > \tau_u$$

$$F = \tau_u A = \tau_u \pi d\delta = 400\text{MPa} \times \pi \times 18\text{mm} \times 5\text{mm} = 113 \times 10^3\text{N} = 113\text{kN}$$

4.6　扭转

4.6.1　扭转概念

扭转变形是杆件一种基本变形，以扭转为主要变形的构件称为轴。在工程中，有许多承受扭转变形的构件，例如图 4-14a 所示的螺钉旋具的杆以及图 4-14b 所示的汽车转向盘操纵杆，它们均可简化为图 4-15 的扭转力学模型。杆件扭转具有如下特点：

（1）受力特点　在杆件两端垂直于杆轴线的平面内作用一对大小相等，方向相反的外力偶 T。

（2）变形特点　各横截面形状大小不变，只是绕轴线发生相对转动。这里，将两个横截面相对转动的角度称为扭转角，用 φ 表示，其物理意义是用来衡量扭转程度的。

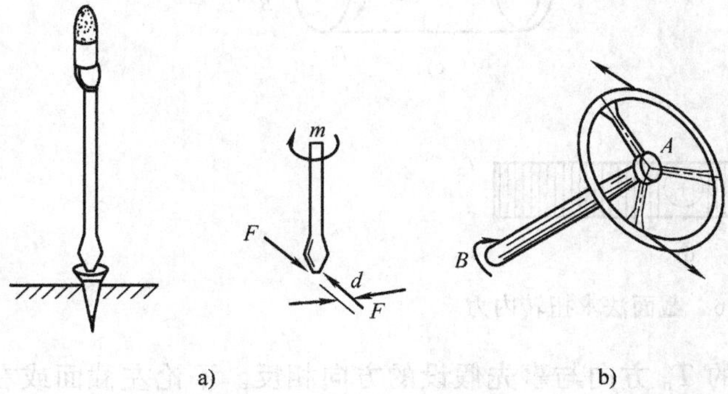

图 4-14　工程中的扭转变形

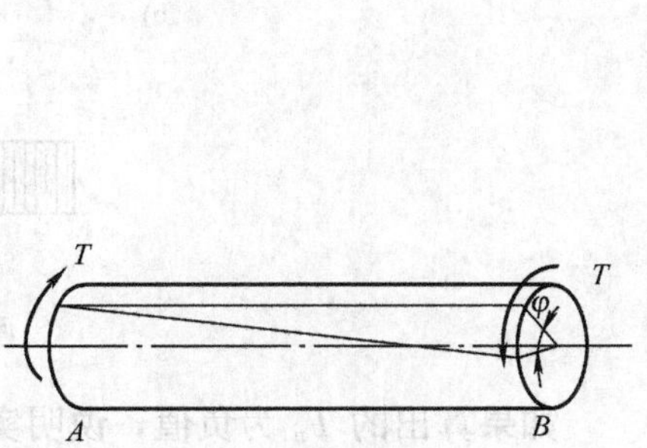

图 4-15　扭转力学模型

4.6.2　转矩和转矩图

（1）转矩的计算　研究轴扭转的强度和刚度问题时，首先要知道作用在轴上的转矩的大小。在工程实际中，作用在轴上的转矩，通常并不直接给出，而是用已知的轴所传递的功率和轴的转速计算得出。功率、转速和转矩之间的关系为

$$T=9550\frac{P}{n} \tag{4-8}$$

式中，T 为作用在轴上的转矩，单位为 N·m，P 为轴传递的功率，单位为 kW，n 为轴的转速，单位为 r/min。

可以看出，轴所承受的转矩与轴的转速成反比。因此，在传递同样大的功率时，低速轴所受的转矩比高速轴大，所以在传动系统中，低速轴的直径要比高速轴的直径粗一些。

（2）转矩内力与转矩图

例 4-8　一圆柱形杆件受两个转矩 T_1 和 T_2 的作用，T_1、T_2 大小相等、转向相反、作用面互相平行且垂直于杆件轴线，如图 4-16a 所示，求截面 I—I 上的内力。

解： 截下左半部分杆件，并在截面上加上右半部分对其的作用力 T_n，建立 x 坐标轴，如图 4-16b 所示，根据转矩平衡方程

$$\sum T=0,\ T_n-T_1=0$$

可得

$$T_n=T_1$$

式中，T_n 为截面上的内力，实际为一力偶，这种内力偶称为转矩，单位为 N·m。转矩与截面平行。

若分析右面截面，则如图 4-16c 所示，计算方法类似。

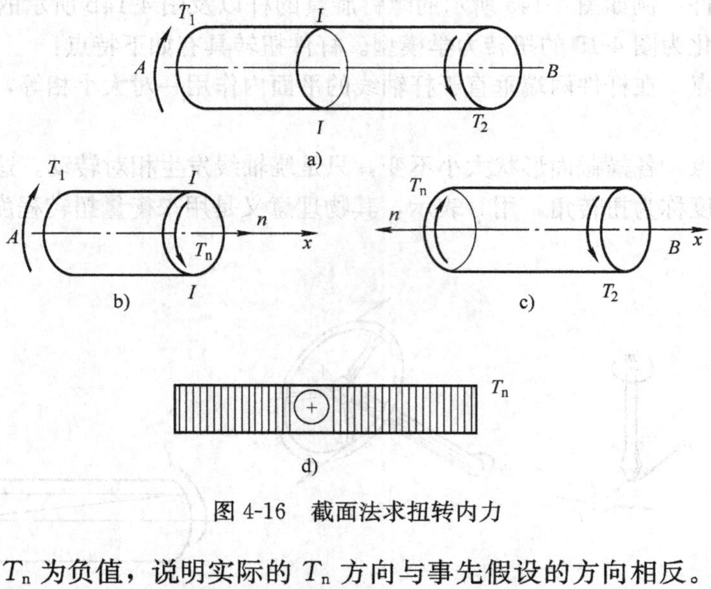

图 4-16　截面法求扭转内力

如果算出的 T_n 为负值，说明实际的 T_n 方向与事先假设的方向相反。不论左截面或右截面，T_n 的符号可用图 4-17 所示的右手法则来判定，右手四指沿着 T_n 的转向，若大拇指所指方向为截面外时，T_n 为正，反之为负。

绘制完成的转矩图如图 4-16d 所示。

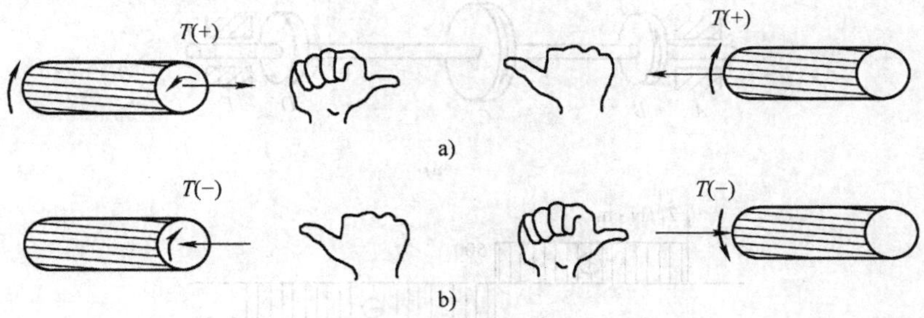

图 4-17　转矩正负判定

4.6.3　扭应力

受转矩作用的圆截面和圆环截面上的切应力分布如图 4-18 所示。在截面的圆心处切应力为零，在周边切应力最大。

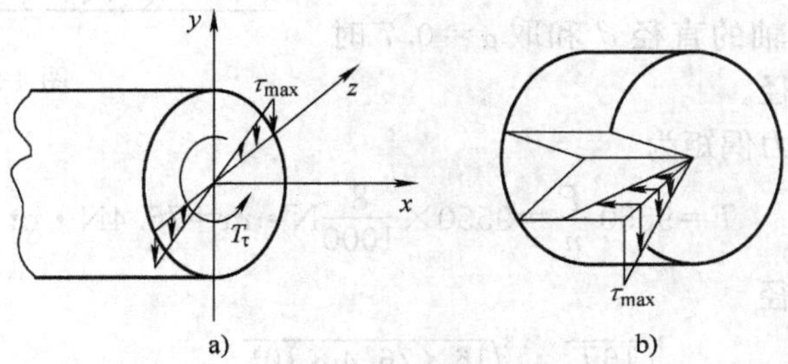

图 4-18　切应力分布图

圆轴扭转时的切应力

$$\tau_{\max}=T/W_{\mathrm{p}} \tag{4-9}$$

W_{p} 称为抗扭截面系数，是由截面形状和大小决定的量，常见形状的抗扭截面系数可查手册获得。

圆形截面抗扭截面系数为：$W_{\mathrm{p}}=\dfrac{\pi d^3}{16}\approx 0.2d^3$

圆环形截面抗扭截面系数为：$W_{\mathrm{p}}=\dfrac{\pi D^3}{16}(1-\alpha^4)\approx 0.2D^3(1-\alpha^4)$，其中 $\alpha=\dfrac{d}{D}$

例 4-9　一传动轴受力情况如图 4-19 所示，如果用许用切应力 $[\tau]=40\mathrm{MPa}$ 的材料生产，请设计轴的直径。

解：作轴的转矩图

设轴的直径为 d，按轴的强度条件

$$\tau_{\max}=\frac{T_{\max}}{W_{\mathrm{p}}}=\frac{1080}{0.2d^3}\mathrm{MPa}\leqslant[\tau]=40\mathrm{MPa}$$

$$d\geqslant\sqrt[3]{\frac{T_{\max}}{0.2[\tau]}}=\sqrt[3]{\frac{1080}{0.2\times40\times10^6}}=51.3\times10^{-3}\mathrm{m}=51.3\mathrm{mm}$$

设计结果：取轴径 $d=52\mathrm{mm}$。

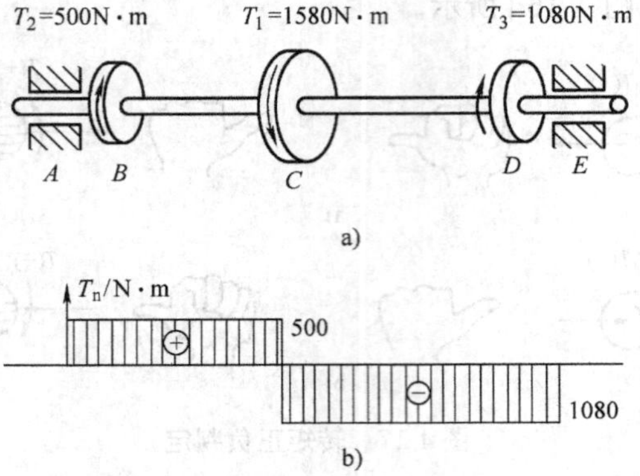

图 4-19　轴受力情况

例 4-10　一阶梯轴一段为空心，另一段为实心（图 4-20）。已知轴的转速 $n=1000\text{r/min}$，传递的功率 $P=8\text{kW}$，材料的许用切应力 $[\tau]=40\text{MPa}$。试设计实心轴的直径 d 和取 $\alpha=0.7$ 时的空心轴的内径、外径。

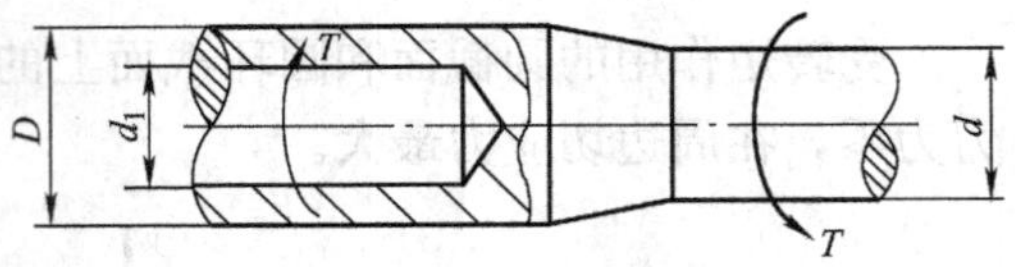

图 4-20　阶梯轴

解： 该轴承受的力偶矩为

$$T=9550\frac{P}{n}=9550\times\frac{8}{1000}\text{N}\cdot\text{m}=76.4\text{N}\cdot\text{m}$$

设计实心轴的直径

$$d\geqslant\sqrt[3]{\frac{16T}{\pi[\tau]}}=\sqrt[3]{\frac{16\times76.4\times10^3}{40\pi}}\text{mm}=21.4\text{mm}$$

设计空心轴的外径

$$D\geqslant\sqrt[3]{\frac{16T}{\pi[\tau](1-\alpha^4)}}=\sqrt[3]{\frac{16\times76.4\times10^3}{\pi\times40\times(1-0.24)}}\text{mm}=23.4\text{mm}$$

空心轴的内径 $d_1=0.7D=16.4\text{mm}$，可取 $d_1=18\text{mm}$。

4.7　弯曲

4.7.1　弯曲的概念

当工程构件受到垂直于轴线的横向外力或纵向平面外力偶的作用时，其轴线变形成为曲线，这种变形即为弯曲变形。以弯曲为主要变形的构件称为梁。如楼面梁（图 4-21a)、阳台挑梁（图 4-21b)、土压力作用下的挡土墙（图 4-21c）及桥式起重机的钢梁（图 4-21d）等。它们承受的载荷都垂直于构件，使其轴线由原来的直线变成曲线。

为了便于分析计算，需将实际的梁结构、载荷形式及支座进行简化，梁的支座按其对梁的载荷作用平面的约束情况，可简化为 3 种基本形式。

（1）固定端支座　限制梁在支座处既不能移动，又不能转动，因此，相应的支反力有 3 个，如图 4-22a 所示。

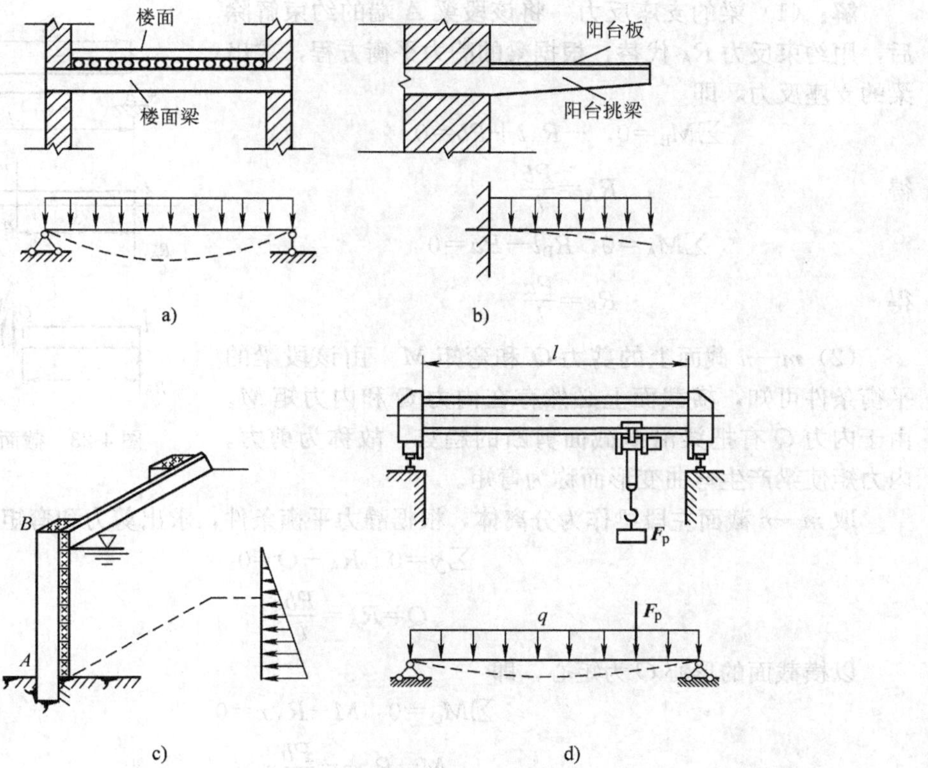

图 4-21　工程中的简单梁

（2）固定铰支座　限制梁在支座处的移动，但不限制梁绕铰支座中心转动。因此，相应的支反力有 2 个，如图 4-22b 所示。

（3）可动铰支座　限制梁在支座处沿垂直于支承面方向的移动，因此，相应的支反力只有 1 个，如图 4-22c 和图 4-22d 所示。但要对如图 4-22c 和图 4-22d 所示的情况有所区分。如图 4-22c 所示的约束反力只能认为方向向上，不可以假定方向。而如图 4-22d 所示的约束反力却可以假定向上，也可以假定向下，该支座也可以称作连杆支座。

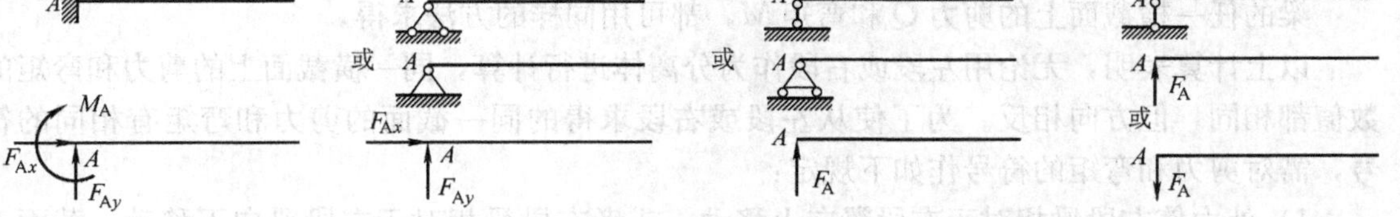

图 4-22　支座形式简化

4.7.2　剪力图与弯矩图

例 4-11　如图 4-23 所示，一水平杆件受 A、B 两支座支承，杆上受一垂直力 P 的作用。设杆长 l、a、b 均为已知，求 $m—n$ 截面上的内力。

解：(1) 梁的支座反力　将该段梁 A 端的约束解除后，用约束反力 R_A 代替，根据梁的静力平衡方程，求出梁的支座反力，即

$$\sum M_B=0,\ -R_A l+Pb=0$$

得
$$R_A=\frac{Pb}{l}$$

$$\sum M_A=0,\ R_B l-Pa=0$$

得
$$R_B=\frac{Pa}{l}$$

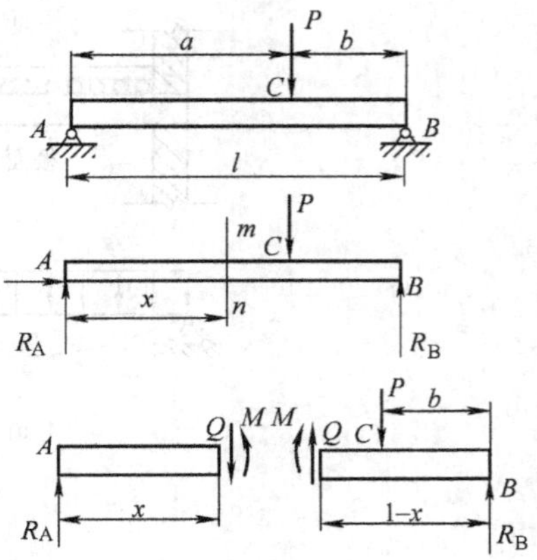

图 4-23　截面法求弯曲内力

(2) m—n 截面上的剪力 Q 和弯矩 M　由该段梁的平衡条件可知，横截面上必然存在内力 Q 和内力矩 M。由于内力 Q 有把梁沿横截面剪断的趋势，故称为剪力。内力矩使梁产生弯曲变形而称为弯矩。

取 m—n 截面左段梁作为分离体，根据静力平衡条件，求出剪力和弯矩。

$$\sum y=0\quad R_A-Q=0$$

$$Q=R_A=\frac{Pb}{l}$$

以横截面的形心 O 为矩心，即

$$\sum M_O=0\quad M-R_A x=0$$

$$M=R_A x=\frac{Pb}{l}x$$

若取 m—n 截面右段梁作为分离体，同样可由静力平衡条件求出 Q 和 M。

$$\sum y=0\quad Q-P+R_B=0$$

$$Q=P-R_B=P-\frac{Pa}{l}=\frac{Pb}{l}$$

$$\sum M=0$$

即
$$-M-P(l-x-b)+R_B(l-x)=0$$

得
$$M=R_B(l-x)-P(l-x-b)=\frac{Pb}{l}x$$

梁的任一横截面上的剪力 Q 和弯矩 M，都可用同样的方法求得。

以上计算表明，无论用左段或右段作为分离体进行计算，同一横截面上的剪力和弯矩的数值都相同，但方向相反。为了使从左段或右段求得的同一截面的剪力和弯矩有相同的符号，需对剪力和弯矩的符号作如下规定：

1) 外力使左段梁相对于右段梁向上移动，或者右段梁相对于左段梁向下移动，截面上的剪力为正，否则为负，如图 4-24a、图 4-24b 所示。

2) 使梁弯曲成上凹下凸，则弯矩为正，反之为负，如图 4-24c、图 4-24d 所示。

按照上述规定可知，横截面左侧梁向上的外力及右侧梁向下的外力在横截面上形成正剪力，相反则形成负剪力。所有向上的外力在横截面上形成正弯矩，所有向下的外力在横截面上形成负弯矩。

(3) 绘制剪力图和弯矩图（图 4-25）

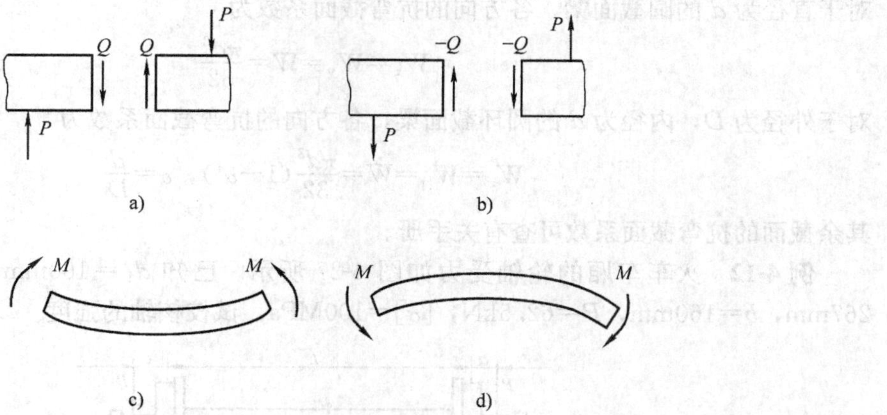

图 4-24　弯曲时剪力和弯矩规定

a）截面内剪力为正　b）截面内剪力为负　c）截面内弯矩为正　d）截面内弯矩为负

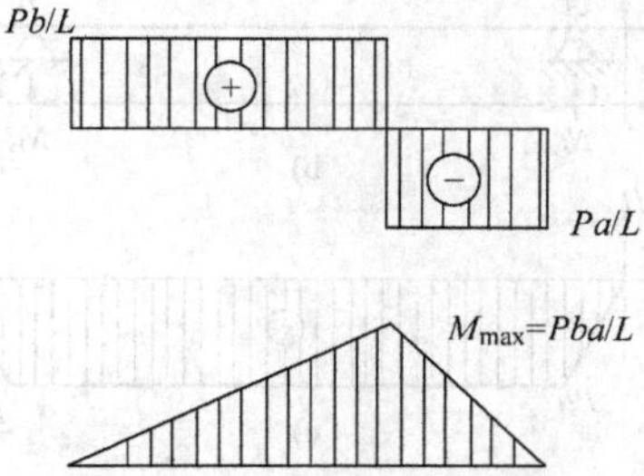

图 4-25　绘制完成的剪力图和弯矩图

4.7.3　弯曲应力

如图 4-26a 所示，可以看到梁弯曲后，沿着梁的长度方向一些层发生伸长变形，另一些层则发生缩短变形，在伸长层与缩短层的交界处那一层，既不发生伸长变形，也不发生缩短变形，只发生弯曲变形，称为梁的中性层或中性面，如图 4-26b 所示。中性层与梁的横截面的交线，称为截面的中性轴。

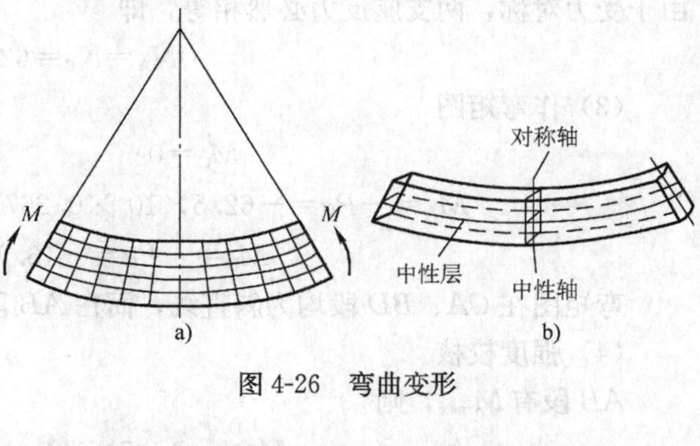

图 4-26　弯曲变形

梁弯曲截面的中性轴为 z 方向时，梁的弯曲正应力强度条件为

$$\sigma=\frac{M_{max}}{W_z}\leqslant[\sigma] \qquad (4\text{-}10)$$

式中，σ 为梁的横截面上的正应力，单位为 MPa；M_{max} 为梁的最大弯矩，单位为 N · m；W_z 为梁的抗弯截面系数（模量），单位为 mm^3。对于宽度为 b、高度为 h 的矩形截面，其抗弯截面系数为

$$W_z=\frac{bh^2}{6}$$

对于直径为 d 的圆截面梁，各方向的抗弯截面系数为

$$W_z=W_y=W=\frac{\pi d^3}{32}$$

对于外径为 D，内径为 d 的圆环截面梁，各方向的抗弯截面系数为

$$W_z=W_y=W=\frac{\pi d^3}{32}(1-\alpha^4)，\alpha=\frac{d}{D}$$

其余截面的抗弯截面系数可查有关手册。

例 4-12　火车车厢的轮轴受力如图 4-27 所示。已知 $d_1=160\text{mm}$，$d_2=130\text{mm}$，$a=267\text{mm}$，$b=160\text{mm}$，$P=62.5\text{kN}$，$[\sigma]=100\text{MPa}$，试校核轴的强度。

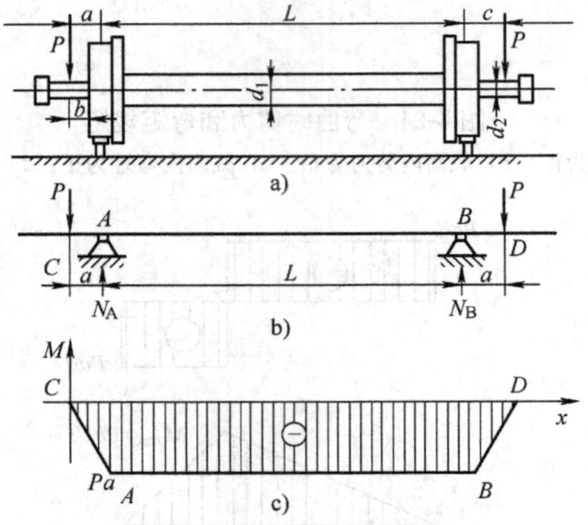

图 4-27　火车车厢的轮轴受力

解：(1) 画出轴的受力图，如图 4-27b 所示。

(2) 求支座反力

$$\sum Y=0，N_A+N_B-2P=0$$

由于受力对称，两支座反力必然相等，即

$$N_A=N_B=62.5\text{kN}$$

(3) 作弯矩图

$$M_C=0\qquad M_D=0$$

$$M_A=-Pa=-62.5\times10^3\times0.267\text{N}\cdot\text{m}=-16.7\times10^3\text{N}\cdot\text{m}$$

$$M_B=-Pa=-16.7\times10^3\text{N}\cdot\text{m}$$

弯矩图在 CA、BD 段均为斜直线，而在 AB 段为一水平线，如图 4-27c 所示。

(4) 强度校核

AB 段有 $M_{\max}$，则

$$\sigma_{\max}=\frac{M_{\max}}{W_z}=\frac{16.7\times10^3}{0.1\times0.16^3}\text{MPa}=41.5\text{MPa}<[\sigma]$$

另外，在车轴外伸端与车轮接触处，因车轴直径较小，也可能是危险截面，必须校核。此处弯矩为

$$M=Pb=62.5\times10^3\times0.16\text{N}\cdot\text{m}=10\times10^3\text{N}\cdot\text{m}$$

$$\sigma_{\max 1}=\frac{M}{W_{z1}}=\frac{10\times10^3}{0.1\times0.13^3}\mathrm{MPa}=46.5\mathrm{MPa}<[\sigma]$$

所以，车轴是安全的。

习　题

4-1　试判别图 4-28 所示构件哪些属于轴向拉伸，哪些属于轴向压缩。

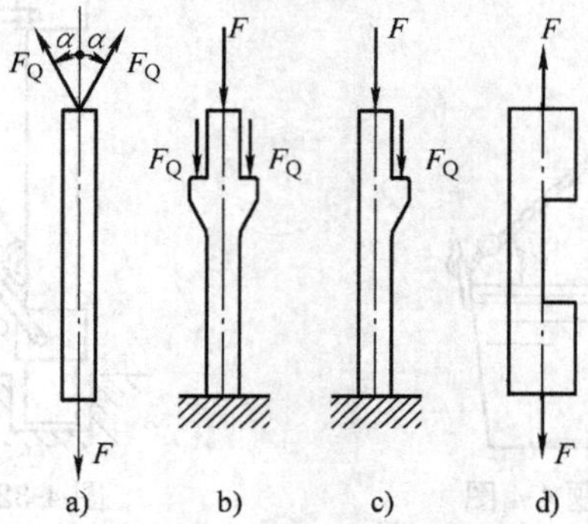

图 4-28　习题 4-1 图

4-2　试作图 4-29 所示的各杆的轴力图。

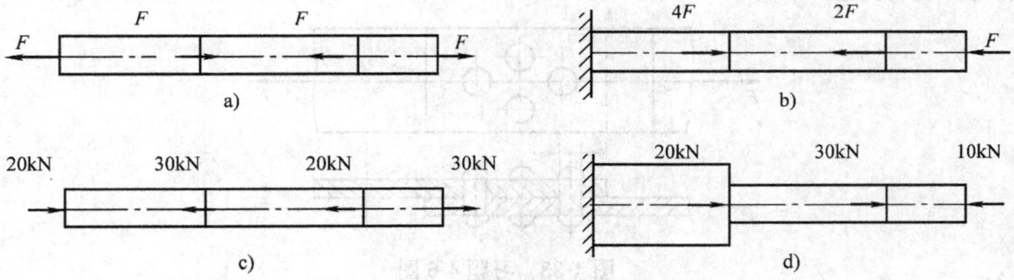

图 4-29　习题 4-2 图

4-3　一起重架由 $100\times100\mathrm{mm}^2$ 的木杆 BC 和直径为 30mm 的钢拉杆 AB 组成，如图 4-30 所示。现起吊一重物 $F_W=40\mathrm{kN}$，求杆 AB 和 BC 中的正应力。

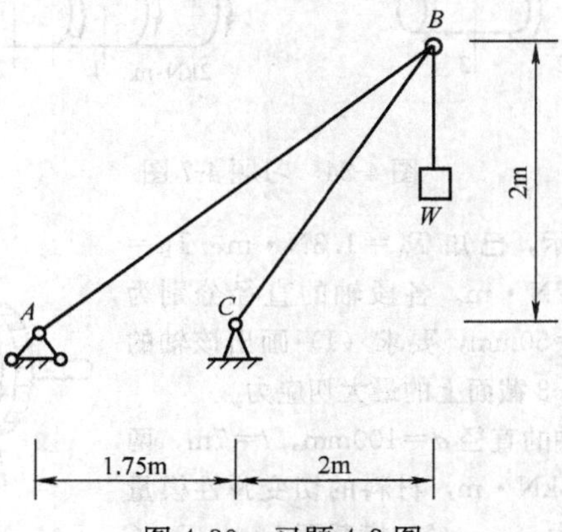

图 4-30　习题 4-3 图

4-4　用绳索吊运一重 $F_p=20kN$ 的重物（图 4-31），设绳索的横截面积 $A=12.6cm^2$，许用应力 $[\sigma]=10MPa$。试问：(1) 当 $\alpha=45°$ 时，绳索强度是否够用？(2) 当 $\alpha=60°$ 时，请校核绳索的强度。

4-5　图 4-32 所示的滑轮由 AB、AC 两圆截面杆支撑，起重绳索的一端绕在卷筒上。已知 AB 杆由 Q235 制成，$[\sigma]=160MPa$，直径 $d_1=20mm$，AC 杆由铸铁制成，$[\sigma_c]=100MPa$，直径 $d_2=40mm$。试计算可吊起的最大重量 F。

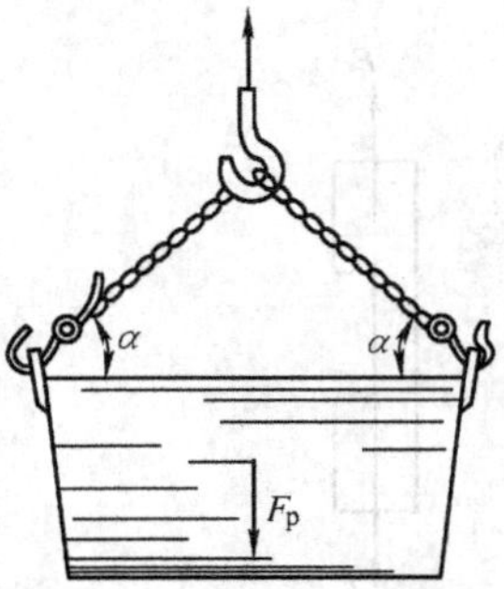

图 4-31　习题 4-4 图

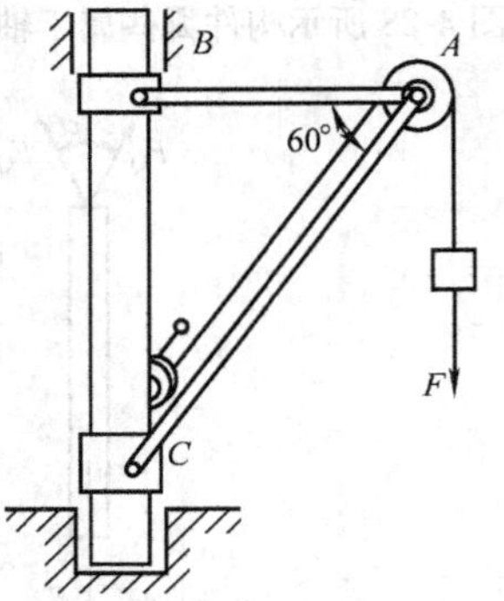

图 4-32　习题 4-5 图

4-6　图 4-33 所示的铆接钢板的宽度 $b=80mm$，厚 $t=10mm$，铆钉的直径 $d=16mm$。钢板和铆钉的材料相同。许用应力 $[\sigma]=160MPa$，许用切应力 $[\tau]=120MPa$，许用挤压应力 $[\sigma_{jy}]=340MPa$，$F=80kN$。试校核该接头是否安全。

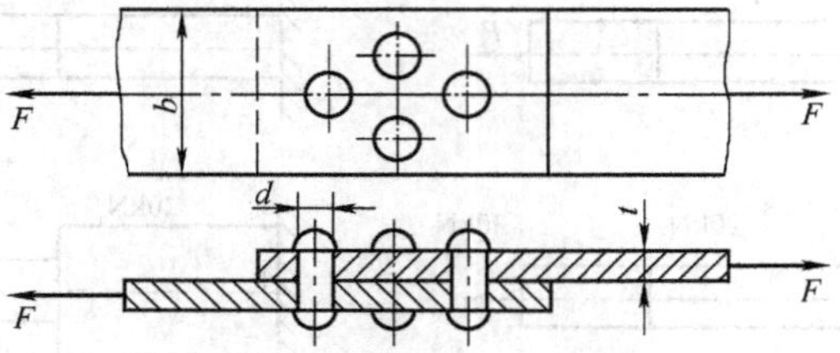

图 4-33　习题 4-6 图

4-7　试求图 4-34 所示的轴各指定横截面 1—1、2—2、3—3 的转矩，并画出转矩图。

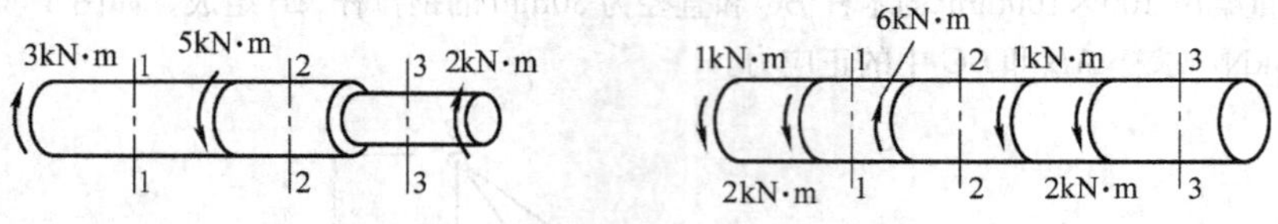

图 4-34　习题 4-7 图

4-8　一传动轴如图 4-35 所示，已知 $T_A=1.3N\cdot m$，$T_B=3N\cdot m$，$T_C=1N\cdot m$，$T_D=0.7N\cdot m$。各段轴的直径分别为 $d_{AB}=50mm$，$d_{BC}=75mm$，$d_{CD}=50mm$，要求 (1) 画出该轴的转矩图。(2) 求 1—1、2—2、3—3 截面上的最大切应力。

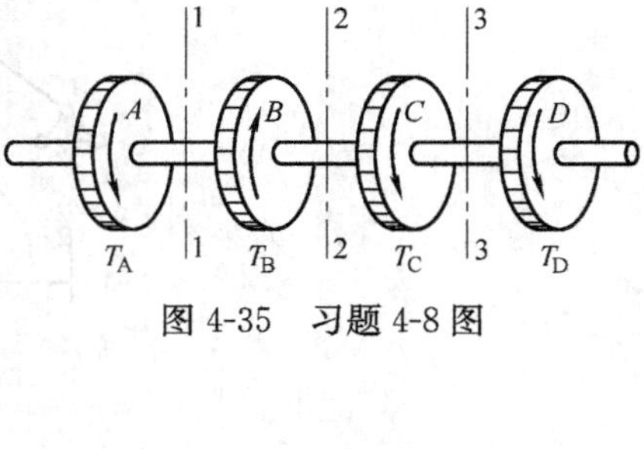

图 4-35　习题 4-8 图

4-9　图 4-36 所示的实心圆轴的直径 $d=100mm$，$l=7m$，两端受力偶作用，其力偶矩 $T=14kN\cdot m$，材料的切变弹性模量 $G=80GPa$，试求 (1) 最大切应力 τ_{max}。(2) 横截面上 A、B、C 三点处的切应力的大小，并标出其方向。

4-10　如图 4-37 所示传动轴的转速 $n=250\text{r/min}$，主动轮 B 输入功率 $P_B=7\text{kW}$，从动轮 A、C、D 分别输出功率为 $P_A=3\text{kW}$、$P_C=2.5\text{kW}$、$P_D=1.5\text{kW}$。试画出该轴转矩图。

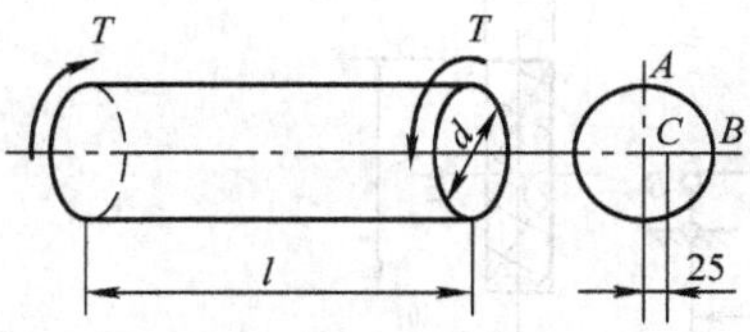

图 4-36　习题 4-9 图

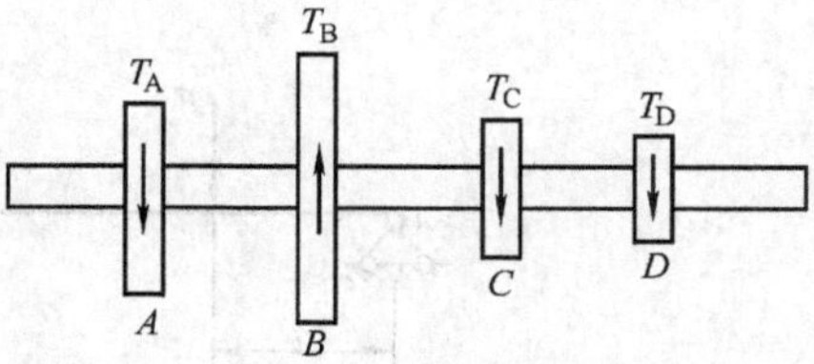

图 4-37　习题 4-10 图

4-11　试求图 4-38 所示的梁 1—1、2—2、3—3 截面上的剪力图和弯矩图。

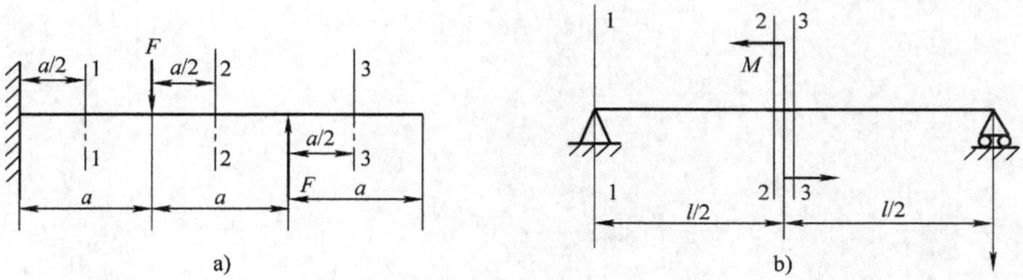

图 4-38　习题 4-11 图

4-12　画出图 4-39 所示梁的剪力图和弯矩图。

4-13　图 4-40 所示的车刀在切削工件时，切削力 $F=1\text{kN}$，试求车刀所受最大弯曲正应力。

4-14　一根外径 $D=25\text{mm}$，内径 $d=20\text{mm}$，长 $l=1\text{m}$ 的钢管作为简支梁（图 4-41），钢的许用应力 $[\sigma]=200\text{MPa}$。不计自重，梁的中点受到力 $F=700\text{N}$ 作用，试校核钢管的强度。若改用与钢管自重相等的实心圆钢，强度是否足够？

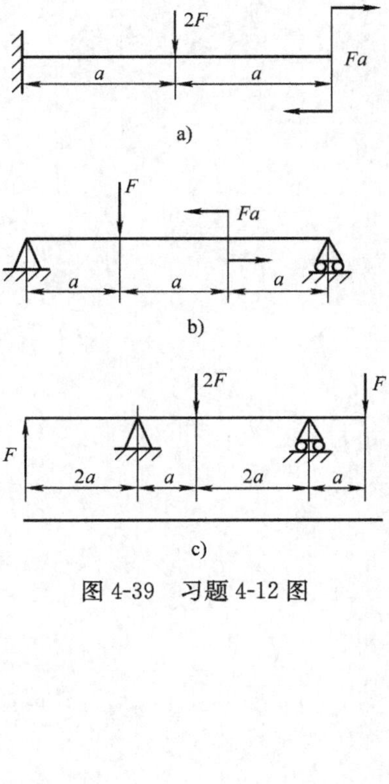

图 4-39　习题 4-12 图

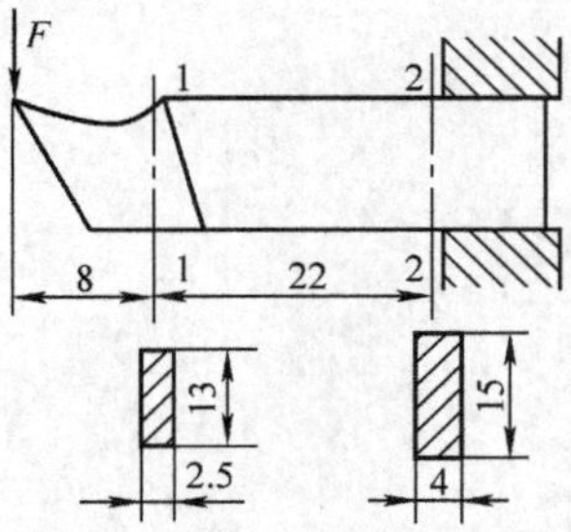

图 4-40　习题 4-13 图

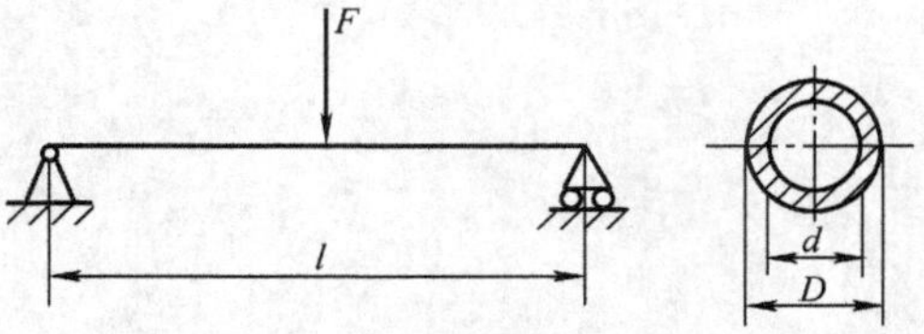

图 4-41　习题 4-14 图

4-15　一简支木梁受力如图 4-42 所示，荷载 $F=5\text{kN}$，距离 $a=0.7\text{m}$，材料的许用弯曲正应力 $[\sigma]=10\text{MPa}$，横截面为 $h/b=3$ 的矩形。试按正应力强度条件确定梁横截面的尺寸。

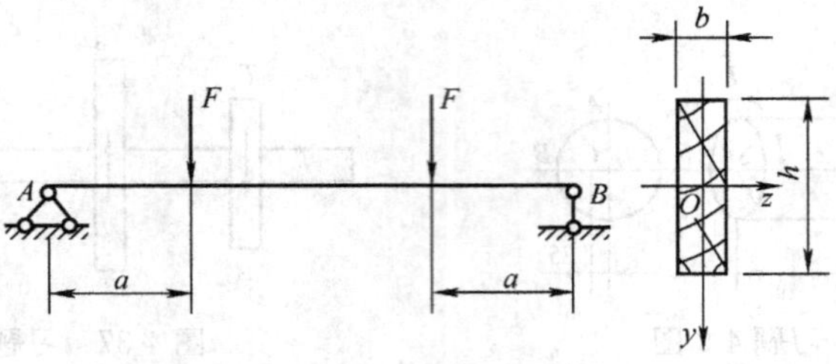

图 4-42　习题 4-15 图

第 5 章 机械传动装置

机械传动的主要作用是传递动力（分配能量）和运动（改变转速和转向或改变运动的形式）。在搅拌反应釜中，最常用的机械传动是带传动、齿轮传动及蜗杆传动。图 5-1 是 V 带减速器中采用的单级 V 带传动，它是将电动机的运动和动力传递给工作机的传动装置。

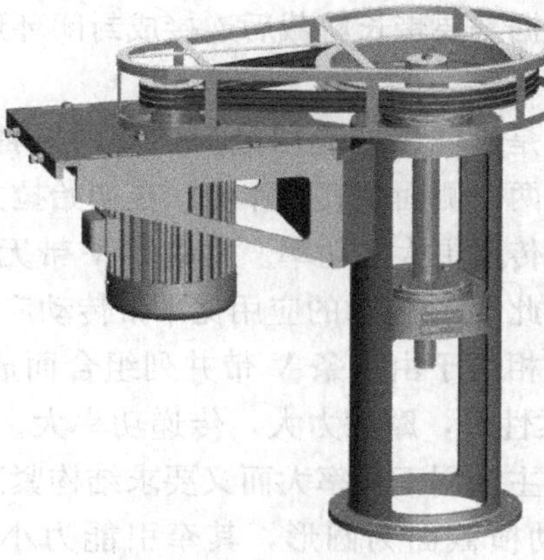

图 5-1　V 带减速器示意图

5.1　带传动

5.1.1　带传动的类型及特点

1. 带传动的类型

带传动是机械传动中常见的型式之一。如图 5-2 所示，带传动主要由主动轮 1、从动轮 2 和带 3 组成，带呈封闭的环形，以一定的张紧力套在两带轮上，使带与带轮的接触面间产生正压力。主动轮转动时，依靠带和带轮间的摩擦（或啮合），便拖动从动轮一起回转，并传递一定的运动和动力。

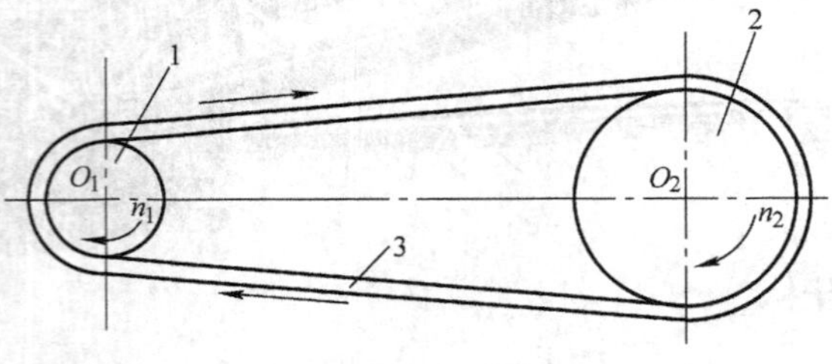

图 5-2　带传动
1—主动轮　2—从动轮　3—带

根据传动原理不同，带传动可分为摩擦传动型和啮合传动型两大类。摩擦传动型是利用传动带与带轮之间的摩擦力传动运动和动力。如普通平带传动（图 5-3a）、V 带传动（图 5-3 b）、圆带传动（图 5-3c）、多楔带传动（图 5-3d）等。啮合传动型是指同步带传动（图 5-3e），同步带传动是靠带上的齿与带轮上的齿槽的啮合作用来传递运动和动力的。

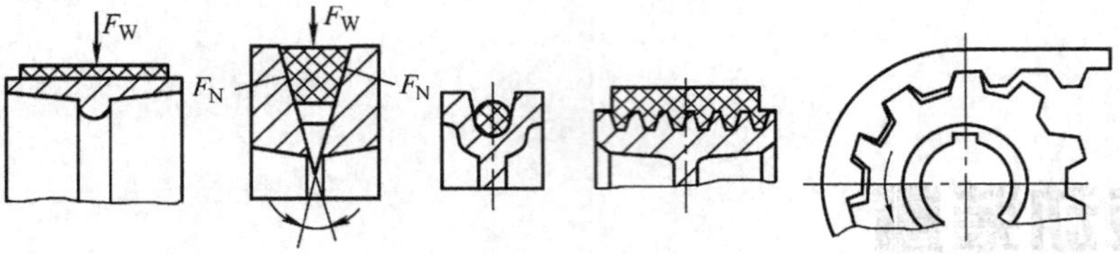

图 5-3　带传动的主要类型
a）平带传动　b）V 带传动　c）圆带传动　d）多楔带传动　e）同步带传动

（1）平带传动　平带的横截面为扁平矩形，结构最简单。平带有帆布带、编织带、复合棉纶带、高速绳芯带，并可根据需要带长剪截后连接成封闭环形。带轮也容易制造，在传动中心距较大的情况下应用较多。

（2）V 带传动　V 带传动是机械领域应用最为广泛的一种传动型式，其横截面为等腰梯形，带与带轮轮槽相接触的两个侧面为其工作面。在初始拉力相同时，V 带传动较平带传动能产生更大的摩擦力，既能传递更大的功率。又由于 V 带无接头，传动平稳，结构紧凑，且多已标准化并大量生产，因此 V 带传动的应用比平带传动广泛得多。

（3）多楔带传动　多楔带相当于由多条 V 带并列组合而成，其工作面是楔的侧面，兼有平带和 V 带传动的优点，柔性好，摩擦力大，传递功率大，且解决了多条 V 带长短不齐而导致各带受力不均的问题，主要用于功率大而又要求结构紧凑的场合。

（4）圆带传动　圆带传动横截面为圆形，其牵引能力小，常用于轻载仪器和家用器械中。

（5）同步带传动（啮合传动）　带的内环表面成齿形，属啮合型传动带，没有弹性滑动，传动比准确、传动效率高、传递功率大且允许有较高的线速度，但制造与安装精度要求较高，成本也较高。

2. 带传动的特点

（1）带传动的优点　① 带传动较平稳，噪声小，能够缓冲吸振。② 依靠带在带轮上打滑能起到过载保护作用。③ 结构简单，成本低廉，适用于传递中心距较大的场合。

（2）带传动的缺点　① 由于弹性滑动的存在，使传动效率降低，摩擦损耗较大。一般平带传动的效率为 0.94～0.98，V 带传动的效率为 0.92～0.96。② 传动比不准确，且带的寿命较短。③ 传动外廓尺寸较大，张紧力的存在增加了传动轴上的受力。④ 不宜用于易燃易爆的场合。

5.1.2　普通 V 带的标准

标准 V 带都制成无接头的环形带，截面结构包括：包布层、伸张层、强力层（抗拉体）、压缩层，如图 5-4 所示。

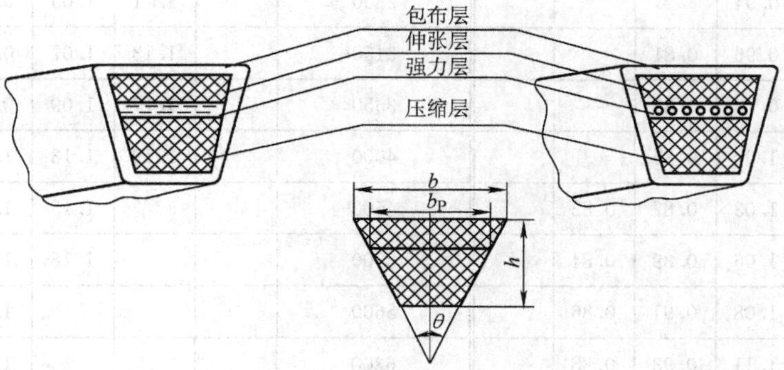

图 5-4　普通 V 带的结构简图

强力层的结构形式有帘布结构和线绳结构。帘布结构抗拉强度高，制造方便，但柔顺性及抗弯强度不如线绳结构好。线绳结构柔顺性较好、抗弯强度高，适于较高转速、载荷不大及带轮直径较小的场合。

普通 V 带有 Y、Z、A、B、C、D、E 七种型号，窄 V 带有 SPZ、SPA、SPB、SPC 四种型号。普通 V 带和窄 V 带的标记由带型、带长和标准号组成。例如 A—1400 GB/T 11544—1997（A 型普通 V 带，基准长度为 1400mm）。又如 SPA—1250 GB/T 12730—2008（SPA 型窄 V 带，基准长度为 1250mm），带的标记通常压印在带的外表面上，以便选用识别。

带弯曲时既不伸长又不缩短的层称为中性层，又称节面。节面宽度称为节宽 b_P，带弯曲时，b_P 保持不变。V 带的高度 h 与其节宽 b_P 之比（h/b_P）称为相对高度。普通 V 带的相对高度约为 0.7，窄 V 带为 0.9。

在 V 带轮上，与所配用 V 带的节宽 b_P 相对应的带轮直径称为基准直径 D。在规定的初拉力下，V 带位于带轮基准直径上的周线长度（沿中性层量得的长度）称为基准长度 L_d。

普通 V 带截面尺寸见表 5-1，普通 V 带基准长度系列 L_d 及长度系数 K_L 见表 5-2，V 带轮的最小标准直径 D_{min} 及标准直径系列见表 5-3。

表 5-1　普通 V 带的截面尺寸（摘自 GB/T 11544—1997）

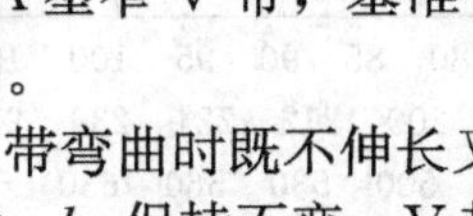

截型	Y	Z	A	B	C	D	E
b_P/mm	5.3	8.5	11	14	19	27	32
b/mm	6	10	13	17	22	32	38
h/mm	4	6	8	11.0	14.0	19.0	25.0
θ	40°						
每米带长质量 q/（kg/m）	0.04	0.06	0.10	0.17	0.30	0.60	0.87

表 5-2　普通 V 带的基准长度系列 L_d 及长度系数 K_L（摘自 GB/T 13575.1—2008）

基准长度 L_d/mm	Z	A	B	C	基准长度 L_d/mm	Z	A	B	C	D	E
400	0.87				2000		1.03	0.98	0.88		
450	0.89				2240		1.06	1.00	0.91		
500	0.91				2500		1.09	1.03	0.93		
560	0.94				2800		1.11	1.05	0.95	0.83	
630	0.96	0.81			3150		1.13	1.07	0.97	0.86	
710	0.99	0.83			3550		1.17	1.09	0.99	0.89	
800	1.00	0.85			4000		1.19	1.13	1.02	0.91	
900	1.03	0.87	0.82		4500			1.15	1.04	0.93	0.90
1000	1.06	0.89	0.84		5000			1.18	1.07	0.96	0.92
1120	1.08	0.91	0.86		5600				1.09	0.98	0.95
1250	1.11	0.93	0.88		6300				1.12	1.00	0.97
1400	1.14	0.96	0.90		7100				1.15	1.03	1.00
1600	1.16	0.99	0.92	0.83	8000				1.18	1.06	1.02
1800	1.18	1.01	0.95	0.86	9000				1.21	1.08	1.05

注：各型号中长度系数 K_L 为空格的，无对应的基准长度 L_d。

表 5-3　V 带轮的最小标准直径 D_{min} 及标准直径系列（摘自 GB/T 10412—2002）

V 带轮槽型	Y	Z	A	B	C	D	E
D_{min}/mm	20	50	75	125	200	355	500
基准直径系列	28　31.5　35.5　40　45　50　56　63　71　75　80　85　90　95　100　106 112　118　125　132　140　150　160　170　180　200　212　224　236　250 265　280　315　355　375　400　425　450　475　500　530　560　630　…						

5.1.3 V 带轮的结构及张紧装置

1. 带轮的结构设计

带轮的设计主要包括：带轮材料的选择，根据带轮基准直径的大小选择带轮结构形式，根据带的截面类型确定轮缘尺寸。其他结构尺寸的确定可参照图 5-5 所列的经验公式进行计算。

（1）带轮材料　带轮的材料主要采用铸铁，常用材料的牌号为 HT150 或 HT200。转速较高时宜采用铸钢或钢板焊接，小功率时可用铸铝和塑料。

（2）带轮结构　带轮的典型结构形式主要有以下几种：

① 实心式（图 5-5a），此时基准直径 $D \leqslant (2.5 \sim 3)d$（$d$ 为轴的直径，单位为 mm）。② 腹板式（图 5-5b），此时 $D \leqslant 300$mm。③ 孔板式（图 5-5c），此时 $D \leqslant 300$mm 且 $D_1 - d_1 \geqslant 100$mm。④ 椭圆轮辐式（图 5-5d），此时 $D > 300$mm。

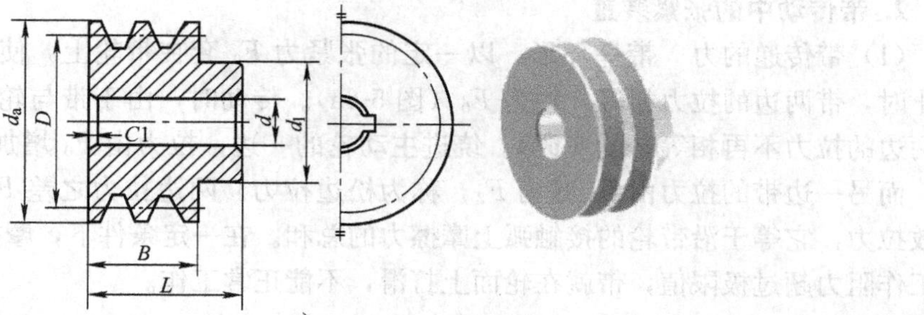

a)

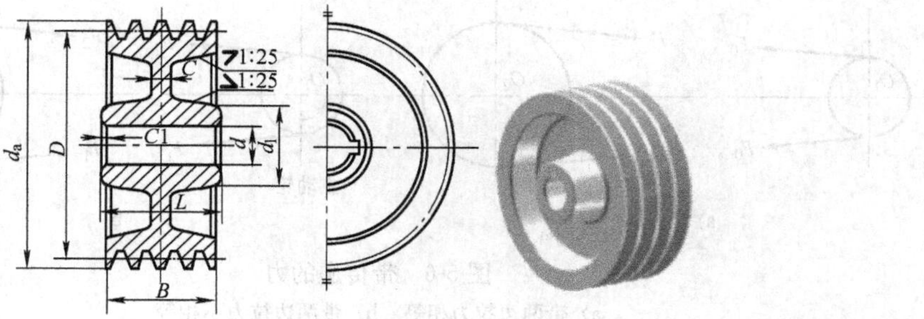

b)

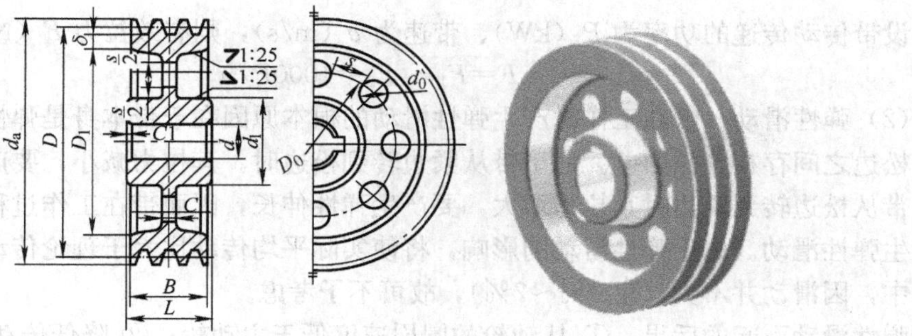

c)

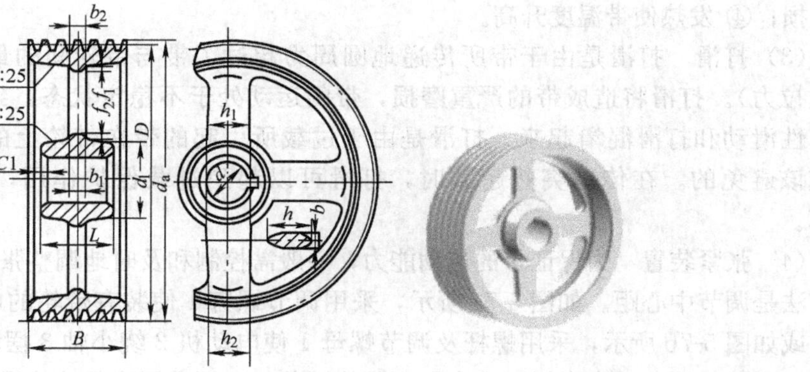

d)

$d_1=(1.8\sim2)d$，$D_0=0.5(D_1+d_1)$，$d_0=(0.2\sim0.3)(D_1-d_1)$

$C'=(1/7\sim1/4)B$，$s=C'$，$L=(1.5\sim2)d$，当 $B<1.5d$ 时，$L=B$

$h_1=290\sqrt[3]{P/(nz_a)}$，$h_2=0.8h_1$，$b_1=0.4h_1$，$b_2=0.8b_1$，$f_1=0.2h_1$，$f_2=0.2h_2$

式中，P 为带传递的功率（单位为 kW），n 为带轮的转速（单位为 r/min），z_a 为轮辐数。

图 5-5　V 带轮结构

a）实心式　b）腹板式　c）孔板式　d）椭圆轮辐式

2. 带传动中的张紧装置

（1）带传递的力　带呈环形，以一定的张紧力 F_0 套在带轮上，使带和带轮相互压紧。静止时，带两边的拉力相等，均为 F_0（图 5-6a）。传动时，由于带与轮面间摩擦力的作用，带两边的拉力不再相等（图 5-6b）。绕进主动轮的一边，拉力由 F_0 增加到 F_1，称为紧边拉力；而另一边带的拉力由 F_0 减为 F_2，称为松边拉力。两边拉力之差 $F=F_1-F_2$ 即为带的有效拉力，它等于沿带轮的接触弧上摩擦力的总和。在一定条件下，摩擦力有一极限值，如果工作阻力超过极限值，带就在轮面上打滑，不能正常工作。

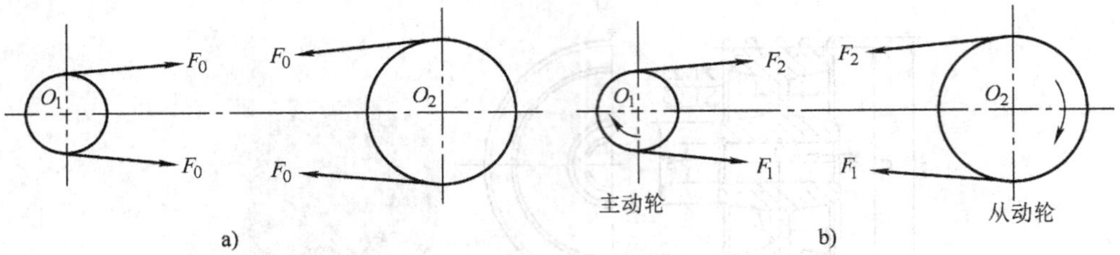

图 5-6　带传递的力

a）带两边拉力相等　b）带两边拉力不相等

设带传动传递的功率为 P（kW）、带速为 v（m/s），则有效拉力 F（N）为

$$F=F_1-F_2=1000P/v$$

（2）弹性滑动　带在工作时产生弹性滑动的根本原因在于带本身是弹性体，而且带的紧边与松边之间存在着拉力差。由于带从紧边转到松边时，其拉力减小，要产生弹性收缩。同时，带从松边转到紧边时其拉力增大，要产生弹性伸长，因而带在工作过程中就不可避免地要产生弹性滑动。由于弹性滑动的影响，将使实际平均传动比大于理论传动比，但在一般的传动中，因滑动并不大（仅 1%～2%），故可不予考虑。

弹性滑动引起的后果：① 从动轮的圆周速度低于主动轮；② 降低传动效率；③ 引起带的磨损；④ 发热使带温度升高。

（3）打滑　打滑是由于带所传递地圆周力超过了带与带轮间的最大摩擦力（即最大有效拉力）。打滑将造成带的严重磨损，带的运动处于不稳定状态，致使传动失效。不能将弹性滑动和打滑混淆起来，打滑是由于过载所引起的带在带轮上的全面滑动，工作中是应该避免的。在传动突然超载时，打滑可以起到过载保护作用，避免其他零件发生损坏。

（4）张紧装置　为保证带的传动能力，一般需控制和及时地调整张紧力的大小。常采用的方法是调节中心距。如图 5-7a 所示，采用调节螺钉 1 使装有带轮的电动机 2 沿滑轨 3 移动，或如图 5-7b 所示，采用螺杆及调节螺母 1 使电动机 2 绕小轴 3 摆动，前者适用于水平布置，后者适用于垂直布置。若中心距不能调节时，可采用张紧轮装置（5-7c），它靠重锤 1 将张紧轮 2 压在带上，以保持带的张紧。这种张紧装置通常用于平带传动，对于 V 带传动，应采用图 5-7d 所示的张紧装置，张紧轮通常安放在 V 带松边的内侧，这样可使 V 带传动时只受到单方向的弯曲，以免反向弯曲降低带的寿命。同时，张紧轮应尽量靠近大带轮一边，这样可使小带轮的包角不至于过分减小。

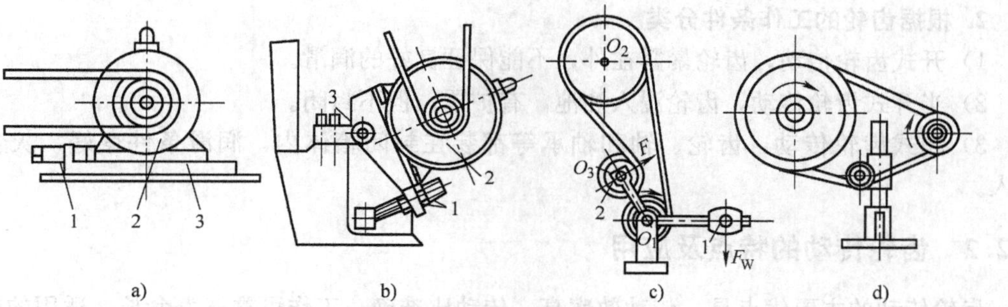

图 5-7　带传动的张紧装置

a）平移调节中心距　b）摆动调节中心距　c）外张紧轮装置　d）内张紧轮装置

5.2　齿轮传动

5.2.1　齿轮传动的类型

齿轮传动是现代机械中应用最广的一种传动形式。

1. 平面齿轮传动和空间齿轮传动

（1）平面齿轮传动（图 5-8）　平面齿轮传动的两齿轮间的轴线互相平行。按轮齿方向不同可分为直齿轮传动、斜齿轮传动和人字齿轮传动，按啮合方式可分为外啮合、内啮合和齿轮齿条传动。

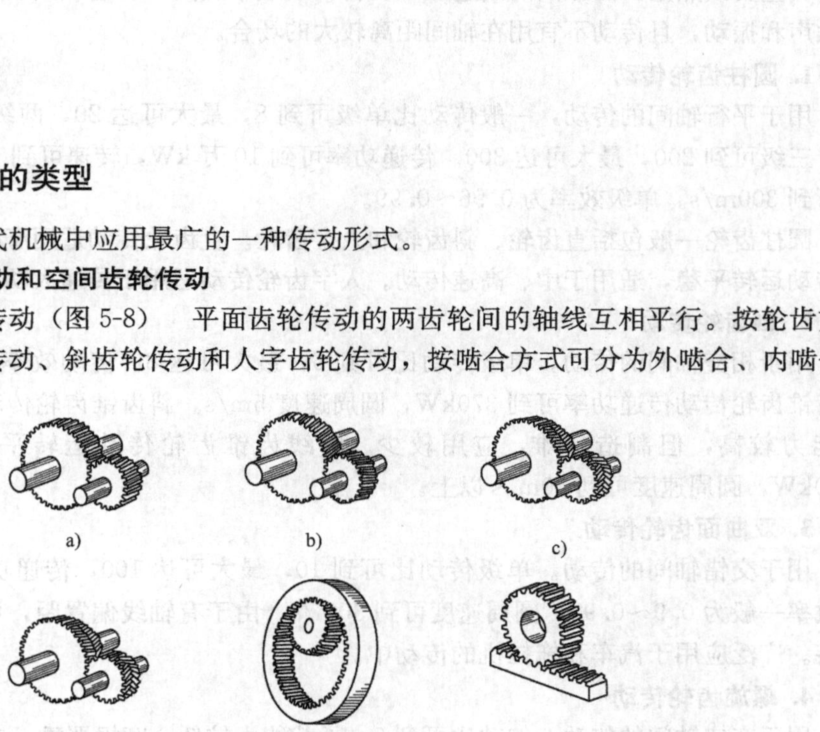

图 5-8　平面齿轮传动

a）直齿轮传动　b）斜齿轮传动　c）人字齿轮传动　d）外啮合传动　e）内啮合传动　f）齿轮齿条传动

（2）空间齿轮传动（图 5-9）　空间齿轮传动的两齿轮间轴线不平行。一般可分为交错轴斜齿轮传动、锥齿轮传动和蜗杆传动。

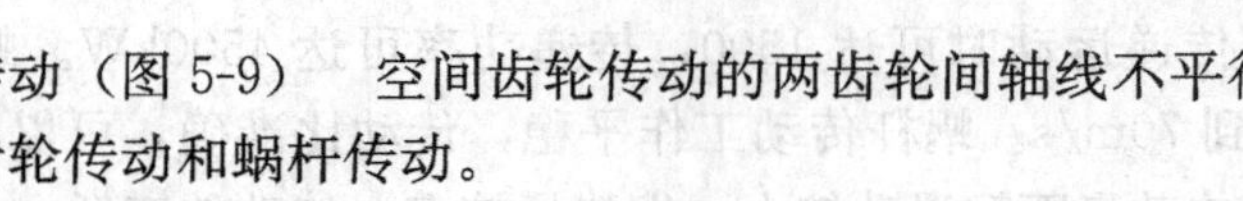

图 5-9　空间齿轮传动

a）交错轴斜齿轮传动　b）锥齿轮传动　c）蜗杆传动

2. 根据齿轮的工作条件分类

1）开式齿轮传动，齿轮暴露在外，不能保证良好的润滑。

2）半开式齿轮传动，齿轮浸入油池，有护罩，但不封闭。

3）闭式齿轮传动，齿轮、轴和轴承等都装在封闭箱体内，润滑条件良好，灰尘不易进入。

5.2.2 齿轮传动的特点及应用

齿轮传动的主要优点是：传动效率高，传动比准确，工作可靠，寿命长，适用的圆周速度和功率范围广，且能实现平行轴、相交轴和交错轴之间的传动。

其主要缺点是：需专门的制造加工设备，故成本较高；制造或安装精度低时会产生较大的噪声和振动，且传动不宜用在轴间距离较大的场合。

1. 圆柱齿轮传动

用于平行轴间的传动，一般传动比单级可到 8，最大可达 20，两级可到 45，最大可达 60，三级可到 200，最大可达 300。传递功率可到 10 万 kW，转速可到 10 万 r/min，圆周速度可到 300m/s。单级效率为 0.96～0.99。

圆柱齿轮一般包括直齿轮、斜齿轮和人字齿轮。直齿轮传动适用于中、低速传动。斜齿轮传动运转平稳，适用于中、高速传动。人字齿轮传动适用于传递大功率和大转矩的传动。

2. 锥齿轮传动

用于相交轴间的传动。单级传动比可到 6，最大可达 8，传动效率一般为 0.94～0.98。直齿锥齿轮传动传递功率可到 370kW，圆周速度 5m/s。斜齿锥齿轮传动运转平稳，齿轮承载能力较高，但制造较难，应用较少。曲线齿锥齿轮传动运转平稳，传递功率可到 3700kW，圆周速度可到 40m/s 以上。

3. 双曲面齿轮传动

用于交错轴间的传动。单级传动比可到 10，最大可达 100，传递功率可到 750kW。传动效率一般为 0.9～0.98，圆周速度可到 30m/s。由于有轴线偏置距，可以避免小齿轮悬臂安装。广泛应用于汽车和拖拉机的传动中。

4. 螺旋齿轮传动

用于交错轴间的传动，传动比可到 5，承载能力较低，磨损严重，应用很少。

5. 蜗杆传动

交错轴传动的主要形式，轴线交错角一般为 90°。蜗杆传动可获得很大的传动比，通常单级为 8～80，用于传递运动时可达 1500，传递功率可达 4500kW。蜗杆的转速可到 3 万 r/min，圆周速度可到 70m/s。蜗杆传动工作平稳，传动比准确，可以自锁，但自锁时传动效率低于 0.5。蜗杆传动齿面间滑动较大，发热量较多，传动效率低，通常为 0.45～0.97。

6. 圆弧齿轮传动

用凸凹圆弧做齿廓的齿轮传动。空载时两齿廓是点接触，啮合过程中接触点沿轴线方向移动，靠纵向重合度大于 1 来获得连续传动。特点是接触强度和承载能力高，易于形成油膜，无根切现象，齿面磨损较均匀，跑合性能好；但对中心距、切齿深和螺旋角的误差敏感性很大，故对制造和安装精度要求高。

7. 摆线齿轮传动

用摆线作齿廓的齿轮传动。这种传动齿面间接触应力较小，耐磨性好，无根切现象，但制造精度要求高，对中心距误差十分敏感，仅用于钟表及仪表中。

8. 行星齿轮传动

具有动轴线的齿轮传动。行星齿轮传动类型很多，不同类型的性能相差很大，根据工作条件合理地选择类型是非常重要的。常用的是由太阳轮、行星轮、内齿轮和行星架组成的普通行星传动，少齿差行星齿轮传动，摆线针轮传动和谐波传动等。行星齿轮传动一般是由平行轴齿轮组合而成，具有尺寸小、重量轻的特点，输入轴和输出轴可在同一直线上。其应用越来越广泛。

5.2.3 渐开线直齿圆柱齿轮各部分名称和几何尺寸

一对齿轮的传动是依靠主动齿轮轮齿的齿廓推动从动齿轮轮齿的齿廓来实现的。按照齿轮的齿廓曲线形状的不同，齿轮传动分为渐开线齿轮传动、摆线齿轮传动和圆弧齿轮传动等。由于渐开线齿轮的制造和安装均较方便，故应用最为广泛。

1. 齿轮各部分名称

图 5-10 所示为一标准直齿圆柱齿轮，齿轮各部分名称如下：

（1）齿顶圆 过齿轮的齿顶所作的圆，其直径和半径分别用 d_a 和 r_a 表示。

（2）齿根圆 过齿轮各齿槽底部所作的圆，其直径和半径分别用 d_f 和 r_f 表示。

（3）齿厚 在齿轮的任意圆周上，一个轮齿两侧齿廓间的弧长，用 s 表示。

（4）齿槽宽 一个齿槽两侧齿廓间的弧长，用 e 表示。

（5）齿距 相邻两齿同侧齿廓间的弧长，用 p 表示。则 $p=s+e$

（6）分度圆 为了便于齿轮各部分尺寸的计算，在齿轮上选择一个圆作为计算的基准，称该圆为齿轮的分度圆。在分度圆上具有标准的模数和压力角。

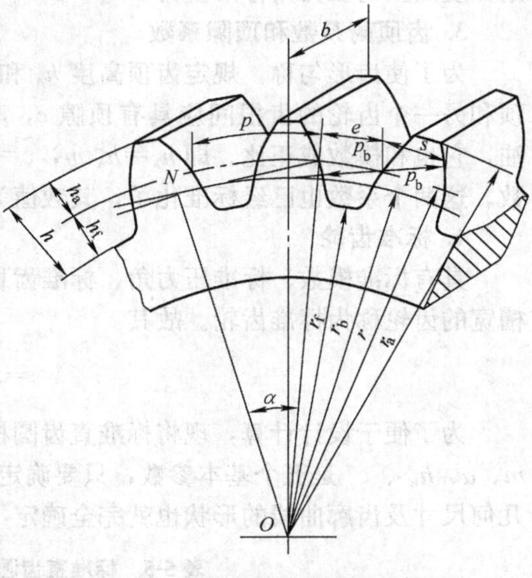

图 5-10 齿轮各部分的名称和符号

（7）齿宽 齿轮的轴向尺寸，用 b 表示。

（8）齿顶高 齿轮的齿顶圆与分度圆之间的径向距离，用 h_a 表示。

（9）齿根高 分度圆与齿根圆之间的径向距离，用 h_f 表示。

（10）全齿高 齿顶圆与齿根圆之间的径向距离，用 h 表示，则 $h=h_a+h_f$。

2. 模数和压力角

设齿轮的齿数用 z 表示，则在分度圆上，$d\pi=zp$，于是得分度圆直径

$$d=\frac{zp}{\pi} \tag{5-1}$$

式（5-1）中 π 为一无理数，由此式计算出的 d 若也为无理数，这将给齿轮的设计、制造和检验等带来很大不便，所以工程上将比值 p/π 规定为一些简单的数值，并使之标准化。这个比值称为模数，用 m 表示，即

$$m=\frac{p}{\pi} \tag{5-2}$$

模数 m 的单位为 mm，标准模数系列见表 5-4。于是分度圆直径为

$$d=zm \tag{5-3}$$

表 5-4 标准模数系列表（摘自 GB/T 1357—2008）

第一系列	…	1.5	2	2.5	3	4	5	6	8	10
	12	16	20	25	32	40	50			
第二系列	…	1.75	2.25	2.75	(3.25)	3.5	(3.75)	4.5	5.5	(6.5)
	7	9	(11)	14	18	22	28	36	45	

注：选用模数时，应优先选用第一系列，其次是第二系列，括号内的模数尽可能不选。

模数是决定齿轮尺寸的一个基本参数，齿数相同的齿轮，模数大则齿轮尺寸也大。

齿轮齿廓在不同圆周上的压力角各不相同，分度圆上的压力角用 α 表示。国家标准中规定分度圆上的压力角标准值为 $\alpha=20°$。

3. 齿顶高系数和顶隙系数

为了使齿形匀称，规定齿顶高度 h_a 和模数成正比。一对相啮合的齿轮，一个齿轮的齿顶和另一个齿轮的齿根间应具有顶隙 c，其作用是防止齿顶与齿根相碰，并储存一些润滑油，它也和模数成正比。即 $h_a=h_a^* m$，$c=c^* m$，式中 h_a^* 称为齿顶高系数，c^* 称为顶隙系数。这两个系数也已经标准化了，其数值为：$h_a^*=1$，$c^*=0.25$。

4. 标准齿轮

具有标准模数、标准压力角、标准齿顶高系数、标准顶隙系数，且分度圆上齿厚等于齿槽宽的齿轮称为标准齿轮。故其

$$s=e=\frac{p}{2}=\frac{\pi m}{2} \tag{5-4}$$

为了便于设计计算，现将标准直齿圆柱齿轮的几何尺寸计算公式列于表 5-5 中。其中 z、m、α、h_a^*、c^* 是五个基本参数，只要确定了这五个参数，渐开线标准直齿圆柱齿轮的全部几何尺寸及齿廓曲线的形状也就完全确定了，齿轮的其他参数都可以由它们计算出来。

表 5-5 标准直齿圆柱齿轮的几何尺寸计算公式

名称	代号	计算公式
齿顶高	h_a	$h_a=h_a^* m=m$ $(h_a^*=1)$
齿根高	h_f	$h_f=(h_a^*+c^*)m=1.25m$ $(c^*=0.25)$
全齿高	h	$h=h_a+h_f=2.25m$
分度圆直径	d	$d=mz$
齿顶圆直径	d_a	$d_a=d+2h_a=d+2m$
齿根圆直径	d_f	$d_f=d-2h_f=d-2.5m$
基圆直径	d_b	$d_b=d\cos\alpha$
齿距	p	$p=\pi m$
齿厚	s	$s=p/2=\pi m/2$
齿槽宽	e	$e=p/2=\pi m/2$

一对渐开线直齿圆柱齿轮的正确啮合条件是：两轮的模数相等，两轮的压力角相等。

5.2.4　齿轮的失效形式和齿轮材料

1. 齿轮的失效形式

由于齿轮在运转过程中通常受到交变载荷的作用，所以其常见失效形式为轮齿折断、齿面疲劳点蚀、齿面胶合及齿面磨损四种类型（图 5-11），故所选齿轮的材料应具有足够的抗折断、抗点蚀、抗胶合及耐磨损的能力。

图 5-11　齿轮的失效形式

2. 齿轮材料

齿轮的常用材料有锻钢、铸钢和铸铁，一般需对齿轮材料进行适当的热处理，以改善其力学性能，有时也选用工程塑料等非金属材料。

（1）锻钢　锻钢是制造齿轮的主要材料，具有强度高、韧性好、便于制造等优点。根据齿面硬度和制造工艺，齿轮可分为两类：

1）软齿面齿轮。这类齿轮的齿面硬度≤350HBW，齿轮由 45 钢、40Cr 等中碳或中碳合金钢经调质或正火处理后进行切齿加工得到。其制造工艺简便、经济，常用于强度、速度及精度要求不高的齿轮传动。由于传动过程中小齿轮比大齿轮的啮合次数多且其齿根厚度较小，抗弯能力较低，因此应使小齿轮的齿面硬度比大齿轮的齿面硬度高30～50HBW。

2）硬齿面齿轮。这类齿轮的齿面硬度＞350HBW，齿轮由 20Cr、20CrMnTi 等低碳合金钢经表面渗碳淬火处理得到。也可由 45 钢、40Cr 等中碳钢或中碳合金钢表面淬火处理后得到。热处理后的齿面硬度通常为 40～65HRC。这类齿轮在切齿加工后进行热处理，由于热处理会使轮齿变形，所以通常还应进行磨齿等精加工。硬齿面齿轮制造工艺复杂，成本高，常用于高速、重载及精度要求高的齿轮传动中。

（2）铸钢　铸钢的耐磨性及强度均较好，但由于铸造时内应力较大，故应经正火或退火处理，必要时也可进行调质处理。当齿轮的尺寸较大或结构复杂，且受力较大时，可考虑采用铸钢。常用的铸钢有 ZG 310-570、ZG 340-640 等。

（3）铸铁　普通灰铸铁的抗弯强度、抗冲击和耐磨损性能均较差，但铸铁工艺性好，成本较低，故铸铁齿轮一般常用于低速轻载、冲击小等不重要的齿轮传动中。

球墨铸铁的力学性能和抗冲击能力比灰铸铁高，高强度球墨铸铁可以代替铸钢铸造大直径的轮坯。常用的铸铁材料有 HT300、HT350、QT600-3。

齿轮常用材料及其力学性能列于表 5-6 中。

表 5-6 齿轮常用材料及其力学性能

材　料	热处理方法	强度极限 σ_b/MPa	屈服强度 σ_s/MPa	齿面硬度 (HBW)	许用接触应力 $[\sigma_H]$/MPa	许用弯曲应力 $[\sigma_F]$/MPa
HT300		300		187～255	290～347	80～105
QT600-3	正火	600		190～270	436～535	262～315
ZG 310-570	正火	580	320	163～197	270～301	171～189
ZG 340-640	正火	650	350	179～207	288～306	182～196
45	正火	580	290	162～217	468～513	280～301
ZG 340-640	调质	700	380	241～269	438～490	248～259
45	调质	650	360	217～255	513～545	301～315
35SiMn	调质	750	450	217～269	585～648	388～420
40Cr	调质	700	500	241～286	612～675	399～427
45	调质后表面淬火			40～50HRC	972～1053	427～504
40Cr	调质后表面淬火			48～55HRC	1035～1098	483～518
20Cr	渗碳后淬火	650	400	56～62HRC	1350	645
20CrMnTi	渗碳后淬火	1100	850	56～62HRC	1350	645

注：球墨铸铁的 σ_b=600MPa，δ=3%。

5.2.5　齿轮的结构设计

直径较小的钢制齿轮，若齿根圆直径与轴的直径相差较小时，可将齿轮与轴做成一体，称为齿轮轴（图 5-12a）。若齿轮的直径比轴的直径大得较多时，应将齿轮与轴分开制造。按照齿轮的尺寸大小，齿轮可制成实体（图 5-12b）、有轮辐或有腹板的结构形式。其中，当齿顶圆直径 $d_a \leqslant 500$mm 时，可以采用锻造或铸造，通常为腹板式结构（图 5-13）。齿顶圆直径 $d_a \geqslant 400$mm 的齿轮，通常采用铸造，轮辐式结构（图 5-14）。

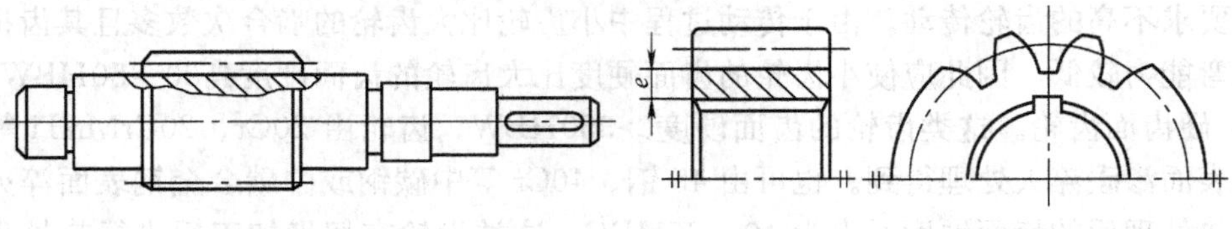

图 5-12　齿轮轴及实心式齿轮

a）齿轮轴　b）实心式齿轮

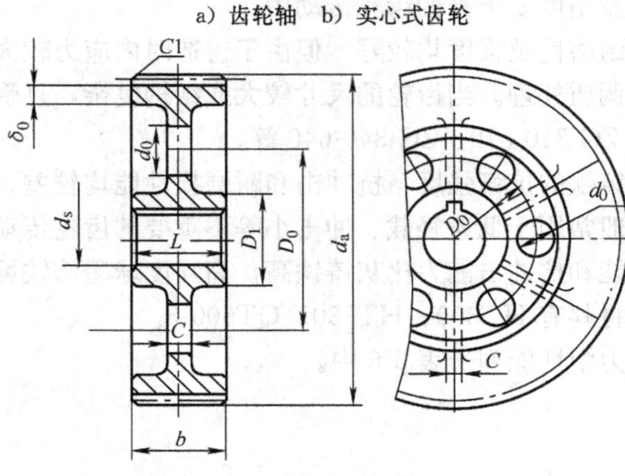

图 5-13　腹板式齿轮

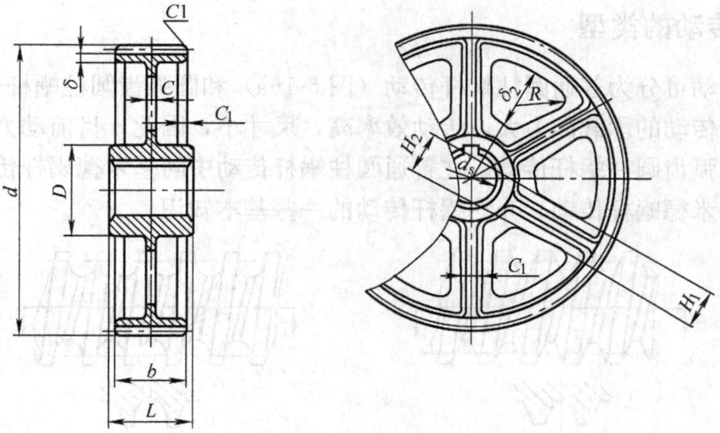

图 5-14　轮辐式齿轮

5.3　蜗杆传动

5.3.1　蜗杆传动的结构

图 5-15　蜗杆传动

蜗杆传动由蜗杆与蜗轮组成，用于传递空间两交错轴之间的运动和动力（图 5-15），通常两轴垂直交错，交错角$\Sigma=90°$。一般以蜗杆为主动件作减速传动，当蜗杆导程角较大时，也可以用蜗轮为主动件作增速传动。根据其螺旋线的旋向不同，蜗杆有右旋和左旋之分，通常采用右旋蜗杆。

5.3.2　蜗杆传动的特点

1）传动比大，结构紧凑。蜗杆头数用 z_1 表示（一般 $z_1=1\sim4$），蜗轮齿数用 z_2 表示。从传动比公式 $i=z_2/z_1$ 可以看出，当 $z_1=1$，即蜗杆为单头，蜗杆须转 z_2r 蜗轮才转 1r，因而可得到很大传动比，一般在动力传动中，取传动比 $i=10\sim80$。在分度机构中，i 可达 1000。这样大的传动比如用齿轮传动，则需要采取多级传动才行，所以蜗杆传动结构紧凑，体积小、重量轻。

2）传动平稳，无噪声。因为蜗杆齿是连续不间断的螺旋齿，它与蜗轮齿啮合时是连续不断的，蜗杆齿没有进入和退出啮合的过程，因此工作平稳，冲击、振动、噪声小。

3）具有自锁性。蜗杆的导程角很小时，蜗杆只能带动蜗轮转动，而蜗轮不能带动蜗杆转动。

4）蜗杆传动效率低，一般认为蜗杆传动效率比齿轮传动低。尤其是具有自锁性的蜗杆传动，其效率在 0.5 以下，一般效率只有 0.45～0.97。蜗杆传动在化工设备中有广泛的应用。

5）发热量大，齿面容易磨损，成本高。

5.3.3　蜗杆传动的类型

圆柱蜗杆传动可分为普通圆柱蜗杆传动（图 5-16a）和圆弧齿圆柱蜗杆传动（图5-16b）。圆弧齿圆柱蜗杆传动的承载能力大，传动效率高，尺寸小，因此，目前动力传动的标准蜗杆减速器均采用圆弧齿圆柱蜗杆传动。在普通圆柱蜗杆传动中阿基米德蜗杆传动最为简单，故本节将通过阿基米德蜗杆传动，介绍蜗杆传动的一些基本知识。

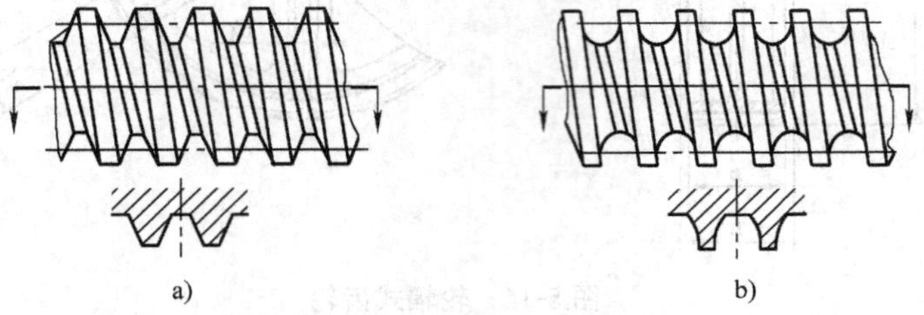

图 5-16　普通圆柱蜗杆和圆弧齿圆柱蜗杆
a）普通圆柱蜗杆　b）圆弧齿圆柱蜗杆

5.3.4　蜗杆传动的主要参数和几何尺寸

1. 模数 m 和压力角 α

阿基米德蜗杆的轴面齿廓是直线，端面齿廓是阿基米德螺旋线。蜗杆的螺旋齿是用切削刃为直线的车刀车削而成，加工容易，但因不能磨削，故难以获得高精度。

在图 5-17 中通过蜗杆轴线并垂直于蜗轮轴线的平面称为蜗杆传动的中间平面。在中间平面内，蜗杆相当于一个齿条，蜗轮的齿廓为渐开线。蜗轮与蜗杆的啮合在中间平面内就相当于渐开线齿轮与齿条的啮合。因此，蜗杆传动的设计计算都以中间平面为准。

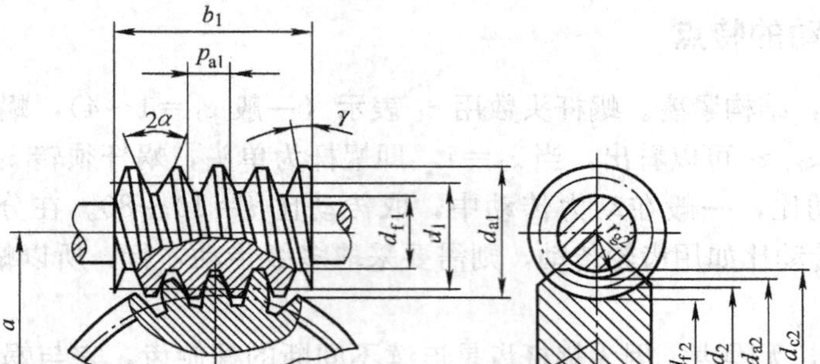

图 5-17　阿基米德蜗杆传动

由于中间平面为蜗杆的轴面和蜗轮的端面，故规定蜗杆传动的正确啮合条件为

$$\left.\begin{aligned} m_{a1}&=m_{t2}=m\\ \alpha_{a1}&=\alpha_{t2}=\alpha\\ \gamma&=\beta \end{aligned}\right\}\qquad(5\text{-}5)$$

式中，m_{a1}为蜗杆的轴向模数，α_{a1}为蜗杆的轴向压力角，m_{t2}为蜗轮的端面模数，α_{t2}为蜗轮的

端面压力角，γ 为蜗杆的导程角，β 为蜗轮的螺旋角。

2. 蜗杆的头数 z_1、蜗轮的齿数 z_2 和传动比 i_{12}

蜗杆的头数 z_1 通常为 1、2、4、6。当要求蜗杆传动具有大的传动比或反行程自锁时，取 $z_1=1$，此时传动效率较低。当要求蜗杆传动具有较高的传动效率时，取 $z_1=2$、4、6。一般情况下，蜗杆的头数 z_1 可根据传动比按表 5-7 选取。

表 5-7　蜗杆头数选取

传动比 i	5～8	7～16	15～32	30～80
蜗杆头数 z_1	6	4	2	1

蜗轮的齿数 $z_2=i_{12}z_1$。在蜗杆传动中，为了避免蜗轮轮齿发生根切，通常规定 $z_{2\min}\geqslant 28$。而当 $z_2>80$ 时，由于蜗轮直径较大，使得蜗杆的支承跨度也相应增大，从而降低了蜗杆的刚度。故在动力蜗杆传动中，常取 $z_2=30$～80。对于仅传递运动的蜗杆传动，蜗轮齿数的上限不受此限制。

3. 蜗杆分度圆直径 d_1

由于在加工蜗轮时，使用的刀具是与蜗杆分度圆尺寸相同的蜗轮滚刀。因此，加工同一模数的蜗轮，有几种蜗杆分度圆直径，就需要几种蜗轮滚刀。为了限制刀具的数目和便于刀具的标准化，国家标准规定了蜗杆分度圆的标准化系列，并与标准模数 m 相匹配，见表 5-8。

表 5-8　蜗杆传动的标准模数和直径

m/mm	d_1/mm	z_1	m^2d_1/mm³	m/mm	d_1/mm	z_1	m^2d_1/mm³
1	18	1	18	5	50	1、2、4、6	1250
1.25	20	1	31		90	1	2250
	22.4	1	35	6.3	63	1、2、4、6	2500
1.6	20	1、2、4	51		112	1	4445
	28	1	72	8	80	1、2、4、6	5120
2	22.4	1、2、4、6	90		140	1	8960
	35.5	1	142	10	90	1、2、4、6	9000
2.5	28	1、2、4、6	175		160	1	16000
	45	1	281	12.5	112	1、2、4	17500
3.15	35.5	1、2、4、6	352		200	1	31250
	56	1	556	16	140	1、2、4	35840
4	40	1、2、4、6	640		250	1	64000
	71	1	1136				

注：本表摘自 GB/T 10085—1988，表中所列 d_1 数值为国家标准规定的优先使用值。

4. 几何尺寸计算

阿基米德蜗杆传动的几何尺寸关系如图 5-17 所示，其主要尺寸计算公式列于表 5-9 中。

表 5-9 蜗杆传动主要几何尺寸计算公式

名　　称	代　号	计算公式
齿顶高	h_a	$h_a=h_a^* m=m$ 　$(h_a^*=1)$
齿根高	h_f	$h_f=(h_a^*+c^*)m=1.2m$ 　$(c^*=0.2)$
全齿高	h	$h=h_a+h_f=2.2m$
分度圆直径	d	d_1 由表 5-8 确定，$d_2=mz_2$
齿顶圆直径	d_a	$d_{a1}=d_1+2h_a$，$d_{a2}=d_2+2h_a$
齿根圆直径	d_f	$d_{f1}=d_1-2h_f$，$d_{f2}=d_2-2h_f$
中心距	a	$a=(d_1+d_2)/2$
蜗轮齿顶圆弧半径	r_{g2}	$r_{g2}=d_1/2-m$
蜗轮外圆直径	d_{e2}	当 $z_1=1$ 时，$d_{e2}\leqslant d_{a2}+2m$ 当 $z_1=2$ 时，$d_{e2}\leqslant d_{a2}+1.5m$ 当 $z_1=4$、6 时，$d_{e2}\leqslant d_{a2}+m$
蜗轮齿宽	b_2	当 $z_1\leqslant 2$ 时，$b_2\leqslant 0.75d_{a1}$；当 $z_1\geqslant 2$ 时，$b_2\leqslant 0.67d_{a1}$
蜗杆导程角	γ	$\tan\gamma=mz_1/d_1$
蜗杆螺旋部分长度	b_1	$z_1\leqslant 2$ 时，$b_1\geqslant(11+0.06z_2)m$ $z_1>2$ 时，$b_1\geqslant(12.5+0.09z_2)m$

5.3.5 蜗杆传动的失效形式和材料

1. 蜗杆传动的失效形式

因为蜗杆传动的相对滑动速度大、效率低、发热量大，所以其主要失效形式为轮齿的胶合、点蚀和磨损。由于对于胶合和磨损尚未建立起简明而有效的计算方法，因此蜗杆传动目前常只针对齿面接触疲劳强度条件进行校核计算。

在蜗杆传动中，由于蜗轮的材料较弱，所以失效多发生在蜗轮轮齿上，故一般只对蜗轮轮齿进行承载能力计算。

2. 蜗杆传动的常用材料

蜗杆一般采用碳钢或合金钢制造。常用的蜗轮材料为铸锡青铜（ZCuSn10Pb1，ZCuSn5Pb5Zn5）、铸铝铁青铜（ZCuAl10Fe3）及灰铸铁（HT150、HT200）等。铸锡青铜耐磨性最好，但价格较高，用于滑动速度 $v_a\geqslant 3$m/s 的重要传动；铸铝铁青铜的耐磨性较锡青铜差一些，但价格较便宜，一般用于滑动速度 $v_a\leqslant 4$m/s 的传动；要求不高时，可采用灰铸铁。

5.4 轮系与减速器

5.4.1 轮系概述

在机器中，常将一系列相互啮合的齿轮组成传动系统，以实现变速、分路传动、运动分解与合成等功用。这种由一系列齿轮组成的传动系统称为轮系。

根据轮系在运动时各齿轮轴线的相对位置是否固定，可以分为：

（1）定轴轮系　如图 5-18 所示，所有齿轮几何轴线的位置都是固定的轮系，称为定轴轮系。

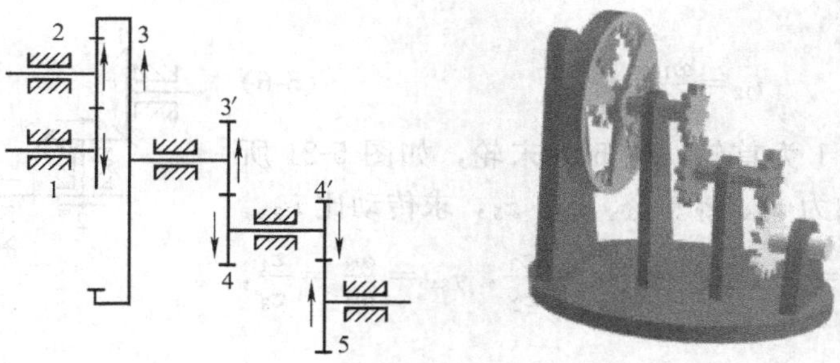

图 5-18　定轴轮系

（2）周转轮系　若轮系中，至少有一个齿轮的几何轴线不固定，而是绕其他齿轮的固定几何轴线回转，则称为周转轮系。图 5-19 所示小齿轮除绕自身轴线回转外，还随同构件 H 一起绕大齿轮的固定几何轴线回转，该轮系即为周转轮系中的行星轮系。

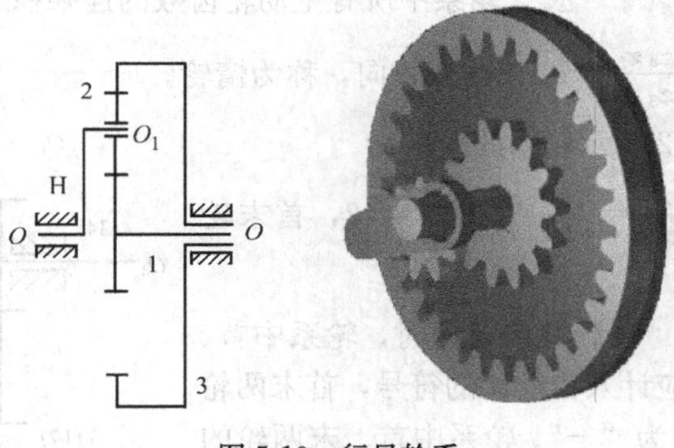

图 5-19　行星轮系

1、3—太阳轮　2—行星轮　H—行星架

（3）复合轮系　实际机械中，常把定轴轮系和周转轮系或者两个以上的周转轮系组合而成的复杂轮系，称为混合轮系或复合轮系，如图 5-20 所示。

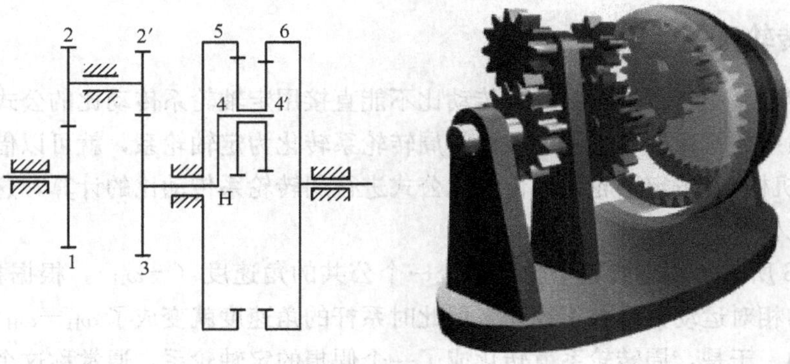

图 5-20　复合轮系

5.4.2 定轴轮系传动比

(1) 轮系的传动比　轮系中首末两轮的转速之比，由传动比大小和首末两轮的转向关系确定。简化公式得

$$i_{12}=\frac{\omega_1}{\omega_2}=\frac{z_2}{z_1} \tag{5-6}$$

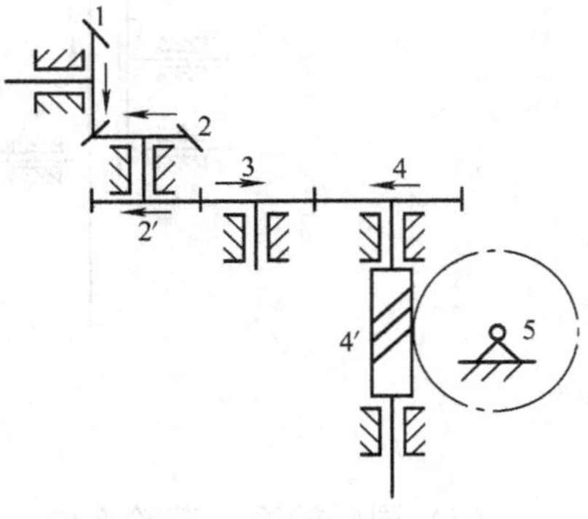

图 5-21　例 5-1 图

例 5-1　设轮 1 为首轮，轮 5 为末轮，如图 5-21 所示。已知各轮齿数为 z_1、z_2、z_3、z_4、z_5，求传动比 i_{15}。

解： $i_{12}=\frac{\omega_1}{\omega_2}=\frac{z_2}{z_1}$，$i_{2'3}=\frac{\omega_{2'}}{\omega_3}=\frac{z_3}{z_{2'}}$，$i_{34}=\frac{\omega_3}{\omega_4}=\frac{z_4}{z_3}$，$i_{4'5}=\frac{\omega_{4'}}{\omega_5}=\frac{z_5}{z_{4'}}$

$$\omega_{2'}=\omega_2，\ \omega_{4'}=\omega_4$$

$$i_{12}i_{2'3}i_{34}i_{4'5}=\frac{\omega_1\omega_{2'}\omega_3\omega_{4'}}{\omega_2\omega_3\omega_4\omega_5}=\frac{z_2z_3z_4z_5}{z_1z_{2'}z_3z_{4'}}$$

则

$$i_{1n}=\frac{\omega_1}{\omega_n}=\frac{\text{轮系中所有从动轮齿数的连乘积}}{\text{轮系中所有主动轮齿数的连乘积}} \tag{5-7}$$

$$i_{15}=\frac{\omega_1}{\omega_5}=\frac{z_2z_3z_4z_5}{z_1z_{2'}z_3z_{4'}}$$，z_3 仅改变方向，称为惰轮。

例 5-2　计算图 5-22 所示轮系的传动比

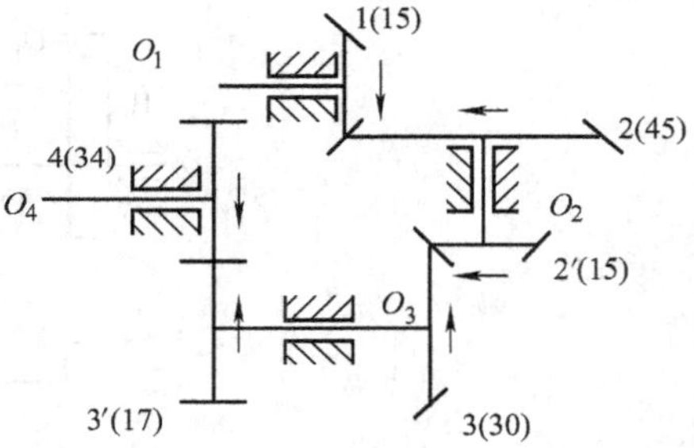

图 5-22　例 5-2 图

解： $i_{14}=\frac{\omega_1}{\omega_4}=\frac{z_2z_3z_4}{z_1z_{2'}z_{3'}}=\frac{45\times30\times34}{15\times15\times17}=12$，首末轮方向相同。

(2) 传动比的方向　在计算传动比时，轮系中首、末两轮的轴线平行时，应计入传动比的符号，首末两轮转向相同为“+”，相反为“−”。轮系中首、末两轮的轴线不平行时，采用画箭头的方式确定转向关系。设轮系中有 n 对外啮合齿轮，则末轮转向为 $(-1)^n$。则

$$i_{1n}=\frac{\omega_1}{\omega_n}=(-1)^n\frac{\text{轮系中所有从动轮齿数的连乘积}}{\text{轮系中所有主动轮齿数的连乘积}}$$

5.4.3 周转轮系的传动比

由于周转轮系中有行星轮，故其传动比不能直接用定轴轮系传动比的公式进行计算。但是如果将轮系中的行星架相对固定，即将周转轮系转化为定轴轮系，就可以借助此转化轮系（或称为转化机构），按定轴轮系的传动比公式进行周转轮系传动比的计算，这种方法称为反转法或转化机构法。

如图 5-23 所示，假想给整个轮系加上一个公共的角速度（$-\omega_H$），根据相对运动原理，各构件之间的相对运动关系并不改变，但此时系杆的角速度就变成了 $\omega_H-\omega_H=0$，即系杆可视为静止不动。于是，周转轮系就转化成了一个假想的定轴轮系，通常称这个假想的定轴轮系为周转轮系的转化轮系。

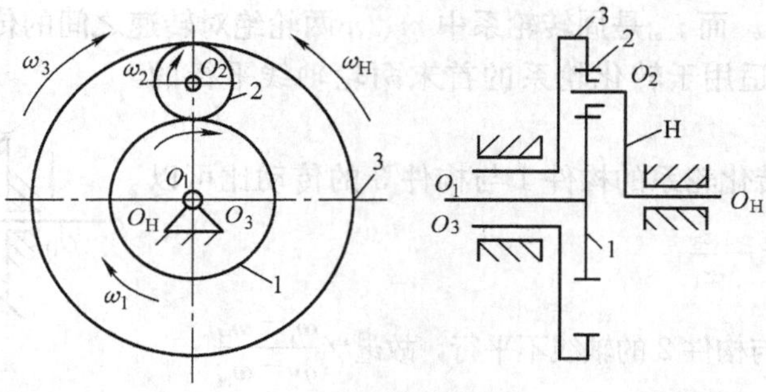

图 5-23　周转轮系

1、3—太阳轮　2—行星轮　H—行星架

在图 5-23 中，设 ω_1、ω_3、ω_2、ω_H 分别为太阳轮 1、3、行星轮 2 和行星架 H 的角速度（绝对角速度），如果给整个周转轮系加上一个 $-\omega_H$ 的公共角速度，此时行星架就相对固定不动，原周转轮系就转化为定轴轮系，故其传动比可按定轴轮系的传动比公式进行计算，如表 5-10 所示。

$$i_{13}^{H}=\frac{\omega_1^{H}}{\omega_3^{H}}=\frac{\omega_1-\omega_H}{\omega_3-\omega_H}=-\frac{z_2 z_3}{z_1 z_2}=-\frac{z_3}{z_1}$$

表 5-10　轮系中各构件的角速度

构　件	转化轮系中各构件的角速度（相对于行星架的角速度）
1	$\omega_1^{H}=\omega_1-\omega_H$
2	$\omega_2^{H}=\omega_2-\omega_H$
3	$\omega_3^{H}=\omega_3-\omega_H$
H	$\omega_H^{H}=\omega_H-\omega_H=0$

根据上述原理，不难得出计算周转轮系传动比的一般关系式。设周转轮系中的两个太阳轮分别为 m 和 n，行星架为 H，其转化轮系的传动比 i_{mn}^{H} 可表示为

$$i_{mn}^{H}=\frac{\omega_m^{H}}{\omega_n^{H}}=\frac{\omega_m-\omega_H}{\omega_n-\omega_H}=\pm\frac{\text{假想轮系中所有从动轮齿数的连乘积}}{\text{假想轮系中所有主动轮齿数的连乘积}} \tag{5-8}$$

式（5-8）中，当给定 ω_m、ω_n 及 ω_H 中任意两个量，便可求得第三个量。于是，此式可用来求解周转轮系各基本构件的绝对速度和任意两基本构件间的传动比。

这里要特别注意式中的“±”号，它由转化轮系中 m、n 两轮的转向关系确定，“±”号若判断错误将严重影响到计算的正确性，故千万要小心。注意：

1）式（5-8）只适用于转化齿轮系的首末轮的回转轴线平行（或重合）的周转轮系。

2）齿数比前一定有“+”或“−”号。其正负号判定，可将行星架 H 视为静止，然后按定轴轮系判别主从动轮转向关系的方法确定。

3）ω_m、ω_n 及 ω_H 均为代数值，在计算中必须同时代入正、负号，求得的结果也为代数值。若已知的两个转速方向相反，必须有一个代正值，另一个代负值，第三个转速的转向，则根据计算结果的正负号来确定。

4）i_{mn}^{H} 与 i_{mn} 是完全不同的两个概念。i_{mn}^{H} 是转化轮系中 m、n 两轮相对于行星架 H 的相

对转速之间的传动比。而 i_{mn} 是周转轮系中 m、n 两轮绝对转速之间的传动比。

5）式（5-8）只适用于转化轮系的首末两轮轴线平行的情况。

图 5-24 所示的转化轮系的构件 1 与构件 3 的传动比可以写成：$i_{13}^{H}=\dfrac{\omega_1-\omega_H}{\omega_3-\omega_H}=-\dfrac{z_3}{z_1}$

但由于构件 1 的轴线与构件 2 的轴线不平行，故 $i_{12}^{H}\neq\dfrac{\omega_1-\omega_H}{\omega_2-\omega_H}$

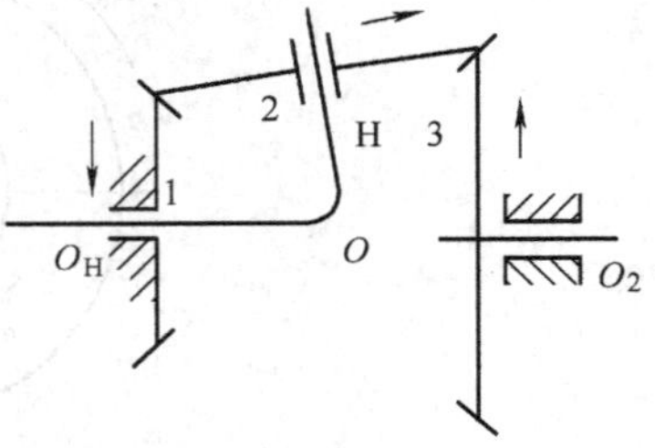

图 5-24　构件 1 轴线与构件 2 轴线不平行

例 5-3　如图 5-25 所示的轮系中，已知 $z_1=30$，$z_2=20$，$z_{2'}=25$，$z_3=75$，求传动比 i_{1H}。

解： $i_{13}^{H}=\dfrac{\omega_1^H}{\omega_3^H}=\dfrac{\omega_1-\omega_H}{\omega_3-\omega_H}=-\dfrac{z_2z_3}{z_1z_{2'}}=-\dfrac{20\times75}{30\times25}=-2$

因为　　$\omega_3=0$ 故 $\dfrac{\omega_1-\omega_H}{\omega_H}=-2$

$$-\frac{\omega_1}{\omega_H}+1=-2\qquad i_{1H}=\frac{\omega_1}{-\omega_H}=3$$

行星架 H 与轮 1 转向相同。

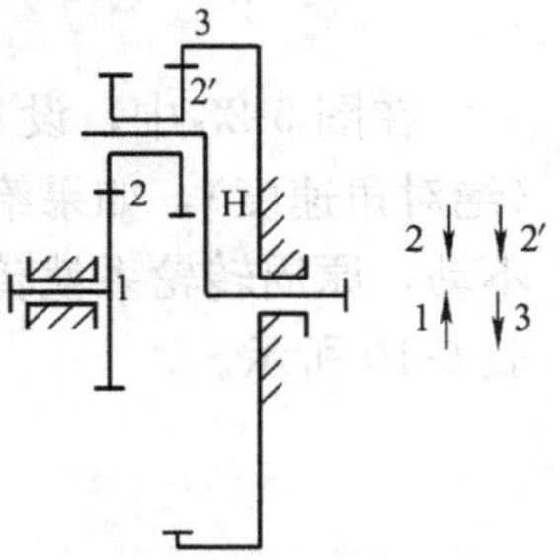

图 5-25　例 5-3 图

5.4.4　减速器

减速器是由封闭在刚性壳体内的齿轮或蜗杆所组成的独立传动部件，它具有固定的传动比，常用在原动机和工作机之间作为减速传动装置。减速器的类型很多，一般分为普通减速器和行星齿轮减速器等。由于减速器具有结构简单、效率较高、维护方便等优点，因此在现代机器中的应用极为广泛。常用减速器已标准化。

1. 普通减速器

普通减速器一般分为圆柱齿轮减速器、锥齿轮减速器、蜗杆减速器。按减速器的级数又可分为单级、两级和三级减速器。

（1）圆柱齿轮减速器　圆柱齿轮减速器是应用最广泛的一种减速器。当传动比 $i<7.1$ 时，可采用单级圆柱齿轮减速器，如图 5-26 所示。当 $i=7.1\sim50$ 时，若采用单级圆柱齿轮减速器，其外廓尺寸将很大。这时宜采用两级圆柱齿轮减速器（图 5-27）。

1）单级圆柱齿轮减速器

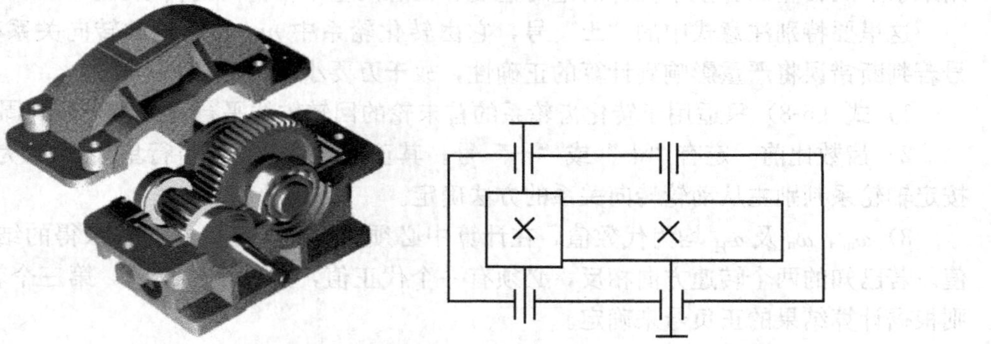

图 5-26　单级圆柱齿轮减速器

2）两级圆柱齿轮减速器

两级圆柱齿轮减速器按其齿轮布置形式可分为展开式（图 5-27a）、分流式（图 5-27b）和同轴式（图 5-27c）。

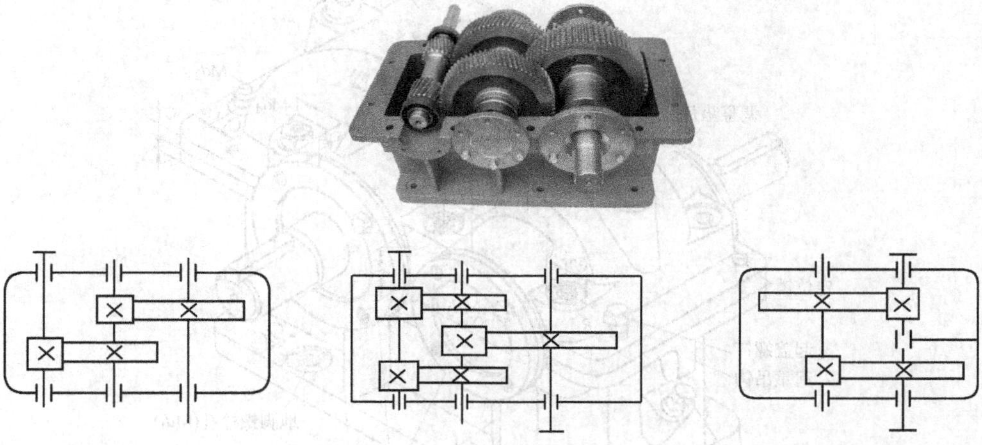

a)　　b)　　c)

图 5-27　两级圆柱齿轮减速器

a）展开式　b）分流式　c）同轴式

展开式结构简单，但齿轮相对于轴承为不对称布置，受载时轴的变形导致载荷沿齿宽分布不均，因此要求轴承有较大的刚度。这种减速器适用于载荷比较平稳的场合。

分流式的齿轮相对于两侧的轴承对称布置，载荷沿齿宽分布均匀，轴承受载也较均匀，但结构比展开式复杂。

同轴式的输入轴与输出轴位于同一轴线上，故箱体长度尺寸较短，轴向尺寸较大，且中间轴较长，刚性差，容易使载荷沿齿宽分布不均。

当减速器传动比 $i=50\sim315$ 时，宜采用三级圆柱齿轮减速器，如图 5-28 所示。

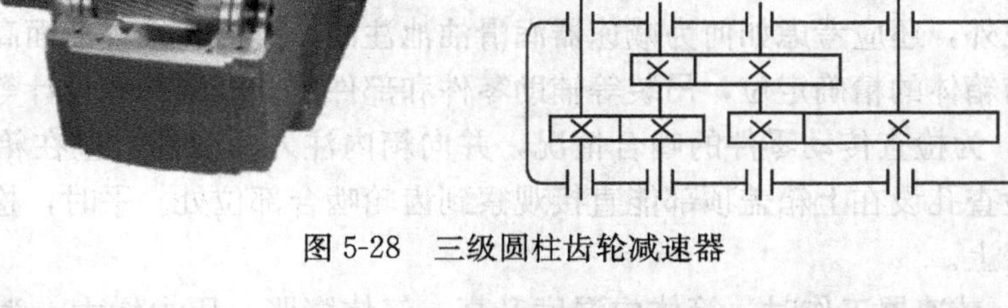

图 5-28　三级圆柱齿轮减速器

（2）单级圆柱齿轮减速器基本结构　单级圆柱减速器的基本结构如图 5-29 所示，其基本结构有三大部分：① 齿轮、轴及轴承组合。② 箱体。③ 减速器附件。

1）齿轮、轴及轴承组合。小齿轮与轴制成一体，称齿轮轴，这种结构用于齿轮直径与轴的直径相差不大的情况下。如果轴的直径为 d，齿轮齿根圆的直径为 d_f，当 $(d_f-d) \leqslant$ 6～7mm 时，应采用这种结构；而当 $(d_f-d) > 6$～7mm 时，应采用齿轮与轴分开的形式。

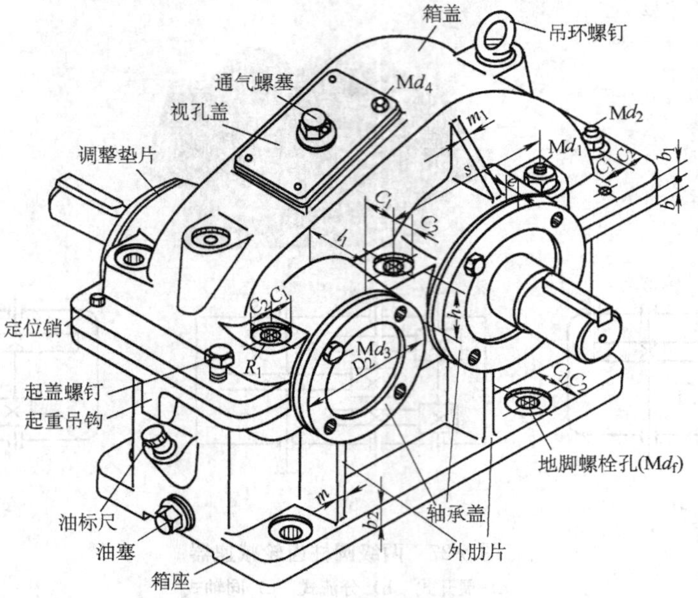

图 5-29 单级圆柱减速器的基本结构

采用分开形式时，齿轮与轴的周向常用平键连接，轴向常用轴肩、轴套和轴承盖固定。当轴只受径向载荷或不大的轴向载荷时，可以采用深沟球轴承。当轴向载荷较大时，应采用角接触球轴承、圆锥滚子轴承或深沟球轴承与推力轴承的组合结构。轴承可以利用齿轮旋转时溅起的润滑油进行润滑。

2）箱体。箱体是减速器的重要组成部件。它是传动零件的基座，应具有足够的强度和刚度。箱体通常用灰铸铁制造，对于重载或有冲击载荷的减速器也可以采用铸钢箱体。单体生产的减速器，为了简化工艺、降低成本，可采用钢板焊接的箱体。为了便于轴系部件的安装和拆卸，箱体制成沿轴心线水平剖分式。上箱盖和下箱体由两个圆锥销精确定位，并用螺栓连接成一体。齿轮、轴、滚动轴承等可在箱体外装配成轴系部件后再装入箱体，使装拆方便。

3）附件。为了保证减速器的正常工作，除了对齿轮、轴、轴承组合和箱体的结构设计给予足够的重视外，还应考虑如何为减速器润滑油池注油、排油、检查油面高度，加工及拆装检修时箱盖与箱体的精确定位，吊装等辅助零件和部件的合理选择和设计等问题。

① 检查孔。为检查传动零件的啮合情况，并向箱内注入润滑油，应在箱体的适当位置设置检查孔。检查孔设在上箱盖顶部能直接观察到齿轮啮合部位处。平时，检查孔的盖板用螺钉固定在箱盖上。

② 通气器。减速器工作时，箱体内温度升高，气体膨胀，压力增大，为使箱内热胀空气能自由排出，以保持箱内外压力平衡，不致使润滑油沿分箱面或轴伸密封件等缝隙渗漏，通常在箱体顶部装设通气器。

③ 轴承盖。为固定轴系部件的轴向位置并承受轴向载荷，轴承座孔两端用轴承盖封闭。

轴承盖有凸缘式和嵌入式两种。凸缘式轴承盖利用六角头螺栓固定在箱体上，外伸轴处是通孔，其中装有密封装置。凸缘式轴承盖的优点是拆装、调整轴承方便，但和嵌入式轴承盖相比，零件数目较多，尺寸较大，外观不平整。

④ 定位销。为保证每次拆装箱盖时，仍保持轴承座孔制造加工时的精度，应在精加工轴承孔前，在箱盖与箱体的连接凸缘上配装定位销。安置在箱体纵向两侧连接凸缘上，对称箱体应呈对称布置，以免错装。

⑤ 油面指示器。为检查减速器内油池油面的高度，保持油池内有适量的油，一般在箱体便于观察、油面较稳定的部位，装设油面指示器。

⑥ 放油螺塞。换油时，为排放污油和清洗剂，应在箱体底部油池的最低位置处开设放油孔，平时用螺塞将放油孔堵住，放油螺塞和箱体接合面间应加防漏用的垫圈。

⑦ 启箱螺钉。为加强密封效果，通常在装配时在箱体剖分面上涂以水玻璃或密封胶，因而在拆卸时往往因粘接紧密难于开盖。为此常在箱盖连接凸缘的适当位置，加工出 1～2 个螺孔，旋入启箱用的圆柱端或平端的启箱螺钉。旋动启箱螺钉便可将上箱盖顶起。小型减速器也可不设启箱螺钉，启盖时用工具撬开箱盖，启箱螺钉的大小可与凸缘连接螺栓相同。

⑧ 起吊装置。当减速器重量超过 25kg 时，为了便于搬运，应在箱体上设置起吊装置，如在箱体上铸出吊耳或吊钩等。上箱体装有两个吊环螺钉，下箱体铸出四个吊钩。

(3) 锥齿轮减速器　锥齿轮减速器用于输入轴和输出轴相交的场合。当传动比 $i<8$ 时，采用单级锥齿轮减速器，如图 5-30a 所示。当传动比 $i=8\sim40$ 时，采用两级锥齿轮减速器，如图 5-30b 所示。当传动比 $i=40\sim160$ 时，宜采用三级锥齿轮减速器，如图 5-30c 所示。由于小锥齿轮是悬臂支承，其受载较差，为了使其受力减小，常将锥齿轮作为高速级。

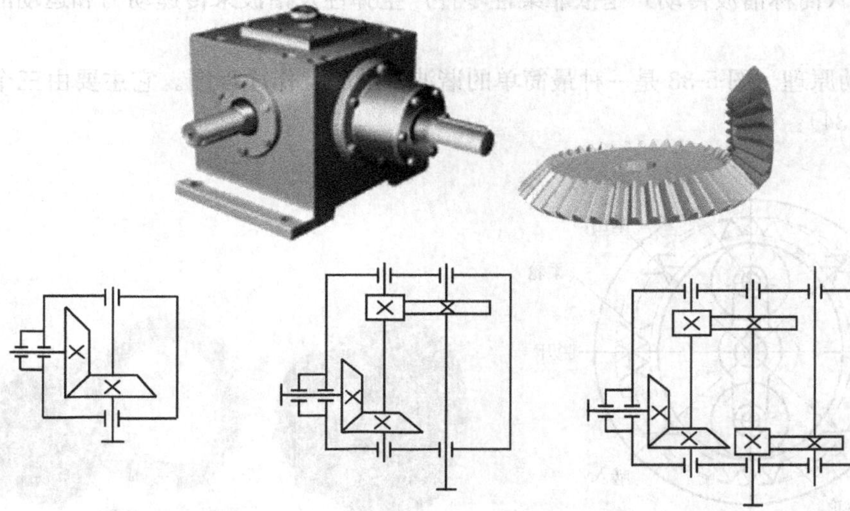

a)　b)　c)

图 5-30　锥齿轮减速器

a）单级锥齿轮减速器　b）两级锥齿轮减速器　c）三级锥齿轮减速器

(4) 蜗杆减速器　这种减速器主要用于传动比较大的场合，当 $i=10\sim80$ 时，可采用单级蜗杆减速器，如图 5-31a 所示。两级蜗杆减速器如图 5-31b 所示，适用于传动比 $i=43\sim3600$ 的传动，其特点是结构简单，但传动效率不高。

2. 行星齿轮减速器

行星齿轮减速器具有传动比大、效率高、结构紧凑和体积小等优点，但结构复杂，制造精度要求高。这种减速器类型很多，按其传动级数也可分为单级、两级和多级。图 5-32 为单级行星齿轮减速器，这种减速器的传动比可达 22。

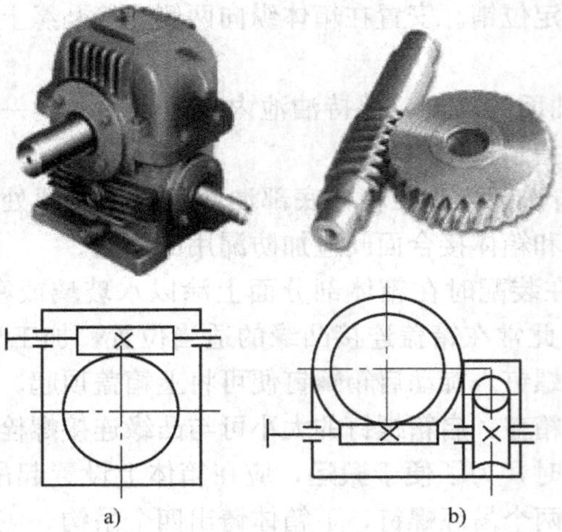

图 5-31　蜗杆减速器

a）单级蜗杆减速器　b）两级蜗杆减速器

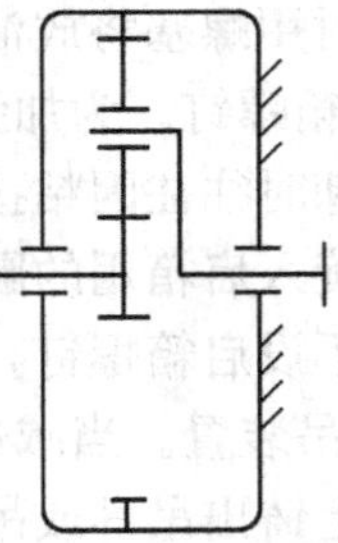

图 5-32　单级行星齿轮减速器

（1）谐波减速器　谐波减速器是利用行星齿轮传动原理发展起来的一种新型减速器。谐波齿轮传动（简称谐波传动）是依靠柔性零件产生弹性及谐波来传递动力和运动的一种行星齿轮传动。

1）传动原理。图 5-33 是一种最简单的谐波传动的工作原理图。它主要由三个基本构件组成（图 5-34）：

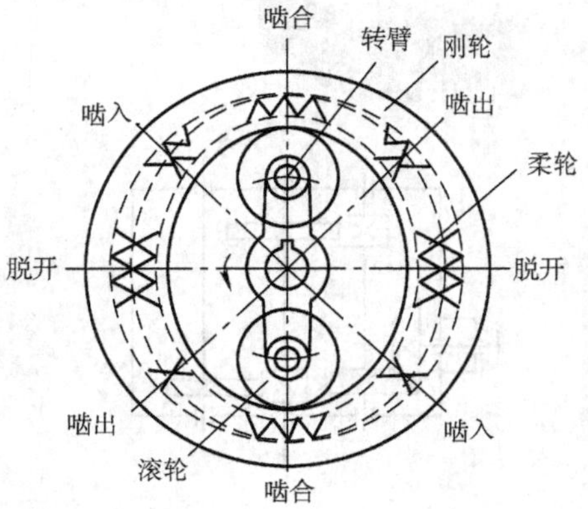

图 5-33　谐波传动工作原理图

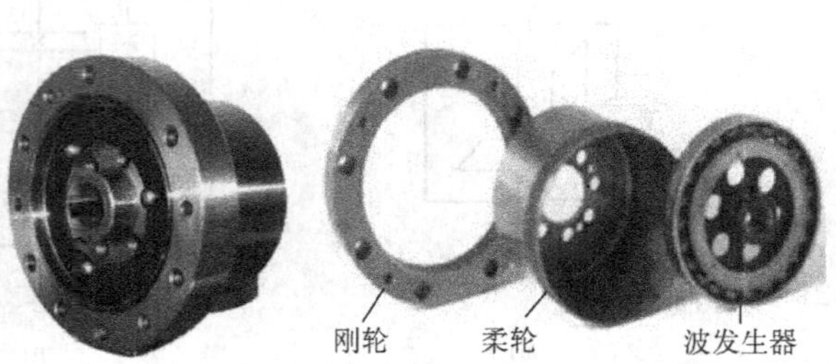

图 5-34　谐波齿轮减速器基本构件

① 带有内齿圈的刚性齿轮（刚轮），它相当于行星系中的太阳轮。

② 带有外齿圈的柔性齿轮（柔轮），它相当于行星齿轮。

③ 波发生器，它相当于行星架。

作为减速器使用时，通常采用波发生器为主动、刚轮固定、柔轮输出的形式。

波发生器是一个杆状部件，其两端装有滚动轴承构成滚轮，与柔轮的内壁相互压紧。柔轮为可产生较大弹性变形的薄壁齿轮，其内孔直径略小于波发生器的总长。波发生器是使柔轮产生可控弹性变形的构件。当波发生器装入柔轮后，迫使柔轮的端面由原先的圆形变成椭圆形，其长轴两端附近的齿与刚轮的齿完全啮合，而短轴两端附近的齿则与刚轮完全脱开。周长上其他区段的齿处于啮合和脱离的过渡状态。当波发生器沿图 5-33 所示方向连续转动时，柔轮不断改变形状，使柔轮与刚轮的啮合状态也不断改变，啮入、啮合、啮出、脱开、再啮入……，周而复始地进行，从而实现柔轮相对刚轮沿波发生器相反方向缓慢旋转。

2）特点

① 承载能力高。谐波传动中，齿与齿的啮合是面接触，加上同时啮合齿数（重叠系数）比较多，因而单位面积载荷小，承载能力较其他传动形式高。

② 传动比大。单级谐波齿轮传动的传动比可达 $i=70\sim500$。

③ 体积小、重量轻。

④ 传动效率高、寿命长。

⑤ 传动平稳、无冲击，无噪声，运动精度高。

⑥ 由于柔轮承受较大的交变载荷，因而对柔轮材料的抗疲劳强度、加工和热处理要求较高，工艺复杂。

谐波减速器在国内于 20 世纪六七十年代才开始研制，到目前已有不少厂家专门生产，并形成系列化，广泛应用于电子、航天航空、机器人等行业。由于它的独特优点，在化工行业的应用也逐渐增多。

（2）摆线针轮减速器　摆线针轮减速器是一种采用摆线针齿啮合行星传动原理的先进减速器，在化工、轻工、军工、冶金、造船等领域应用非常广泛，如图 5-35 所示。

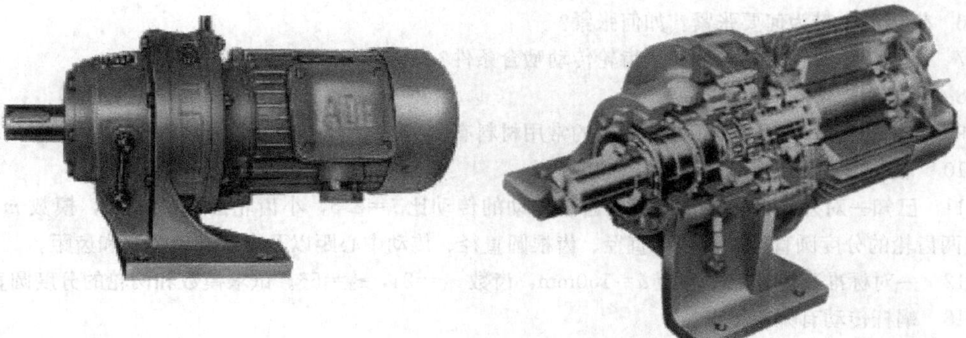

图 5-35　摆线针轮行星减速器

特点：

1）传动比大。一级减速器传动比 $i=9\sim87$，两级减速器 $i=121\sim5133$，三级减速或多级组合式，其减速比可更大。

2）传动效率高。由于采用了针齿套、销轴套等结构，啮合部位采用了滚动啮合，减小了摩擦，平均效率可达 0.9 以上。

3）体积小、重量轻。由于采用了行星传动原理，输入轴和输出轴在同一轴线上，而且有与电动机连成一体的独特之处，使得整机结构紧凑。

4）故障少、寿命长，运转可靠、平稳，拆装方便，容易维修。

5）加工工艺较复杂，精度要求较高。

图 5-36 示出一级卧式摆线针轮行星减速器的外形。图 5-37 示出一级立式摆线针轮行星减速器的外形。这两种减速器都与电动机连成一体，结构紧凑。立式减速器在搅拌反应器、结晶器等化工设备上广泛采用。

图 5-36 一级卧式摆线针轮行星减速器

图 5-37 一级立式摆线针轮行星减速器

习 题

5-1 带传动的主要类型有哪些？各有何特点？

5-2 V 带传动与平带传动有什么不同？说明 V 带传动的适用范围。

5-3 普通 V 带有哪几种型号？解释基准长度。

5-4 带轮的常用材料是什么？常用的带轮结构有哪几种？

5-5 带传动的弹性滑动和打滑的区别。

5-6 带传动中带为何要张紧？如何张紧？

5-7 齿轮传动有什么特点？标准齿轮传动啮合条件？

5-8 简述齿轮传动的主要类型。

5-9 齿轮的失效形式有哪几种？齿轮的常用材料有哪些？

5-10 常用的齿轮结构形式有哪几种？

5-11 已知一对外啮合标准直齿圆柱齿轮传动的传动比 $i=2.5$，小齿轮齿数 $z_1=40$，模数 $m=5\text{mm}$。试确定两齿轮的分度圆直径、齿顶圆直径、齿根圆直径、传动中心距以及齿厚、齿槽宽和齿距。

5-12 一对标准直齿轮的中心距 $a=160\text{mm}$，齿数 $z_1=24$，$z_2=56$。试求模数和两轮的分度圆直径。

5-13 蜗杆传动有哪些特点？

5-14 蜗杆传动的基本参数有哪些？

5-15 蜗杆传动中有哪些参数为标准值？为什么要规定蜗杆的分度圆直径为标准值？

5-16 蜗杆传动的正确啮合条件是什么？

5-17 蜗杆和蜗轮的常用材料有哪些？

5-18 蜗杆传动的主要失效形式有哪几种？

5-19 如图 5-38 所示轮系，蜗杆的头数 $z_1=1$，右旋。蜗轮的齿数 $z_2=26$。一对锥齿轮 $z_3=20$，$z_4=21$。一对圆柱齿轮 $z_5=21$，$z_6=28$。若蜗杆为主动轮，其转速 $n_1=1500$ r/min，试求齿轮 6 的转速 n_6 的大小和转向。

5-20 如图 5-39 所示定轴轮系，已知 $z_1=20$，$z_2=30$，$z_{2'}=20$，$z_3=60$，$z_{3'}=20$，$z_4=20$，$z_5=30$，$n_1=100\text{r/min}$。逆时针方向转动。求末轮的转速和转向。

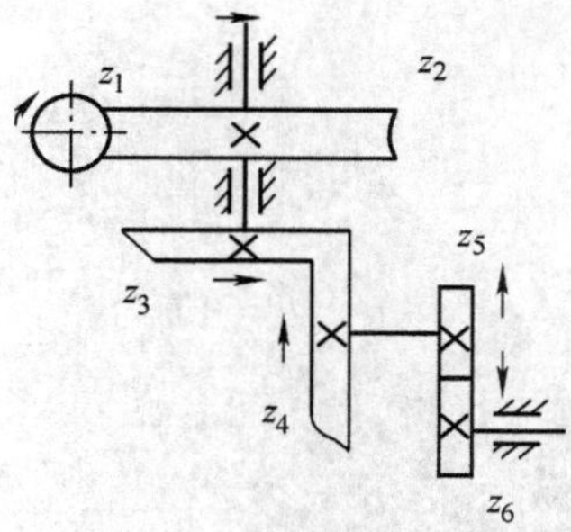

图 5-38　习题 5-19 图

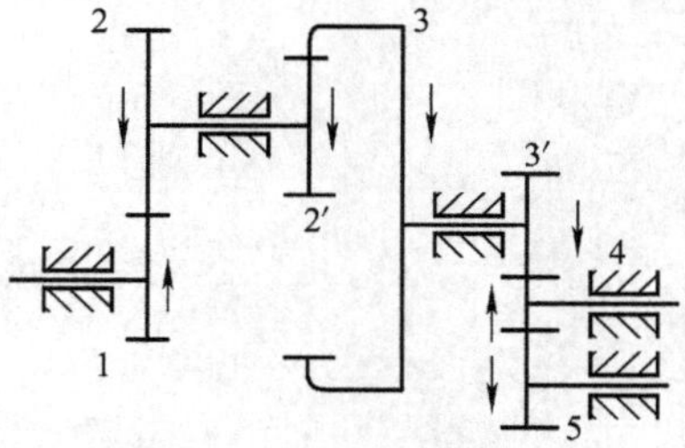

图 5-39　习题 5-20 图

5-21　如图 5-40 所示的行星轮系中已知电动机转速 $n_1=300\text{r/min}$（顺时针转动），$z_1=17$，$z_3=85$，求当 $n_3=0$ 和 $n_3=120\text{r/min}$（顺时针转动）时，n_H 为多少？

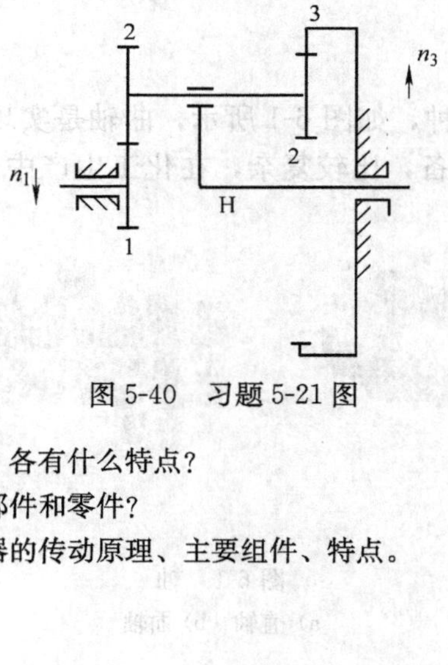

图 5-40　习题 5-21 图

5-22　普通减速器有哪些类型？各有什么特点？

5-23　普通减速器有哪些主要部件和零件？

5-24　简述摆线针轮行星减速器的传动原理、主要组件、特点。

第6章 轴和轴承

齿轮、凸轮和带轮等传动构件都要装在轴上才能实现其传递运动和动力的功能。轴的主要作用是用来支承和固定旋转传动零件，而其自身需要轴承来支承。

6.1 轴

常见的轴有直轴和曲轴两种，如图6-1所示，曲轴是实现转动和往复运动转换的零件，主要用于发动机、汽轮机等设备，比较复杂，在化工生产中应用很少，本节只介绍常用的直轴。

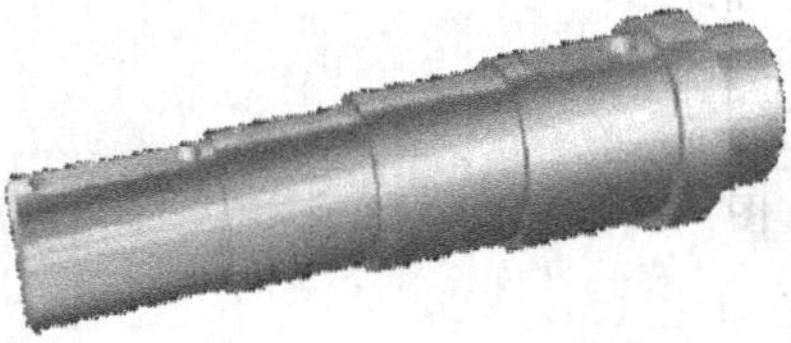

a)

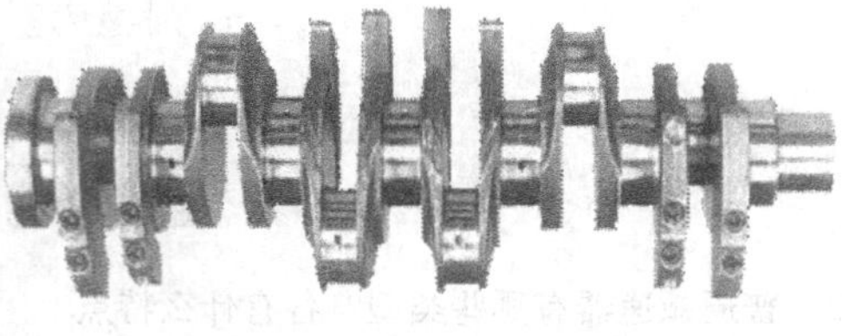

b)

图6-1 轴

a）直轴 b）曲轴

6.1.1 直轴的分类

根据承受载荷的情况不同，直轴可分为心轴、转轴和传动轴三类。

（1）心轴 心轴主要用来支承转动零件，只受弯矩而不传递运动和动力。心轴随零件一起转动的（如火车轮轴）称为活动心轴，不随零件一起转动的（如自行车轴、滑轮轴）称为固定心轴，它们承载时均产生弯曲变形。

（2）转轴　转轴既要支承旋转零件还要传递运动和动力。转轴是机械传动中使用最广泛的一种轴，如机床主轴、减速机齿轮轴、搅拌轴等。这类轴在外力作用下将产生弯曲变形和扭转变形。

（3）传动轴　传动轴主要用来传递转矩。它不承受或承受较小的弯矩，如汽车、拖拉机变速箱与后轮轴间的传动轴。

此外，根据轴的横截面形状可分为实心轴和空心轴，根据轴的外形可分为光轴和阶梯轴。

典型轴类零件图如图 6-2 所示。

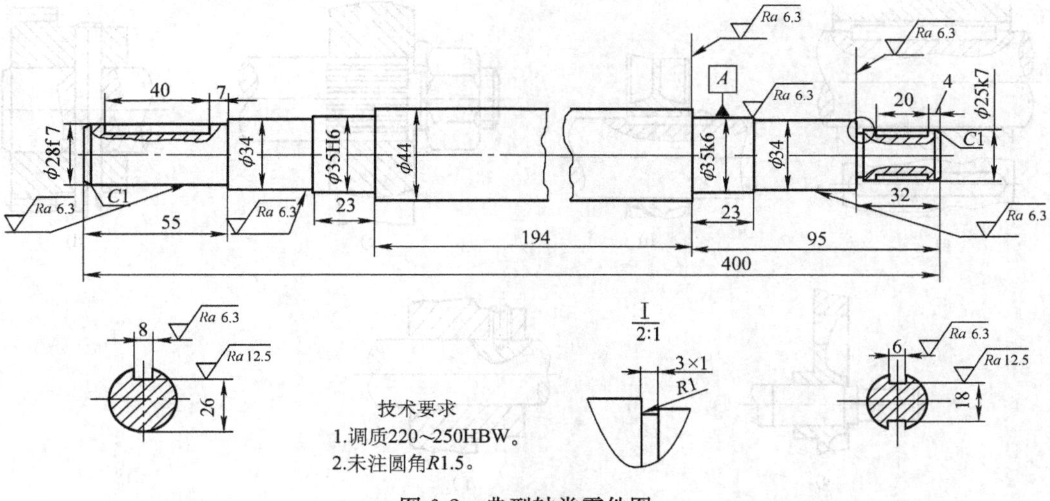

图 6-2　典型轴类零件图

6.1.2　轴的材料

轴用材料的选取主要取决于轴的工作载荷和加工工艺等因素。除满足强度、刚度、耐磨性外，还要求对应力集中敏感性小。常用碳钢、合金钢的锻件或轧制圆钢作为轴的毛坯。

碳钢对应力集中的敏感性较小，其力学性能可通过热处理进行调整，比合金钢价廉，所以应用得最广，常用 30、40、45、50 钢，其中 45 钢最常用。对于非重要或受载较小的轴可用 Q235、Q275 等普通碳素结构钢。

合金钢淬火性好，且具有较高的力学性能，常用于传递较大功率并要求减小尺寸和重量以及提高轴耐磨性的场合。常用的如 12CrNi2、20Cr、40Cr、35CrMo、30CrMnTi 等。

合金铸铁和球墨铸铁常用来制造轴的原因是因为铸造成形容易得到较复杂且更合理的形状，铸造材料吸振性高，并可用热处理的方法提高耐磨性，对应力敏感性较低，且廉价；但铸造质量不易控制，可靠性较差，需慎用。

6.1.3　轴的结构

轴的外形通常做成阶梯形的圆柱体。轴上供安装旋转零件的部位叫轴头，轴与轴承配合部分叫轴颈，轴的其他部分叫轴身。轴与轴颈的尺寸应选用标准的配合尺寸，以便装配。

轴的设计与选择要考虑很多因素的影响，在满足不同截面的强度和刚度要求的同时，还要便于轴上零件的固定、定位、拆装、调整，尽可能减小应力集中以提高轴整体的疲劳强度，以及轴本身的加工工艺性。

旋转零件一般要随轴旋转，传递运动和动力。在圆周方向和轴线方向都需要确定零件之间的相对位置以保证正常的工作关系。

1. 零件在轴上的周向定位和固定

周向定位和固定的目的是使轴上的零件随轴一起转动传递运动和转矩，周向定位和固定的方法常采用键连接、花键连接、销钉连接、锥面过盈配合，在传力不大时可用紧定螺钉连接，如图 6-3 所示。

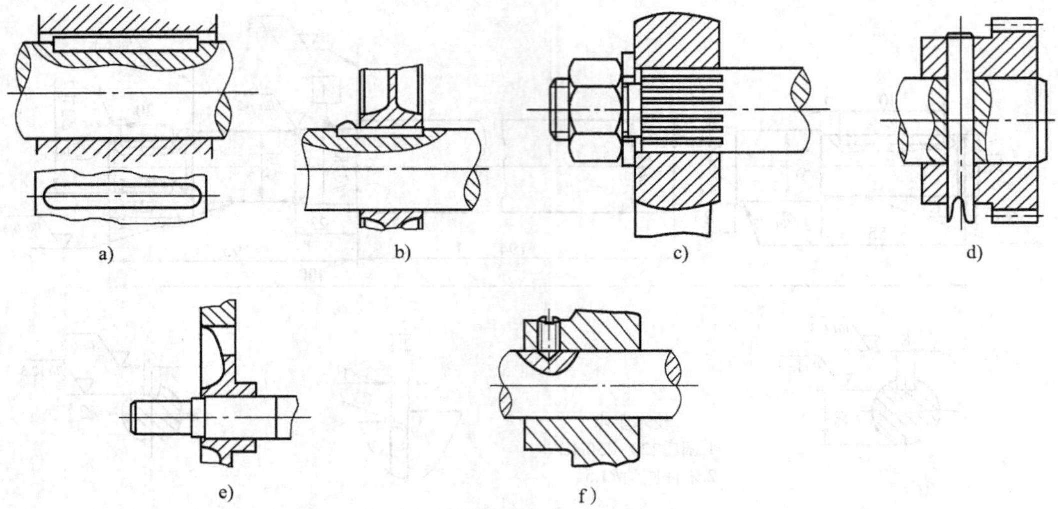

图 6-3　零件在轴上的周向定位和固定

a）平键　b）楔键　c）花键　d）销　e）过盈连接　f）紧定螺钉

2. 零件在轴上的轴向定位和固定

零件在轴上的轴向定位和固定常采用轴肩、轴环、套筒、螺母、过盈配合等，如图 6-4

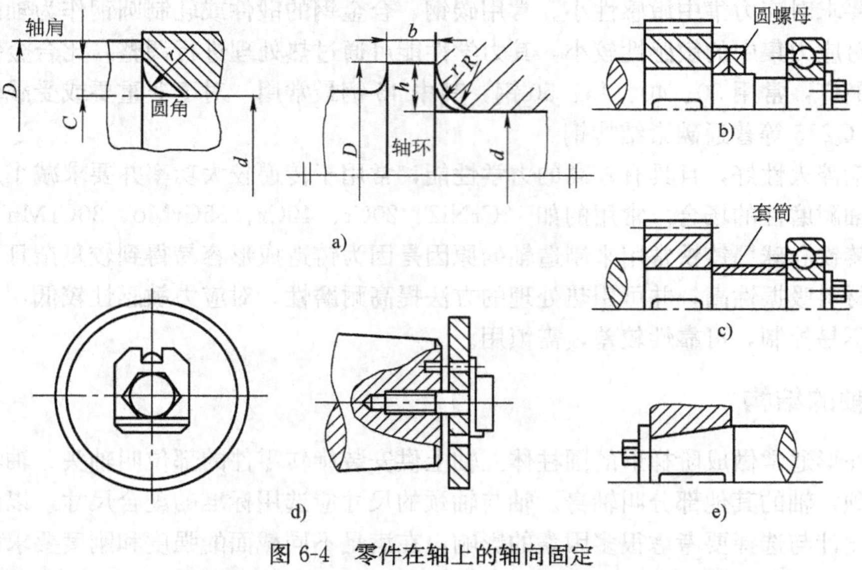

图 6-4　零件在轴上的轴向固定

a）轴肩和轴环　b）圆螺母　c）套筒　d）轴端挡圈　e）过盈配合

所示。当轴向载荷较小时常采用销钉、紧定螺钉、挡圈、轴端挡圈。

6.1.4 轴的结构工艺性

1. 轴的毛坯

尺寸较小的轴常用圆钢棒料车制，对于尺寸较大的轴一般用锻造毛坯或铸造毛坯加工而成，为了减轻轴的重量和节约金属或结构要求，某些轴常采用空心形式，因为传递动力主要靠轴的外表面金属材料，当外径相同时空心轴内径若取 0.625d，它的强度削弱只有 24%而重量则减轻 39%。

2. 阶梯轴

从受力分析、节省材料、减轻重量的角度出发，轴的各横端面最好设计成等强度的，从加工制造角度出发，轴的形状越简单越好。设计和选择轴的形状时，在满足强度、刚度要求和保证装配的前提下要综合考虑，一般都做成阶梯轴。

为了减少应力集中，阶梯轴上相邻两段直径不宜相差太大，在过渡时应尽量平缓，一般采用圆角过渡，圆角半径不宜过小，如果圆角半径受结构限制难以增大时，则可改用凹切圆角或过渡肩环。在轴需磨削的轴段要留有砂轮越程槽，若轴上要车螺纹则应留有退刀槽。其结构如图 6-5 所示。

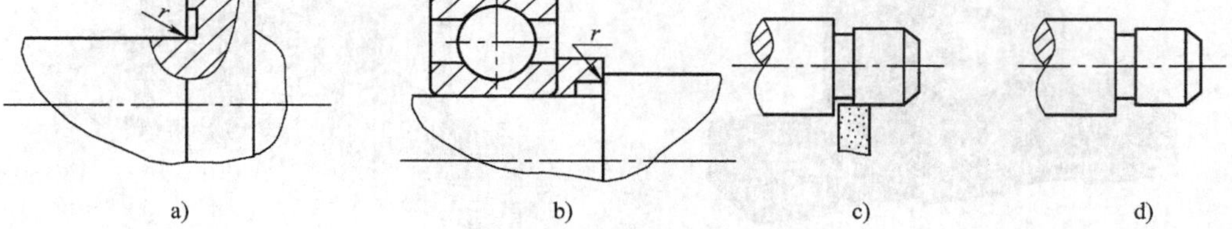

图 6-5 减少应力集中的结构

a）凹切圆角 b）肩环 c）砂轮越程槽 d）退刀槽

6.2 轴承

轴承是支承轴和轴上零部件并保证其绕轴线运动的部件。按照轴承工作的摩擦性质又分为滑动轴承和滚动轴承两大类。每一类轴承又按其所受载荷的方向的不同，分为向心轴承（承受径向载荷）、推力轴承（承受轴向载荷）和向心推力轴承（同时承受径向和轴向载荷）。按照轴承材料，可分为金属轴承、粉末冶金轴承和非金属轴承等。按照润滑状态（或者说按摩擦状态），可分为液体润滑轴承（准确名称应为流体润滑，即包括液体和气体）、混合润滑轴承和无润滑轴承。液体润滑轴承中又有动压轴承和静压轴承之分。按照润滑剂的种类可分为液体润滑轴承、气体润滑轴承、润滑脂轴承和固体润滑轴承。

轴承是标准化的部件，在机械设计中，要考虑使用上和工艺上的多种因素选择其类型。滚动轴承在一般机器中应用较广，但在低速有冲击的场合，或在高速、高精度、重载和结构上要求剖分的场合，可选用滑动轴承。

6.2.1　滑动轴承

1. 滑动轴承的结构

滑动轴承一般由轴承座、轴瓦、润滑和密封装置组成，如图 6-6 所示。滑动轴承一般有整体式向心滑动轴承、剖分式向心滑动轴承和推力滑动轴承三种典型结构。

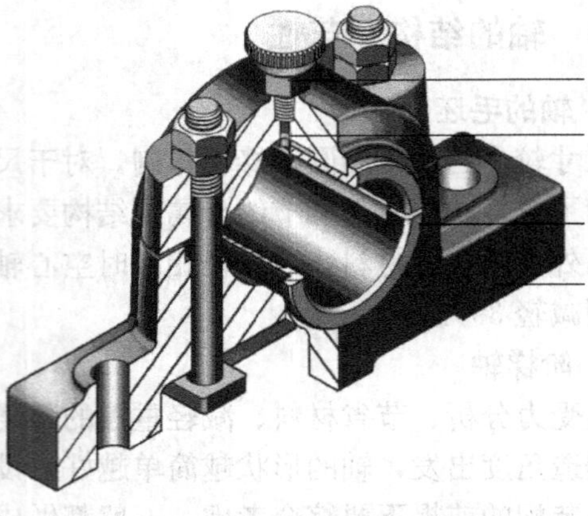

图 6-6　滑动轴承结构示意

（1）整体式向心滑动轴承　典型的整体式向心滑动轴承如图 6-7a 所示。铸铁轴承座用螺栓与机架连接，其顶部有进油孔或安装油杯的螺纹孔，用减摩材料制成的套筒式轴瓦装在轴承座中。这种轴承结构简单。成本低，但磨损后间隙无法调整，且轴颈只能从端部装入。这种轴承仅适用于低速、轻载以及间歇工作的机器中。该轴承可按标准选用。

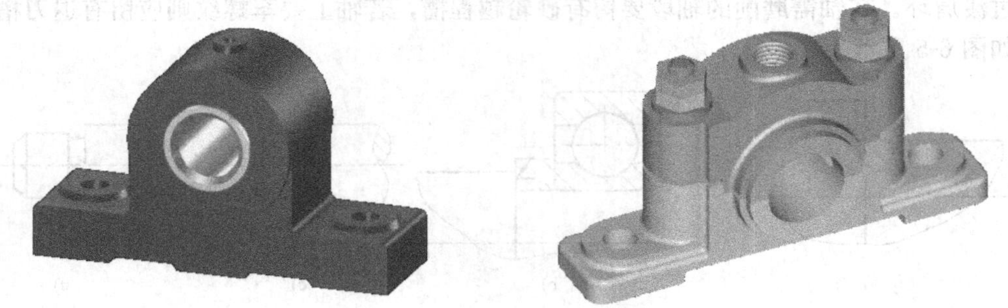
a)　b)

图 6-7　滑动轴承典型结构
a）整体式　b）剖分式

（2）剖分式向心滑动轴承　图 6-7b 所示的剖分式向心滑动轴承，其剖分面常做成阶梯形，以便安装时定位和防止工作时窜动。在轴承盖和轴承座的剖分面间留有不大的间隙，当轴瓦磨损使轴颈与轴瓦出现较大间隙后，适当取出剖分面间的垫片，就可调整轴承间隙。这种轴承的结构比整体式轴承复杂。该轴承也按标准选用。

（3）推力滑动轴承　图 6-8 所示推力轴承用来承受轴向载荷，由推力轴颈和轴承座等组成。

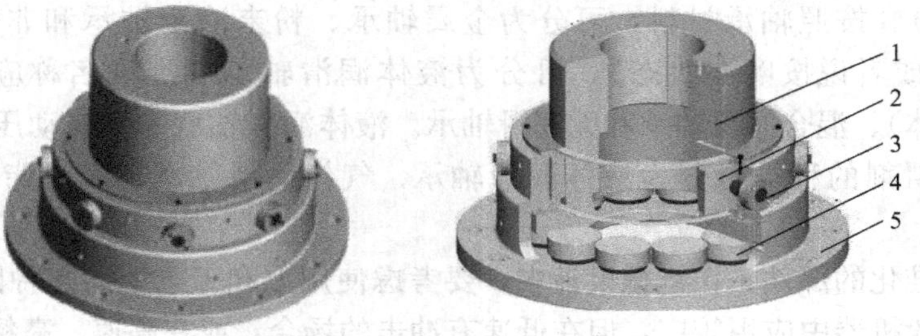

图 6-8　推力轴承
1—推力轴颈　2—导向瓦　3—微调装置　4—推力瓦与承板　5—轴承座

2. 轴承材料

轴承材料指的是与轴颈构成摩擦副的摩擦表面层的材料，即轴承衬或轴瓦材料。轴承材料应具有良好的减摩性（本身与轴颈的摩擦因数低）或与润滑剂的亲和力强（有能迅速形成牢固的边界膜而使摩擦因数低的性能），良好的耐磨性和抗胶合性（能在油膜短暂破坏时不与轴颈严重黏附以致咬死），良好的跑合性（有通过跑合改变表面形貌，使轴瓦与轴颈的接触得以改善的性能），良好的顺应性（能适应轴的偏斜和变形的能力），良好的嵌藏性（在外来杂质进入时能使之嵌入轴瓦而不划伤轴颈），足够的抗压强度和疲劳强度以及良好的导热性、耐蚀性和工艺性等。现有的轴承材料不能同时满足上述全部要求，设计者应根据机器的具体工作条件，选用能够满足主要要求的材料。常用的轴承材料主要有如下几种：

（1）轴承合金（又称巴氏合金） 主要由锡、铅、锑、铜等组成。减摩性、嵌藏性和抗胶合性很好，但在强度方面比青铜、铸铁低，价格高。由于轴承合金较软，只能作为轴承衬，即常用浇铸方法贴合在钢背或其他材料上做成双金属轴瓦。适用于重载，中、高速的场合。

（2）青铜 主要有锡青铜、铝青铜和铅青铜。青铜的疲劳强度优于轴承合金，耐磨性和减摩性也较好，但易磨损轴颈，因此要求轴颈有较高的硬度和较低的表面粗糙度。适用于重载及中速的场合。

（3）非金属材料 常用的有各种工程塑料、木材、橡胶。非金属材料的优点是与轴颈表面金属的亲和力很小，从而减少了胶合危险，磨损下来的磨屑软，而且还便于利用机械原有的工作介质（如水或其他流体）作润滑剂。

6.2.2 滚动轴承

滚动轴承是标准化产品。在设计机械时，一般按下述方法选用滚动轴承。

1）根据具体工况，选择合适的轴承类型、尺寸和精度等级，必要时再进行验算。

2）正确地设计轴承组合，包括选择配置方案、固定与调整方法、配合种类，确定合理的润滑与密封以及使装拆和维护简易等。

1. 滚动轴承的结构

滚动轴承的基本结构如图6-9所示，由内圈、外圈、滚动体和保持架组成。内圈安装在轴颈上，外圈安装在轴承座孔中。内、外圈上有槽形滚道，用以限制滚动体的侧向位移，并可降低滚动体与内、外圈上的接触应力。保持架的功用是保持各滚动体为一组件，避免散失，并将它们均匀隔开，以免相互接触而产生摩擦。

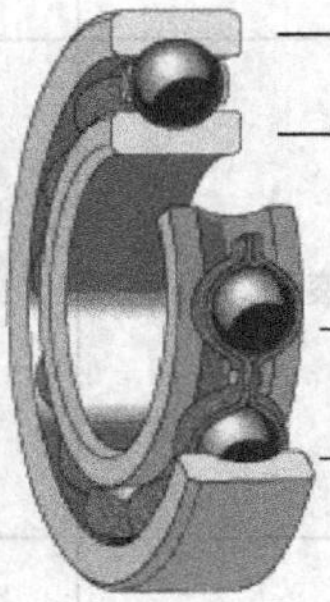

图6-9 滚动轴承的基本结构

常用的滚动体形状如图6-10所示。按照滚动体的形状，滚动轴承分为球轴承和滚子轴承两大类。球轴承和滚子轴承中，如果滚动体只有一列，称为单列球（滚子）轴承；如果有两列，则称为双列球（滚子）轴承。

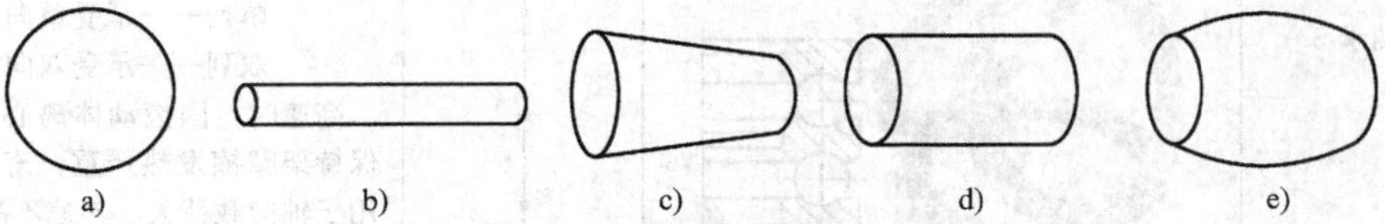

图6-10 常用的滚动体形状

a）球形 b）滚针形 c）圆锥 d）圆柱 e）鼓形

2. 滚动轴承的类型

滚动轴承可分为主要承受径向负载的向心轴承、承受轴向负载的推力轴承及同时承受径向负载和轴向负载的向心角接触轴承。我国常用的各类轴承的基本类型、特点和应用详见表6-1。

表 6-1　滚动轴承的基本类型、特点和应用

轴承类型及代号	实物图及结构简图	承载方向	主要特性和应用
调心球轴承 1	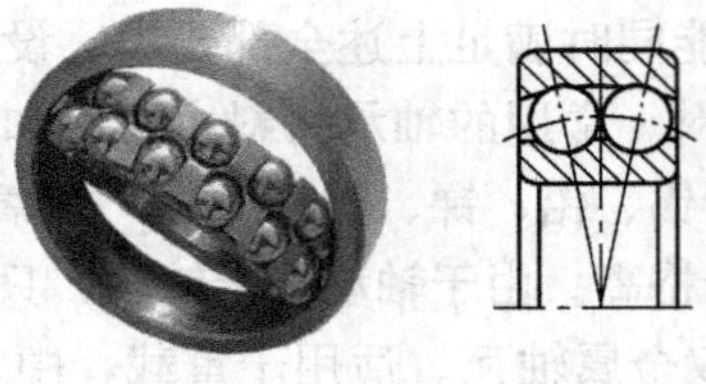	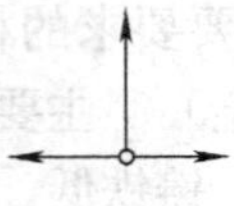	主要承受径向载荷，同时也能承受少量的轴向载荷。因为外圈滚道表面是以轴承中点为中心的球面，故能自动调心
调心滚子轴承 2	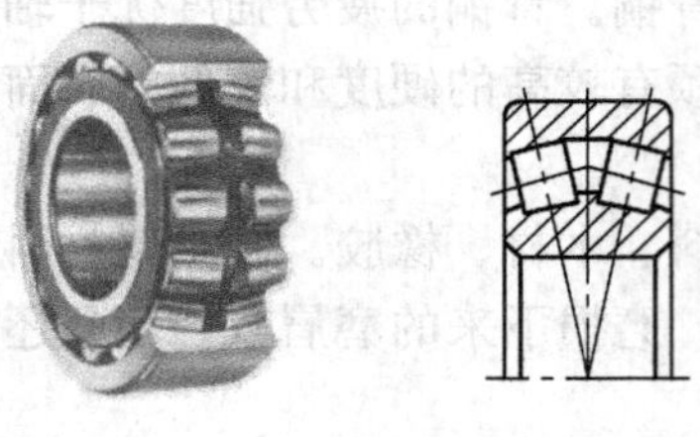	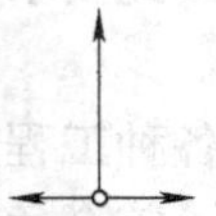	能承受很大的径向载荷和少量轴向载荷。承载能力大，具有自动调心性能
推力调心滚子轴承 2	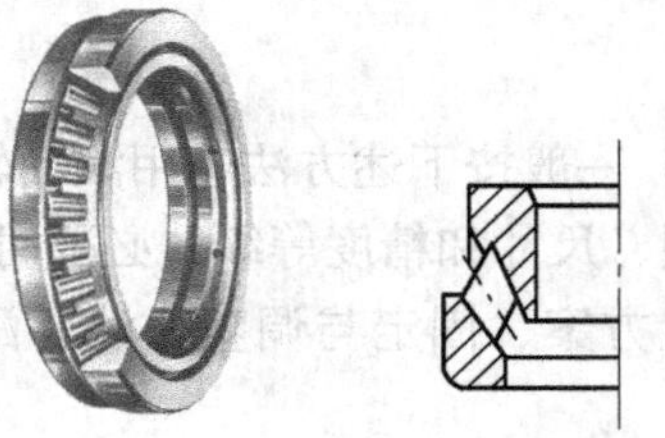	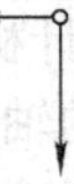	滚道是球面形的，能适应两道轴线间的角偏差及角运动。具有可分离部件，故该轴承为可分离型
圆锥滚子轴承 3	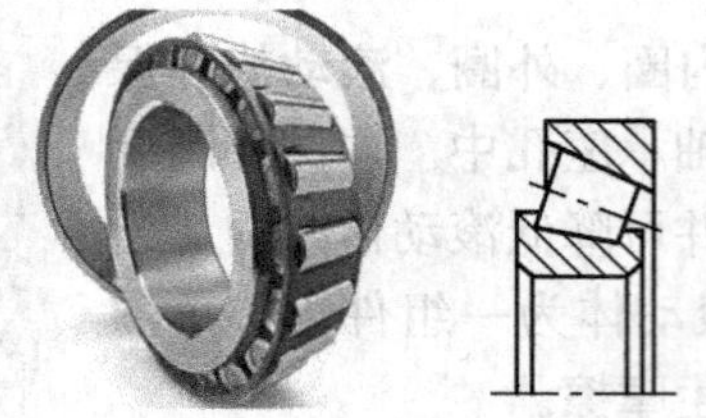	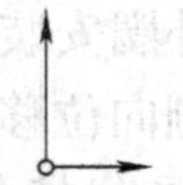	能同时承受较大的径向、轴向联合载荷，因母线接触，承载能力大于角接触球轴承。内、外圈可分离，装拆方便，成对使用
推力球轴承 5	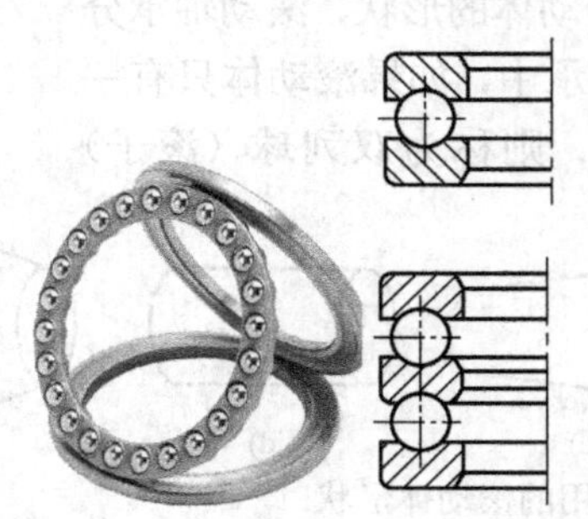		只能承受轴向载荷，而且载荷作用线必须与轴线相重合，不允许有角偏位。有两种类型： 单列——承受单向推力 双列——承受双向推力 高速时，因滚动体离心力大，球与保持架摩擦发热严重，寿命较低，可用于轴向载荷大、转速不高之处

（续）

轴承类型及代号	实物图及结构简图	承 载 方 向	主要特性和应用
深沟球轴承 6	 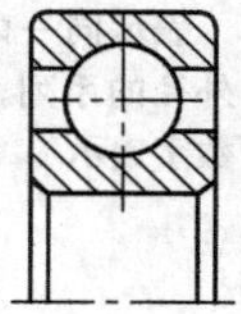		主要承受径向载荷，同时也可承受一定的轴向载荷，当转速很高而轴向载荷不太大时，可代替推力球轴承承受纯轴向载荷
角接触球轴承 7	 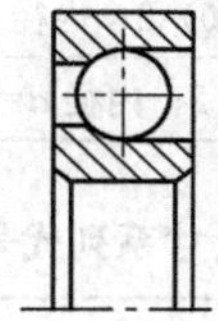		能同时承受径向、轴向联合载荷，接触角越大，轴向承载能力也越大，通常成对使用，可以分装于两个支点或同装于一个支点上
圆柱滚子轴承 N	 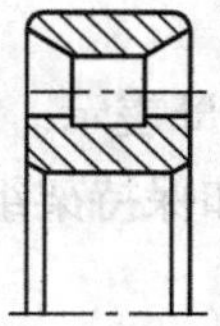		能承受较大的径向载荷，不能承受轴向载荷，因母线接触，内、外圈只允许有极小的相对偏转
滚针轴承 NA	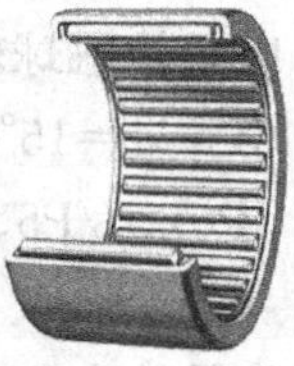 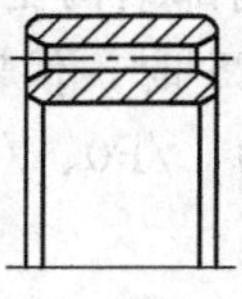		只能承受径向载荷，承载能力大。径向尺寸小，一般无保持架。因而滚针间有摩擦，极限转速低。因母线接触，不允许有角偏转。可以不带内圈

3. 滚动轴承的代号

滚动轴承代号是表示其结构、尺寸、公差等级和技术性能等特征的产品符号，由字母和数字组成。按 GB/T 272—1993 的规定，滚动轴承的代号由基本代号、前置代号和后置代号三部分构成。代号一般印刻在外圈端面上，排列顺序如下：

前置代号 — 基本代号 — 后置代号

（1）基本代号　基本代号表示轴承的基本类型、结构和尺寸，是轴承代号的基础。一般由五个数字或字母加四个数字表示。基本代号组成顺序及其意义如表 6-2 所示。尺寸系列代号如表 6-3 所示。

表 6-2　基本代号

<table>
<tr><th>类型代号</th><th colspan="2">尺寸系列代号</th><th colspan="5">内径代号</th></tr>
<tr><td rowspan="3">用一位数字或一至两个字母表示</td><td rowspan="2">表示内径、外径相同，宽（高）度不同的系列。用一位数字表示</td><td rowspan="2">表示同一内径不同外径的系列。用一位数字表示</td><td colspan="5">通常用两位数字表示
内径 d=代号×5mm
$d > 500$mm、$d < 10$mm 及 d=22mm、28mm、32mm 的内径代号查手册
10mm$< d <$20mm 的内径代号如下：</td></tr>
<tr><td>内径代号</td><td>00</td><td>01</td><td>02</td><td>03</td></tr>
<tr><td colspan="2">尺寸系列代号使用时，当宽（高）度系列代号为 0 时可省略</td><td>内径</td><td>10</td><td>12</td><td>15</td><td>17</td></tr>
<tr><td colspan="8">例 1：基本代号 71108，表示角接触球轴承；尺寸系列 11；内径 d=40mm</td></tr>
<tr><td colspan="8">例 2：基本代号 N211，表示圆柱滚子轴承；尺寸系列（0）2；内径 d=55mm</td></tr>
<tr><td colspan="8">例 3：基本代号 6200，表示深沟球轴承；尺寸系列（0）2；内径 d=10mm</td></tr>
</table>

表 6-3　尺寸系列代号

代　号	7	8	9	0	1	2	3	4	5	6
宽度系列	—	特窄	—	窄	正常	宽	特宽			
直径系列	超特轻	超轻		特轻		轻	中	重		

（2）前置、后置代号

1）前置代号。在基本代号段的左侧用字母表示。它表示成套轴承的分部件（如 L 表示可分离轴承的分离内圈或外圈，K 表示滚子和保持架组件），例如 LN207，表示（0）2 尺寸系列的圆柱滚子轴承的可分离外圈。

2）后置代号。为补充代号，轴承在结构形状、尺寸公差、技术要求等有改变时，才在基本代号右侧予以添加。一般用字母（或字母加数字）表示，与基本代号相距半个汉字距离。后置代号共分八组。例如，第一组表示内部结构变化，以角接触球轴承的接触角变化为例，如公称接触角 $\alpha=40°$时，代号为 B；$\alpha=25°$时，代号为 AC；$\alpha=15°$时，代号为 C。第五组为公差等级，按精度由低到高依次代号为：/P0、/P6、/P6x、/P5、/P4、/P2。/P0 级为普通级，可省略不标注。

例 6-1：说明 62303、72211AC、N308/P6x 及 59220 等代号的含义。

解：62303 为深沟球轴承，尺寸系列 23（宽度系列 2，直径系列 3），内径 17mm，精度 P0 级。

72211 AC 为角接触球轴承，尺寸系列 22（宽度系列 2，直径系列 2），内径 55mm，接触角=25°，精度 P0 级。

N308/P6x 为圆柱滚子轴承，尺寸系列（0）3（宽度系列 0，直径系列 3），内径 40mm，精度 P6x 级。

59220 为推力球轴承，尺寸系列 92（高度系列 9，直径系列 2），内径 100，精度 P0 级。

4. 滚动轴承类型的选择

滚动轴承的选择包括类型的选择和型号大小的选择两个方面。类型的选择是指从具体使用条件出发，结合轴承本身的特性，经过分析比较和评价选出比较合适的轴承类型。可参考如下几点：

1）转速较高、载荷不大、旋转精度有较高要求时，宜用点接触的角接触球轴承或推力球轴承，滚子轴承多用于转速不太高、载荷较大的场合。

2）有冲击载荷时宜用滚子轴承。

3）径向及轴向载荷都较大，转速高时宜用推力角接触球轴承，转速不太高则用圆锥滚子轴承。当轴向载荷比径向载荷大很多且转速不高时，一个支点上可用两种不同类型的轴承组合，例如推力轴承和角接触球轴承联用，以分别承受轴向载荷和径向载荷。

4）当要求支承有较大刚度时，宜用滚子轴承，也可在一个支点上采用成对推力角接触球轴承。

5）支点跨距大或轴的弯曲变形大以及多支点轴，可选择调心滚子轴承。

6）考虑价格和市场供应。一般来讲，球轴承的价格低于滚子轴承，精度越高的轴承价格也越高。

习 题

6-1 轴在机器中的功用是什么？

6-2 按所受载荷性质，轴可分哪几类？

6-3 轴的常用材料有哪些？

6-4 进行轴的结构设计时，应考虑哪些问题？

6-5 轴上零件的轴向、周向固定各有哪几种方法？

6-6 常用的滑动轴承轴瓦的材料有哪些？性能上有何特点？

6-7 滚动轴承的类型和特点有哪些？如何选择滚动轴承？

6-8 说明下列型号轴承的类型、尺寸、系列、结构特点及精度等级：61805、7311C、32207E、52412。

第 7 章

连　　接

连接是利用不同方式将机械零件连成一体的技术。机器由许多零部件组成，这些零部件连接在一起实现机器的功能，所以连接是构成机器的重要环节。

按被连接件间的相互关系，连接分为静连接和动连接。机器工作时，被连接件间的相互位置不允许变化的称为静连接，如减速器中的箱体和箱盖的连接（图 7-1）。被连接件的相互位置在工作时允许有一定形式变化的称为动连接，如变速器中滑移齿轮与轴的连接（图 7-2）。

图 7-1　减速器箱体和箱盖的连接

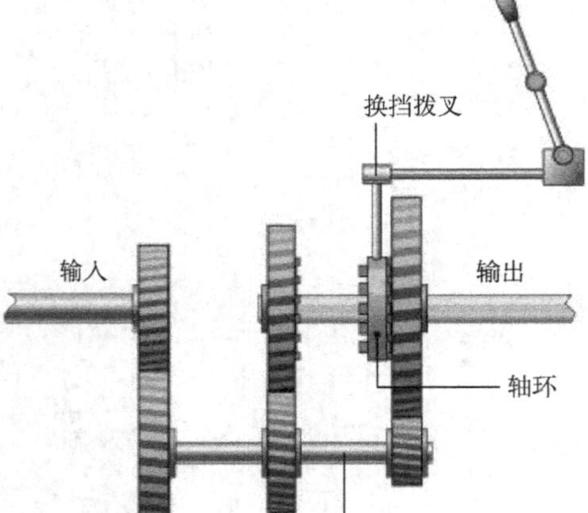

图 7-2　变速器中滑移齿轮与轴的连接

按连接件能否不被破坏而拆开，连接分为可拆连接和不可拆连接。可拆连接有螺纹连接、楔连接、销连接、键连接等，采用可拆连接通常是由于结构、维护、制造、装配、运输和安装等方面的原因。不可拆连接有铆接、焊接和粘接等，采用不可拆连接通常是由于工艺上的原因。过盈配合连接可以采取可拆连接方式，也可以采取不可拆连接方式。

7.1 螺纹连接

螺纹连接是利用螺旋副自锁特性，将零件连成一体的，其结构简单、装拆方便、成本低，广泛使用于各种机械设备中，尤其在化工设备中使用更加广泛。螺纹连接满足两个基本条件：① 不断裂，即要求有足够的强度；② 不松动，即要求使用时连接可靠，有防松措施。

7.1.1 螺纹的基本类型

（1）螺栓连接 其结构特点是被连接件上不必切制螺纹孔，螺栓杆和通孔间留有间隙，故通孔的加工精度低，结构简单，装拆方便，成本低，使用时不受被连接件材料的限制，因此它是最常用的一种连接形式（图 7-3）。采用铰制孔用螺栓，孔与螺栓杆多采用基孔制过渡配合（H7/m6、H7/n6）。这种连接能精确固定被连接件的相对位置，并能承受横向载荷，但孔的加工精度要求较高（图 7-4）。

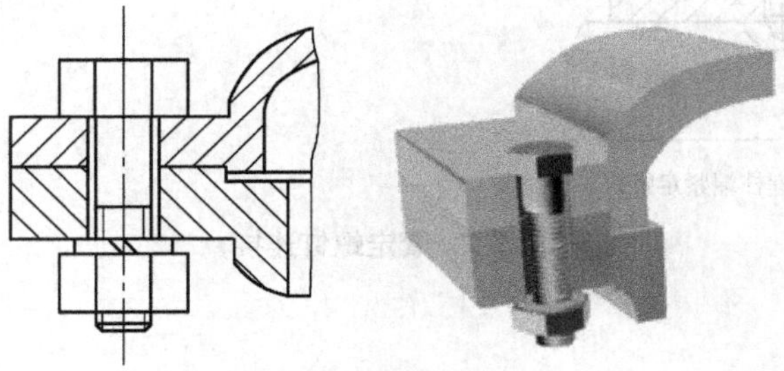

图 7-3 普通螺栓连接

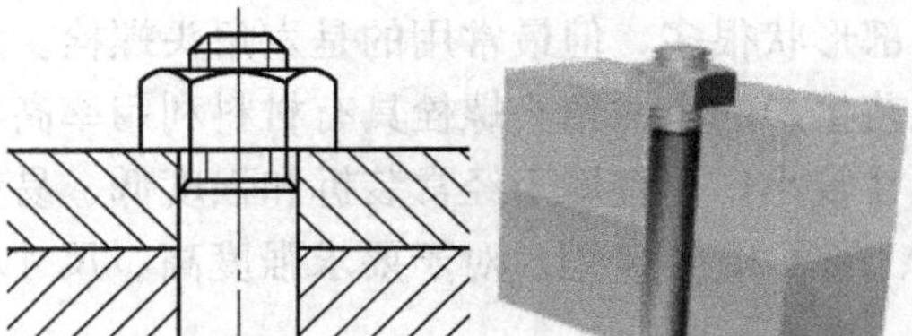

图 7-4 铰制孔用螺栓连接

（2）双头螺柱连接 这种连接是利用双头螺柱的一端旋入被连接件中，另一端与螺母旋合，拆卸时只拧下螺母，不拧下螺柱。它一般适用于被连接件之一较厚不便穿孔，或由于结构限制必须采用不通孔的场合（图 7-5）。

（3）螺钉连接 螺钉直接拧入被连接件的螺纹孔中。这种连接在结构上比双头螺柱简单、紧凑，其用途和双头螺柱相似，但不宜经常装拆，以免损坏被连接件的螺孔（图 7-6）。

（4）紧定螺钉连接 一般把紧定螺钉拧入被连接件的螺孔中，其末端顶入另一被连接件的表面或凹坑中，以固定两零件的相对位置，并可传递不大的轴向力或转矩（图 7-7）。

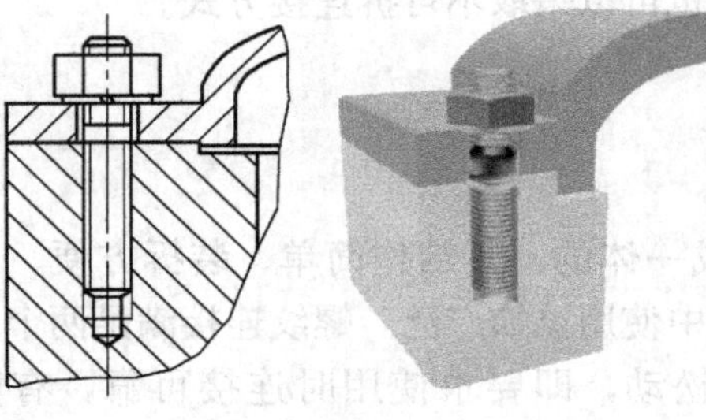

图 7-5　双头螺柱连接

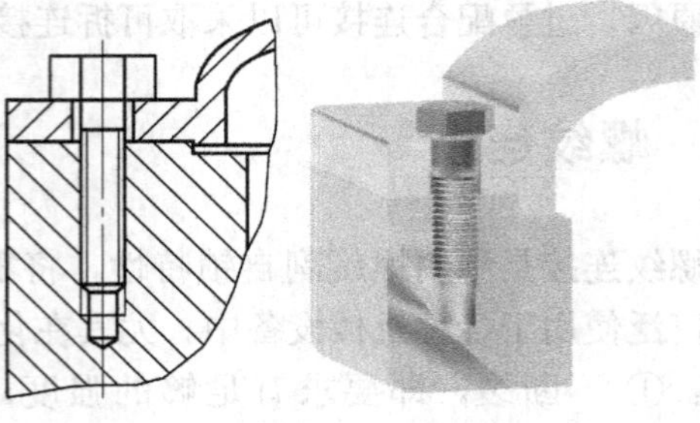

图 7-6　螺钉连接

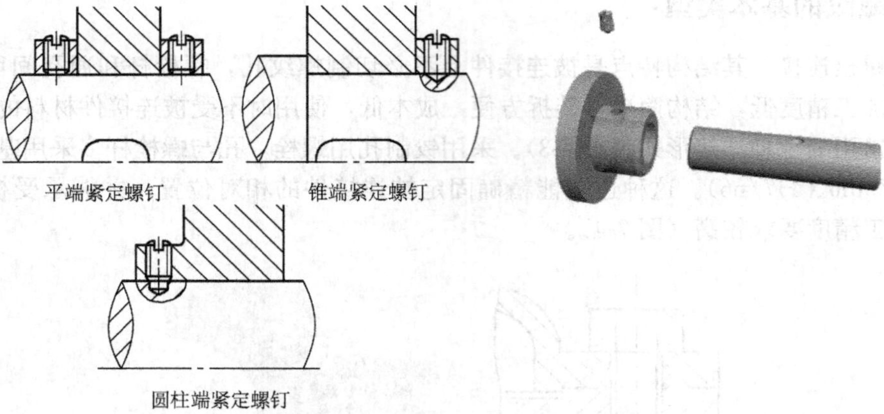

图 7-7　紧定螺钉连接

7.1.2　螺纹连接件

螺纹连接件的种类很多，大都已经标准化，设计时应尽量按标准选用。

（1）螺栓　螺栓的头部形状很多，但最常用的是六角头螺栓。六角头又分为标准六角头和小六角头两种。冷镦工艺生产的小六角头螺栓具有材料利用率高，生产成本低，力学性能好等优点，但由于头部尺寸较小，不宜用于经常装拆和强度低、易锈蚀的被连接件上。常用螺栓材料为 Q215、Q235、35、45 等碳钢。对于要求强度高、尺寸小的螺栓可采用合金钢制成（图 7-8a）。

（2）双头螺柱　它的两端均制有螺纹，中部为光杆。其中旋入被连接件螺孔的一端称为座端，另一端为螺母端。一般可分为 A 型和 B 型两种（图 7-8b、c）。

（3）螺钉　根据用途不同，螺钉可分为紧定螺钉和连接螺钉两种。它与螺栓不同之处在于螺钉的头部形状较多，设计结构时必须留有放扳手或螺钉旋具的位置，且用于连接时不必与螺母配合使用。紧定螺钉末端要顶住被连接件之一的表面或相应的凹坑，所以末端也具有各种形状（图 7-8d）。

（4）螺母　螺栓及双头螺柱都需要和螺母配合使用。螺母的形状很多，常用的有六角螺母和圆螺母。六角螺母应用最广，按要求又有厚薄的不同；扁螺母用于尺寸受到限制的地方，厚螺母用于经常装拆易于磨损的场合。圆螺母一般尺寸较大，常用于轴上零件的轴向固定（图 7-8e）。

（5）垫圈 它的作用是保护被连接件表面免于刮伤，增大螺母与被连接件的接触面积，降低支承面的挤压应力，遮盖被连接件不平的接触表面。垫圈种类很多，常用的有平垫圈、斜垫圈、弹簧垫圈、止动垫圈和球面垫圈等（图7-8f）。

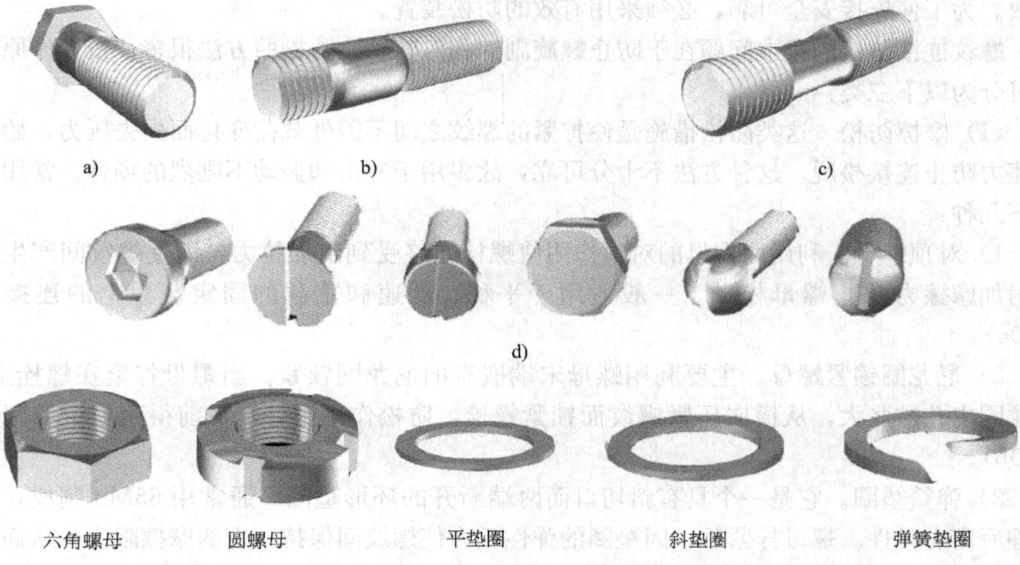

图7-8 常用螺纹连接件

a）螺栓 b）A型双头螺柱 c）B型双头螺柱 d）螺钉 e）螺母 f）垫圈

7.1.3 螺纹连接的预紧与防松

1. 螺纹连接的预紧

在实用中，大多数螺纹连接在装配时都必须拧紧，使连接在承受工作载荷之前，预先受到力的作用。这个力称为预紧力。预紧的目的是保证连接的可靠性和密封性，防止受载后被连接件间出现缝隙或发生相对滑移。

控制预紧力的方法很多，通常可用测力矩扳手或定力矩扳手来控制装配时施加的拧紧力矩，从而控制预紧力的大小（图7-9）。

图7-9 预紧工具

a）测力矩扳手 b）定力矩扳手

2. 螺纹连接的防松

从理论上讲，螺纹连接都能满足自锁条件，在静载荷和温度变化不大时不会自行松脱。但是在交变、冲击和振动载荷作用下，连接仍可能失去自锁作用而松脱，使连接失效，造成事故。为了使连接安全可靠，必须采用有效的防松装置。

螺纹连接防松的根本问题在于防止螺旋副的相对转动。防松的方法很多，按工作原理不同可分为以下三类：

（1）摩擦防松　这类防松措施是使拧紧的螺纹之间不因外载荷变化而失去压力，始终有摩擦力防止连接松脱。这种方法不十分可靠，故多用于冲击和振动不剧烈的场合。常用的有以下几种：

1）对顶螺母。利用两螺母的对顶作用使螺栓始终受到附加拉力，而使螺纹间产生一定的附加摩擦力防止螺母松动。一般适用于平稳、低速和重载的固定装置上的连接（图7-10a）。

2）尼龙圈锁紧螺母。主要利用螺母末端嵌有的尼龙圈锁紧。当螺母拧紧在螺栓上时，尼龙圈内孔被胀大，从横向压紧螺纹而锁紧螺栓，防松作用很好，目前得到广泛应用（图7-10b）。

3）弹簧垫圈。它是一个具有斜切口而两端断开的环形垫圈，通常用 65Mn 制成，经热处理后富有弹性。螺母拧紧后，因垫圈的弹性反力使螺纹间保持一定的摩擦阻力，从而防止螺母松脱。此外，垫圈斜口尖端的抵挡作用也有助于防松。其缺点是由于垫圈的弹力不均，在冲击、振动的工作条件下，防松效果较差，一般用于不太重要的连接（图 7-10c）。

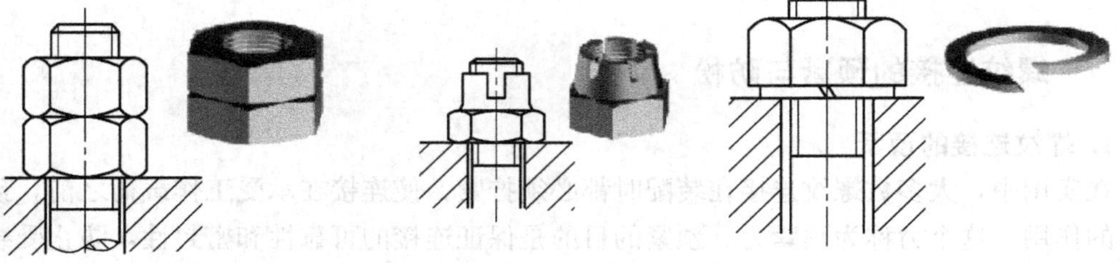

a)　　b)　　c)

图 7-10　摩擦防松

a）对顶螺母　b）尼龙圈锁紧螺母　c）弹簧垫圈

（2）机械防松　这类防松装置是利用各种止动零件来阻止拧紧的螺纹零件相对转动。这类防松方法十分可靠，应用很广。

1）开口销与槽形螺母。开口销穿过螺母上的槽和螺栓末端上的孔后，尾端分开，使螺母与螺栓不能相对转动，从而达到防松的目的。这种防松装置常用于有振动的高速机械（图7-11a）。

2）止动垫圈。螺母拧紧后，将单耳或双耳止动垫圈分别向螺母和被连接件的侧面折弯贴紧，即可将螺母锁住。若两个螺栓需要双联锁紧时，可采用双联止动垫圈，使两个螺母相互止动（图 7-11b）。

3）串联钢丝。用低碳钢丝穿入各螺钉头部的孔内，将各螺钉串联起来，使其相互止动。

使用时必须注意钢丝的串联方向。一般适用于螺钉组连接，防松可靠，但装拆不便（图7-11c）。

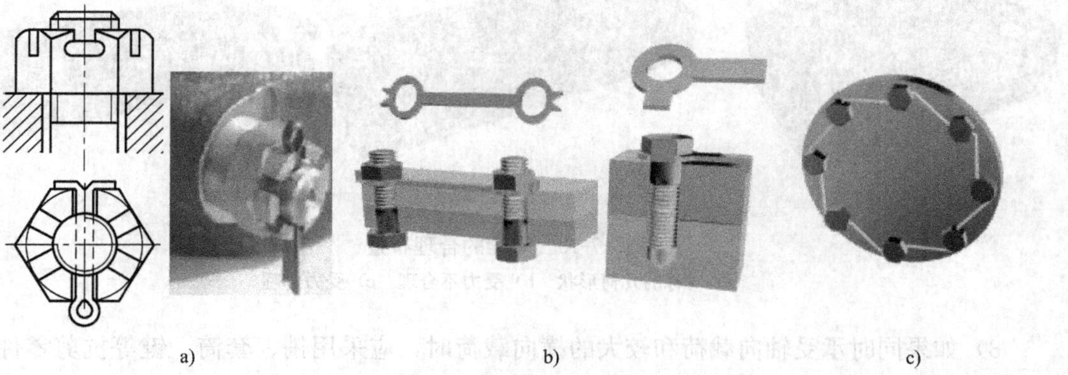

图 7-11　机械防松

a）开口销与槽形螺母　b）止动垫圈　c）串联钢丝

（3）永久性防松

1）冲点法防松。螺母拧紧后，利用冲头在螺栓末端与螺母的旋合缝处打冲或将螺栓末端与螺母的旋合缝处焊接。这种防松方法可靠，但拆卸后连接件不能重复使用（图7-12a）。

2）粘接法防松。用粘结剂涂于螺纹旋合表面，拧紧螺母后粘结剂能自行固化，防松效果良好（图7-12b）。

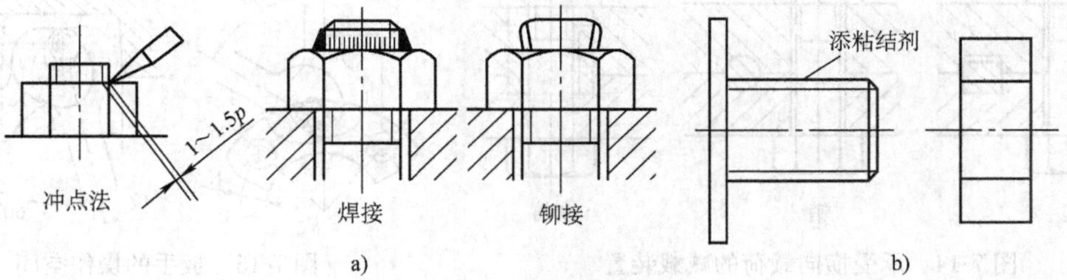

图 7-12　永久性防松

a）冲点法防松　b）粘接法防松

3. 螺纹连接结构设计应注意的问题

大多数机器的螺纹连接件都是成组使用的，其中以螺栓组连接最具有典型性，因此下面以螺栓组连接为例，讨论结构设计当中应注意的问题。

螺栓组连接结构设计的主要目的，在于合理地确定连接接合面的几何形状和螺栓的布置形式，力求各螺栓和连接接合面受力均匀，便于加工和装配。为此，设计时应综合考虑以下几方面的问题：

1）连接接合面的几何形状通常都设计成轴对称的简单几何形状（图7-13a），如矩形、等边三角形、圆形。这样有利于对称布置螺栓，保证连接接合面受力比较均匀。

2）螺栓的布置应使各螺栓的受力合理。对于配合螺栓连接，不要在平行于工作载荷的方向上成排布置八个以上的螺栓，以免载荷分布过于不均（图7-13b）。当螺栓连接承受弯矩或扭矩时，应使螺栓的位置适当靠近连接接合面的边缘，以减小螺栓的受力（图 7-13c）。

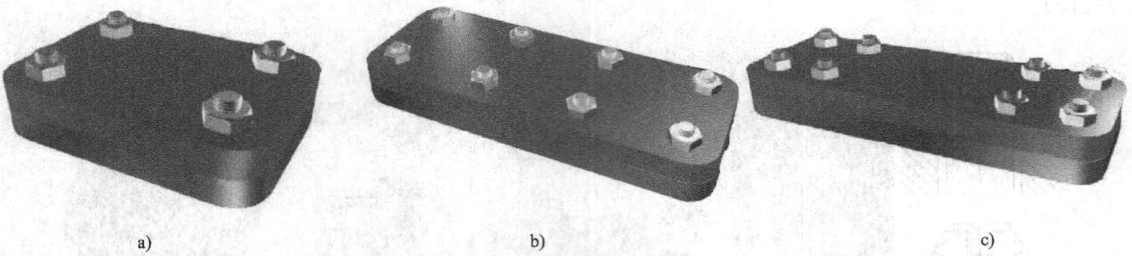

图 7-13　螺栓的合理布置

a）对称的几何形状　b）受力不合理　c）受力合理

3）如果同时承受轴向载荷和较大的横向载荷时，应采用销、套筒、键等抗剪零件来承受横向载荷，以减小螺栓的预紧力及其结构尺寸（图 7-14）。螺栓的排列应有合理的间距、边距。布置螺栓时，各螺栓间以及螺栓与箱体壁间应留有扳手的操作空间（图 7-15）。

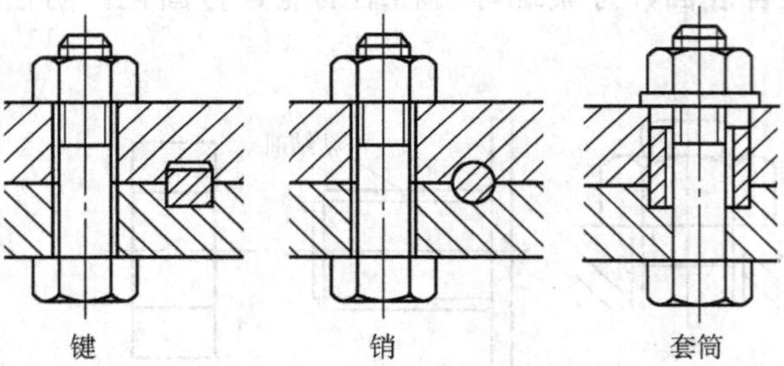

图 7-14　承受横向载荷的减载装置

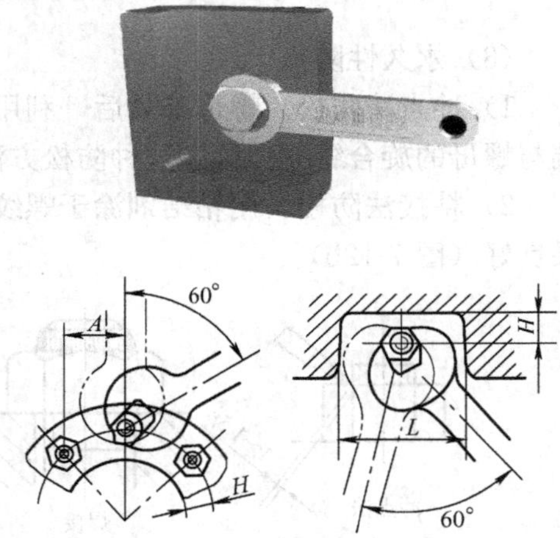

图 7-15　扳手的操作空间

4）分布在同一圆周上的螺栓数目，应取成 4、6、8 等偶数，以便在圆周上钻孔时分度和划线。同一螺栓组中螺栓的直径和长度均应相等。

5）避免螺栓承受偏心载荷。导致螺栓承受偏心载荷的原因有支承面不平、螺母孔不正、被连接件刚度小、钩头螺栓等（图 7-16）。设计时，不仅要在结构上设法保证载荷不偏心，

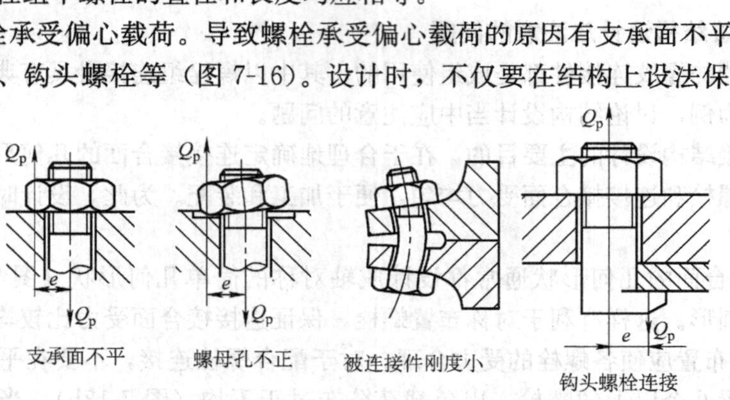

图 7-16　产生偏心载荷的原因

还应在工艺上保证被连接件、螺母和螺栓头部的支承面平整，并与螺栓轴线垂直。在铸、锻件等的粗糙表面上安装螺栓时，应制造凸台或沉头座。当支承面为倾斜表面时，应采用斜面垫圈（图 7-17）等。

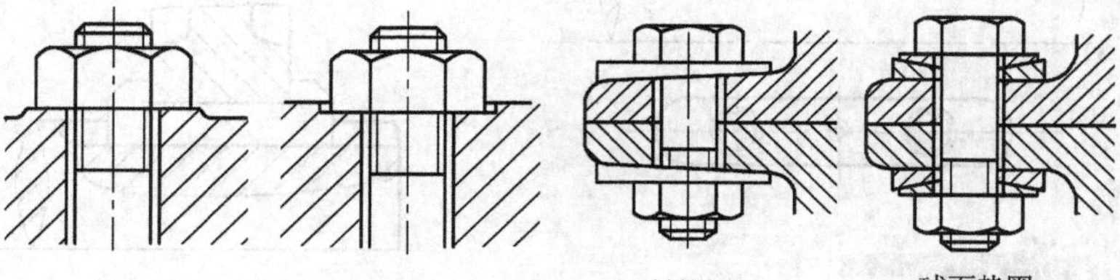

图 7-17　避免偏心载荷的方法

除以上各点外，螺栓组结构设计时，还应考虑根据连接的工作条件合理地选择螺栓组的防松装置。

7.2　键连接

7.2.1　键连接的类型和应用

键是一种标准零件，主要用来实现轴与轮毂之间的周向固定，有的还能用来实现轴上零件的轴向固定或轴向滑动。根据结构形式，键可分为平键、半圆键、楔键和花键四大类，其中尤以平键应用最为广泛。

1. 平键连接

平键的断面呈长方形。常用的平键有静连接用平键（普通平键）和动连接用平键（导向平键和滑键）两种。

普通平键有圆头（A 型）、平头（B 型）和单圆头（C 型）三种（图 7-18）。圆头平键的轴槽用铣刀加工，键在槽中固定良好，但轴上键槽引起的应力集中较大。平头平键的轴槽用盘铣刀加工，轴的应力集中较小。单圆头平键常用于轴端。

图 7-18　普通平键的类型

a）圆头平键（A 型）　b）平头平键（B 型）　c）单圆头平键（C 型）

当轴上零件需沿轴向滑动时，可采用导向平键和滑键（图 7-19）。导向平键用螺钉固定在轴槽中。工作时，键对轴上的移动起导向作用。为了拆卸方便，在键的中部制有起键螺孔，其他特点与普通平键相同。这种键能实现轴上零件的轴向移动，如变速箱中的滑移齿轮。但当移动距离较远时，一般采用滑键。

平键的工作面为两侧面，靠键与键槽侧面的挤压来传递转矩。键的顶面与轮毂上的键槽

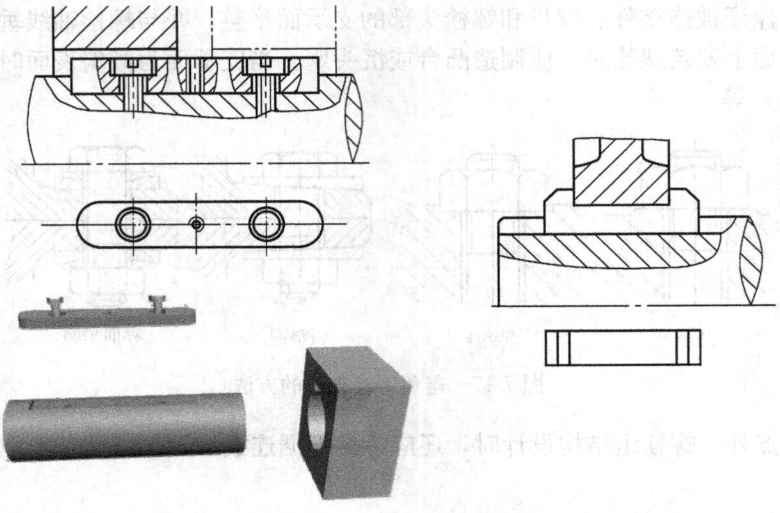

图 7-19　动连接用平键

a）导向平键　b）滑键

底面留有间隙，装配时不影响轴与轮毂的同轴度，对中性好（图 7-20）。

平键的特点是结构简单，装拆方便，对中性好，承载能力大，因此应用广泛。当承载能力不够时采用双键按 180°布置（图 7-21）。

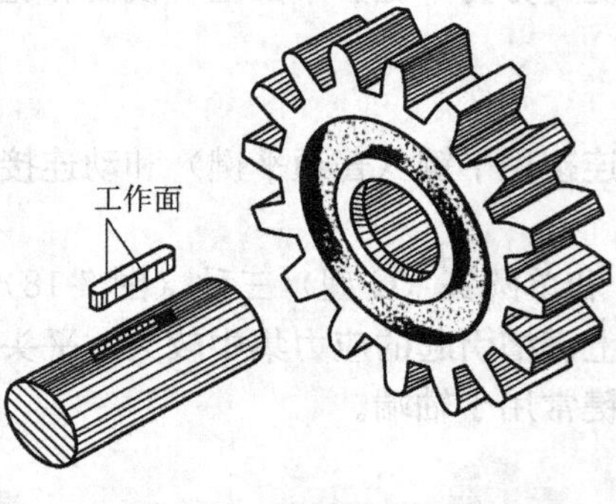

图 7-20　平键的工作面

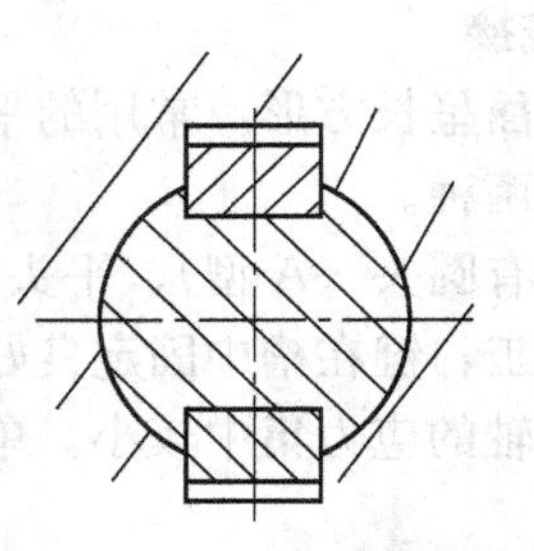

图 7-21　平键的双键布置

2. 半圆键连接

半圆键连接与平键连接类似，也是以键的两侧面作为工作面（图 7-22）。半圆键轴上的

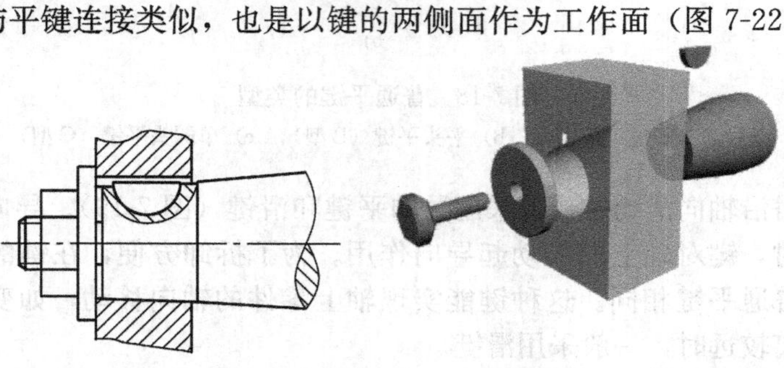

图 7-22　半圆键连接

键槽用圆盘铣刀铣出，因而键在轴的键槽中能绕其几何中心摆动，来适应轮毂中键槽的斜度。这种键连接的优点是工艺性能好，装配方便，尤其适用于锥形轴与轮毂的连接。缺点是半圆形键槽严重削弱了轴的强度，一般只用于轻载或辅助连接中。当承载能力不够时采用双键布置在同一条母线上。

3. 楔键连接

楔键分为普通楔键和钩头楔键两种（图 7-23）。钩头楔键的钩头是为了拆卸方便。楔键的上下两面是工作面，键的上表面和轮毂键槽底面均有 1∶100 的斜度。装配时把楔键打入轴毂之间，键的上、下表面分别与毂、轴的槽底紧压，工作时靠压紧面上的摩擦力来传递转矩，同时还能承受单向的轴向载荷。由于键在楔紧时破坏了轴与毂的同轴度，故这种连接多用于定心精度要求不高、载荷平稳和低速的场合。

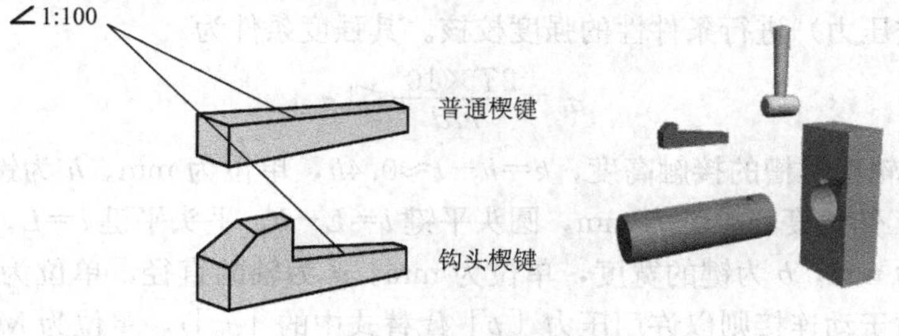

图 7-23　楔键连接

4. 花键连接

轴和轮毂孔周向均布的多个键齿构成的连接称为花键连接，由内花键和外花键组合而成（图 7-24）。工作时主要靠齿的侧面传递运动和动力。

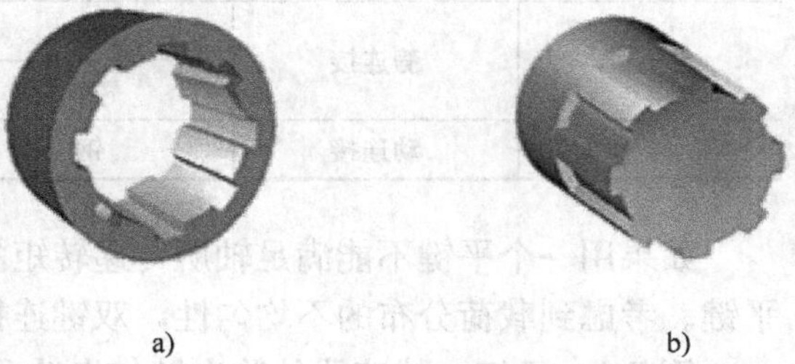

图 7-24　花键
a）内花键　b）外花键

花键连接优点：因为在轴与轮毂孔上直接而匀称地制出较多的齿与槽，故连接受力较为均匀，应力集中小。齿数较多，可承受较大的载荷。轴上零件与轴的对中性好，所以导向性较好，可用磨削的方法提高加工精度及连接质量。花键连接缺点：有时需用专门设备加工，成本较高（图 7-25）。

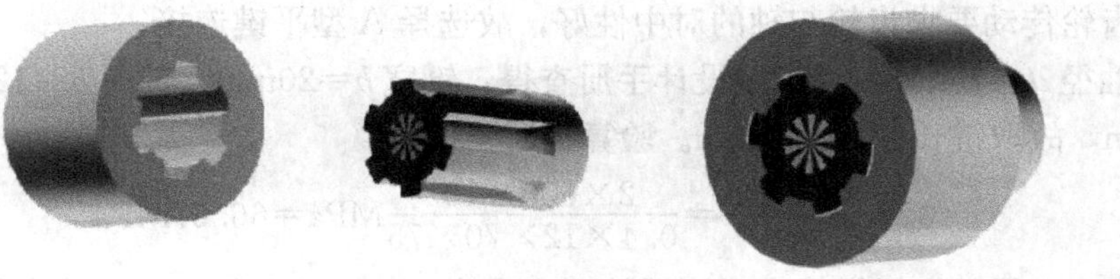

图 7-25　花键连接

7.2.2　键的选择

键的类型应根据键连接的结构、使用特性及工作条件来选择。当对中性要求较高时选用平键连接；平键用于轴端时宜选用单圆头平键；轴上零件的毂槽底部有斜度时，应选用半圆键连接；连接于轴上的零件需沿轴向滑动时，可选用导向平键；若需要承受轴向力，则可选用楔键连接等。

键的类型选定后，再根据轴径从标准中选择端面尺寸（键宽 $b\times$键高 h）。键的长度 L 可按轮毂长度从标准中选取，必要时进行强度校核。一般轮毂长度可取为 $L\approx(1.5\sim2)\ d$，这里 d 为轴径。

7.2.3　平键的强度校核

平键连接的主要失效形式是工作面的压溃（对于静连接）与磨损（对于动连接）。故对于采用常见的材料组合和按标准选取尺寸的平键连接，通常只需按工作面上的挤压应力（对于动连接则常按压力）进行条件性的强度校核。其强度条件为

$$\sigma_p=\frac{2T\times10^3}{kld}\leqslant[\sigma_p] \tag{7-1}$$

式中，k 为键与轮毂键槽的接触高度，$k=h-t\approx0.4h$，单位为 mm。h 为键的高度，单位为 mm。l 为键的工作长度，单位为 mm，圆头平键 $l=L-b$，平头平键 $l=L$，这里 L 为键的公称长度，单位为 mm，b 为键的宽度，单位为 mm。d 为轴的直径，单位为 mm。$[\sigma_p]$ 为许用挤压应力（对于动连接则以许用压力 $[p]$ 代替式中的 $[\sigma_p]$），单位为 MPa，见表 7-1。

表 7-1　键连接的许用应力、许用压力　　（单位：MPa）

许　用　量	连接工作方式	键或毂、轴的材料	载荷性质		
			静　载　荷	轻微冲击	冲　击
$[\sigma_p]$	静连接	钢	120～150	100～120	60～90
		铸铁	70～80	50～60	30～45
$[p]$	动连接	钢	50	40	30

如果用一个平键不能满足轴所传递转矩的要求，可在同一轴毂连接处相隔 180°布置两个平键。考虑到载荷分布的不均匀性，双键连接的强度只按 1.5 个键计算。

例 7-1　已知一减速器的输出轴与齿轮采用键连接，传递的转矩为 $T=600\text{N}\cdot\text{m}$，轴径为 $d=75$mm，齿轮宽度 $B=80$mm。齿轮材料为铸钢，轴和键的材料为 45 钢，有轻微冲击，试选择键连接的类型和尺寸，并验算其强度。

解：齿轮传动要求齿轮与轴的对中性好，故选择 A 型平键连接。

根据轴径 $d=75$mm，由机械设计手册查得：键宽 $b=20$mm，键高 $h=12$mm，因轮毂长度为 80mm，故取键长度 $L=70$mm。验算挤压强度：

$$\sigma_p=\frac{2T\times10^3}{kld}=\frac{2\times600\times10^3}{0.4\times12\times70\times75}\text{MPa}=66.67\text{MPa}$$

由表 7-1 查得，钢轻微冲击时许用挤压应力为 100～120MPa$>\sigma_p$，故安全。

7.3　销连接

销连接主要用来固定零件之间的相互位置，并可传递不大的载荷。

销按使用功能可分为安全销（作为安全装置中的过载剪断元件）、连接销（用于轴与毂的连接或其他零件的连接）及定位销（固定零件之间的相对位置）。

按形状分，销又可分为圆柱销、圆锥销、槽销、开口销及特殊形状销等，其中圆柱销、圆锥销及开口销均有国家标准如表 7-2 所示。

表 7-2　销的分类及用途

序　号	名　称	作　用	示意图
1	圆柱销	圆柱销靠过盈固定在孔中，销孔需铰制，多次装拆后会降低定位的精度和连接的紧固，只能传递不大的载荷	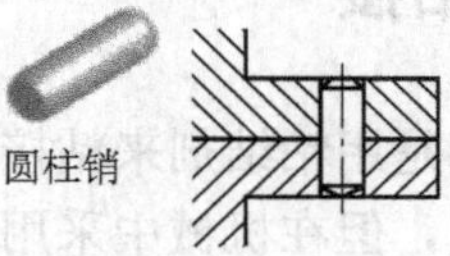
2	圆锥销	圆锥销有 1∶50 的锥度，以使其有可靠的定位性能，定位精度比圆柱销高。圆锥销根据实际使用的需要，还有开尾圆锥销、螺纹圆锥销等类型	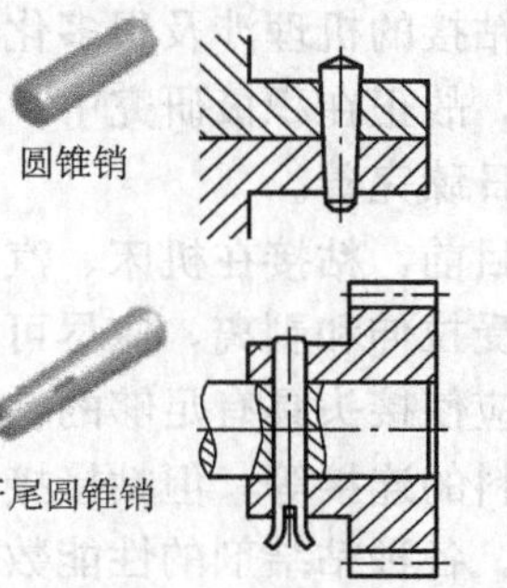
3	销轴	销轴用来形成铰链连接。开口销是一种防松零件，常用 Q215、Q235 及低碳钢丝来制造	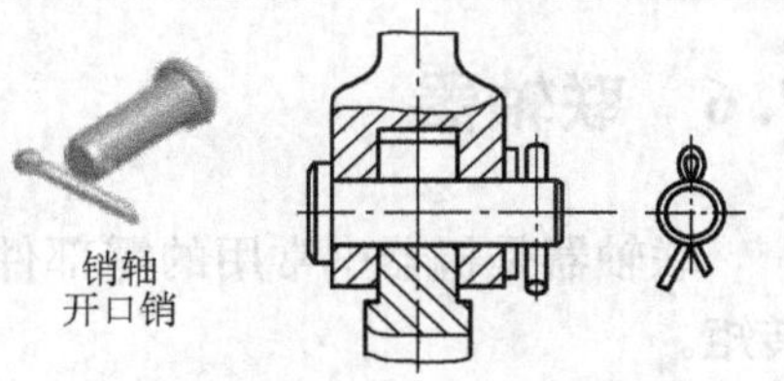
4	槽销	槽销上有三条压制的纵向沟槽。这使销与孔壁压紧，不易松脱，能承受振动和变载荷。安装槽销的孔不需精确加工，且在同一孔中可装拆多次	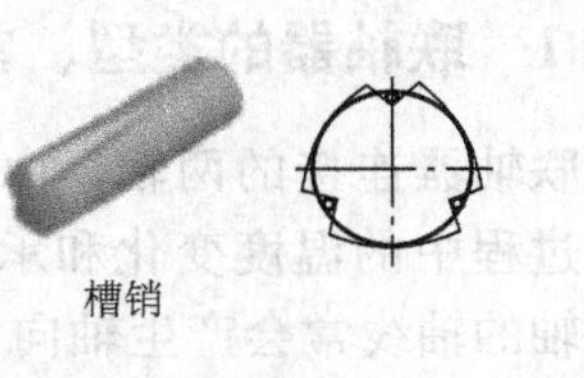

销的类型可根据工作要求的用途来确定。用于连接的销，工作时通常受挤压和剪切作用。设计时，其尺寸可根据连接的结构和特点，按经验确定，必要时再作强度校核。常用销的材料有 35、45 钢，表面处理采用氧化（磨削表面除外）和镀锌钝化。

7.4　过盈配合连接

过盈配合连接是利用零件间的配合过盈来达到连接的目的。它常用于轴与轮毂的连接。由于轮毂与轴之间存在着过盈量，所以装配后在两者的配合表面间产生压力，工作时靠与此压力伴随的摩擦力传递转矩或轴向力。过盈量越大，连接越牢固，能传递的载荷也越大。

过盈配合连接结构简单，同轴性好，对轴的削弱少，耐冲击性能好，但由于其承载能力主要取决于过盈量的大小，故对配合表面加工精度要求较高。为了装配方便，轴孔类过盈连接其孔口和轴端的倒角尺寸均有一定的要求。一般同轴度要求较高、受载较大或者有冲击的轴毂连接，往往同时用键（或销）连接和过盈连接来保证其连接可靠和同轴度要求，如重载齿轮或蜗轮与轴的连接。

7.5 粘接

粘接是用粘结剂来粘接被连接件，并使之具有一定的连接强度。它是较早使用的一种不可拆连接，但在机械中采用粘接金属零件，还是近三十年发展出来的新工艺。

粘接的机理涉及很多化学的与物理的因素，目前虽已有多种理论，但都不能作出圆满的解释，故正在积极研究中。随着高分子化学，特别是石油化学工业的迅速发展，粘接的理论必将日臻完善。

目前，粘接在机床、汽车、化工等工业部门中的应用越来越广泛。设计粘接接头时，要避免受拉伸和剥离，应尽可能使接头只受剪切。由于粘结剂的强度一般低于金属零件强度，因此应使接头具有足够的粘接面积。粘接的优点是重量轻、耐腐蚀、密封性好以及适用于不同材料的连接等，但粘接接头不适用于高温。常用的粘结剂有酚醛一缩醛、聚氨酯和环氧树脂等。各种粘结剂的性能数据需查生产厂商提供的使用手册。

7.6 联轴器

联轴器是机器中常用的零部件，它的作用是把两轴连接起来，共同回转并传递动力和转矩。

7.6.1 联轴器的类型、常见结构及特点

联轴器连接的两轴，由于制造及安装误差、工作过程中的温度变化和承载后的变形等影响，使两轴的轴线常会产生轴向、径向或偏角等相对位移，如图 7-26 所示。这就要求联轴器在结构上具有补偿一定范围位移量的性能。

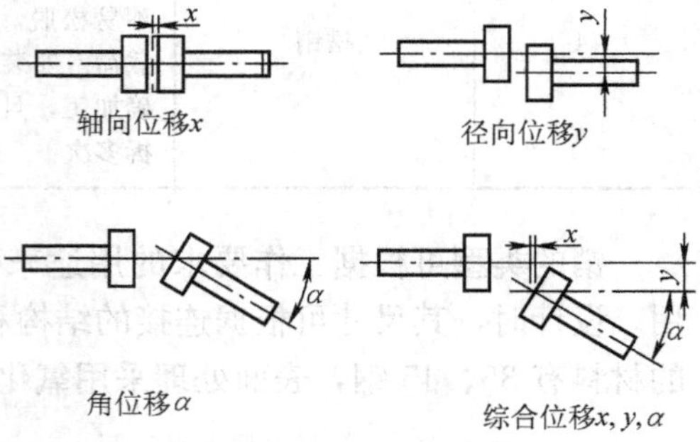

图 7-26 轴线的相对位移

根据对各种位移有无补偿能力，联轴器可分为刚性联轴器（无补偿能力）和挠性联轴器（有补偿能力）两大类。在挠性联轴器中，又按是否存在弹性元件分为无弹性元件的挠性联轴器和有弹性元件的挠性联轴器两类。

1. 刚性联轴器

这类联轴器有套筒式、夹壳式和凸缘式等。本节只介绍较常用的凸缘联轴器。

凸缘联轴器通过两个带凸缘的半联轴器与两轴相连，并用螺栓连成一体，以传递运动和转矩。凸缘联轴器结构简单，成本低，能传递较大的转矩，装拆较方便，但它对两轴的对中

性要求高，主要用于轴刚性好、转速低、载荷平稳的连接中（图 7-27）。

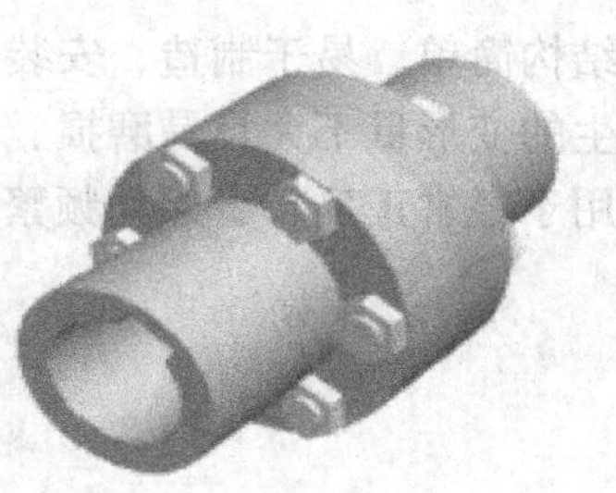

图 7-27 凸缘联轴器

2. 挠性联轴器

（1）无弹性元件的挠性联轴器 这类联轴器虽然能补偿两轴的相对位移，但因无弹性元件，故不能缓冲减振。

1）齿式联轴器。图 7-28 所示的齿式联轴器，由两个带有外齿的半联轴器和两个带有内齿的外壳所组成。两个半联轴器分别用键与主、从动轴相连，而两外壳则用螺栓连成一体，使两个半联轴器和两个外壳之间通过内外齿相互啮合而实现连接。内、外齿的齿廓均为渐开线，半联轴器的外齿齿面沿齿宽方向制成鼓形，齿顶加工成球面，球面中心位于轴线上，且使啮合齿间具有较大的顶隙和侧隙，从而使得齿轮联轴器具有良好的补偿综合位移的能力。

图 7-28 齿式联轴器

齿式联轴器能传递较大的转矩，适用的速度范围广，工作可靠，对安装精度要求不高，但结构复杂，重量较大，制造较难，主要用于重型机械中。

2）十字滑块联轴器。图 7-29 所示的十字滑块联轴器，由两个端面上开有凹槽的半联轴器和一个两侧都有凸块的中间盘所组成。中间盘两侧的凸块相互垂直（故称十字滑块），并在安装时分别嵌入两个半联轴器的凹槽中，构成移动副。当联轴器工作时，十字滑块随两轴转动，同时又可补偿两轴的径向和角度位移。十字滑块联轴器结构简单，制造方便，径向尺寸小。但在两轴间有偏移的情况下，工作时十字滑块会产生很大的离心力，故其适用于传递转矩较大、径向偏移大且无冲击的场合。

3）万向联轴器。图 7-30 所示的万向联轴器，由叉形接头和中间连接件组成。由于叉形接头、中间连接件和销轴之间构成铰链连接，所以这种联轴器允许两轴之间有较大的偏斜角（夹角 α 最大可达 35°～45°），而且在机器运转时，夹角发生改变仍可正常传动。这种联轴器的主要缺点是：当主动轴的角速度 ω_1 保持不变时，从动轴的角速度 ω_2 将在一定范围内作周期性变化，从而引起附加动载荷。为了克服此缺点，常将万向联轴器成对使用。

图 7-29 十字滑块联轴器

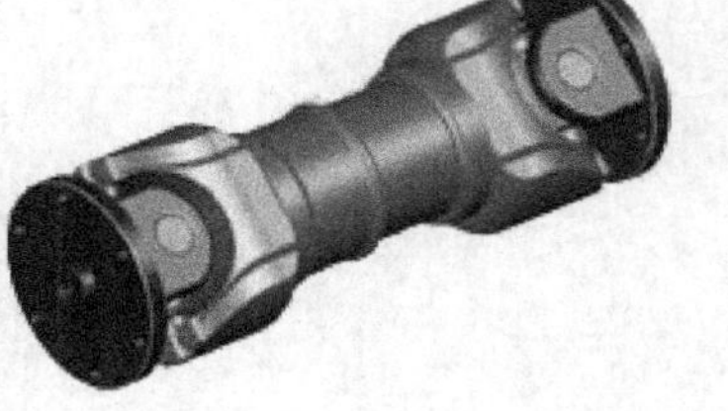

图 7-30 万向联轴器

（2）有弹性元件的挠性联轴器——弹性套柱销联轴器 这类联轴器因有弹性元件，不仅能补偿两轴的相对位移，而且具有缓冲减振能力。图 7-31 所示的弹性套柱联轴器结构类似于凸缘联轴器，也有两个带凸缘的半联轴器分别与主、从动轴相连，但连接两个半联轴器的不是螺栓而是带弹性套的柱销。弹性套为橡胶制品，柱销用 45 钢制成。弹性套柱销联轴器结构简单、易于制造、安装方便、能缓冲减振、使用中不用润滑，但弹性套工作时受挤压产生的变形量不大且易磨损、寿命较短。所以，补尝相对位移量不大，缓冲吸振性能不高，适用于经常正反转、起动频繁、载荷较平稳和高速运动的传动中。

图 7-31　弹性套柱销联轴器

习　题

7-1　仔细观察自行车，写出下列各处采用什么连接：① 车架各部分；② 脚踏轴与曲拐；③ 曲拐与链轮；④ 曲拐与中轴；⑤ 车轮轴与车架。

7-2　简述螺纹连接的特点。

7-3　螺纹连接为什么要预紧？预紧力如何控制？

7-4　螺纹连接为什么要防松？常见的防松方法有哪些？

7-5　简述键连接的特点。

7-6　平键连接有哪些失效形式？普通平键的截面尺寸和长度如何确定？

7-7　简述销连接、焊接、粘接、过盈连接的主要特点和应用场合。

7-8　简述联轴器的常用种类及特点。

7-9　用来连接两轴，并需要在转动中随时接合和分离的是什么联轴器？

7-10　具有补偿两轴间相对位移的联轴器有哪些？

7-11　传递功率较大且两轴同轴度较高时，宜选用何种联轴器？

7-12　当两轴的转速较高，传递的转矩较大，安装时不易对中时，宜选用何种联轴器？

7-13　汽车变速箱输出轴和后桥之间采用何种联轴器？

7-14　万向联轴器属于何种联轴器？

7-15　什么是刚性联轴器？什么是弹性联轴器？两者有什么区别？

第 8 章

化工设备机械设计应用

8.1 压力容器设计

8.1.1 概述

1. 压力容器设计的任务

1）根据工作需要和承受压力能力，确定容器的结构形式，如矩形（箱形）、球形或圆筒形。

2）确定容器的壁厚。

3）选择容器的附件，如支座、接管等。容器外径与内径之比 $K<1.2$ 的称薄壁容器，$K\geqslant 1.2$ 的称厚壁容器。本章仅简要讨论圆筒形薄壁容器的设计。

2. 容器所受载荷

容器所受的载荷主要有：

1）压力：内压、外压。

2）容器和物料静重。

3）自支承高耸容器上的风载荷与地震载荷。

4）管道和辅助设备所施加的载荷。

3. 容器设计的基本要求

容器的工艺尺寸，如反应釜的体积大小、釜体长度与直径的比例、传热面积，或蒸馏塔的直径与高度、管口的数量、位置及大小等，一般需要根据工艺要求，通过化工工艺计算及生产经验决定。

工艺尺寸初步确定以后，就可进行零部件的结构设计。容器零部件结构的机械设计应满足如下要求：

1）强度。容器应有抵抗外力破坏的能力，以保证安全生产。

2）刚度。零部件应有抵抗外力使其变形的能力，以防止容器在使用、运输或安装过程中发生不允许的变形。

3）稳定性。容器或其零部件在外力作用下立有维持其原有形状的能力，以防止容器被压瘪或出现褶皱。

4）耐久性。容器应有一定的抵抗介质及大气腐蚀的能力，以保持一定的使用年限。

5）气密性。容器在承受压力或处理有毒介质时，应有可靠的气密性，以提供良好的劳动环境及维持正常操作。

6）其他。节约材料，便于制造，运输、安装、操作、维修方便。

8.1.2 内压容器（圆筒）的强度计算

1. 壁厚计算

根据工程力学分析，筒体承受内压时，筒壁内的最大应力为周（环）向应力：

$$\sigma_{环}=\frac{pD_m}{2S}\leqslant[\sigma] \tag{8-1}$$

式中，p 为筒体内外压差。D_m 为筒体平均直径。S 为壁厚。$[\sigma]$ 为筒体材料的许用应力。

容器直径一般以内径 D_i 表示，故令 $D_m=D_i+S$ 代入上式，并考虑到筒体焊接时对强度的削弱，以及物料的腐蚀、钢板厚度的不均等因素，需对式（8-1）进行一些修正，得出内压容器壁厚的工程计算式

$$S=\frac{pD_i}{2[\sigma_t]\varphi-p}+C \tag{8-2}$$

式中，S 为筒壁厚度，单位为 mm。p 为设计压力，一般 $p=(1.05\sim1.15)p_{max}$（p_{max} 为最大工作压）。D_i 为筒体的内直径，单位为 mm。$[\sigma_t]$ 为设计温度下材料的许用应力，单位为 MPa（见表 8-1）。ϕ 为焊缝系数。C 为壁厚附加量，单位为 mm。

表 8-1　常用钢材的许用应力　（单位：MPa）

钢　号	标　准　号	厚度/mm	常温力学性能		在下列温度（℃）下的许用应力						
			σ_b	σ_s	<100	150	200	250	300	350	400
热轧碳素钢板											
Q235A	GB/T 912—2008	≤16	375	235	113	113	105	94	86	77	
Q245R	GB/T 6654—1996	≤16	400	245	133	132	123	110	101	92	89
热轧低合金钢板											
Q345R	GB/T 664—1993	6～16	510	345	170	170	170	156	144	134	125
合金结构钢板											
12Cr13	GB/T 4237—2007	2～60			126	123	120	119	117	112	109
0Cr19Ni9	GB/T 4237—2007	2～60			137	137	130	122	114	111	107
07Cr19Ni11Ti	GB/T 4237—2007	2～60			137	137	130	122	114	111	108
碳素钢管											
10	GB/T 8163—1999	≤10	325	205	112	108	101	92	83		
20	GB/T 8163—1999	≤10	390	245	130	130	123	110	101		
不锈钢管											
06Cr13	GB/T 14976—2002	≤15			118	115	113	111	109		
0Cr18Ni9Ti	GB/T 14976—2002	≤45			137	137	130	122	114		

设计温度 t 指容器在操作过程中可能达到的最高或最低（指 0℃以下）的温度。壁厚附加量 C 包括钢板厚度负偏差 C_1、腐蚀裕度 C_2 以及钢材在加工和热处理过程中损失的厚度 C_3。

负偏差 C_1 小于设计厚度的 6%，且小于 0.25mm 时可以不计。

对化学腐蚀、大气腐蚀、高温氧化、电化学腐蚀和高流速气体磨蚀，当腐蚀和磨蚀速度大于 0.1mm/a（mm/a 为毫米/年）时，腐蚀裕度 C_2 由设计者决定，腐蚀速度在 0.1～0.05mm/a 范围内，单面腐蚀和磨蚀取 $C_2=2$mm，双面腐蚀或磨蚀取 $C_2=4$mm；腐蚀速度≤0.05mm/a 时，单面腐蚀和磨蚀取 $C_2=1$mm，双面腐蚀和磨蚀取 $C_2=2$mm。

焊缝系数按对焊缝透视检验的完好程度确定，可参照表 8-2。

表 8-2　焊缝系数 ϕ

焊接形式	100%无损探伤	局部无损探伤	未经无损探伤
双面焊透对接	1.0	0.85	0.7
单面焊对接（有垫板）	0.9	0.80	0.65
单面焊对接（无垫板）		0.70	0.60

2. 容器的最小壁厚

按强度计算公式所得的壁厚，在压力很低时可能很薄，为了考虑容器的刚度要求以及工艺制造条件的困难，根据实际经验总结出最小壁厚（不包括腐蚀裕度）的计算式：

碳素钢，内径 D_i≤3800mm 时

$$S=\frac{2D_i}{1000}\geqslant 3\text{mm} \tag{8-3}$$

不锈钢，$S>2$mm。

3. 内压筒体壁厚

表 8-3 为钢板的常用厚度，设计筒体壁厚时可参考选用。

表 8-3　钢板的常用厚度　　（单位：mm）

2、3、4、(5)、6、8、10、12、14、16、18、20、22、25、28、30、32、34、36、38、
40、42、46、50、55、60、65、70、75、80、85、90、95、100、105、110、115、120

注：5mm 为不锈钢常用厚度。

例 8-1　液氨储罐的筒体设计。已知：设计压力 $p=2.5$MPa，操作温度为－5～44℃，储罐内径 $D_i=1200$mm，试确定筒体厚度、钢材牌号。

解：纯液氨腐蚀性很小，储罐可选用一般钢材，但由于压力较高，根据表 8-1 可以考虑采用 Q245R、Q345R 等钢材。现以 Q245R 和 Q345R 两种钢材进行两个方案的设计，然后进行比较和选择。储罐形式选用卧式，液体静柱压力很低，可不计入设计压力中。

(1) 采用 Q345R 钢材制造筒体　Q345R 钢板在范围内的许用应力由表 8-1 查取，估计此筒体厚度在 6～25mm 之间，为安全计，取 $[\sigma]=170$MPa，焊缝应为 V 形坡口双面焊透对接，采用局部无损探伤，其焊缝系数由表 8-2 查得，$\phi=0.85$。钢板负偏差 $C_1=0.8$mm，腐蚀裕度 $C_2=1$mm，则壁厚附加量 $C=(0.8+1)\text{mm}=1.8\text{mm}$。把上述已知数据代入式（8-2），得

$$S=\frac{pD_i}{2[\sigma_t]\phi-p}+C=\left(\frac{2.5\times1200}{2\times170\times0.85-2.5}+1.8\right)\text{mm}=12.27\text{mm}$$

根据钢板厚度规格，取 $S=14\text{mm}$。

(2) 采用 Q245R 钢材制造筒体　Q245R 钢板的$[\sigma]=133\text{MPa}$，焊缝应为 V 形坡口双面焊透对接，局部无损探伤，则 $\phi=0.85$，壁厚附加量 $C=(0.8+1)\text{mm}=1.8\text{mm}$。把上述已知数据代入式 (8-2)，得

$$S=\frac{pD_i}{2[\sigma_t]\phi-p}+C=\left(\frac{2.5\times1200}{2\times133\times0.85-2.5}+1.8\right)\text{mm}=15.22\text{mm}$$

根据钢板厚度规格，取 $S=16\text{mm}$。

(3) 两种方案比较

1) 钢板耗用量。钢板耗用量与板厚成正比，筒体采用 Q345R 时，钢板重量比采用 Q245R 时可减轻

$$\frac{16-14}{16}\times100\%=12.5\%$$

Q345R 钢板的价格虽比 Q245R 钢板贵，但从耗用量与价格综合考虑，两种钢板均可考虑。采用 Q345R 钢板较为适宜。

2) 制造费用。采用 Q345R 钢板，厚度较薄，重量较轻，且制造费用目前按设备重量计价，因此制造费用比较经济。

4. 封头的厚度计算

(1) 椭圆封头（图 8-1）的厚度计算

$$S=\frac{kpD_i}{2[\sigma_t]\phi-0.5p}+C \tag{8-4}$$

式中，k 是系数，对长短轴长之比为 2 的标准椭圆封头 $k=1$。

(2) 碟形封头（图 8-2）的厚度计算

$$S=\frac{MpR_i}{2[\sigma_t]\phi-0.5p}+C \tag{8-5}$$

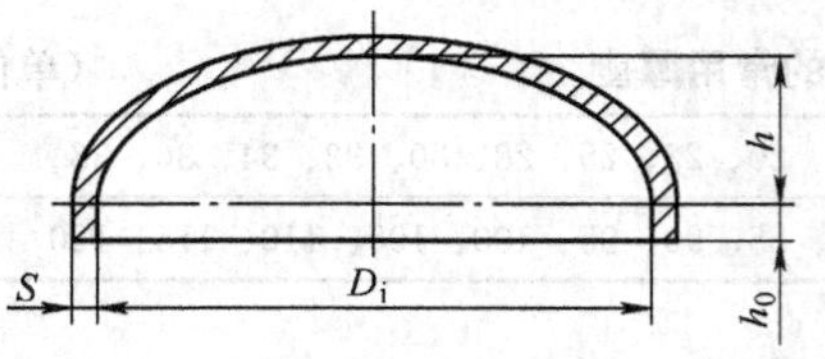

图 8-1　椭圆封头

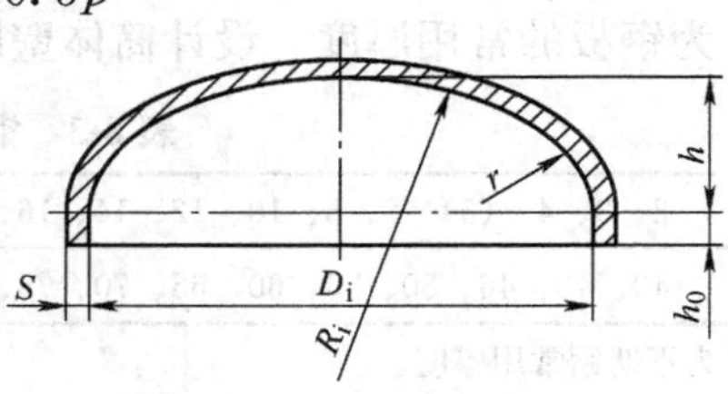

图 8-2　碟形封头

式中，M 为碟形封头系数，$M=\frac{1}{4}\left(3+\sqrt{\frac{R_i}{r}}\right)$

(3) 无折边锥形封头（图 8-3）的厚度计算

$$S=\frac{pD_i}{2[\sigma_t]\phi-p}\frac{1}{\cos\alpha}+C \tag{8-6}$$

(4) 圆封平盖的厚度计算

$$S=D_c\sqrt{\frac{kp}{[\sigma_t]\phi}}+C \tag{8-7}$$

式中，k 为系数，具体计算方法见表 8-4。

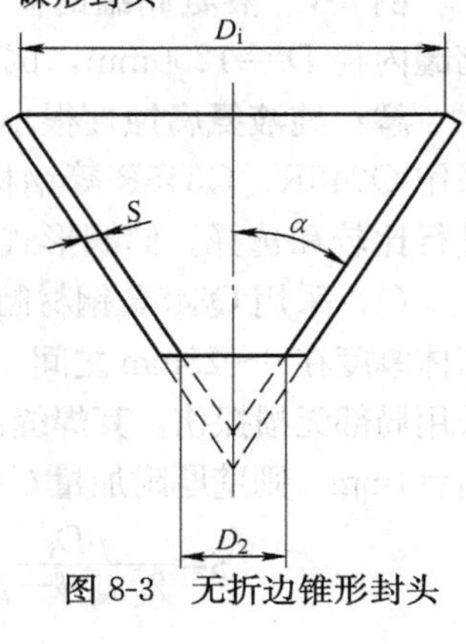

图 8-3　无折边锥形封头

表 8-4　平盖封头结构与 k 值

简　图	k	备　注
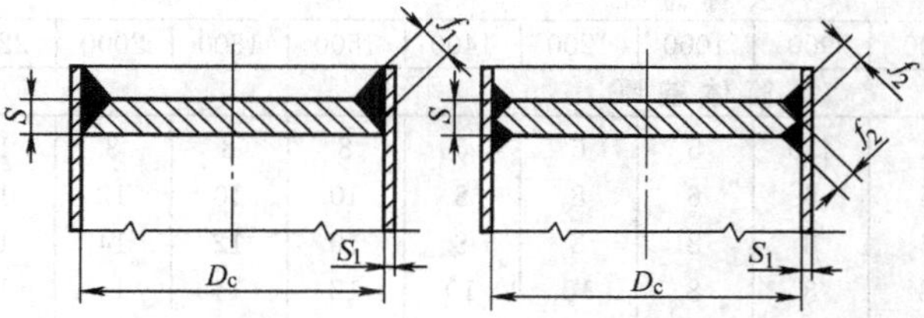	$k=0.44\left(\frac{S_0}{S_1}\right)$ 且 $k>0.2$	S_0 为计算厚度 S_1 为实际厚度$-C$ $f_1>1.25S_1$ $f_2>0.7S_1$
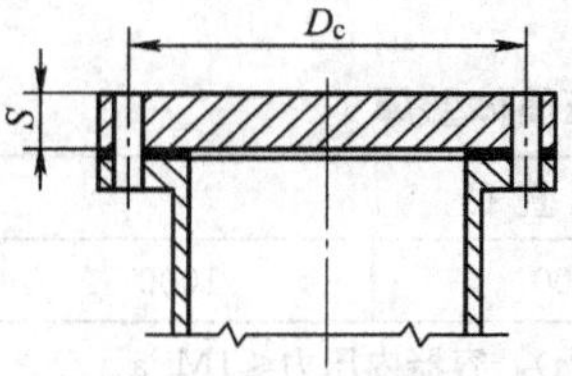	0.25	

8.1.3　外压容器的设计

1. 外压容器的失稳与临界压力

当容器外部受压时（如压夹套内层、真空容器等），即使容器壁应力远远低于材料的许用应力，器壁也会突然被压瘪，筒体的圆形截面突然变成曲波形，这种现象叫失稳。发生失稳的最小外压叫临界压力（p_k），而设计压力应满足

$$np\leqslant p_k \tag{8-8}$$

式中，n 为稳定系数，一般取 $n=3$。

容器的临界压力和其形状、材料有关，壁厚 S 越大、L/D 越小（L、D 分别为筒体长度、直径）以及中间有加强圈时，容器的 p_k 越大。材料的弹性模量 E 大，即抵抗变形能力强，则 p_k 提高。

2. 外压圆筒的壁厚计算

当圆筒足够长时，两端封头的影响可忽略，称为长圆筒（$L>L_c$）

$$L_c=1.18D_w\sqrt{\frac{D_w}{S}} \tag{8-9}$$

式中，L_c 为临界长度，单位为 m，D_w 为圆筒外径，单位为 m，S 为圆筒壁厚，单位为 m。

长圆筒的壁厚 S 为

$$S=D_w\sqrt[3]{\frac{3p}{2.2E}}+C \tag{8-10}$$

短圆筒（$L\leqslant L_c$）的壁厚 S 为

$$S=D_w\left(\frac{3p}{2.6E}\frac{L}{D_w}\right)^{0.4}+C \tag{8-11}$$

式中，L 为相邻两刚性构件（法兰、加强圈等，如为封头应加封头高度的 1/3）之间的较大距离。E 为材料的弹性模量，单位为 MPa，碳钢 $E=2\times10^5$ MPa，合金钢 $E=2.1\times10^5$ MPa。

3. 外压圆筒壁厚参考值（表 8-5、表 8-6）。

表 8-5　真空筒体壁厚　　（单位：mm）

容器长径比	公称直径												
	400	500	600	700	800	900	1000	1200	1400	1600	1800	2000	2200
	筒体壁厚												
1	3	3	4	4	4	4.5	5	6	6	8	8	8	10
2	3	4	4	4.5	5	6	6	8	8	10	10	12	12
3	4	4	4.5	5	6	8	8	8	8	10	12	14	14
4	4	4.5	5	6	8	8	8	10	10	12	14	14	16
5	4	5	6	6	8	8	10	10	12	12	14	14	16

注：真空按外压 0.1MPa 计算。

表 8-6　带夹套受内外压筒体壁厚　　（单位：mm）

容器长径比	公称直径														
	600			700			800			1000			1200		
	夹套内压力（×0.1MPa），容器内压力≤1MPa														
	2.5	4	6	2.5	4	6	2.5	4	6	2.5	4	6	2.5	4	6
	筒体壁厚														
1	6	6	6	6	6	8	6	8	8	8	8	10	8	10	10
2	6	8	8	6	8	10	8	10	10	10	10	12	10	12	12
3	8	8	10	8	10	10	10	10	12	10	14	14	12	12	16
4	8	10	10	8	10	12	10	12	14	12	14	16	14	14	16
5	8	10	12	10	12	12	10	12	14	12	14	18	14	16	20

注：适用工作温度≤150℃，屈服点 σ_s 为 210～270MPa 的 Q235，Q235F，Q245R，06Cr13 制造的设备。

4. 外压封头壁厚计算

（1）椭圆形封头与碟形封头　按钢制石油化工压力容器设计规定，可用受内压（凹面受压）时的式（8-4）与式（8-5）计算。但采用的计算压力为设计外压的 1.25 倍。

（2）圆锥形封头

锥角≤45°：按外压圆筒计算，其外径取锥体大端外径，高度取锥体高。

锥角 45°～120°：按外压圆筒计算，其直径取锥体大端外径，其高度取锥体大端内径。

锥角＞120°：按圆形平板计算。

例 8-2　苯乙烯精馏塔内径 2m，筒体高度 20m，封头总深度 2.5m，在 120℃及真空度 9.07×10^4Pa（680mmHg）下操作。材料选用 Q245R 钢板，试确定其壁厚。

解：（1）塔的计算长度 L（封头长度取其深度的 1/3）

$$L=\left(20+\frac{1}{3}\times2.5\right)\text{m}=20.34\text{m}$$

（2）设筒体计算厚度 15mm，临界长度

$$L_c=1.18D_w\sqrt{\frac{D_w}{S_0}}=1.18\times2.03\sqrt{\frac{2.03}{0.015}}\text{m}=27.63\text{m}>L$$

（3）壁厚，按短圆筒计算

$$S=D_w\left(\frac{3p}{2.6ED_w}\frac{L}{}\right)^{0.4}+C$$

在 $t=120℃$ 时，$E=1.94\times10^5$MPa，$p=0.1$MPa。因腐蚀性不大，取 $C=2$mm。

$$S=2.03\times\left(\frac{3\times0.1\times20.34}{2.6\times1.94\times10^5\times2.03}\right)^{0.4}\text{m}+0.002\text{m}=0.0185\text{m}$$

按钢板厚度规格，取 $S=20$mm。

(4) 复核 L_c

$$L_c=1.18\times2.04\sqrt{\frac{2.04}{0.02}}\text{m}=24.3\text{m}>L=20.34$$

复核 S

$$S=2.04\times\left(\frac{3\times0.1\times20.34}{2.6\times1.94\times10^5\times2.04}\right)^{0.4}\text{m}+0.002\text{m}=0.0186\text{m}$$

(5) 封头厚度

$$S=\frac{1.25\times p\times D}{2[\sigma]_t\phi-0.5\times1.25p}+C=\frac{1.25\times0.1\times2}{2\times132\times0.8-0.5\times1.25\times0.1}\text{m}+0.002\text{m}=0.0032\text{m}$$

实际上取封头厚度与筒体相同 $S=20$mm。

8.1.4 加强圈的设计

从例 8-2 中可见，一个内径 2m，高 20m 的真空塔，要保证其安全操作，需要用 20mm 厚的钢板，总重 19.9t。但若用刚性较大的加强圈对筒体加强，则较薄的材料也可达到较高的临界压力，如图 8-4 所示。扁钢、角钢、工字钢等都可用作加强圈。它可焊于筒体外部，也可焊于筒体内部。

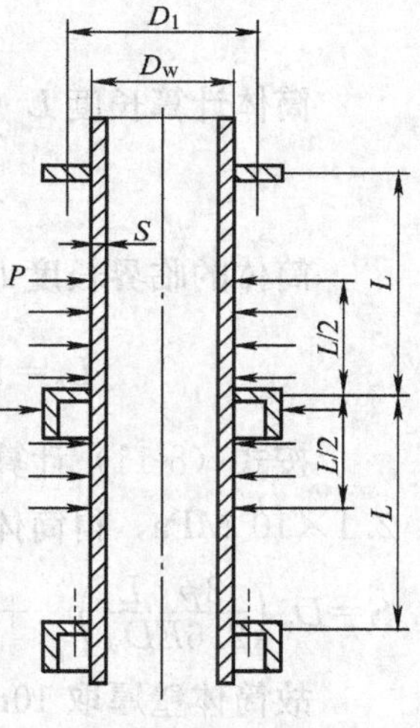

图 8-4　加强圈简图

加强圈距离，可用式 (8-12) 计算

$$L=\frac{2.6ED_w\left(\frac{S}{D_w}\right)^{2.5}}{3p}\tag{8-12}$$

加强圈的截面惯性矩可近似用式 (8-13) 计算

$$J=0.08\frac{pLD_1^3}{E}\tag{8-13}$$

式中，p 为容器内外压差，单位为 MPa，L 为两加强圈之间距离，单位为 m，D_1 为加强圈中线直径，单位为 m，E 为材料弹性模量，单位为 MPa，J 为加强圈截面对其中线的惯性矩，单位为 m^4。

J 表示截面尺寸的抗弯特征，如扁钢 $J=bh^3/12$，其中 b 为厚度，h 为高度。其他形状截面对其中线的惯性矩（如角钢、槽钢等）J 可查有关手册。

例 8-3　在例 8-2 中如用 10mm 厚钢板来制造该容器，试设计加强圈，并计算钢材用量。

解：由式 (8-12) 可导出加强圈的距离

$$L=\frac{2.6ED_w\left(\frac{S}{D_w}\right)^{2.5}}{3p}=\frac{2.6\times1.94\times10^5\times2.02\left(\frac{0.01}{2.02}\right)^{2.5}}{3\times0.1}\text{m}=5.58\text{m}$$

为减少加强圈尺寸，取 $L=2$m，以 10mm 厚钢板作环形加强圈，该圈同时可作保温材料的支承环。

$$J=0.08\frac{pLD_1^3}{E}=\frac{0.08\times0.1\times2\times2.1^3}{1.94\times10^5}\text{m}^4=7.64\times10^{-7}\text{m}^4$$

$$J=\frac{1}{12}bh^3$$

$$b=0.01\text{m}$$

$$h=(7.64\times10^{-7}\times12/0.01)^{\frac{1}{3}}=0.097\text{m}\approx0.1\text{m}$$

$$钢材用量=\left(\frac{19900}{2}+\frac{\pi}{4}\ (2.2^2-2.02^2)\ \times0.01\times9\times7800\right)\text{kg}=10369\text{kg}$$

例 8-4　减压塔稳定性的校核。已知：一减压塔的内径为 2400mm，筒体长度为 23520mm。封头为椭圆形，直边高度 40mm，长短轴的比值 $D_1/(2h_1)=2$，减压塔的真空度为 300mmHg（0.04MPa）；设计温度为 150℃，筒体和封头材料均为 Q235A，筒体壁厚取 10mm，壁厚附加量 $C=2$mm。要求：(1) 不考虑用加强圈时，校核筒的壁厚是否足够。(2) 在筒体外部设置 9 个 Q235A 的加强圈，截面尺寸各为 90mm×20mm，校核此时筒的壁厚及加强圈截面尺寸是否合理。

解：(1) 无加强圈时筒体壁厚的校核

筒体外径 D_w

$$D_w=(2400+2\times10)\text{mm}=2420\text{mm}$$

筒体计算长度 L（封头长度取其深度的 1/3）

$$L=23520\text{mm}+2\left(40+\frac{1}{3}\times\frac{2400}{4}\right)\text{mm}=24000\text{mm}$$

筒体的临界长度 L_c，按式 (8-9) 计算

$$L_c=1.18D_w\sqrt{\frac{D_w}{S}}=1.18\times2400\sqrt{\frac{2400}{10}}\text{mm}=43873\text{mm}>L$$

按式 (8-11) 计算短圆筒 ($L\leqslant L_c$) 壁厚 S，其中真空容器设计压力取 0.1MPa，$E=2.1\times10^5$MPa，得筒体壁厚

$$S=D_w\left(\frac{3p}{2.6E}\frac{L}{D_w}\right)^{0.4}+C=2420\times\left(\frac{3\times0.1}{2.6\times2.1\times10^5}\times\frac{24000}{2420}\right)^{0.4}\text{mm}+2\text{mm}=20.98\text{mm}>10\text{mm}$$

故筒体壁厚取 10mm 不够。

(2) 有加强圈时筒体壁厚的校核。9 个加强圈在筒体上均匀设置，与两封头之间共有 10 个间隔，故计算长度为 $L=24000/10\text{mm}=2400\text{mm}$。

把已知各量代入式 (8-12) 中，计算设置加强圈后筒体所需壁厚

$$2400=\frac{2.6\times2.1\times10^5\times2420\left(\dfrac{S}{2420}\right)^{2.5}}{3\times0.1}$$

$$S=7.57\text{mm}<10\text{mm}$$

故筒体壁厚取 10mm 足够。

加强圈的截面按式 (8-13) 计算

$$J=0.08\frac{pLD_1^3}{E}=0.08\times\frac{0.1\times2400\times(2420+20)^3}{2.1\times10^5}\text{mm}^4=1328163\text{mm}^4$$

因　$$J=\frac{bh^3}{12}$$

故　$$h=\sqrt[3]{\frac{12\times J}{b}}=\sqrt[3]{\frac{12\times 1328163}{20}}\text{mm}=92.7\text{mm}$$

与 90mm 尺寸较接近，因此所选加强圈截面尺寸合理。

8.1.5　容器的开孔补强

容器上的接管、人孔等开孔必然使该处强度削弱，而且更为重要的是引起开孔处的应力集中，实验得出一拉伸钢板开孔边缘应力为平均值的 3 倍，故容易从该处开始破坏，因此一般要在开孔处进行加强。

1. 局部补强结构

（1）在开孔周围焊一个补强圈　其材料与厚度一般与容器壁相同，补强圈与筒体应密合，否则无加强作用。补强圈标准为 JB/T 4736—2002（图 8-5a）。

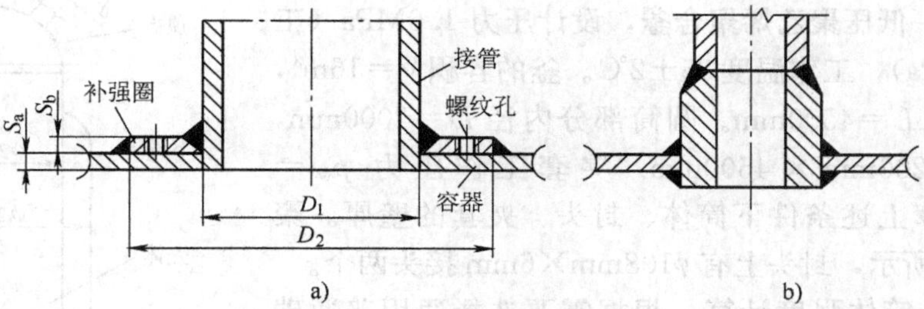

图 8-5　开孔补强结构

a）补强圈结构　b）焊厚壁管结构

（2）在开孔处焊一厚壁管　适于高强度低合金钢容器（图 8-5b）。

2. 补强圈尺寸

补强圈尺寸一般按“等截面积补强法”计算，即补强圈截面积应等于（或大于）被挖去的金属的截面积。补强圈尺寸见表 8-7。

表 8-7　补强圈尺寸　　（单位：mm）

接管外径 d	76	89	108	159	273	325	426	530
补强圈内径 D_1	80	93	112	163	277	329	430	534
补强圈外径 D_2	160	180	200	300	480	550	680	840

补强圈的厚度 S_b 可按式（8-14）计算

$$S_b=\frac{dS_0}{D_2-D_1} \tag{8-14}$$

式中，S_0 为开孔处计算厚度，既壁厚计算式中无壁厚附加量的部分，其他参数可参见表 8-7。

3. 允许的开孔范围

当采用局部补强时，筒体及封头上开孔的最大直径 d_{max} 应符合以下规则：

1）筒体内径 $D\leqslant 1500\text{mm}$，$d_{max}=D/2$，且 $d_{max}\leqslant 500\text{mm}$

2）筒体内径 $D>1500\text{mm}$，$d_{max}=D/3$，且 $d_{max}\leqslant 1000\text{mm}$

3）封头上开孔 $d_{max}=D/2$。开孔边缘与封头边缘间的投影距离不小于 0.1D。

4）若开孔直径超出以上规定，则开孔的补强结构与计算需作特殊考虑，必要时应作验证性水压试验。

4. 允许无补强的孔径

由于设计壁厚一般均超过实际需要，且钢材还有一定塑性储备，故在筒体、锥体及凸形封头（其封头中央 80%内径范围内允许开孔）开孔，并满足下列条件时允许不附加补强结构：

1）壳体名义厚度>12mm，接管直径 $D_g \leqslant 80$mm。

2）壳体名义厚度≤12mm，接管直径 $D_g \leqslant 50$mm。

3）两相邻开孔中心距（对曲面以弧长计）不小于两孔直径之和的两倍。

补强圈已有标准：JB/T 4736—2002 和 HG 21506—1992，可参考选用。

8.1.6 综合计算举例

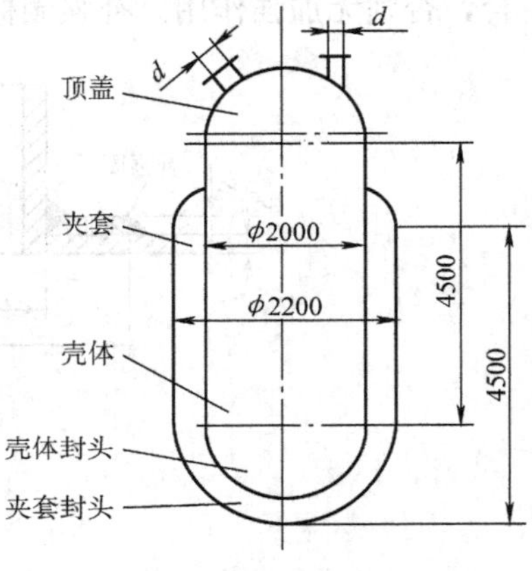

图 8-6 聚合釜示意图

例 8-5 一低压聚乙烯聚合釜，设计压力 1.6MPa（工作压力 1.3MPa），工作温度 85±2℃。釜的容积 $V=16\text{m}^3$，圆筒部分长度 $L=4500$mm。圆筒部分内径 $D=2000$mm，夹套尺寸 ϕ2200mm × 4500mm。夹套工作压力 $p_w=0.4$MPa，计算上述条件下筒体、封头、夹套的壁厚。聚合釜如图 8-6 所示，封头上有 ϕ108mm×6mm 接头两个。

解：（1）筒体强度计算 根据需要选择通用普通碳钢 Q235。

1）受内压的壁厚计算

$$S=\frac{pD}{2[\sigma_t]\phi-p}+C$$

根据工作条件查询化工手册得 $[\sigma_t]=111$MPa，$\phi=0.9$，取 $C=3$mm，则

$$S=\frac{1.6\times2000}{2\times111\times0.9-1.6}\text{mm}+3\text{mm}=19.15\text{mm}$$

2）受外压的壁厚计算

$$L=4500\text{mm},D_w=2040\text{mm}$$

$$L_c=1.18\times2040\sqrt{2040/20}\text{mm}=24311\text{mm}$$

故为短圆筒。

$$S=D_w\left(\frac{3p}{2.6E}\frac{L}{D_w}\right)^{0.4}+C=2040\times\left(\frac{3\times0.4\times4500}{2.6\times1.95\times10^5\times2040}\right)^{0.4}\text{mm}+3\text{mm}=18.73\text{mm}$$

3）壁厚的确定。根据计算，选标准钢板 $S=20$mm。

（2）封头的强度计算 上封头只受内压，下封头有时受内压，有时受外压。使用 Q235 碳钢制造标准椭圆形封头。

1）内压封头

$$S=\frac{kpD}{2[\sigma_t]\phi-0.5p}+C$$

根据工作条件查询化工手册得 $k=1$，$p=1.6\text{MPa}$，$[\sigma_t]=111\text{MPa}$，$\phi=0.9$，取 $C=3\text{mm}$

$$S=\frac{1.6\times2000}{2\times111\times0.9-0.5\times1.6}\text{mm}+3\text{mm}=19.08\text{mm}$$

封头同筒体一样 $S=20\text{mm}$。

2）封头受外压（$p_w=0.4\text{MPa}$）的强度校核。取 $p=1.25p_w$，得

$$S=\frac{pD}{2[\sigma_t]\phi-0.5p}+C=\frac{1.25\times0.4\times2000}{2\times111\times0.9-0.5\times1.25\times0.4}\text{mm}+3\text{mm}=8.01\text{mm}<20\text{mm}$$

因此安全。

（3）夹套计算　选用 Q235 碳钢制造夹套，夹套承受内压 $p_w=0.4\text{MPa}$，则

$$S=\frac{p_wD}{2[\sigma_t]\phi-p_w}+C=\frac{0.4\times2200}{2\times111\times0.9-0.4}\text{mm}+3\text{mm}=7.4\text{mm}$$

根据计算结果查表取 $S=8\text{mm}$。

（4）开孔补强　按 JB/T 4736—2002 选用 $\phi108\text{mm}$ 管，补强圈内径尺寸为 112mm，厚度

$$S_b=\frac{dS_0}{D_2-D_1}=\frac{108\times(19.15-3)}{200-112}\text{mm}=19.8\text{mm}$$

根据计算结果取 $S_b=20\text{mm}$。

8.2　塔设备设计示例

8.2.1　塔设备的机械设计

塔设备在操作时，塔体及裙座可能受到以下几种载荷的作用：

1）操作压力。对塔体形成轴向和环向载荷，但对裙座则不起作用。

2）塔的重量。塔体（Q_1）、内件（Q_2）保温材料（Q_3）、平台及扶梯（Q_4）、物料（Q_5）、裙座（Q_6）、水压试验时充水量（Q_7）、其他附件（Q_8）的重量形成塔体和裙座的轴向载荷与可能有的偏心载荷。

3）风力作用。主要对塔体及裙座形成弯矩和剪力。

4）地震影响。其中水平地震力影响最大，对塔体与裙座构成弯矩与剪力。

进行塔设备的机械设计，必须对以上几种载荷逐一进行计算，求出需要计算的横截面上各种载荷引起的最大应力，然后应用叠加原理求出叠加后的最大组合应力，再据以确定塔体及裙座等结构的尺寸。

1. 塔体受内压或外压 p（MPa）引起的轴向应力

$$\sigma_1=\pm\frac{pD}{4S}$$

2. 设备重量 $\sum Q$ 引起的轴向压应力 σ_2（MPa）

$$\sigma_2=\frac{\sum Q\cdot g}{A} \tag{8-15}$$

$$\sum Q=Q_1+Q_2+Q_3+Q_4+\cdots$$

式中，g 为重力加速度，取 $g=9.81\text{m/s}^2$。A 为塔体底部或裙座横截面积，单位为 mm^2。

在不同的工作情况下，$\sum Q$ 包含的项目可能有所不同，可参考表 8-8 估算。

表 8-8　塔设备部分内件、附件重量参考值　　(单位：kg/m)

名　称	笼式扶梯	开式扶梯	钢制平台	圆泡罩塔盘	条形泡罩塔盘	筛板塔盘	浮阀塔盘	塔盘充液
单位重量	40	15～24	150	150	150	65	75	70

3. 风载荷引起的弯曲应力 σ_3（MPa）

$$\sigma_3 = \frac{M_w}{W}$$

式中，M_w 为风弯矩，单位为 N · mm。W 为塔体或裙座的抗弯截面系数，单位为 mm^3。

风载荷在不同地区、不同高度其数值是不同的，设计化工设备时，风压值 q_0 可参见表 8-9。

表 8-9　在 10m 高度我国各地基本风压值　　(单位：10^{-5}MPa)

地区	上海	南京	徐州	扬州	南通	杭州	宁波	横县	温州
q_0	55	25	35	35	40	40	50	40	55
地区	福州	广州	茂名	湛江	北京	天津	保定	石家庄	沈阳
q_0	60	45	60	75	35	40	40	30	55
地区	长春	抚顺	大连	吉林	四平	哈尔滨	济南	青岛	郑州
q_0	55	45	60	45	55	45	35	65	40
地区	洛阳	蚌埠	南昌	武汉	包头	呼和浩特	太原	大同	兰州
q_0	35	35	40	30	60	50	30	40	30
地区	银川	长沙	株洲	南宁	成都	重庆	贵阳	西安	延安
q_0	65	35	35	35	25	30	30	35	30
地区	昆明	西宁	拉萨	乌鲁木齐					
q_0	25	35	35	60					

工程上把风压与高度的关系用风压高度变化系数 f 来反映，设计化工设备时，不同高度的 f 值可参见表 8-10。

表 8-10　风压高度变化系数 f

距地高度		≤5	10	15	20	30	40	50	60	70	80	90	100
f	A	1.17	1.38	1.52	1.63	1.80	1.92	2.03	2.12	2.20	2.27	2.34	2.4
	B	0.8	1.00	1.14	1.25	1.42	1.56	1.67	1.77	1.86	1.95	2.02	2.09
	C	0.54	0.71	0.84	0.94	1.11	1.24	1.36	1.46	1.55	1.64	1.71	1.79

注：A 类指海海面、海岸及沙漠地区；B 类指田野、乡村、丛林及房屋稀少的地区；C 类指有密集建筑群的大城市市区。

理论分析和实测表明，对于同一地区、同一高度、迎风投影面积也相同的构筑物，由于截面形状的不同，其挡风效应也不一致，工程上引入空气动力系数 K_1 来表示不同形体的影响，如圆筒形直立设备的 $K_1=0.7$。

由于风力有时会按一定的频率持续地作用到塔设备上，可能引起设备的振动，在计算风载荷时必须引入风振系数 K_2。K_2 的大小与塔设备的固有频率、塔的高度有关。常见塔设备（塔高 $H<40\text{m}$、塔径 $D=0.6\sim6\text{m}$）的风振系数值 $K_2=1.5\sim1.8$。

以上分析可知，作用在塔设备上的风力应分段计算，如图 8-7 所示。

$$p_i=K_1K_{2i}q_0f_iL_iD_{ei} \tag{8-16}$$

式中，L_0、L_1、…、L_i 为塔设备计算段的长度，单位为 mm。D_{e0}、D_{e1}、…、D_{ei} 为塔设备各段的有效直径，单位为 mm。

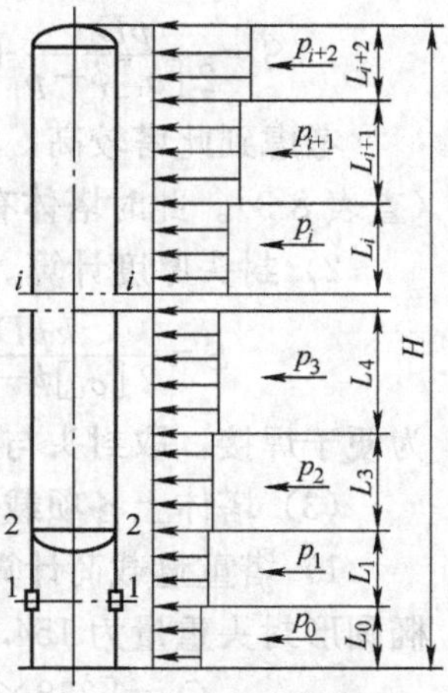

图 8-7　塔设备上的风力

由风载荷对塔形成的压力，在 i—i 截面上的风弯矩如下（n 为塔体 i—i 以上的分段数）

$$M_w^{i-i}=p_i\frac{L_i}{2}+p_{i+1}\left(L_i+\frac{L_{i+1}}{2}\right)+p_{i+2}\left(L_i+L_{i+1}+\frac{L_{i+2}}{2}\right)+\cdots+p_{i+n}\left(L_i+L_{i+1}+\cdots+L_{i+n-1}+\frac{L_{i+n}}{2}\right) \tag{8-17}$$

由风弯矩在筒体中引起的轴向应力为

$$\sigma_3^{i-i}=\frac{M_w^{i-i}}{0.785D_i^2\delta_{ei}}$$

式中，δ_{ei} 为塔体在该段的有效厚度，一般取与塔体的整体厚度一致，即 $\delta_{ei}=S$。

塔体轴向应力 σ_3 在塔底与裙座连接处的危险横截面 2—2 上为最大；裙座的底部轴向应力 σ_3 在危险横截面 0—0 或有开孔削弱的危险横截面 1—1 上为最大。

如果塔设备安装在地震地区，则尚需考虑地震力引起的弯矩作用，设计规定可查阅《化工手册》，本节不再论述。

8.2.2　蒸馏塔机械设计举例

例 8-6　已知（图 8-8）：① 塔体内径 $D_i=1200\text{mm}$，塔高 $H=33\text{m}$；② 设计压力 $p=0.36\text{MPa}$；③ 设计温度 $t=370℃$；④ 介质为原油；⑤ 腐蚀裕量 $C=4\text{mm}$；⑥ 安装在上海地区（为简化计算，暂不考虑地震影响）。

设计要求：① 确定塔体和封头的厚度。② 计算塔体上各项载荷。

解：（1）材料选择　设计压力 $p=0.36\text{MPa}$，属于低压分离设备一类容器。介质腐蚀性未提特殊要求，但设计温度高于 350℃，故考虑选取 Q245R 作为塔体的材料。

（2）筒体、封头壁厚确定　先按内压容器设计厚度，然后按自重、液重等引起的正应力及风载荷引起的弯曲应力进行强度和稳定性验算。

1）筒体厚度计算。根据工作条件，由表 8-1 插值查得 $[\sigma_t]=89\text{MPa}$。设塔体焊缝为双面焊透对接、局部无损探伤，由表 8-2 查得 $\phi=0.85$。腐蚀裕度 $C=4\text{mm}$。按强度条件，筒体所需厚度

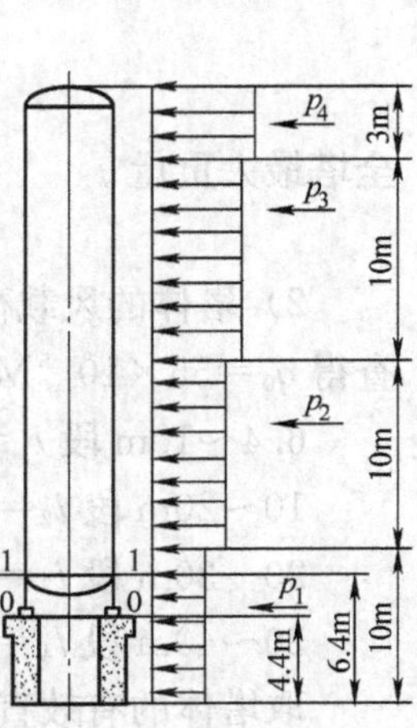

图 8-8　蒸馏塔受力图

$$S=\frac{pD_i}{2[\sigma_t]\phi-p}+C=\left(\frac{0.36\times1200}{2\times89\times0.85-0.36}+4\right)\text{mm}=(2.84+4)\text{mm}=6.84\text{mm}$$

考虑到此塔较高，风载荷较大而塔的内径又不太大，故应适当增加厚度，取 $S=12\text{mm}$（查表 8-3）。此时塔体有效厚度约为 $S_e=(12-4.8)\text{mm}=7.2\text{mm}$。

2）封头厚度计算。采用标准椭圆封头，见式（8-4），$k=1$。

$$S=\frac{kpD_i}{2[\sigma_t]\phi-0.5p}+C=\frac{0.36\times1200}{2\times89\times0.85-0.5\times0.36}\text{mm}+4\text{mm}=7.06\text{mm}$$

为便于焊接，取封头与筒体等厚度，$S=12\text{mm}$。

（3）塔体上各项载荷的计算

1）塔重量载荷计算。塔体重量载荷，已知内径 $D_i=1200\text{mm}$，厚度 $S=12\text{mm}$。计算得椭圆形封头重量为 154.6kg，塔体筒节重量 $q=358\text{kg/m}$。则塔体

$$Q_1=[358\times(33-6.4)+2\times154.6]\text{kg}=(9522.8+309.2)\text{kg}=9832\text{kg}$$

内件重量载荷，已知泡罩塔盘单位重量载荷为 150kg/m^2，共计 32 层塔盘，则

$$Q_2=\frac{1}{4}\times3.14\times1.2^2\times150\times32\text{kg}=5425\text{kg}$$

保温层重量载荷，保温层厚度 100mm，每立方米质量 500kg/m^3，则

$$Q_3=\frac{1}{4}\times3.14\times(1.4^2-1.2^2)\times500\times(33-4.4)\text{kg}=5855\text{kg}$$

操作平台重量载荷，操作平台共 9 层，包含斜梯每层 500kg（总高 28m，每 5m 重 125kg），则

$$Q_4=9\times500\text{kg}+\frac{1}{5}\times28\times125\text{kg}=5200\text{kg}$$

料液、群座及充水重量等载荷，按 32 层塔计算，料液质量 70kg/m^3，塔盘液面高 1600mm，则

$$Q_5=\frac{1}{4}\times3.14\times1.2^2\times70\times32\times1.6\text{kg}=4051\text{kg}$$

群座重量 $Q_6=1189\text{kg}$

充水重量 $Q_7=\frac{1}{4}\times3.14\times1.2^2\times26\times10^3\text{kg}=29400\text{kg}$

故，塔体操作时重量载荷

$$Q^{1-1}=Q_1+Q_2+Q_3+Q_4+Q_5=30363\text{kg}$$

$$Q^{0-0}=Q^{1-1}+Q_6=31552\text{kg}$$

全塔最大重量

$$Q_{max}=Q^{0-0}+Q_7=60952\text{kg}$$

2）塔体的风载荷及风力矩。风载荷 $P=k_1k_2q_0f_il_iD_{ei}$，取 $k_1=0.7$，$k_2=1.75$，由表 8-9 查得 $q_0=55\times10^{-5}\text{MPa}$，由表 8-10 查得 f_i 值如下：

6.4～10m 段 $l_1=(10-6.4)\text{m}=3.6\text{m}$　　$f_1=1.0$

10～20m 段 $l_2=(20-10)\text{m}=10\text{m}$　　$f_2=1.14$

20～30m 段 $l_3=(30-20)\text{m}=10\text{m}$　　$f_3=1.42$

30～40m 段 $l_4=(33-30)\text{m}=3\text{m}$　　$f_4=1.46$

取塔体的有效直径　$D_{ei}=D_0+2\delta+k_3+k_4$

式中，D_0 为塔外径。δ 为保温层厚度。k_3 为笼式扶梯挡风的当量宽度，取 200mm。k_4 为操

作平台挡风的当量宽度，取 400mm。

故 $$D_{ei}=(1224+200+200+400)\text{mm}=2024\text{mm}。$$

塔体各段风力：

6.4～10m 段 $p_1=k_1k_2q_0f_1l_1D_{e1}=0.7\times1.75\times55\times10^{-5}\times1\times3600\times2024\text{N}=4909\text{N}$

10～20m 段 $p_2=k_1k_2q_0f_2l_2D_{e2}=0.7\times1.75\times55\times10^{-5}\times1.14\times10000\times2024\text{N}=14546\text{N}$

20～30m 段 $p_3=k_1k_2q_0f_3l_3D_{e3}=0.7\times1.75\times55\times10^{-5}\times1.42\times10000\times2024\text{N}=19364\text{N}$

30～33m 段 $p_4=k_1k_2q_0f_4l_4D_{e4}=0.7\times1.75\times55\times10^{-5}\times1.46\times3000\times2024\text{N}=5973\text{N}$

塔体底部 1—1 处截面的弯矩为

$$M_w^{1-1}=p_1\frac{L_1}{2}+p_2\left(L_1+\frac{L_2}{2}\right)+p_3\left(L_1+L_2+\frac{L_3}{2}\right)+p_4\left(L_1+L_2+L_3+\frac{L_4}{2}\right)$$

$$=\left[4909\times\frac{3600}{2}+14546\times\left(3600+\frac{10000}{2}\right)+19364\times\left(36000+10000+\frac{10000}{2}\right)+5973\times\left(3600+10000+10000+\frac{3000}{2}\right)\right]\text{N}\cdot\text{mm}=598.11\times10^6\text{N}\cdot\text{mm}$$

裙座底部风力：

$$p_1'=k_1k_2q_0f_1l_1'D_{e1}=0.7\times1.75\times55\times10^{-5}\times0.81\times5600\times2024\text{N}=6185\text{N}$$

裙座底部 0—0 截面的弯矩：

$$M_w^{0-0}=\left[6185\times\frac{5600}{2}+14546\times\left(5600+\frac{10000}{2}\right)+19364\times\left(56000+10000+\frac{10000}{2}\right)+5973\times\left(5600+10000+10000+\frac{3000}{2}\right)\right]\text{N}\cdot\text{mm}=702.98\times10^6\text{N}\cdot\text{mm}$$

（4）塔体的强度和轴向稳定性验算

1）塔体底部危险 1—1 处截面的应力计算

$$\sigma_1=\frac{pD_i}{4S_e}=\frac{0.36\times1200}{4\times7.2}\text{MPa}=15\text{MPa}$$

$$\sigma_2=\frac{Q^{1-1}g}{\pi D_iS_e}=\frac{30363\times9.8}{3.14\times1200\times7.2}\text{MPa}=10.97\text{MPa}$$

$$\sigma_3=\frac{M_w^{1-1}}{0.785D_i^2S_e}=\frac{598.11\times10^6}{0.785\times1200^2\times7.2}\text{MPa}=73.5\text{MPa}$$

塔体底部 1—1 处截面抗压强度：$\sigma_{max}=\sigma_2+\sigma_3=84\text{MPa}\leqslant[\sigma_t]=107\text{MPa}$

塔体底部 1—1 处截面抗拉强度：$\sigma_{max}=\sigma_1-\sigma_2+\sigma_3=78\text{MPa}\leqslant[\sigma_t]=87.12\text{MPa}$

2）裙座底部危险截面 0—0 的各项轴向应力计算。

裙座有效厚度 $S_e=(12-1)\text{mm}=11\text{mm}$

操作时全塔引起的压应力

$$\sigma_2=\frac{Q^{0-0}g}{\pi D_iS_e}=\frac{31552\times9.8}{3.14\times1200\times11}\text{MPa}=7.46\text{MPa}$$

风载荷引起的 0—0 处截面弯曲应力

$$\sigma_3=\frac{M_w^{0-0}}{0.785D_i^2S_e}=\frac{702.98\times10^6}{0.785\times1200^2\times11}\text{MPa}=56.54\text{MPa}$$

$$\sigma_{max}=\sigma_2+\sigma_3=64\text{MPa}\leqslant[\sigma_t]$$

8.3 搅拌反应釜设计示例

8.3.1 搅拌反应釜机械设计依据

搅拌反应釜的机械设计是建立在工艺设计的基础上，工艺要求是确定搅拌反应釜机械设计的主要依据。

搅拌反应釜的工艺要求，通常包括反应釜的容积、最大工作压力、工作温度、工作介质及腐蚀情况、传热面积、换热方式、转速及功率、接口管方位与尺寸的确定等。通常这些条件都以表格示意图（表 8-11）的形式反映在设计任务书中。

表 8-11 搅拌反应釜设计任务书

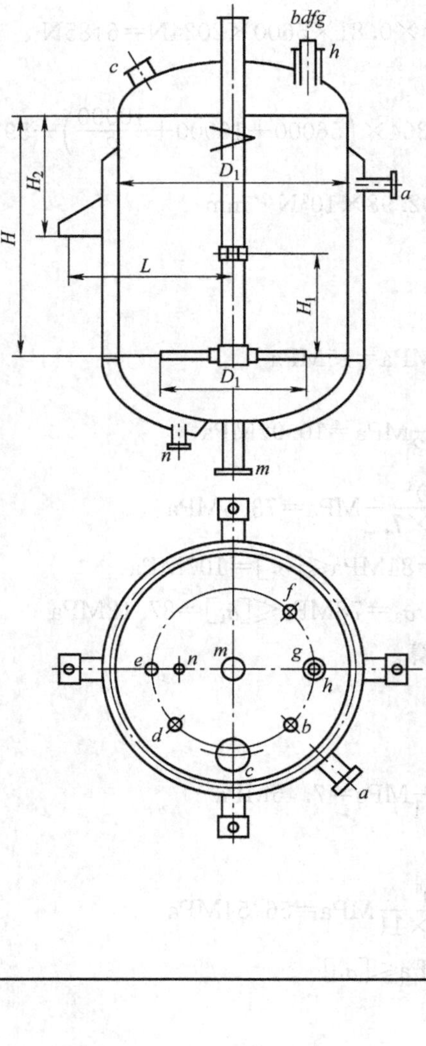

设计参数及要求		
	容器内	容器外
工作压力/MPa		
设计压力/MPa	0.2	0.3
工作温度/℃		
设计温度/℃	<120	<150
介质	染料及有机溶剂	冷却水或蒸汽
全容积/m^3	2.5	
操作容积/m^3	2	
传热面积/m^2	7	
腐蚀情况	微弱	
推荐材料	Q235A	
搅拌器形式	桨式	
搅拌轴速度/(r/min)	50	
轴功率/kW	1.4	

接管表

符号	公称尺寸 DN/mm	连接面型式	用途
a	25		蒸汽入口
b	25		加料口
c	400		人孔
d	70		温度计口
e	40		备用管口
f	25		压缩空气管口
g	100		压料管
h	50		压料管套管
m	40		放料口
n	25		凝液出口

8.3.2　搅拌反应釜机械设计内容

搅拌反应釜机械设计内容包括：① 确定搅拌反应釜的结构形式和尺寸；② 选择材料；③ 计算强度；④ 选用主要零件；⑤ 绘制图样；⑥ 提出技术要求。

8.3.3　罐体和夹套的结构设计

罐体一般为立式圆筒形容器，有顶盖、筒体和罐底（图 8-9），通过支座安装在基础或平台上。罐底通常为椭圆形封头，顶盖在受压状态下操作常选用椭圆形封头，对于常压或操作压力不大而直径较大的设备，顶盖可采用薄钢板制造的平盖，并在薄钢板上加设型钢（槽钢和工字钢）制的横梁，用以支承搅拌器及其传动装置。顶盖与罐底分别与筒体相连，罐底与筒体的连接常采用焊接连接。顶盖与筒体的连接型式分为可拆连接和不可拆连接两种，筒体内径 $D_1<1200$mm，宜采用可拆连接。当要求可拆时，做成法兰连接。夹套的形式与罐体相同。

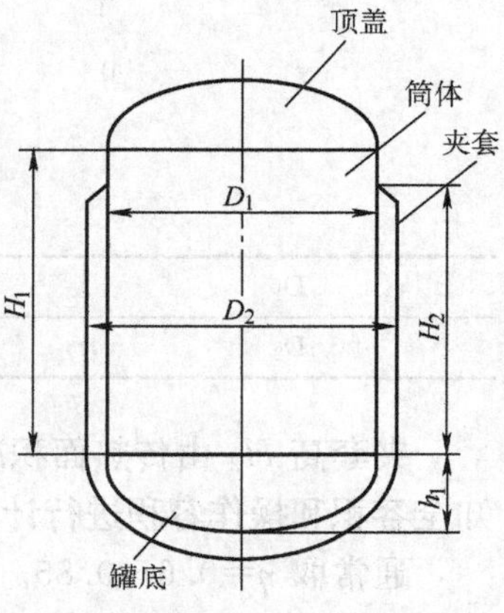

图 8-9　罐体和夹套的结构

1. 罐体几何尺寸计算

（1）确定筒体内径

$$D_1 \approx \sqrt[3]{\frac{4V}{\pi i}} \tag{8-18}$$

式中，V 为工艺条件给定的容积，单位为 m^3。i 为长径比，$i=H_1/D_1$（按物料类型选取，见表 8-12）。

表 8-12　几种搅拌釜的长径比 i 值

种　类	设备内物料类型	i
一般搅拌器	液-固相或液-液相物料	1～1.3
	气-液相物料	1～2
发酵罐类		1.7～2.5

（2）确定封头尺寸　椭圆封头按 JB/T 4746－2002《钢制压力容器封头》规定，选择标准件。

（3）确定筒体高度 H_1

$$H_1=\frac{V-V_h}{\frac{\pi}{4}D_1^2} \tag{8-19}$$

式中，V 为釜体容积，单位为 m^3。H_1 为筒体高度，单位为 m。D_1 为筒体内径，单位为 m。V_h 为下封头所包含的容积，单位为 m^3。

（4）夹套尺寸计算　容器夹套的常用结构如图 8-10 所示。夹套与筒体焊接成封闭结构。夹套的结构尺寸常根据安装和工艺两方面的要求而定。夹套内径 D_2 可根据筒体内径 D_1 决定，按表 8-13 选取。夹套下封头形式同罐体封头，其内径 D_3 与夹套筒体相同。

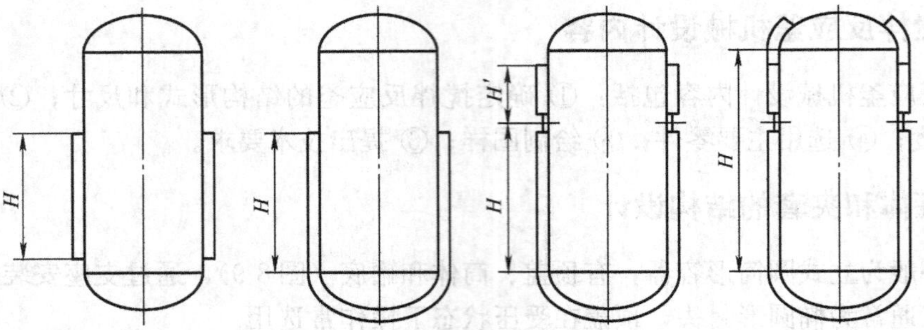

图 8-10　容器夹套常用结构

表 8-13　夹套内径 D_2

D_1	500～600	700～1800	2000～3000
D_2	D_1+50	D_1+100	D_1+200

夹套高 H_2 由传热面积决定，不能低于料液高。通常由工艺给定装料系数 η，或根据已知全容积和操作容积进行计算，即 η=操作容积/全容积。

通常取 $\eta=0.6\sim0.85$。如物料在反应过程中起泡沫或呈沸腾状态，η 应取低值。夹套高度 H_2 按式（8-20）估算

$$H_2=\frac{\eta V-V_h}{\frac{\pi}{4}D_1^2} \tag{8-20}$$

式中，V 为釜体容积，单位为 m^3。H_2 为夹套高度，单位为 m。D_1 为筒体内径，单位为 m。V_h 为下封头所包含的容积，单位为 m^3。η 为工艺给定装料系数。

夹套所包围罐体的表面积（筒体表面积 $F_{筒}$ + 封头表面积 $F_{封}$）一定要大于工艺要求的传热面积 F，即

$$F_{筒}+F_{封}\geqslant F \tag{8-21}$$

当 $F_{筒}+F_{封}<F$，应考虑在釜内设置其他类型传热装置。当筒体与上封头用法兰连接时，常采用甲型平焊法兰连接。

2. 筒体厚度和封头厚度的确定

对于不带夹套的筒体及上、下封头，其厚度按内压容器壁厚计算式确定，设计压力可选取釜体内部的最高工作压力。如果釜体外壁设有夹套，则筒体及下封头的厚度应分别按承受内压和外压进行计算。按内压计算时，最大压力差为釜体内的工作压力。当釜体内为真空操作时，需按外压计算，最大压力差为夹套内的工作压力或夹套内的工作压力加 0.1MPa。若上下封头不被夹套包围，则不承受外压作用，只按内压设计，但通常取与下封头相同的壁厚。

3. 搅拌反应釜设计示例

为了使设计过程清晰、直观，通常我们以表格形式对搅拌反应釜设计任务书所给参数进行设计计算。

（1）几何尺寸计算步骤（表 8-14）

表 8-14　几何尺寸计算

步　骤	设 计 项 目	参数及结果	备　注
1-1	全容积 V	$2.5m^3$	由工艺条件给定
1-2	操作容积 V	$2m^3$	由工艺条件给定
1-3	传热面积 F	$7m^2$	由工艺条件给定
1-4	釜体形式	圆筒形	
1-5	长径比 $i=H_1/D_1$	1.1	按表 8-12 选取
1-6	初算筒体内径 $D_1\approx\sqrt[3]{\frac{4V}{\pi i}}=1.425m$	1.425m 圆整为 1400mm	按式（8-18）计算
1-7	封头采用与筒体相同内径的标准椭圆形封头，由标准查得：标准椭圆形封头 $D_g=1400mm$ 时，直边高取 25mm，容积为 $0.398m^2$，表面积为 $2.23m^2$	标准椭圆形 JB/T 4737—2002	
1-8	筒体高度 $H_1=\frac{V-V_h}{\frac{\pi}{4}D_1^2}\approx1.366m$	圆整为 1400mm 则筒体长径比 $i=1$	按式（8-19）计算
1-9	重新计算筒体内径 $D_1\approx\sqrt[3]{\frac{4V}{\pi i}}=\sqrt[3]{\frac{4\times2.5}{3.14\times1}}=1.425mm$	圆整为 1400mm	按式（8-18）计算
1-10	夹套筒体内径 D_2 $D_2=(1400+100)mm=1500mm$ 夹套封头采用与夹套相同内径的标准椭圆形封头	1500mm	按表 8-13 选取
1-11	实际容积 V $V=V_{筒}+V_{封}=\left(\frac{3.14}{4}\times1.4^2\times1.4+0.398\right)m^3\approx2.55m^3$	$>2.5m^3$	
1-12	确定夹套高度 $H_2=\frac{\eta V-V_h}{\frac{\pi}{4}D_1^2}=\frac{0.8\times2.55-0.398}{\frac{3.14}{4}\times1.4^2}m\approx1.07m$ 装填系数 η=操作容积/全容积=0.8	圆整为 1200mm	按式（8-20）计算 通常取 $\eta=0.6\sim0.85$
1-13	实际总传热面积 F $F=F_{筒}+F_{封}=(3.14\times1.4\times1.2+2.2346)m^2\approx7.5m^2$	$>7m^2$	按式（8-21）校核

（2）强度计算步骤（表 8-15）

表 8-15　强度计算

步　骤	设 计 项 目	参数及结果	备　注
2-1	设备材料 Q235A 许用应力为$[\sigma_t]=113MPa$ 焊缝系数 ϕ 查表 8-2 取 $\phi=0.85$	Q235A	根据工艺条件确定
2-2	夹套的筒体为内压容器，设计压力为 $p=0.3MPa$，釜体的筒体和封头即受内压又受外压作用，内压设计压力为 $p=0.2MPa$，设计外压的取法是考虑操作过程出现的最大压力差，所以取 $p=0.3MPa$ 为设计外压		根据工艺条件
2-3	设计温度（罐体内）t_1（℃） 设计压力（夹套内）t_2（℃）	<120 ℃ <150 ℃	根据工艺条件

（续）

步　骤	设计项目	参数及结果	备　注
2-4	夹套的筒体壁厚 $S_{夹筒}=\frac{pD_2}{2[\sigma_t]\phi-p}=\frac{0.3\times1.5}{2\times113\times0.85-0.3}+C\approx2.32+C$ $S_{夹筒}=(2.32+2.6)\text{mm}=4.92\text{mm}$	钢板厚度偏差 $C=C_1+C_2+C_3=0.6+2=2.6\text{mm}$ 选择厚度 6mm	按式（8-2）计算
2-5	夹套封头厚度 $S=\frac{kpD_i}{2[\sigma_t]\phi-0.5p}+C=\frac{0.3\times1.5}{2\times113\times0.85-0.5\times0.3}+C$ $\approx(2.32+2.6)\text{mm}=4.92\text{mm}$	选择厚度 6mm	按式（8-4）计算
2-6	罐体筒体计算壁厚 按受内压 0.2MPa 计算，则 $S_{筒}=\frac{pD_i}{2[\sigma_t]\phi-p}+C=\frac{0.2\times1.4}{2\times113\times0.85-0.2}+C$ $\approx(1.446+2.6)\text{mm}=4.04\text{mm}$ 按受外压 0.3MPa 计算 初设釜体筒体壁厚为 6mm 则其外径 $D_w=D_1+2S=1412\text{mm}$ 则筒体受外压长度 $L=H_2+\frac{1}{3}h_{封}=1200\text{mm}+\frac{1}{3}\times(350+25+6)\text{mm}=1327\text{mm}$ 其中 350mm 为封头曲边高，25mm 为封头直边高，6mm 为壁厚。 由式（8-9）计算临界长度 $L_c=1.18D_w\sqrt{\frac{D_w}{S}}=1.18\times1.412\sqrt{\frac{1.412}{6\times10^{-3}}}\text{m}\approx25.5\text{m}$ 故 $L<L_c$，按外压短圆筒计算壁厚 因为碳钢的弹性模量 $E=2\times10^5\text{MPa}$，由式（8-11）得 $S_{筒}=D_w\left(\frac{3p}{2.6E}\frac{L}{D_w}\right)^{0.4}+C$ $=1412\left(\frac{3\times0.3}{2.6\times2\times10^5}\frac{1.327}{1.412}\right)^{0.4}+C\approx(6.8+2.6)\text{mm}$ $=9.4\text{mm}$ 故取釜体筒体壁厚为 10mm 复核 L_c： $L_c=1.18D_w\sqrt{\frac{D_w}{S}}$ $=1.18\times1.420\sqrt{\frac{1.420}{10^{-2}}}\text{m}\approx19.96\text{m}$ $L=H_2+\frac{1}{3}h_{封}=1200\text{mm}+\frac{1}{3}\times(350+25+10)\text{mm}$ $=1328\text{mm}$ $L_c>L$ 复合壁厚： $S_{筒}=D_w\left(\frac{3p}{2.6E}\frac{L}{D_w}\right)^{0.4}+C$ $=1412\left(\frac{3\times0.3}{2.6\times2\times10^5}\frac{1.328}{1.420}\right)^{0.4}+C\approx(6.8+2.6)\text{mm}$ $=9.4\text{mm}$ 故取釜体筒体壁厚为 10mm	罐体筒体选择厚度 10mm	按式（8-2）计算

（续）

步　骤	设 计 项 目	参数及结果	备　注
2-7	釜体封头厚度计算 外压椭圆形封头厚度计算时，可用式（8-4）计算，但计算压力为设计压力的 1.25 倍 $S_{筒封}=\frac{kpD_i}{2[\sigma_t]\phi-0.5p}+C$ $=\frac{1.25\times0.3\times1.5}{2\times113\times0.85-0.5\times1.25\times0.3}+C$ $\approx(2.73+2.6)mm=5.33mm$	故可将筒体封头和筒体的壁厚取为一致，为 10mm。夹套壁厚和夹套封头壁厚也取为 10mm。	按式（8-4）计算
2-8	连接筒体和封头的设备法兰的选择 连接筒体和封头的设备法兰采用压力容器法兰中的甲型平焊法兰 JB/T 4701—2000（凹凸密封面）		
2-9	支座的选用计算 根据设备工艺要求确定支座形式		参见相关标准
2-10	人孔的选择		参见相关标准

8.3.4　搅拌器设计

搅拌器设计主要是工艺设计任务，也可按表 8-16 选取。

表 8-16　搅拌器形式选用表（摘自 HG/T 20596—2009）

工艺过程类别	控 制 因 素	适用搅拌器形式	D_1/D_J	H_0/D_J
调和 （低粘度均相液体混合）	容积循环速率	推进式、涡轮式	推进式：4∶1～3∶1 涡轮式：6∶1～3∶1	不限
分散 （非均相液体混合）	液滴大小（分散度）、容积循环速率	涡轮式	3.5∶1～3∶1	1∶1～1∶2
固体悬浮	容积循环速率、湍流强度	按固体粒度、质量分数及密度，决定用桨式或涡轮式	推进式：2.5∶1～3.5∶1 桨式或涡轮式：2∶1～3.2∶1	1∶2～1∶1
气体吸收	剪切作用、容积循环速率、高速度	涡轮式	2.5∶1～4.0∶1	4∶1～1∶1
传热	容积循环速率、流经传热面的湍流速度	桨式、推进式、涡轮式	桨式：1.25∶1～2∶1 推进式：3∶1～4∶1 涡轮式：3∶1～4∶1	1∶1～2∶1
高粘度操作	容积循环速率、低速率	涡轮式、框式、螺杆式、螺带式、带横挡板的桨式	涡轮式：1.5∶1～2.5∶1 桨式：1.25∶1 左右	1∶2～1∶1
结晶	容积循环速率、剪切作用、低速度	按控制因素用涡轮式、桨式或桨式变种	涡轮式：2.0∶1～3.2∶1	2∶1～1∶1

注：D_1—搅拌容器内径；H_0—液面高度；D_J—搅拌器直径。

当搅拌器形式确定后，机械设计的主要内容是：确定搅拌器直径、搅拌器与搅拌轴的连接结构，进行搅拌轴的强度设计和临界转速校核，选择轴的支承结构。

8.3.5 搅拌轴设计

搅拌轴同时受扭转和弯曲的组合作用，其中以扭转为主，所以工程上采用近似的方法来确定搅拌轴的直径，即假定搅拌轴只承受转矩的作用，然后用增加安全系数、降低材料许用应力的方法，来弥补由于轴受弯曲作用所引起的误差。

1. 搅拌轴的材料选用

搅拌轴的材料常用 45 钢，有时还需要适当的热处理，以提高轴的强度和耐磨性。对于要求较低的搅拌轴可采用普通碳素钢制造。当耐磨性要求较高或釜内物料不允许被铁离子污染时，应当采用不锈钢或采取防腐措施。

2. 搅拌轴直径的计算

搅拌轴的直径同时满足强度和刚度两个条件，取两者较大者。另外，还要考虑到轴上键或孔对轴截面的局部削弱和介质腐蚀的影响。所以搅拌轴直径应按计算直径给予适当增大，并圆整到适当轴径。

(1) 搅拌轴的强度计算　轴的抗扭强度条件为

$$\tau_{max}=\frac{M_T}{W_P}\leqslant[\tau] \tag{8-22}$$

式中，τ_{max}为轴横截面上的最大切应力，单位为 MPa。M_T 为轴所传递的转矩，单位为 N·mm。W_P 为轴的抗扭截面系数，单位为 mm^3。$[\tau]$ 为材料的许用切应力，单位为 MPa。

而

$$M_T=9.55\times10^6\frac{P}{n} \tag{8-23}$$

对于实心轴

$$W_P=\frac{\pi d^3}{16} \tag{8-24}$$

将式 (8-22) 和式 (8-23) 代入式 (8-24)，得

$$d\geqslant365\sqrt[3]{\frac{P}{n[\tau]}} \tag{8-25}$$

式中，d 为搅拌轴直径，单位为 mm。P 为搅拌轴传递功率，单位为 kW。n 为搅拌轴转速，单位为 r/min。

(2) 轴的刚度计算　搅拌轴如产生过大的扭转变形，将引起轴的振动，使轴封失效，影响搅拌釜正常运行，因此应把轴的扭转变形限制在一个允许的范围内，即规定一个设计的扭转刚度条件。工程上以单位长度的扭转角 $[\theta]$ 作为扭转的刚度条件，即

$$\theta=\frac{M_T}{GI_P}\times10^3\times\frac{180^\circ}{\pi}\leqslant[\theta] \tag{8-26}$$

式中，θ 为轴扭转变形的扭转角，单位为°/m。G 为搅拌轴材料的切变弹性模量，单位为 MPa，对于碳钢及合金钢为 8.1×10^4 MPa。I_P 为轴截面材料的极惯性矩，单位为 mm^4，对于实心轴 $I_P=\pi d^4/32$。$[\theta]$ 为许用扭转角，单位为°/m，对于一般传动，如搅拌轴，取 (0.5～1.0)°/m。由上式可导出实心轴的直径为

$$d\geqslant1537\sqrt[4]{\frac{P}{Gn[\theta]}} \tag{8-27}$$

(3) 搅拌轴的支撑　通常情况下，搅拌轴依靠减速机内的一对轴承支承（图 8-11）。但是，由于搅拌轴往往较长而且悬伸在反应釜内进行搅拌操作，因此运转时容易发生振动，将

轴扭弯，甚至完全破坏。

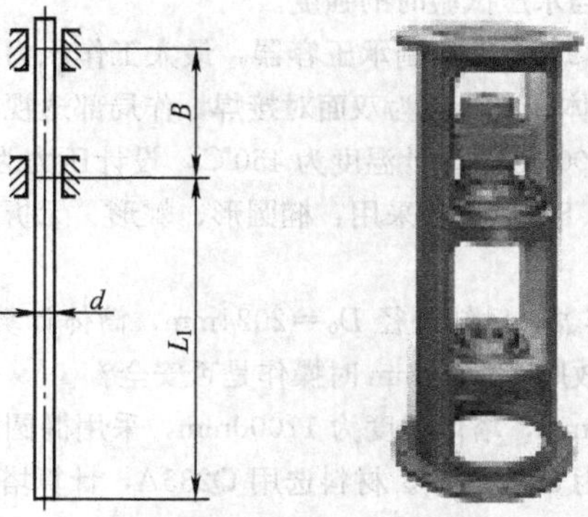

图 8-11　搅拌轴的支撑

为了保持悬臂搅拌轴的稳定，悬臂轴长度 L_1、搅拌轴直径 d、两轴承之间的距离 B 之间的关系应满足

$$\frac{L_1}{B}\leqslant 4\sim 5 \qquad \frac{L_1}{d}\leqslant 40\sim 50$$

当轴的直径较大、搅拌器经过平衡或低转速运转时，L_1/B、L_1/d 可取较大值，高速运转时，取较小的值。

表 8-17 是按搅拌反应釜设计任务书所给参数进行的轴的强度计算步骤。

表 8-17　轴的强度计算步骤

步　骤	项目及代号	参数及结果	备　注
3-1	轴功率 P	1.4kW	由工艺条件确定
3-2	轴转速 n	50r/min	由工艺条件确定
3-3	轴材料	45 钢	常用
3-4	轴传递转矩 $M_T=9.55\times10^6\ \frac{P}{n}$	267.4N·mm	按式（8-23）计算
3-5	材料许用扭转剪切应力［τ］	35MPa	查相关手册
3-6	按强度计算轴径 $d\geqslant 365\sqrt[3]{\frac{P}{n[\tau]}}=365\times\sqrt[3]{\frac{1.4}{50\times40}}\text{mm}\approx 32.3\text{mm}$ 因为碳钢及合金钢的切变弹性模量 $G=8.1\times10^4$MPa，按刚度计算轴径 $d\geqslant 1537\ \sqrt[4]{\frac{P}{Gn[\theta]}}=1537\ \sqrt[4]{\frac{1.4}{8.1\times10^4\times50\times0.5}}\ \text{mm}$ $\approx 44.3\text{mm}$	故取搅拌轴轴径为 45mm	按式（8-25），式（8-27）计算

习　题

8-1　某厂需要设计一台液氨储槽，其内径为 1800mm，总容积 12m³，最大工作压力 1.6MPa，工作温度为－10～40℃，试选择筒体材料和形式，并计算确定筒体厚度。

8-2　某厂脱水塔的塔体内径为 700mm，实际厚度为 12mm，材料为 Q245R，其 200℃时的 $\sigma_s=$

245MPa，塔的工作压力 p=2MPa，工作温度为 180℃，塔体采用单面对接焊（带垫板），局部无损探伤，腐蚀裕量 1mm，试校核塔体工作与水压试验时的强度。

8-3 设计一台不锈钢（07Cr19Ni11Ti）制承压容器，最大工作压力 1.6MPa，装防爆膜防爆，工作温度 150℃，容器内径 1200mm，筒体纵向焊缝为双面对接焊，作局部透视检查，试确定容器壁厚度。

8-4 有一反应釜直径 D_i=2000mm，设计温度为 450℃，设计压力为 0.45MPa，材料为 Q235A，壁厚附加值 C 取 3mm，焊缝系数 ϕ=0.8，试比较采用：椭圆形、蝶形、无折边锥形、平板等四种封头形式的厚度计算结果。

8-5 用 Q235A 制造一外压容器，已知外径 D_0=2024mm，筒体计算长度为 2600mm，在室温下操作，最大压力差为 0.15MPa，试问有效厚度为 12mm 时操作是否安全？

8-6 大型减压塔内径为 6000mm，塔体长度为 17000mm，采用椭圆形封头。设计温度为 400℃，设计压力为 40mmHg（绝对压力，约为 5.33kPa）。材料选用 Q235A，计算塔的厚度（设计为无加强圈结构）。

8-7 塔设备的塔体及裙座可能受到的载荷有几种？

8-8 常压精馏塔（图 8-12）的内径 D_i=1600mm，塔高 24m（包括裙座），塔壁厚 14mm，材料为 Q245R，塔壁外有保温层，厚度为 70mm。裙座座圈厚 14mm，内径为 1628mm，基础环内径为 1460mm，外径为 1890mm，裙座材料采用 Q235A。空塔无保温时塔重量为 16t，操作时塔重量 40t，水压试验时塔重量为 75t。该塔建在兰州。试问：

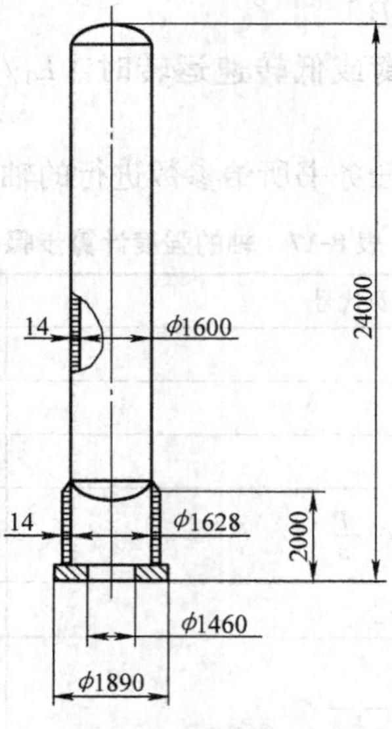

图 8-12 习题 8-8 图

(1) 裙座座圈的厚度是否足够？确定环形底板的厚度和基础螺栓的尺寸及数量。

(2) 塔设备受哪些载荷作用，如何计算？

(3) 为什么要对筒体轴向应力进行验算？怎样验算？

第9章

液压元件及传动

传动机构通常分为机械传动机构、电气传动机构和液压传动机构。液压传动是以液体为工作介质进行能量传递的传动方式。液压传动主要利用液体的压力能来传递能量。

自18世纪末英国制成世界上第一台水压机算起，液压传动技术已有二三百年的历史，但直到20世纪30年代它才较普遍地用于起重机、机床及工程机械。

20世纪60年代以后，液压技术随着原子能应用技术、航空航天技术、计算机技术的发展而迅速发展。当前液压技术正向高速、高压、高效、大功率、低噪声、经久耐用、高度集成化的方向发展。同时，新型液压元件、液压系统的计算机辅助设计（CAD）、计算机辅助测试（CAT）、计算机直接控制（CDC）、机电一体化技术、可靠性技术等也是当前液压传动及控制技术发展和研究的热点。

9.1　液压传动的工作原理及特点

9.1.1　工作原理

液压与气压传动的基本工作原理是相似的，可以用液压千斤顶的工作原理来简述液压传动的工作原理。图9-1是液压千斤顶的工作原理图。大液压缸7是举升液压缸。杠杆手柄1、小液压缸2、排油单向阀3和吸油单向阀4组成手动液压泵。提起杠杆手柄1使小活塞向上移动，小液压缸2下端液压腔容积增大，形成局部真空，这时吸油单向阀4打开，通过吸油管从油箱5中吸油；用力压下手柄，小液压缸2下移，小液压缸2下腔压力升高，吸油单向阀4关闭，排油单向阀3打开，小液压缸2下端液压腔的油液经管道输入大液压缸7的下腔，迫使大液压缸7向上移动，顶起重物8。再次提起杠杆手柄1吸油时，排油单向阀3自动关闭，使油液不能倒流，从而保证了重物8不会自行下落。往复扳动杠杆手柄1，就能不断地把油液压入举升大液压缸7的下腔，使重物逐渐地升起。如果打开截止阀6，举升大液压缸 7 的下腔的油液通过管道流回油箱，重物就向下移动。

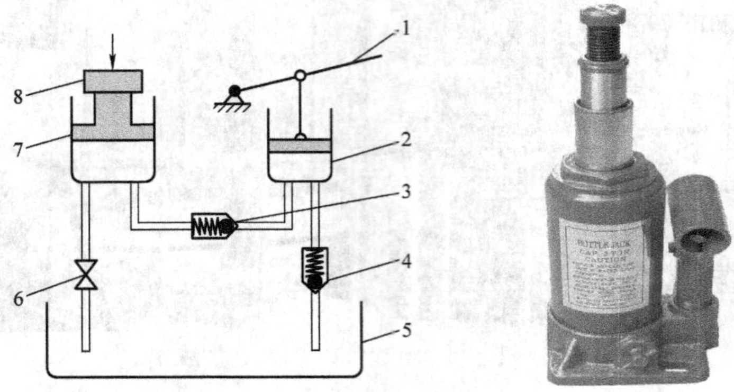

图 9-1　液压千斤顶工作原理和外形

1—杠杆手柄　2—小液压缸　3—排油单向阀　4—吸油单向阀　5—油箱　6—截止阀　7—大液压缸　8—重物

通过对上面液压千斤顶工作过程的分析，可以初步了解到液压传动是利用有压力的油液作为传递动力的工作介质。压下杠杆手柄 1 时，小液压缸 2 输出压力油，是将机械能转换成油液的压力能，压力油经过管道及排油单向阀 3，推动大液压缸 7 举起重物，是将油液的压力能又转换成机械能。大液压缸 7 举升的速度取决于单位时间内流入大液压缸 7 中油液的体积。由此可见，液压传动是一个能量的转换过程，它先将机械能转换为便于输送的液压能，再将液压能转换为机械能做功。

9.1.2　液压传动系统的主要优点

液压传动之所以能得到广泛的应用，是因为它与机械传动、电气传动相比，具有以下主要优点：

1）液压传动是由油管连接，借助油管的连接可以方便灵活地布置传动机构，不受严格的空间位置限制，能构成用其他方法难以组成的复杂系统。

2）液压传动装置的重量轻、结构紧凑、惯性小。例如，相同功率液压马达的体积仅为电动机的 12%～13%。

3）液压传动可在大范围内实现无级调速。借助阀或变量泵、变量马达，可以实现无级调速，调速范围可达 1～2000，并可在液压装置运行的过程中进行调速。

4）传递运动均匀平稳，负载变化时速度较稳定，因此，金属切削机床中磨床的传动现在几乎都采用液压传动。

5）液压装置易于实现过载保护，使用安全、可靠，不会因过载而造成主件损坏。各液压元件能同时自行润滑，因此使用寿命长。

6）液压传动容易实现自动化。借助于各种控制阀，特别是液压控制和电气控制结合使用时，能很容易地实现复杂的自动工作循环，而且可以实现遥控。

7）液压元件已实现了标准化、系列化和通用化，便于设计、制造和推广使用。

9.1.3　液压传动系统的主要缺点

1）由于液压油的可压缩性和泄漏等因素，影响运动的平稳性和准确性，使液压传动不能保证严格的传动比。

2）液压传动对液体温度的变化比较敏感。温度变化时，液体粘度变化引起运动特性变化，使工作的稳定性受到影响，所以，不能在温度变化很大的环境条件下工作。

3）为了减少泄漏以及满足某些性能上的要求，液压元件制造和装配精度高，加工工艺较复杂，成本高，对油的污染比较敏感。

4）液压传动要求有单独的能源，能量必须经过两次转换，传动效率偏低。

5）液压系统发生故障不易检查和排除。

9.1.4 液压传动在机械中的应用

由于液压传动具有很多优点，使这种新技术发展得很快。在机床上，液压传动常应用在以下一些装置中：

（1）进给运动传动装置　磨床砂轮架和工作台的进给运动大部分采用液压传动。车床、转塔车床、自动车床的刀架或转塔刀架，铣床、刨床、组合机床的工作台的进给运动也都采用液压传动。这些部件有的要求快速移动，有的要求慢速移动，有的则既要求快速移动，也要求慢速移动。这些运动有的要求有较大的调速范围，在工作中无级调速，有的要求持续进给，有的要求间歇进给，有的要求在负载变化时速度恒定，有的要求有良好的换向性能等。所有这些要求都是可以用液压传动来实现的。

（2）往复主体运动传动装置　龙门刨床的工作台、牛头刨床或插床的滑枕，由于要求做高速往复直线运动，并且要求换向冲击小、换向时间短、能耗低，因此一般采用液压传动。

（3）仿形装置　车床、铣床、刨床上的仿形加工可以采用液压伺服系统来完成，其精度可达 0.01～0.02mm。此外，磨床上的成形砂轮修正装置亦可采用这种系统。

（4）辅助装置　机床上的夹紧装置、齿轮箱变速操纵装置、丝杠螺母间隙消除装置、垂直移动部件平衡装置、分度装置、工件和刀具装卸装置、工件输送装置等，采用液压传动后，有利于简化机床结构，提高机床自动化程度。

（5）静压支承　重型机床、高速机床、高精度机床上的轴承、导轨、丝杠螺母机构等处采用液体静压支承后，可以提高工作平稳性和运动精度。

液压传动在其他机械工业部门的应用情况见表 9-1 所示。

表 9-1　液压传动在各类机械行业中的应用

行业名称	应用举例
工程机械	挖掘机、装载机、推土机、压路机、盾构机等
起重运输机械	汽车吊、港口龙门吊、叉车、装卸机械、皮带运输机等
矿山机械	凿岩机、开掘机、开采机、破碎机、提升机、液压支架等
建筑机械	打桩机、液压千斤顶、平地机等
农业机械	联合收割机、拖拉机、农具悬挂系统等
冶金机械	电炉炉顶及电极升降机、轧钢机、压力机等
轻工机械	打包机、注塑机、校直机、橡胶硫化机、造纸机等
汽车工业	自卸式汽车、平板车、高空作业车、汽车中的转向器、减振器等
智能机械	折臂式小汽车装卸器、数字式体育锻炼机、模拟驾驶舱、机器人等

9.2　液压传动系统的组成及符号绘制

9.2.1　液压传动系统的组成

图 9-2 所示的一般液压传动系统由油箱、过滤器、液压泵、溢流阀、开停阀、节流阀、换向阀、液压缸以及连接这些元件的管路、接头组成。其工作原理是：液压泵由电动机驱动后，从油箱中吸油。油液经过滤器进入液压泵，油液在泵腔中被加压，从出口高压输出。在图 9-2a 所示状态下，通过开停阀、节流阀、换向阀进入液压缸左腔，推动活塞使工作台向右移动。这时，液压缸右腔的油经换向阀和回油管排回油箱。

如果将换向阀手柄转换成图 9-2b 所示状态，则压力管中的油将经过开停阀、节流阀和换向阀进入液压缸右腔，推动活塞使工作台向左移动，并使液压缸左腔的油经换向阀和回油管排回油箱。

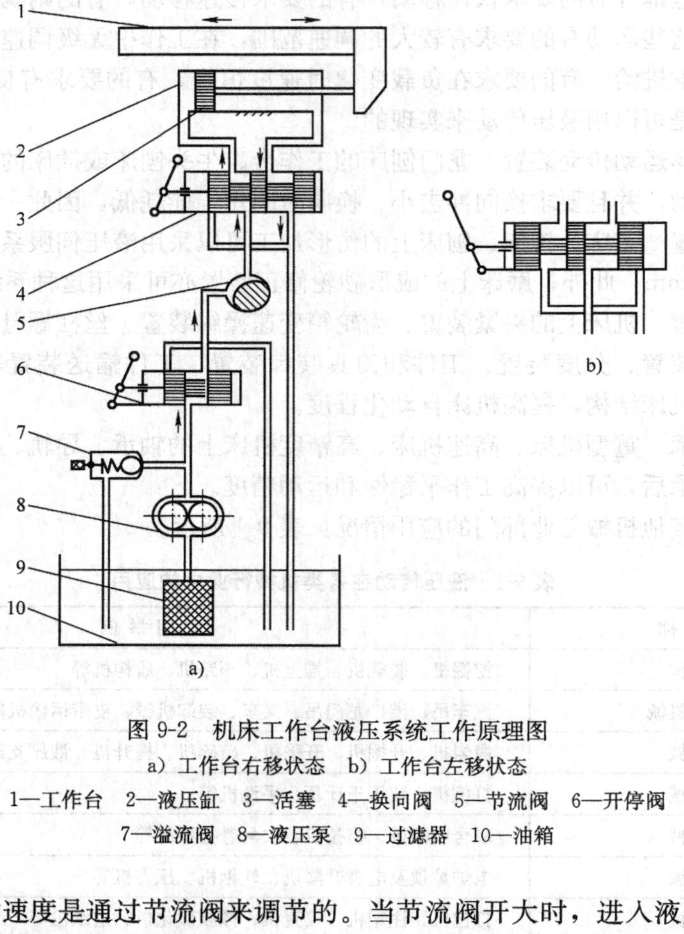

图 9-2　机床工作台液压系统工作原理图

a）工作台右移状态　b）工作台左移状态

1—工作台　2—液压缸　3—活塞　4—换向阀　5—节流阀　6—开停阀

7—溢流阀　8—液压泵　9—过滤器　10—油箱

工作台的移动速度是通过节流阀来调节的。当节流阀开大时，进入液压缸的油量增多，工作台的移动速度增大。当节流阀关小时，进入液压缸的油量减小，工作台的移动速度减小。为了克服工作台移动时所受到的各种阻力，液压缸必须产生一个足够大的推力，这个推力是由液压缸中的油液压力所产生的。要克服的阻力越大，缸中的油液压力越高，反之压力就越低。这种现象正说明了液压传动的一个基本原理：压力的大小取决于负载的大小。从上述机床工作台液压系统的工作过程可以看出，一个完整的、能够正常工作的液压系统，应该由以下五个主要部分来组成：

1）能源装置。它是供给液压系统压力油，把机械能转换成液压能的装置。最常见的形式是液压泵。

2）执行装置。它是把液压能转换成机械能的装置。其形式有作直线运动的液压缸，有作回转运动的液压马达，它们又称为液压系统的执行元件。

3）控制调节装置。它是对系统中的压力、流量或流动方向进行控制或调节的装置。如溢流阀、节流阀、换向阀、开停阀等。

4）辅助装置。上述三部分之外的其他装置，例如油箱，过滤器，管路等。它们对保证系统正常工作是必不可少的。

5）工作介质。传递能量的流体，即液压油等。

9.2.2 液压传动系统的符号绘制

图 9-2 所示的液压系统是一种半结构式的工作原理图，它有直观性强、容易理解的优点。当液压系统发生故障时，根据原理图检查十分方便，但图形比较复杂，绘制比较麻烦。我国已经制定了用规定的图形符号来表示液压原理图中的各元件和连接管路的国家标准——GB/T 786.1—2009《流体传动系统及元件图形符号和回路图第 1 部分：用于常规用途和数据处理的图形符号》。标准中对于这些图形符号有以下几条基本规定：

1）符号只表示元件的职能，连接系统的通路，不表示元件的具体结构和参数，也不表示元件在机器中的实际安装位置。

2）元件符号内的油液流动方向用箭头表示，线段两端都有箭头的，表示流动方向可逆。

3）符号均以元件的静止位置或中间零位置表示，当系统的动作另有说明时，可作例外。

图 9-3 所示为图 9-2a 所示系统用国家标准规定的符号绘制的工作原理图。使用这些图形符号可使液压系统在制图时简单明了，且便于绘图。

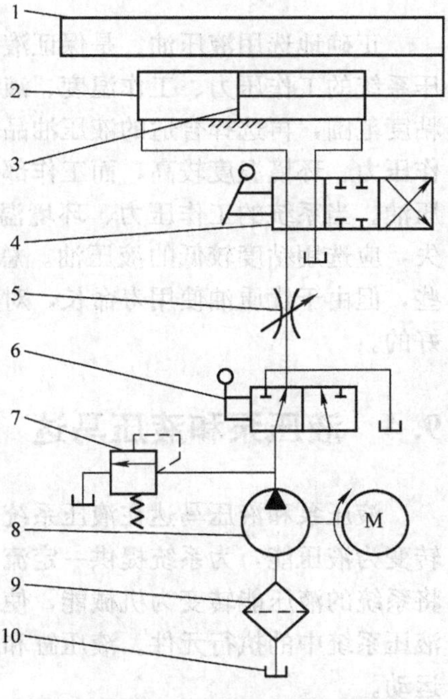

图 9-3 机床工作台液压系统的图形符号图

1—工作台 2—液压缸 3—活塞 4—换向阀 5—节流阀 6—开停阀 7—溢流阀 8—液压泵 9—过滤器 10—油箱

9.3 液压传动的工作介质

液压油是液压传动的工作介质。液压油不仅作为工作介质来传递能量，而且具有润滑、防腐、防锈及冷却作用。液压油质量的优劣直接影响液压系统的工作性能。

9.3.1 液压系统对液压油的要求

从液压系统使用油液的要求来看，有下面几点：

1）适宜的粘度和良好的粘温性能。一般液压系统所用的液压油的粘度范围在 $1\times10^{-5}\sim6\times10^{-5}m^2/s$ 之间，在使用范围内，油的粘度随温度的变化越小越好。

2）润滑性能好，即油液润滑时产生的油膜强度高，以免产生干摩擦。对液压装置及相对运动的元件具有良好的润滑性。

3）良好的化学稳定性，即对热、氧化、水解等都具有良好的稳定性。油液不易变质。

4）对金属材料具有防锈性和耐蚀性。

5）抗泡沫性好，抗乳化性好，对金属和密封件有良好的相容性。

6）油液纯净，含杂质量少，以免侵蚀液压元件和密封件。

7）比热容、热导率大，热膨胀系数小。流动点和凝固点低，闪点和燃点高。此外，应对人体无害且价格便宜。

9.3.2 液压油的选用

正确地选用液压油，是保证液压设备高效率正常运转的前提。选用液压油时，应根据液压系统的工作压力、工作温度、液压元件种类及经济性等因素全面考虑。一般是先确定适用粘度范围，再选择合适的液压油品种。要考虑液压系统工作条件的特殊要求，如当系统的工作压力、环境温度较高，而工作部件运动速度较低时，为了减少泄漏，应选用粘度较高的液压油。当系统的工作压力、环境温度较低，而工作部件运动速度较高时，为了减少能量损失，应选用粘度较低的液压油。总的来说，应尽量选用较好的液压油，虽然初始成本要高些，但由于优质油使用寿命长，对元件损害小，所以从整个使用周期看，其经济性还是比较好的。

9.4 液压泵和液压马达

液压泵和液压马达在液压系统中都属于能量转换装置。液压泵是将电动机输出的机械能转变为液压能，为系统提供一定流量和压力的油液，是液压系统中的动力源。而液压马达是将系统的液压能转变为机械能，使系统输出一定的转速和转矩，驱动机器工作部件运动，是液压系统中的执行元件。液压缸和液压马达的作用一样，也是执行元件，只是液压缸作直线运动。

9.4.1 液压泵和液压马达的工作原理和特点

液压系统中采用的液压泵和液压马达都是属于容积式的。液压泵的工作原理可以用图9-4所示单柱塞式液压泵来说明。

柱塞 5 在弹簧 3 的作用下紧压在凸轮 6 上，电动机带动凸轮 6 旋转，使柱塞 5 在柱塞套中作往复运动。当柱塞向外伸出时，密封油腔 4 的容积由小变大形成真空，油箱中的油液在大气压力的作用下顶开单向阀 2，这时单向阀 1 关闭，而油箱的油进入油腔 4 实现吸油。当柱塞向里顶入时，密封油腔 4 的容积由大变小，其中的油液受到挤压而产生压力。当压力增大到能克服单向阀 1 中弹簧的作用力时，油液便会顶开单向阀 1，这时单向阀 2 封住吸油管，实现向系统压油，凸轮连续旋转，柱塞就不断地进行吸油和压油。

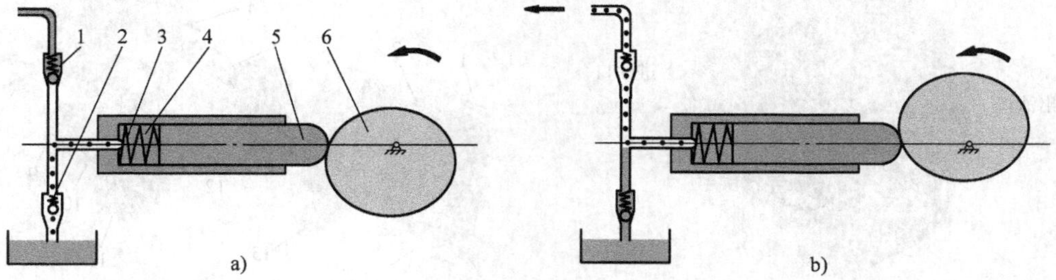

图 9-4　单柱塞式液压泵工作原理
a）吸油过程　b）压油过程
1、2—单向阀　3—弹簧　4—油腔　5—柱塞　6—凸轮

由此可知，容积式液压泵是依靠密封工作油腔的容积变化来进行工作的。

从工作原理上说，液压泵与液压马达之间是可逆的。但由于它们在系统中的功能不同，所以，在具体结构上仍有差异。

9.4.2　液压泵和液压马达的类型

液压泵和液压马达的类型很多，国家标准分别规定了标准符号（图 9-5），常用的类型主要可分为柱塞式、叶片式和齿轮式三大类。而对每一类还可进一步细分，如柱塞式可分为轴向柱塞式和径向柱塞式，叶片式可分为单作用式与双作用式，齿轮式可分为外啮合式和内啮合式。根据液压泵或液压马达的排量是否可以改变，又可分为定量泵、定量马达和变量泵、变量马达。调节排量的方式有手动和自动两种。而自动调节又分为限压式、恒压式、恒功率式和恒流量式等。根据转速高低和转矩大小，液压马达又可分为高速小转矩和低速大转矩。本节主要介绍几种常见液压泵的结构。

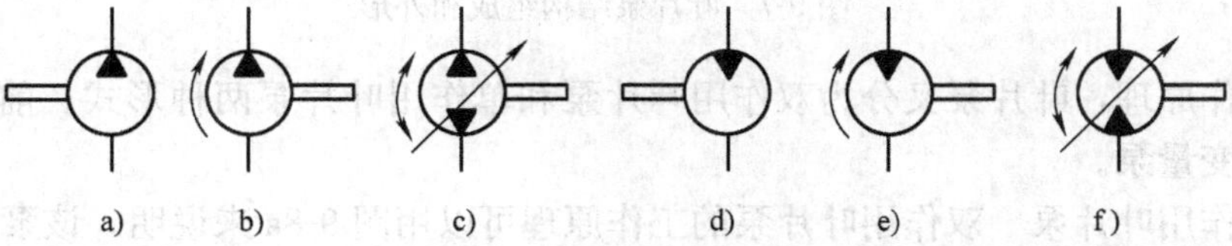

图 9-5　液压泵和液压马达图形符号示意
a）液压泵　b）单向定量液压泵　c）双向变量液压泵　d）液压马达　e）单向定量液压马达　f）双向变量液压马达

1. 齿轮泵

齿轮泵的构造和工作原理比较简单，图 9-6 所示为一般外啮合齿轮泵。它是由装在壳体内的一对齿轮所组成的，齿轮的两个端面处用两个端盖来密封。两个齿轮、壳体与端盖之间在齿轮啮合点的两侧形成两个密封的工作腔。当齿轮在电动机的带动下，按图 9-6 所示方向旋转时，在啮合点的右侧，啮合的齿轮逐渐脱开，使密封工作腔不断由小变大，形成局部真空，将油液从油箱经过进油口吸入填充齿间。随着齿轮的旋转，油液被带到啮合点的左侧，由于齿轮在这里逐渐进入啮合，使密封的工作腔容积不断由大变小，油液便经出油口被挤压到系统中去。

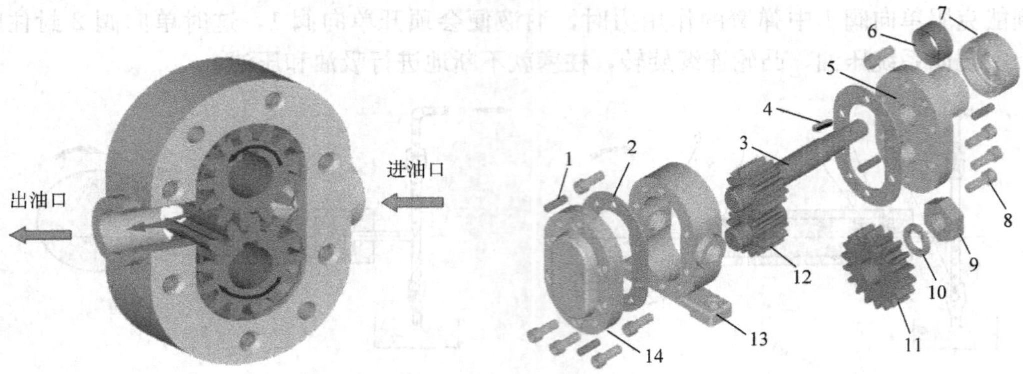

图 9-6　齿轮泵的构造及工作原理图

1—销　2—垫片　3—传动齿轮轴　4—键　5—右端盖　6—轴套　7—压紧螺母　8—螺钉　9—螺母　10—垫圈　11—传动齿轮　12—齿轮轴　13—泵体　14—左端盖

2. 叶片泵

叶片泵具有流量均匀、运转平稳、噪声低、体积小、重量轻等优点。缺点是对油液污染较敏感，转速不能太高。叶片泵结构组成和外形见图 9-7。

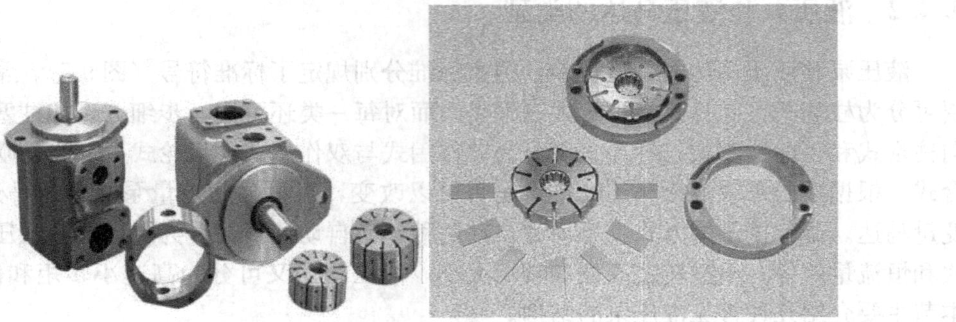

图 9-7　叶片泵结构组成和外形

按照工作原理，叶片泵又分为双作用叶片泵和单作用叶片泵两种形式。前者为定量泵，后者一般为变量泵。

(1) 双作用叶片泵　双作用叶片泵的工作原理可以用图 9-8a 来说明。该泵由转子 1、定子 2、叶片 3、配油盘 4 以及泵体 5 等零件组成。

定子 2 与泵体 5 固定在一起，其内表面类似椭圆形，是由与转子 1 同心的两段大圆弧、两段小圆弧和连接这些圆弧的四段过渡曲线所组成。其中大圆弧半径为 R，小圆弧半径为 r，叶片 3 可在转子 1 径向叶片槽中灵活滑动。叶片槽的底部通过配油盘上的油槽与出油口相连。当电动机带动转子 1 转动时，叶片 3 在离心力和叶片底部压力油的双重作用下，向外伸出。其顶部紧贴在定子 2 内表面上，处于圆弧上的四个叶片分别与转子 1 外表面、定子 2 内表面及两个配油盘 4 组成四个密封工作油腔。这些密封工作油腔随着转子 1 的转动，在图 9-8b 所示 1 和 2 象限内，密封工作油腔的容积逐渐由小变大，通过配油盘 4 的进油窗口与出油口相连，将油液吸入。在图 9-8b 所示 2 和 3 象限，密封工作油腔的容积由大变小，通过配油盘 4 的压油窗口与出油口相连，将油液压出。由于转子每转一周，每个工作腔完成两次吸油和压油，所以称为双作用叶片泵。由图 9-8a 不难看出，两个吸油区（低压）和两个压油区（高压）在径向上是对称分布的。作用在转子 1 上的液压作用力互相平衡，使转子轴轴承的径向载荷得以平衡。故也称为平衡式叶片泵。由于改善了零件的受力情况，所以双作用叶片泵可承受的工作压力比普通齿轮泵高。

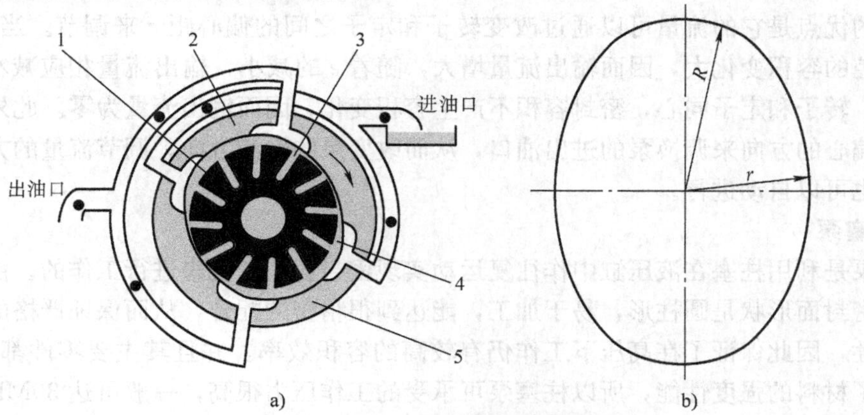

图 9-8　双作用叶片泵的工作原理

1—转子　2—定子　3—叶片　4—配油盘　5—泵体

（2）单作用叶片泵　单作用叶片泵的构造和工作原理可用图 9-9 来说明。它与双作用叶片泵相似，也是由转子 1、定子 2、叶片 3 以及侧面两个配油盘 4 等零件组成。不同之处是定子 2 的内表面是圆的，且转子 1 和定子 2 并不是同心安装，而是有一个偏心量 e。当转子 1 转动时，转子径向槽中的叶片 3 在离心力的作用下伸出，使叶片顶部紧靠在定子 2 内表面上。在两侧配油盘 4 上开有吸油和压油窗口，分别与进、出油口连通。在吸油窗口和压油窗口之间的区域就是封油区。它把吸油腔和压油腔隔开，处在封油区的两个叶片与转子 1 外圆、定子 2 内圆以及侧面两个配油盘 4 形成左、右两个密封工作腔。当转子按图 9-9 所示方向旋转时，右边密封工作腔的容积逐渐增大，通过配油盘上的吸油窗口将油液吸入。而左边密封工作腔的容积逐渐减小，通过压油窗口将油液压出。转子 1 每转一周，每两叶片间的密封工作腔实现一次吸油和压油，故称单作用叶片泵。由图 9-9 可看出转子 1 受到压油腔的单向液压作用力，使转子轴承承受很大的径向载荷，所以也称为非平衡式叶片泵。

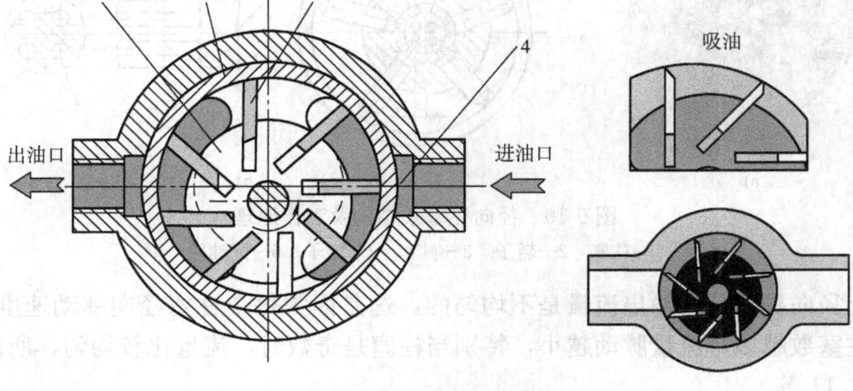

图 9-9　单作用叶片泵

1—转子　2—定子　3—叶片　4—配油盘

通常这类泵的叶片底部通过配油盘上的通油槽与叶片所在的工作腔相连。因此叶片在压油区时，叶片底部通高压油。叶片在吸油区时，叶片底部通低压油。从而使叶片顶端和底端因径向运动而对流量产生的影响互相抵消。由于封油区定子内表面和转子外表面不是同心圆弧，因而会产生流量脉动。并且，困油现象也难以避免，故一般不宜用在高压系统中。单作用叶片泵的优点是它的流量可以通过改变转子和定子之间的偏心距 e 来调节。当加大 e 时，密封工作腔的容积变化大，因而输出流量增大，随着 e 的减小，输出流量相应减小。当 e 减小到零时，转子和定子同心，密封容积不产生容积变化，因而输出流量为零。此外，还可以通过改变偏心的方向来调换泵的进出油口，从而改变泵的输油方向，调节流量的方式可以是手动的，也可以自动进行。

3. 柱塞泵

柱塞泵是利用柱塞在液压缸中作往复运动实现密封容积变化来进行工作的。由于柱塞和液压缸的密封面形状是圆柱形，易于加工，能达到很精密的配合，从而保证严格的间隙和良好的密封性，因此保证了在高压下工作仍有较高的容积效率。并且其主要零件都承受压力，充分发挥了材料的强度性能，所以柱塞泵可承受的工作压力很高，一般可达 30MPa 以上。

根据柱塞液压缸排列方式，柱塞泵可分为径向柱塞泵和轴向柱塞泵两大类。

径向柱塞泵的结构及工作原理如图 9-10 所示。它是由柱塞 1、转子 2、衬套 3、定子 4、配油轴 5 等主要零件构成。沿转子 2 的半径方向均匀分布有若干个柱塞缸，柱塞 1 可在其中灵活滑动。衬套 3 与转子 2 内孔是紧配合，随转子一起转动。配油轴 5 是固定不动的，其结构如图 9-10b 所示。当转子 2 转动时，由于定子 4 内圆中心和转子 2 中心之间有偏心距 e，于是柱塞在定子内表面的作用下，在转子的液压缸中作往复运动，实现密封容积变化。当转子顺时针旋转时，上半部柱塞向外伸出，柱塞 1 的伸出是靠本身的离心力及吸油腔中低压油的压力或者借助于机械装置，缸内密封容积逐渐增大，通过配油轴 5 的油孔 c 将油液吸入。下半部柱塞向里推入，缸内密封容积逐渐缩小，通过配油轴 5 上的孔 d 将油液压出。转子 2 每转一周，每个柱塞 1 往复一次，完成一次吸油和压油过程。

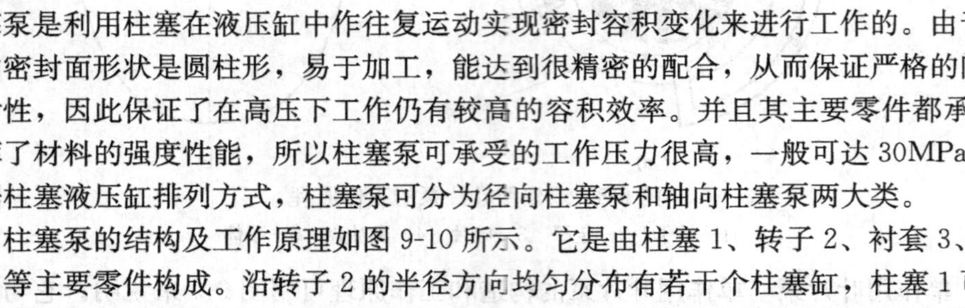

a)　　　　b)

图 9-10　径向柱塞泵结构及工作原理

1—柱塞　2—转子　3—衬套　4—定子　5—配油轴

实际上径向柱塞泵的输出流量是不均匀的，这是因为每个柱塞径向移动速度是变化的。实践证明柱塞数越多，流量脉动越小，特别当柱塞是奇数时，流量比较均匀，所以柱塞数一般为 7、9、11 等。

径向柱塞泵由于柱塞缸按径向排列，造成径向尺寸大，结构较复杂。柱塞和定子间不用机械连接装置时，自吸能力差。配油轴受到很大的径向载荷，易变形、磨损快，且配油轴上封油区尺寸小、易漏油。因此，限制了泵的工作压力和转速的提高。尤其是作为液压马达使用时，因其惯量大，对于快速系统、速度频繁变换的系统以及自动调节系统是十分不利的。因而在机床液压系统中较少采用。

轴向柱塞泵的柱塞缸是轴向排列的。因此它除了具有径向柱塞泵良好的密封性和较高的容积效率等优点外，它的结构紧凑，尺寸小，惯性小。在机床及其他工业上应用较多。尤其是作为液压马达更是如此。

图 9-11 为轴向柱塞泵结构和工作原理示意图。它是由倾斜盘 1、柱塞 2、转子缸体 3、配油盘 4、传动轴 5 等主要零件组成。缸体上沿圆周均匀分布若干轴向排列的柱塞缸。柱塞 2 可在其中灵活滑动，倾斜盘 1 和配油盘 4 固定不动。传动轴 5 带动转子缸体 3 和柱塞 2 一起转动。柱塞 2 在低压油（由辅助泵供给）的作用下或靠机械装置紧压在倾斜盘 1 上。由于倾斜盘 1 相对传动轴 5 倾斜了一个角度 δ。当传动轴顺时针转动时，柱塞 2 在从下到上回转的半周内逐渐向外伸出，使缸内密封容积不断增大，将油液从配油盘上的吸油窗口 a 吸入。柱塞 2 在从上到下回转的半周内，逐渐向里推入，使缸内密封容积不断减小，将油液从配油盘上的压油窗口 b 压出。转子每转一周，每个柱塞往复移动一次，完成一次吸油和压油。改变倾斜盘 1 倾斜角度 δ 的大小，可以改变柱塞往复运动的行程长度，从而改变泵的排量。

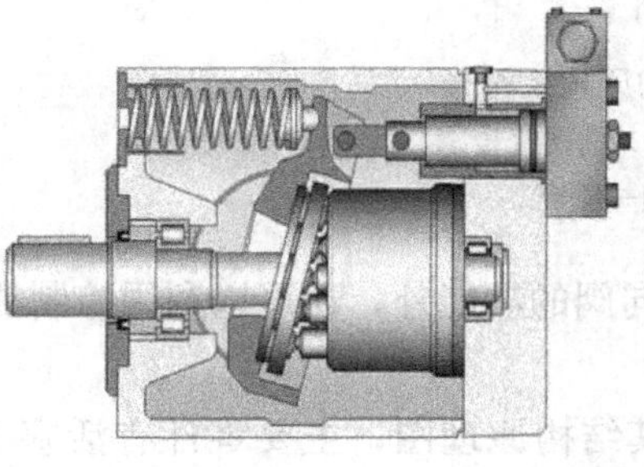

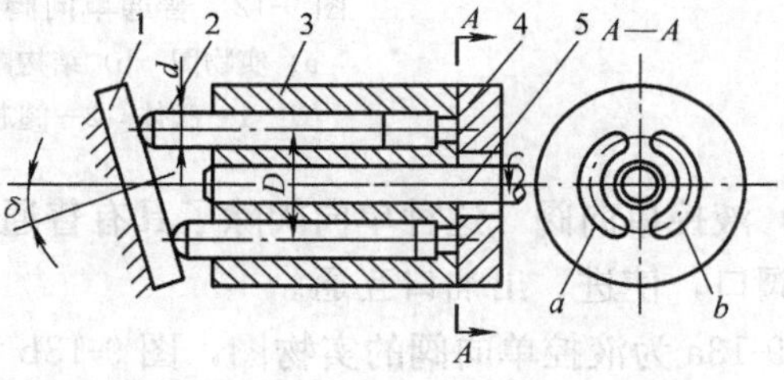

图 9-11　轴向柱塞泵结构和工作原理
1—倾斜盘　2—柱塞　3—转子缸体　4—配油盘　5—传动轴

轴向柱塞泵的流量脉动系数与柱塞数的关系是：柱塞数越多，流量脉动系数越小，且柱塞数为奇数时的脉动系数比偶数时的脉动系数小得多，故一般采用奇数柱塞。

9.5　液压控制阀

液压阀是液压系统的控制元件。液压阀既不进行能量的转换，也不做功，它只对液流的流动方向、压力和流量进行预期的控制，使之满足系统的需要。按其功用，液压阀可分为方向阀、压力阀和流量阀三大类，每一类又有很多种类。各种阀的功用、形状虽然不同，但在结构上都由阀体、阀芯、弹簧和操纵机构等组成。

9.5.1　方向阀

用来控制油液流动方向的液压阀，称为方向阀。它主要有单向阀和换向阀两类。

1. 单向阀

控制油液单方向流动的液压阀，称为单向阀。单向阀中有普通单向阀和液控单向阀两种。

(1) 普通单向阀　这种单向阀只允许油液单方向流动，而不允许油液反方向流动。它在液压系统中应用很广，是结构最简单的一种液压阀。

图 9-12a 是普通单向阀的实物图，图 9-12b 是其结构图，主要零件有阀体 1、阀芯 2、弹簧 3。阀芯 2 可以是钢球，也可以是带锥面的圆柱。油液从进口 P_1 流入，其压力作用在阀芯 2 上，克服弹簧力，使阀芯 2 向右移动，阀芯 2 与阀口脱开，油液经阀芯 2 上的径向孔从出油口 P_2 流出。如果油液反向流动，油液和弹簧 3 对阀芯 2 的作用力方向相同，使阀芯 2 紧压阀体 1 的阀口，油液流动被阻止。阀中弹簧 3 的作用只是在阀芯 2 回位时克服阀芯 2 和阀体 1 间的摩擦力，弹簧的弹性较小。单向阀的开启压力一般为 0.035～0.05MPa。单向阀的图形符号如图 9-12c 所示。

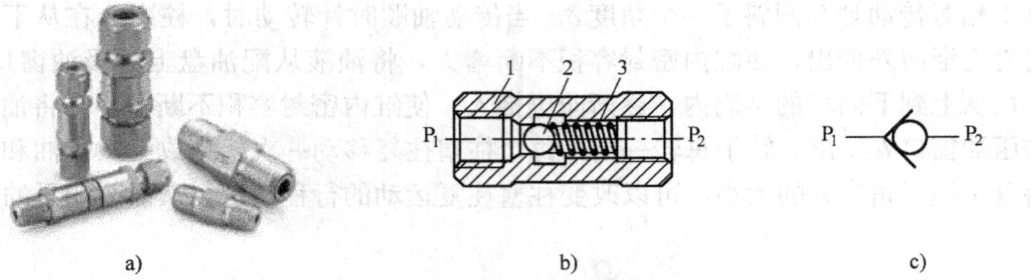

图 9-12　普通单向阀结构原理及符号

a) 实物图　b) 结构图　c) 简图符号

1—阀体　2—阀芯　3—弹簧

(2) 液控单向阀　这种单向阀除了具有普通单向阀的功能外，还可以利用控制油液的压力打开阀口，使进、出油口互通。

图 9-13a 为液控单向阀的实物图，图 9-13b 为其结构原理图，主要零件有活塞 1、顶杆 2、阀芯 3、弹簧 4 和阀体 5。阀体 5 上开有进油口 P_1 和出油口 P_2，与普通单向阀不同的是，在有活塞的一侧还开有液控油口 K。当液控油口 K 不通入压力油时，它和普通单向阀一样，只允许油液自 P_1 流向 P_2，而不能从 P_2 流向 P_1。当液控油口 K 通入压力油时，在液压力作用下，活塞 1 带动顶杆向右运动顶开阀芯 3，此时进出油口互通，油液正反两个方向都可以

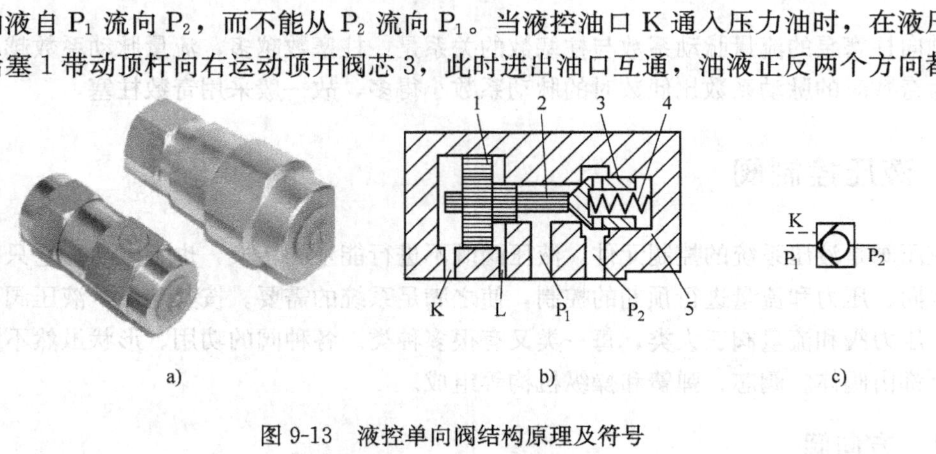

图 9-13　液控单向阀结构原理及符号

a) 实物图　b) 结构图　c) 简图符号

1—活塞　2—顶杆　3—阀芯　4—弹簧　5—阀体

通过。当油液反向流动时，在油液的压力和弹簧 4 共同作用下，使阀芯 3 紧压在阀体 5 的阀口上。但是由于活塞 1 的有效作用面积比阀芯 3 大得多，此时液控油口 K 通入油液的压力一般达到主油路压力的 4.5%就可把阀打开。

2. 换向阀

控制液流接通、断开以便变换流动方向的液压阀，称为换向阀。换向阀的工作原理是利用变换阀芯和阀体的相对位置来断开或接通不同的油口，以达到变换液流流动方向的目的。阀芯相对阀体可以转动，也可以移动。前者称为转阀，后者称为滑阀。

换向阀应用十分广泛，种类繁多。按阀芯在阀体内的工作位置数分类，有二位、三位和多位（三位以上）阀。按阀体与系统连通的油口数分类，有二通、三通、四通和五通阀。按阀芯在阀体内运动的操纵方式分类，有手动、机动、电磁、液动和电液动换向阀。因此，换向阀的全称都包含以上三个内容，如二位三通电磁换向阀、三位五通电液换向阀。

（1）换向阀的“通”和“位”　“通”和“位”是换向阀的重要概念。不同的“通”和“位”构成了不同类型的换向阀。通常所说的二位阀、三位阀是指换向阀的阀芯有两个或三个不同的工作位置。所谓二通阀、三通阀、四通阀是指换向阀的阀体上有两个、三个、四个各不相通且可与系统中不同油管相连的油道接口，不同油道之间只能通过阀芯移位时阀口的开关来连通。

几种不同“通”和“位”的滑阀式换向阀主体部分的结构形式和图形符号如表 9-2 所示。

表 9-2　“通”和“位”的滑阀式换向阀主体部分的结构形式和图形符号

名　称	结构原理图	图形符号
二位二通	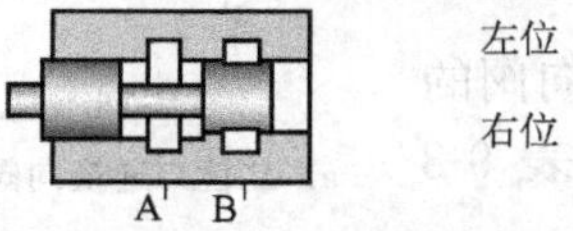	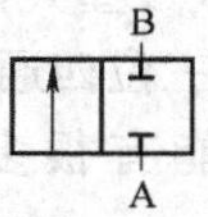
二位三通	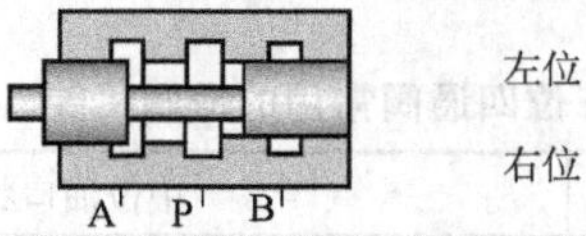	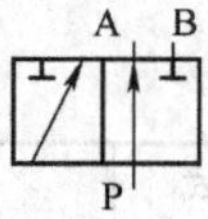
二位四通	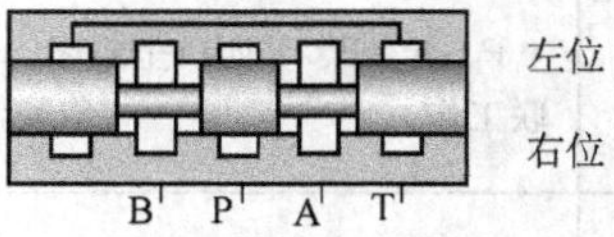	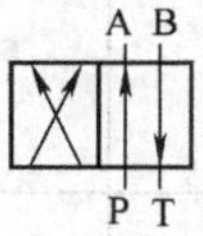
二位五通	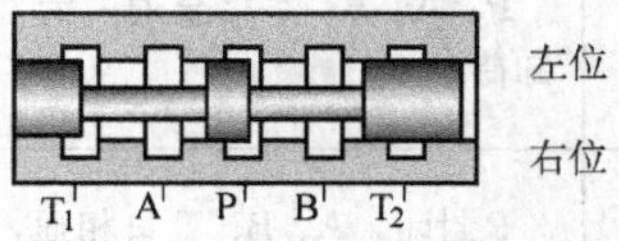	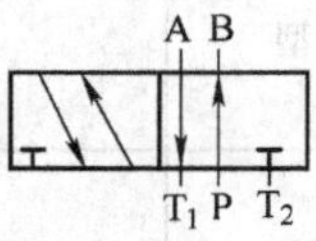
三位四通	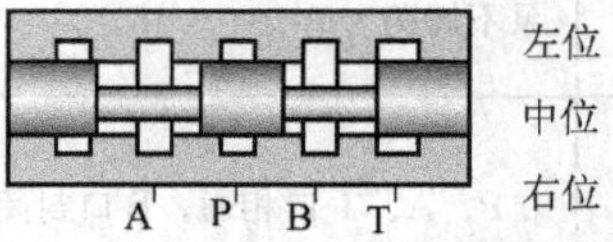	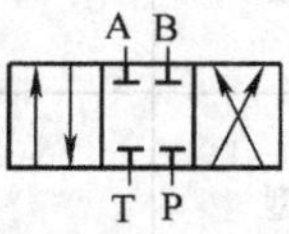
三位五通	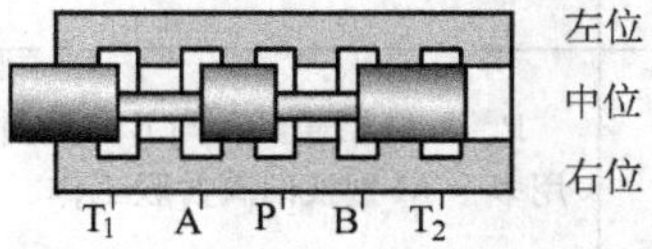	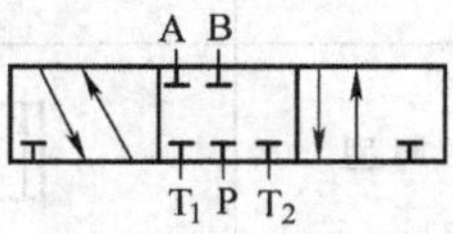

表 9-2 中图形符号的含义如下：

1）用方框表示阀的工作位置，有几个方框就表示有几“位”。

2）方框内的箭头表示油路处于接通状态，但箭头方向不一定表示液流的实际方向。

3）方框内符号“⊥”或“⊤”表示该通路不通。

4）方框外部连接的接口数有几个，就表示几“通”。

5）一般阀与系统供油路连接的进油口用字母 P 表示。阀与系统回油路连通的回油口用 T（有时用 O）表示。而阀与执行元件连接的油口用 A、B 等表示。有时在图形符号上用 L 表示泄漏油口。

6）换向阀都有两个或两个以上的工作位置，其中一个为常态位，即阀芯未受到操纵力时所处的位置。图形符号中的中位是三位阀的常态位。利用弹簧复位的二位阀则以靠近弹簧的方框内的通路状态为其常态位。绘制系统图时，油路一般应连接在换向阀的常态位上。

（2）滑阀机能　滑阀式换向阀处于中间位置（Neutral Position）或原始位置（Normal Position）时，阀中各油口的连通方式称为换向阀的滑阀机能。滑阀机能直接影响执行元件的工作状态，不同的滑阀机能可满足系统的不同要求。正确选择滑阀机能是十分重要的。本小节主要介绍二位二通和三位四通换向阀的滑阀机能。

1）二位二通换向阀。二位二通换向阀其两个油口之间的状态只有两种，通或断（图 9-14a）。自动复位式（如弹簧复位）的二位二通换向阀的滑阀机能有常闭式（O 型）和常开式（H 型）两种（图 9-14b）。

2）三位四通换向阀。三位四通换向阀的滑阀机能有很多种，常用的几种如表 9-3 所示：

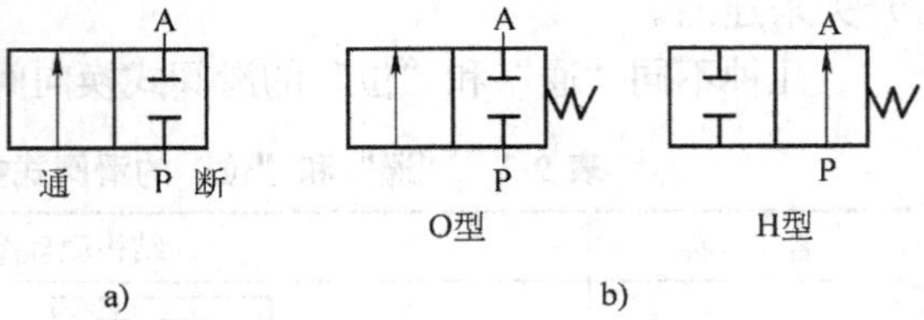

图 9-14　二位二通换向阀的滑阀机能
a）二位二通换向阀　b）自动复位式二位二通换向阀

表 9-3　三位四通阀常用的滑阀机能

形　式	符　号	中位油口状况、特点及应用
O 型	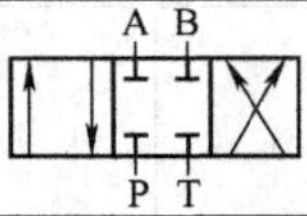	P、A、B、T 四口全封闭，液压缸闭锁，可用于多个换向阀并联工作
H 型	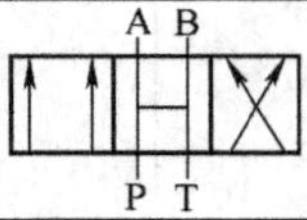	P、A、B、T 口全通，活塞浮动，在外力作用下可移动，泵卸荷
Y 型	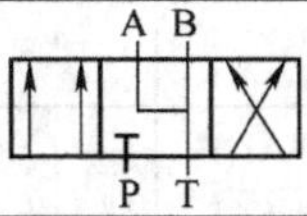	P 封闭，A、B、T 口相通，活塞浮动，在外力作用下可移动，泵不卸荷
K 型	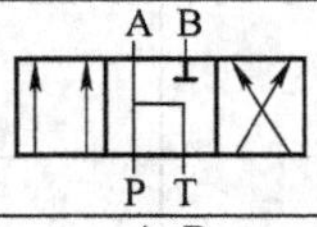	P、A、T 口相通，B 口封闭，活塞处于闭锁状态，泵卸荷
M 型	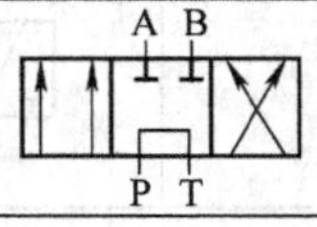	P、T 口相通，A 与 B 口均封闭，活塞闭锁不动，泵卸荷，也可用多个 M 型换向阀并联工作

（续）

形　式	符　号	中位油口状况、特点及应用
X 型	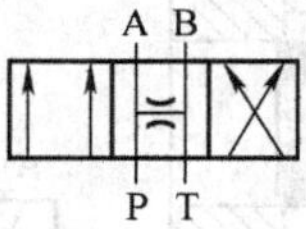	四油口处于半开启状态，泵基本上卸荷，但仍保持一定压力
P 型	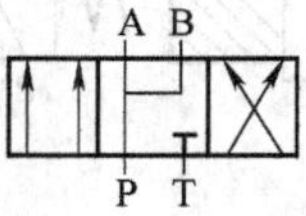	P、A、B 口相通，T 封闭，泵与缸两腔相通，可组成差动回路
J 型	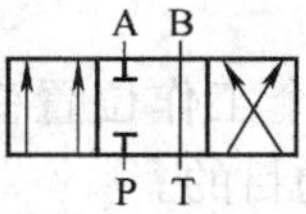	P 与 A 封闭，B 与 T 相通，活塞停止，但在外力作用下可向一边移动，泵不卸荷
C 型	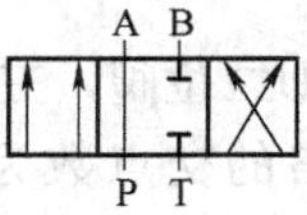	P 与 A 相通，B 与 T 封闭，活塞处于停止位置
U 型	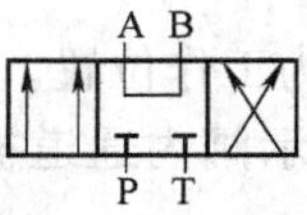	P 和 T 封闭，A 与 B 相通，活塞浮动，在外力作用下可移动，泵不卸荷

中间一个方框表示其原始位置，左右方框表示两个换向位，其左位和右位各油口的连通方式均为直通或交叉相通，所以只用一个字母来表示中位的形式。另外，三位四通换向阀还有两个过渡位置，当对换向阀从一个工位过渡到另一个工位的各油口间通断关系亦有要求时，根据过渡位置各油口连通状态及阀口节流形式尚可派生出其他滑阀机能。在液压符号中，这种过渡机能被画在各工位通路符号之间，并用虚线与之隔开。

增加过渡机能将加长阀芯的行程，这对电磁换向阀尤为不利，因为过长的阀芯行程不仅影响到电磁换向阀的动作可靠性，而且还延长了它的动作时间，所以电磁换向阀一般都是标准的换向机能而不设置过渡机能。只有液动（或电液动）换向阀才设计成不同的过渡机能。

不同机能的滑阀，其阀体是通用件，而区别仅在于阀芯台肩结构、轴向尺寸及阀芯上径向通孔的个数。

3）电磁换向阀。电磁换向阀利用电磁铁的电磁力来操纵阀芯移动，以实现油液流动方向的变换。按电磁铁使用的电源性质，可分为交流型和直流型两种电磁阀。交流电磁阀的电源电压一般为 220V，直流电磁阀的电源电压一般为 24V。电磁铁用代号“YA”表示。

交流电磁铁的电源使用方便，起动力大，换向迅速、价格便宜，但换向冲击大、动作频繁或滑阀卡住时易烧坏线圈，所以寿命短，可靠性较差。直流电磁铁体积小、换向冲击小，允许高频率换向，工作安全可靠，寿命较长，但换向动作较慢，还要有直流电源，费用较高。图 9-15 所示为二位四通电磁换向阀的外形、工作原理及符号图。当电磁铁断电时，弹簧力使阀芯处于左端位置，阀芯右端处于工作位置，称其为右位工作。当电磁铁通电时处于吸合状态，在电磁力的作用下，阀芯克服弹簧力移到右端位置，使阀芯左端处于工作位置，称其为左位工作。

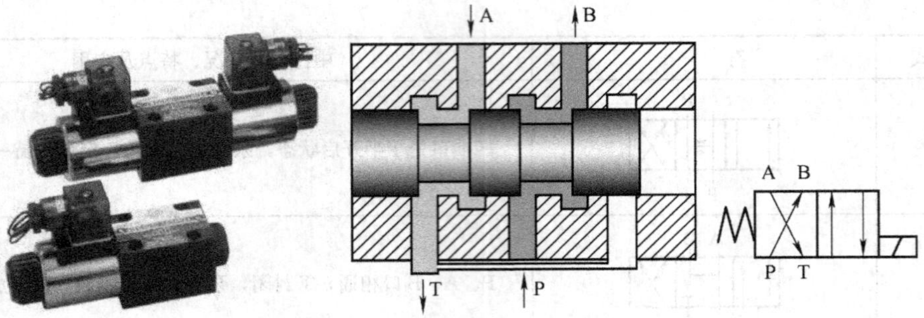

图 9-15　二位四通电磁换向阀

电磁换向阀正是利用电磁铁的吸合与放松使阀芯从一个工作位置变换到另一个工作位置，接通不同的油口，切换油路，达到改变油液运动方向的目的。

电磁换向阀图形符号的含义是：

① 大框格表示阀体，小方格表示阀的工作位置，两格即二位阀，三格即三位阀。

② 在小方格内，箭头“↑”或止通符号“┳”与方格的交点数为油口通路数，如图9-15中，两个箭头与方格有四个交点，即为四通。

③ 靠近弹簧的一格表示常态位置，靠近电磁铁的一格为工作位置。

④ 符号“┳”表示阀内通道被封闭，箭头“↑”只表示阀内通道被接通，并不表示液流的方向。

4）液动换向阀。液动换向阀是依靠控制油路的压力油来改变滑阀工作位置，以实现油路的切换。这种换向阀切换速度可以是固定的，也能制成可调节的。前者用于流量小的液压系统，后者常用于流量较大的液压系统。

液动换向阀体积小，寿命长，工作可靠，由于切换速度可以调节，所以换向时阀芯的冲击和噪声也较小。

图 9-16 所示为三位四通液动换向阀的工作原理图，可以看出，阀的两端各有一根弹簧和一个空腔，空腔和控制油口相通。当控制油口 K_1 接通控制油时，阀芯在控制油压的作用下被推向右端，阀左位工作，这时进油口 P 与 A 接通，回油口 B 与 T 接通。当控制油口 K_2 接通控制油时（同时控制油口 K_1 不通控制油），滑阀阀芯在控制油压的作用下被推向左端，阀右位工作，这时进油口 P 与 B 接通，回油口 A 与 T 接通。如果 K_1、K_2 都不通控制油或都通控制油，两端对阀芯的液压力相等，阀芯在弹簧的作用下，平衡于中间位置。

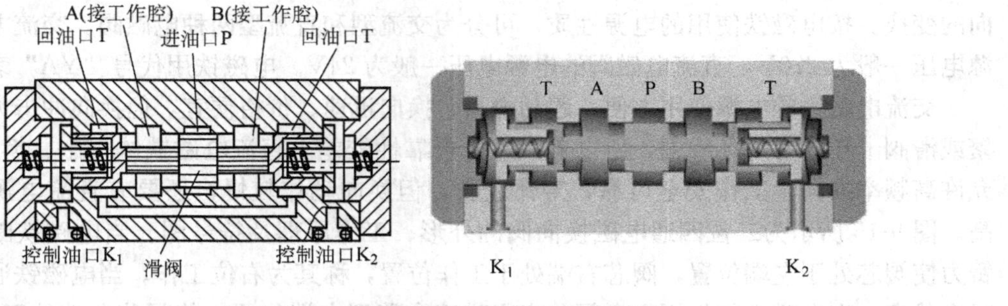

图 9-16　三位四通液动换向阀的工作原理

5）手动换向阀。手动换向阀是用人工操纵杠杆手柄使阀芯移动的换向阀。它有自动复位式和钢球定位式两种，如图 9-17 所示。自动复位式手动换向阀的左位或右位接入系统后，人手要保持着一定的力量。当手松开时，阀将自动复位。该阀适用于动作频繁、工作持续时间较短的场合。否则，就要采用钢球定位式手动换向阀。

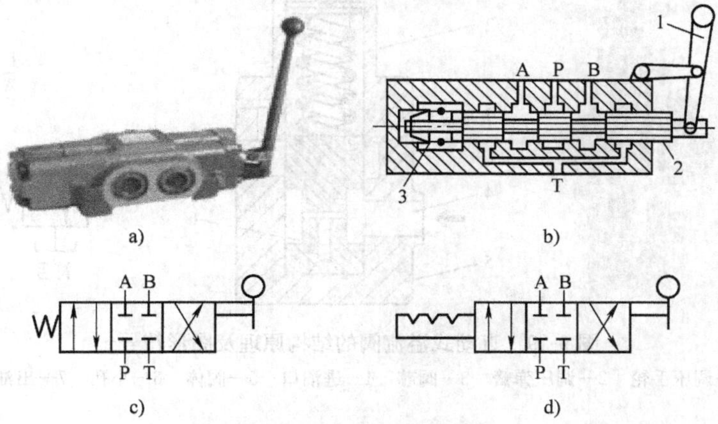

图 9-17　手动换向阀

a）实物图　b）结构图　c）自动复位手动换向阀简图　d）钢球定位手动换向阀简图

1—手柄　2—滑阀　3—弹簧

6）机动换向阀。机动换向阀是利用机械行程挡块或凸轮推动阀芯移动的换向阀，也称为行程换向阀。这种阀一般为板式连接的二位阀。通常有二通、三通、四通和五通 4 种。换向阀工作可靠、寿命长，多用在换向频繁的场合。图 9-18 所示为二位二通机动换向阀及图形符号。

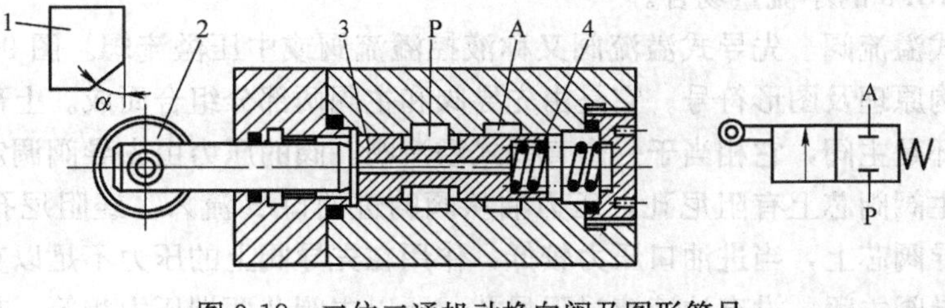

图 9-18　二位二通机动换向阀及图形符号

1—挡块　2—滚轮　3—阀芯　4—弹簧

9.5.2　压力阀

在不同的液压系统中，由于负载不同，系统的工作压力就不相同。即使在同一个液压系统中，不同的位置和执行元件工作行程，液体的压力也不相同。这就需要对系统工作压力进行某些调节和控制，以适应工况的要求。用来控制液压系统压力的液压阀，称为压力阀。按照用途的不同，压力阀分为溢流阀、减压阀、顺序阀和压力继电器等。

1. 溢流阀

溢流阀的主要功用是调整和控制液压系统的压力，以保证系统在一定压力下工作。常用的溢流阀有直动式和先导式两种，前者结构简单，但性能较差，多用于低压系统。后者结构复杂，性能较好，常用于中、高压系统。

(1) 直动式溢流阀　直动式溢流阀又称普通溢流阀或低压溢流阀。图 9-19 所示为直动式溢流阀的结构原理及图形符号。

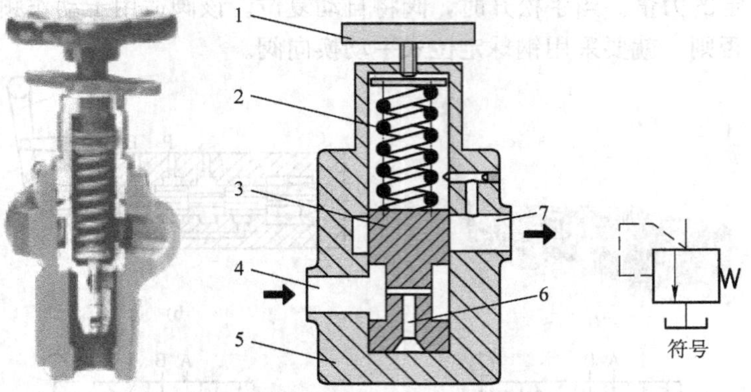

图 9-19　直动式溢流阀的结构原理及图形符号

1—调压手轮　2—调压弹簧　3—阀芯　4—进油口　5—阀体　6—小孔　7—出油口

直动式溢流阀由阀体、阀芯、调压弹簧和调压手轮等组成。阀体进油口旁接在泵的出口，出油口接油箱。常态时，阀芯在弹簧的作用下处于阀腔底部，进、出油口被隔断。工作时，液压泵输出的油液通过阀芯上的小孔作用于阀芯底部的端面上，当压力达到弹簧调定作用力时，阀芯上移，阀口被打开，油液开始溢流。此时的压力值称为溢流阀的调定压力。显然，阀打开后，进油口基本保持调定压力，而阀的出油口压力为零（出口直接通油箱）。用调压手轮改变弹簧对阀芯的压紧力，就可以改变阀的调定压力的大小。直动式溢流阀一般用于压力 $p<2.5$MPa 的小流量场合。

(2) 先导式溢流阀　先导式溢流阀又称液控溢流阀或中压溢流阀。图 9-20 所示为先导式溢流阀的结构原理及图形符号。它是由先导阀和主阀两部分组合而成。上部是先导阀，阀芯呈锥形，下部是主阀，它相当于一个直动式溢流阀。阀的压力由先导阀调定并控制主阀的开启与关闭。主阀阀芯上有阻尼孔，压力油从阀的进油口 P 流入，经阻尼孔分别作用于主阀芯两端及先导阀芯上，当进油口压力较低，作用在先导阀上的压力不足以克服先导阀弹簧作用力时，先导阀关闭，没有油液流过阻尼孔，所以主阀芯两端压力相等，在较软的主阀弹簧作用下，主阀关闭，没有溢流。当进油口压力升高到作用在先导阀上的压力大于先导阀弹簧作用力时，先导阀打开，压力油经阻尼孔、先导阀流回油箱，由于阻尼孔的压降作用，使

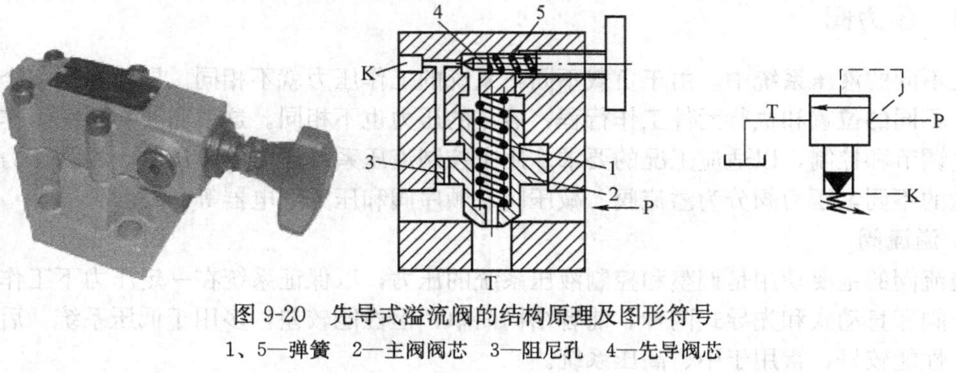

图 9-20　先导式溢流阀的结构原理及图形符号

1、5—弹簧　2—主阀阀芯　3—阻尼孔　4—先导阀芯

主阀芯两端压力不等，在这个压力差的作用下主阀芯克服主阀弹簧力上移，主阀开启，油液从 P 口流入，经主阀阀口由 T 处流回油箱，实现溢流。

先导式溢流阀有一个远程控制油口 K，这个油口可以接通低于调定压力的油路，利用压力的变化来控制主阀的启闭。当远程控制油口 K 接油箱时，只要主阀进油口 P 有很小的压力（用来克服弹簧力和摩擦力），阀就会被打开，使系统压力几乎降至零，即系统处于卸荷状态。

溢流阀主要用于稳定系统压力，防止系统过载，另外，用于系统卸荷等。

2. 减压阀

减压阀一般串联在子系统中，使子系统获得低于主系统压力而稳定的液压油，以适应工作的需要。减压阀的降压作用是使油液流过缝隙造成压力损失而形成的。缝隙越小，压力损失越大，减压作用也就越强。

图 9-21 为先导式减压阀的结构原理及图形符号。油液从进油口流入，经缝隙减压以后，再从出油口流出。当出口压力大于先导阀的调整压力时，锥阀打开，主阀右端油腔中的部分油液经锥阀开口及泄油口流回油箱。由于主阀阀芯的阻尼孔作用，阀芯两端产生压力差，使主阀芯向右移动，减小了减压口缝隙，增强了减压作用，使出油口油压降低至调整值。当出油口油液压力稍小于阀的调整压力时，情况和上述相反，同样能使出油口油压恢复到调整压力。用调压螺钉调节先导阀弹簧的压紧力就可以调节阀的出油口压力。

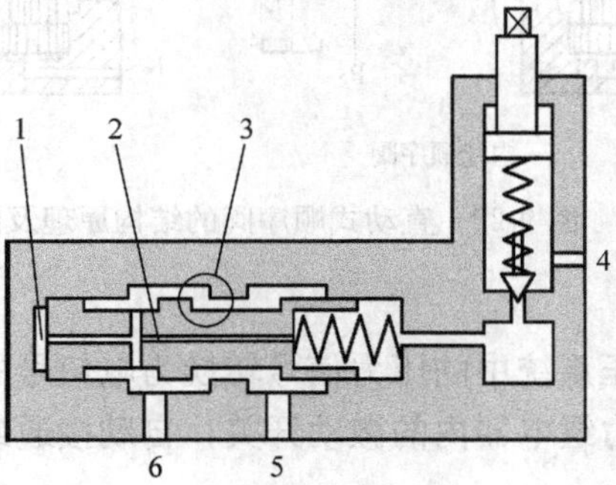

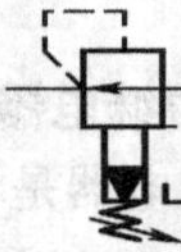

图 9-21　先导式减压阀的结构原理及图形符号
1—控制腔　2—阻尼孔　3—减压口　4—泄油口　5—进油口　6—出油口

尽管减压阀和先导型溢流阀在外形、工作原理上有相似之处，但它们仍有重要的区别：

1）减压阀利用出油口油压与弹簧力平衡，而溢流阀则是利用进油口油压与弹簧力平衡。前者控制着阀出油口的压力，而后者控制阀入油口的压力。

2）减压阀进、出油口均有压力，所以先导阀弹簧腔的泄油口要单独接回油箱。而溢流阀的泄油可以从内部通道流至阀的回油口，经回油管道流回油箱。

3）非工作状态时，减压阀的进出油口是相通的，而溢流阀则是关闭的。

减压阀还可以与单向阀组合成单向减压阀。减压阀常用于某些需要低压油液的夹紧系统或润滑系统中。

3. 顺序阀

在某些液压系统中，可能有多个执行元件，其动作或许有先后顺序的要求。利用液压系统中压力变化来控制各执行元件按先后顺序动作的液压阀，称为顺序阀。和溢流阀一样，顺序阀也有直动式和先导式两种结构。此外，根据使阀开启的控制油路的不同，顺序阀又分为内控式和外控式两种。

图 9-22 为直动式顺序阀的结构原理及图形符号。顺序阀与溢流阀的结构原理基本相似，只是顺序阀的出油口一般通向系统的另一压力油路，而溢流阀的出油口则通油箱。此外，由于顺序阀的进、出油口均有压力油，所以它的泄油口 L 必须单独接回油箱。内控顺序阀的控制油口与进油口相通，靠进入阀内油液的自身压力控制阀芯移动。外控顺序阀的控制油孔通外部压力油控制阀芯的移动。

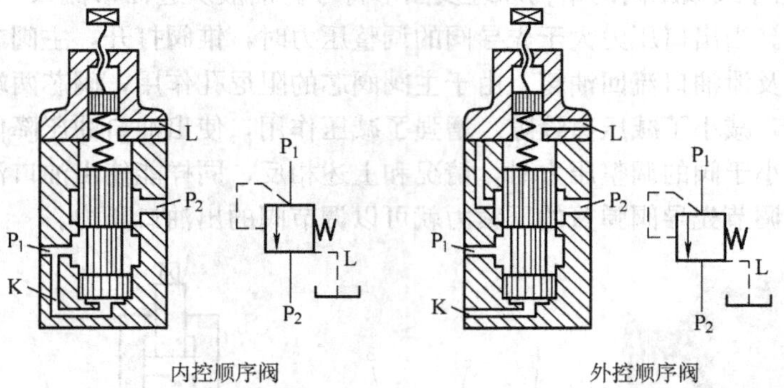

图 9-22　直动式顺序阀的结构原理及图形符号

4. 压力继电器

压力继电器是将液压系统中的压力信号转换为电信号的装置。它的作用是，根据液压系统压力的变化，通过压力继电器内的微动开关，自动接通或切断有关电路，以实现顺序动作或安全保护。

按结构特点，压力继电器可以分为柱塞式、弹簧管式和膜片式。图 9-23 所示为柱塞式压力继电器结构原理及图形符号。主要元件包括柱塞、调节螺母和电气微动开关。压力油作

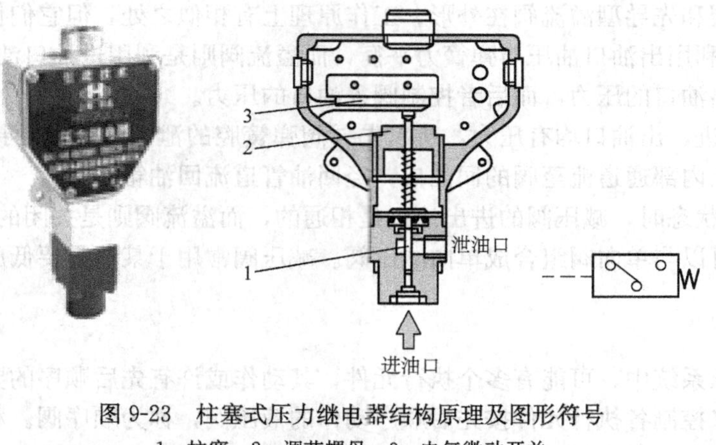

图 9-23　柱塞式压力继电器结构原理及图形符号

1—柱塞　2—调节螺母　3—电气微动开关

用在柱塞下端，液压力直接与弹簧力比较，当液压力大于或等于弹簧力时，柱塞向上移动微动开关触头，接通或断开电气线路。反之，微动开关触头复位。

9.5.3　流量阀

流量阀用来控制液压系统中液体的流量。其基本原理是：改变阀芯与阀体的相对位置以改变液体的通流截面积。流量阀多用于调速系统，常见的有节流阀和调速阀。

1. 节流阀

节流阀是最基本的流量阀。一般用节流阀控制低速运行的液压执行元件，所以阀内的通流截面积很小，故可用通用流量方程 $q=C_dA_0\sqrt{2\Delta p/\rho}$ 来表明其流量、孔口的几何形状及压力差之间的关系。式中，C_d 为流量系数，A_0 为阀口的截面积，ρ 为流体的密度，Δp 为阀口前后压力差。

当节流小孔的孔口形式为薄壁孔时，不仅孔两端的压差对流量影响较小，而且温度对流量没有影响。此外，薄壁孔不容易堵塞，容易获得较稳定的小流量。节流阀有多种孔口形式，其本质是可改变通流截面积的薄壁孔。图 9-24 所示为节流阀的结构原理及图形符号。油液从进油口流入，经节流孔口从出油口流出。调节阀芯的轴向位置就可改变阀的通流截面积，从而调节通过阀的流量。节流阀的速度稳定性较差，多用于对速度稳定性要求不高的场合。

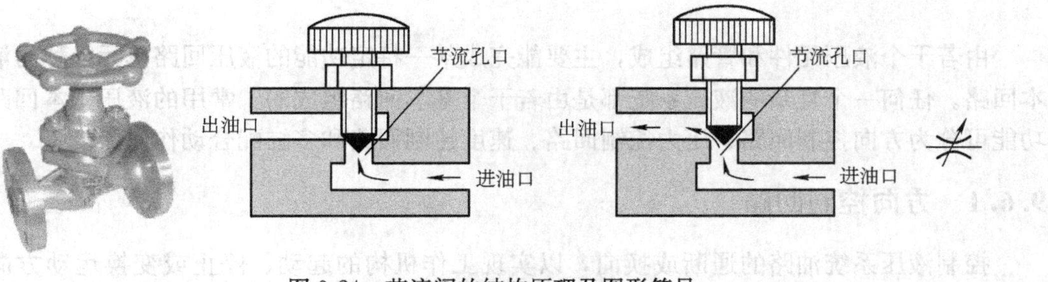

图 9-24　节流阀的结构原理及图形符号

2. 调速阀

为了改善节流阀的调速稳定性，就要使节流阀两端的压差基本保持不变。通常是将定差减压阀和节流阀串联成一个组合阀，即调速阀。

图 9-25 为调速阀结构原理及图形符号。泵出口（即调速阀的进口）压力 p_1 由溢流阀调定，基本保持恒定。调速阀出口处的压力 p_3 由液压缸负载 F 决定。油液先经减压阀产生一次压力降，将压力降到 p_2，接着流经节流阀压力降为 p_3，并进入液压缸，克服负载 F，使活塞向右移动。如果负载 F 增大，p_3 也随之增大，并通过控制油路使减压阀阀芯向下移动，减压缝隙增大，减压作用减弱，使 p_2 增大，直到阀芯在新的位置上平衡为止。此时，p_2 与 p_3 保持不变，通过节流阀进入液压缸的流量也就不变。反之，负载 F 减小，p_3 减小，减压阀阀芯上移使减压缝隙减小，减压作用增强，p_2 亦相应减小，直至 p_2 与 p_3 相等且保持不变，所以，通过节流阀的流量也不变。调速阀的速度稳定性较好，应用较为广泛。

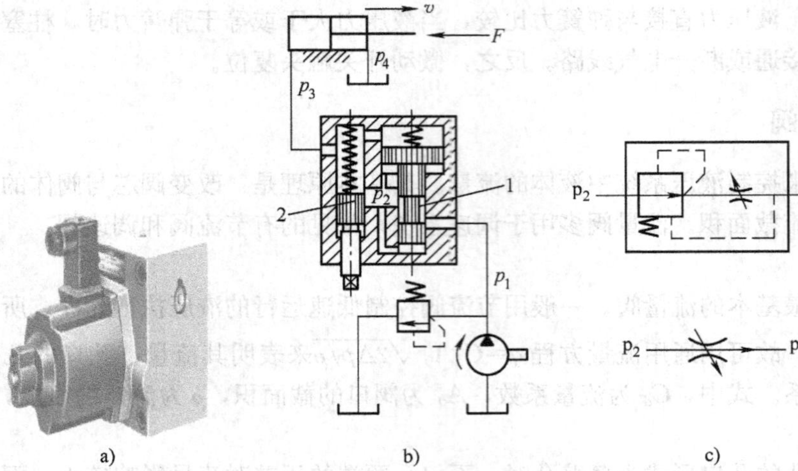

图 9-25　调速阀结构原理及图形符号

a）实物图　b）结构图　c）符号

1—减压阀　2—节流阀

9.6　液压基本回路

由若干个液压元件和管路组成，主要能完成某一特定功能的液压回路单元，称为液压基本回路。任何一个复杂的液压系统都是由若干个基本回路组成的。常用的液压基本回路按其功能可分为方向控制回路、压力控制回路、速度控制回路和多缸配合动作回路。

9.6.1　方向控制回路

控制液压系统油路的通断或换向，以实现工作机构的起动、停止或变换运动方向的回路，称为方向控制回路。组成方向控制回路的主要液压元件是方向阀。方向控制回路主要有换向回路和锁紧回路。

1. 换向回路

换向回路的主要元件是换向阀。在换向回路里利用换向阀来改变油液流动的方向，以实现液压执行元件的往复运动。柱塞液压缸返回行程是依靠其他外力的，所以柱塞液压缸的换向用一个二位三通换向阀就可实现。活塞式液压缸的换向，通常用二位或三位阀，一般都是四通或五通。

需要指出的是，利用通用的换向阀使液压执行元件换向是最基本的方法。但换向性能较差，多用于要求不高的一般机械中。某些精密机械设备或对换向要求很高的液压系统（如磨床等）必须采用性能优良的专用换向阀或由几个换向元件组成的专用操纵箱。

2. 锁紧回路

锁紧回路是使液压执行元件停止在其行程中的任一位置上，防止外力作用下发生移动的液压回路。这种回路可以提高执行机构的工作精度，确保安全。

图 9-26 所示是使用液控单向阀的锁紧回路。两个液控单向阀分别装在液压缸两端

的管路上。当左边电磁铁通电时，换向阀左位接入系统，泵输出的油液经换向阀、液控单向阀1进入液压缸的左腔，同时控制油路将液控单向阀控制口 K_2 打开，液压缸活塞右移，缸右腔的油液经液控单向阀2、换向阀流回油箱。如果电磁铁断电，换向阀中位接入系统，泵卸荷，油路中的油液无压力，两液控单向阀都关闭，这时液压缸被锁紧。

液控单向阀的密封性好，故锁紧效果较好。用于锁紧回路的液控单向阀总是成对使用的，有时将两个液控单向阀制造在一起。

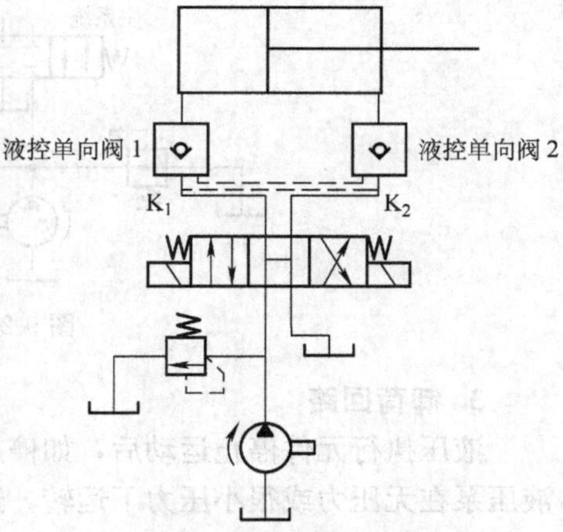

图 9-26 用液控单向阀的锁紧回路

9.6.2 压力控制回路

能够控制和调节液压系统或系统中某一部分液体压力的回路，称为压力控制回路。这种回路通常用以实现调压、保压、减压、增压或卸荷等功能。

1. 调压回路

调压回路一般由溢流阀组成。图9-27所示的调压回路的节流阀口开得很小，泵输出的液体流动受到很大的阻碍，使压力升高，溢流阀打开。在这个回路里溢流阀的溢流使泵出口处压力不变，为溢流阀的调定压力值。这样的调压回路也称稳压回路，溢流阀称为稳压溢流阀。溢流阀可以对泵的出口压力起远程调节作用。

在需要两种以上不同压力的系统中，可采用多级调压回路。图9-28所示三级调压回路，三个溢流阀调整三个值（其中溢流阀1调整压力最高），用三位四通电磁换向阀进行切换。

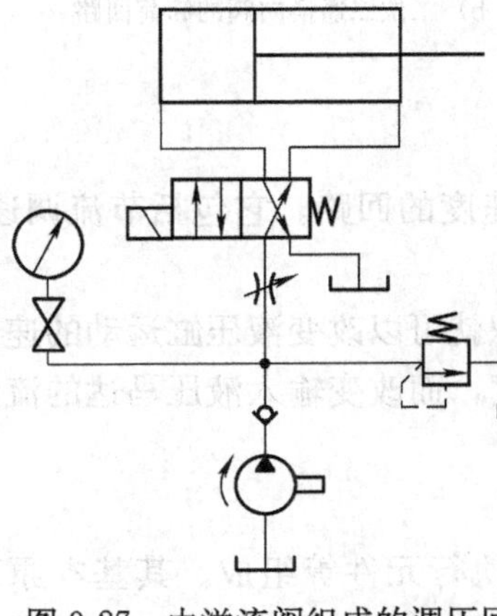

图 9-27 由溢流阀组成的调压回路

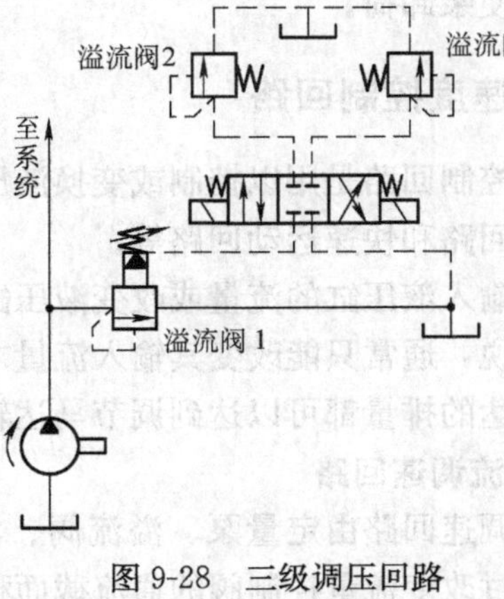

图 9-28 三级调压回路

2. 减压回路

当主系统压力较高，而某个子系统需要压力较低时，可以用减压阀组成减压回路。在图9-29中，减压阀出口压力的大小由减压阀调定。这种回路一般多用于润滑或工件夹紧等子系统。

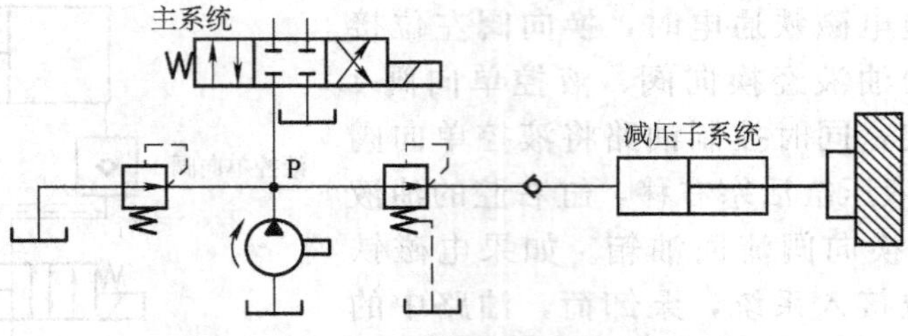

图 9-29　用减压阀组成减压回路

3. 卸荷回路

液压执行元件停止运动后，如停止时间较长，为了节省能量消耗，减少系统发热，应使液压泵在无压力或很小压力下运转，这就是泵的卸荷。使液压泵处于卸荷状态的液压回路称为卸荷回路。

常见的卸荷方式有换向阀卸荷、先导式溢流阀卸荷等。

图 9-30a 所示为三位四通换向阀的卸荷回路。换向阀的左位和右位可以使液压缸往复运动。当换向阀处于中位时，泵输出的油液经换向阀直接流回油箱，液压泵处于卸荷状态。这种卸荷方法比较简单。

图 9-30b 所示为二位二通换向阀的卸荷回路。二位二通阀并联在泵出口的油路上。当液压执行元件停止运动后，二位二通电磁阀通电使其右位工作，这时，泵输出的油液通过它流回油箱，使泵卸荷。

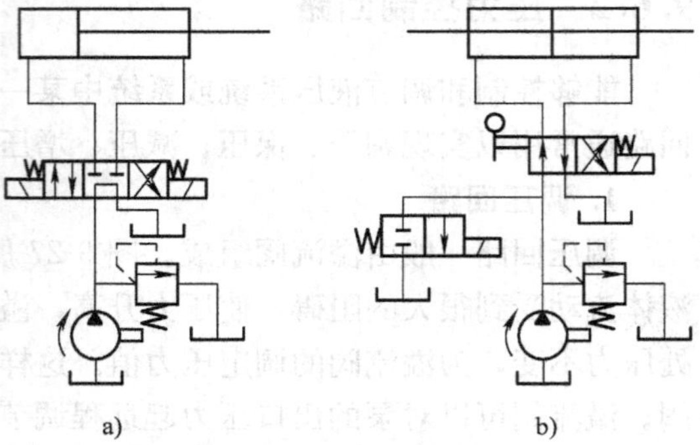

图 9-30　卸荷回路
a) 三位四通换向阀的卸荷回路
b) 二位二通换向阀的卸荷回路

9.6.3　速度控制回路

速度控制回路是用以控制或变换液压执行元件运动速度的回路。它包括节流调速回路、速度换接回路和快速运动回路等。

改变输入液压缸的流量或改变液压缸的有效工作面积就可以改变液压缸运动的速度。对液压缸来说，通常只能改变其输入流量才能改变运动速度，而改变输入液压马达的流量或改变液压马达的排量都可以达到调节马达转速的目的。

1. 节流调速回路

节流调速回路由定量泵、溢流阀、流量控制阀以及执行元件等组成。其基本原理是分流，即通过改变流量控制阀的通流截面积来控制进入或流出执行元件的流量，以调节其运动速度。此类调速回路结构简单，成本低，使用维护方便。但是回路的效率低，发热大，所以在中小功率的液压系统中应用较多。

节流调速回路根据流量控制阀安放位置的不同，可分为进油路节流调速、回油路节流调速和旁油路节流调速三种。

(1) 进油路节流调速回路　将流量控制阀（节流阀或调速阀）串联在定量液压泵和执行

元件之间的调速回路称为进油路节流调速回路。如图 9-31 所示，利用调节节流阀开口的大小来调节其运动速度。若负载为 F，活塞运动速度为 v，活塞有效工作面积为 A_1、A_2，液压缸两腔的工作压力分别为 p_1 和 p_2，活塞克服负载运动时，其受力必须平衡，即活塞上力的平衡方程为：

$$p_1A_1=p_2A_2+F$$

由于 $p_2=0$，所以：

$$p_1=F/A_1$$

由此可知 p_1 是随负载变化而改变的。

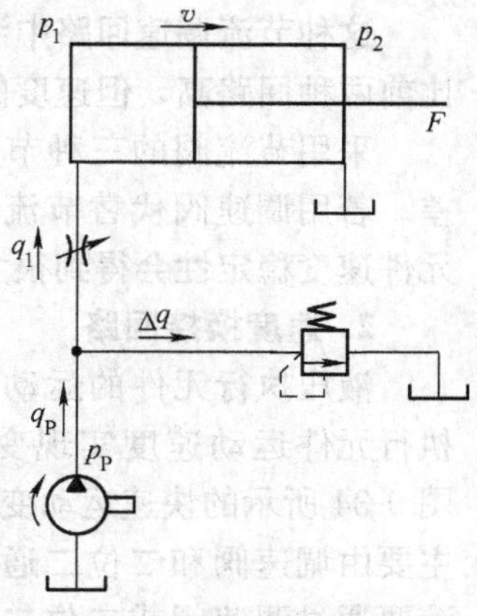

图 9-31　进油路节流调速回路

由于节流阀前的压力由溢流阀调整为 p_p，所以节流阀前后存在的压力差为 $\Delta p=p_p-p_1=p_p-(F/A_1)$，而通过节流阀进入液压缸的流量，可以根据节流阀小孔流量方程：$q=KA_0(\Delta p)^m$ 计算，则活塞运动速度为

$$v=\frac{q}{A}=\frac{KA_0(\Delta p)^m}{A}=\frac{KA_0}{A}\left(p_p-\frac{F}{A_1}\right)^m \tag{9-1}$$

根据式（9-1），若 p_p调定，液压缸的有效工作面积不变，节流阀为理想的薄壁小孔时，只有通流截面积 A_0 与负载 F 影响液压缸活塞运动的速度。若 F 不变，活塞运动速度与节流阀通流截面积 A_0 成正比。若 A_0 不变，负载 F 增大，则活塞运动速度也随之减小。反之，则速度增大。即该种回路速度稳定性较差。

（2）回油路节流调速回路　将流量控制阀串联在液压缸的回油路上，就组成了回油路节流调速回路，如图 9-32 所示。在这种调速回路中，活塞运动速度与进油路节流调速回路的速度表达式完全相同。因此，调整速度的方法和影响运动平稳性的因素也完全一样。由于两种回路节流阀安装位置的不同，所以也有其各自的特点。但在实际使用中，大多采用进油路调速，并在其回油路上加一背压阀，以提高运动的平稳性。

（3）旁油路节流调速回路　将流量控制阀并联在液压缸的进油路上，就组成了旁油路节流调速回路，如图 9-33 所示。溢流阀在液压缸克服负载运动时不打开，只在系统过载时才打开起保护作用，故实为安全阀。正常工作时，液压泵输出的油液一部分进入液压缸，另一部分通过节流阀流回油箱。改变节流阀开口的通流截面积就改变了流过节流阀的流量，从而调节了进入液压缸的流量。通过节流阀的流量大，进入液压缸的流量就小，液压缸活塞运动速度就低。

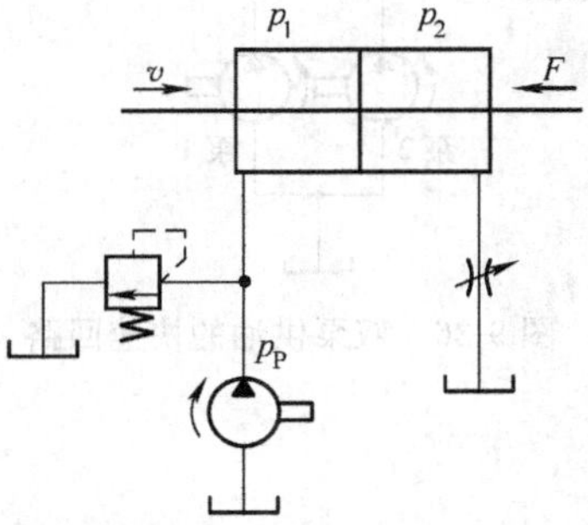

图 9-32　回油路节流调速回路

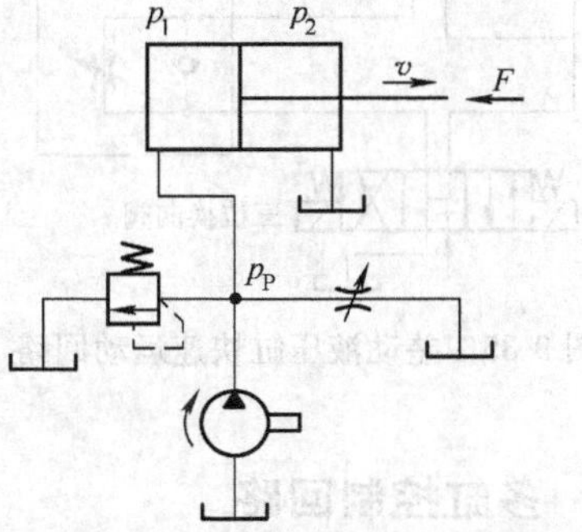

图 9-33　旁油路节流调速回路

这种节流调速回路中液压缸的工作压力随外负载变化而改变，功率利用较为合理，效率比前两种回路高，但速度的稳定性更差。

采用节流阀的三种节流调速回路，速度稳定性都较差。若用调速阀代替节流阀接入上述回路，其液压执行元件速度稳定性会得到很大改善。

2. 速度换接回路

液压执行元件的运动速度常需进行变换，能使液压执行元件运动速度实现变换的回路称为速度换接回路。图 9-34 所示的快速运动变换为慢速运动的速度换接回路，主要由调速阀和二位二通换向阀构成。定量泵输出的油液要通过调速阀或二位二通换向阀才能流进液压缸。当电磁铁 3YA 通电时，油液通过二位二通换向阀流进液压缸，液压缸快速运动。当电磁铁 3YA 断电时，二位二通换向阀将油路切断，油液经调速阀流进液压缸，速度变为慢速运动。

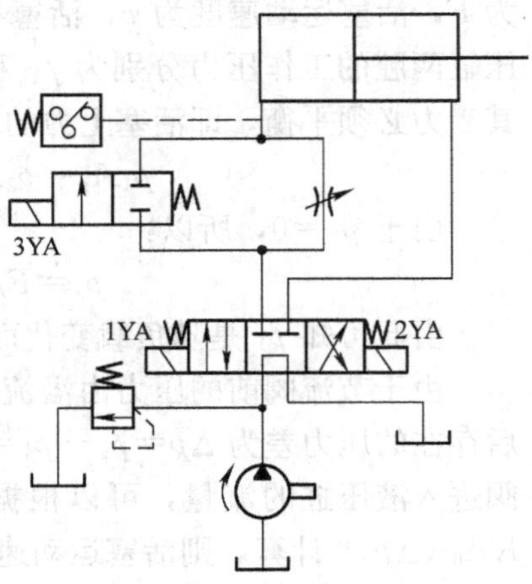

图 9-34　速度换接回路

3. 快速运动回路

为了提高生产效率，液压缸的空行程一般都要作快速运动。能使液压执行元件快速运动的回路称为快速运动回路。图 9-35 是差动液压缸的快速运动回路。单活塞杆液压缸可由二位换向阀构成差动连接，从而实现液压缸活塞的快速运动。

图 9-36 是双泵供油的快速回路，泵 1 为额定压力较高的小流量泵，泵 2 为额定压力较低的大流量泵。溢流阀起安全阀作用，外控顺序阀起卸荷阀作用。当液压执行元件在空行程运动时，由于负载小，液压系统的工作压力也低，外控顺序阀打不开。两泵同时向系统供油，由于流量大，实现了液压缸的快速运动。当液压执行元件在工作行程时，负载大，系统工作压力高，外控顺序阀被打开，同时高压油液封闭单向阀，泵 2 输出的油液经外控顺序阀流回油箱，处于卸荷状态。泵 1 输出的油液进入液压执行元件，实现慢速运动。

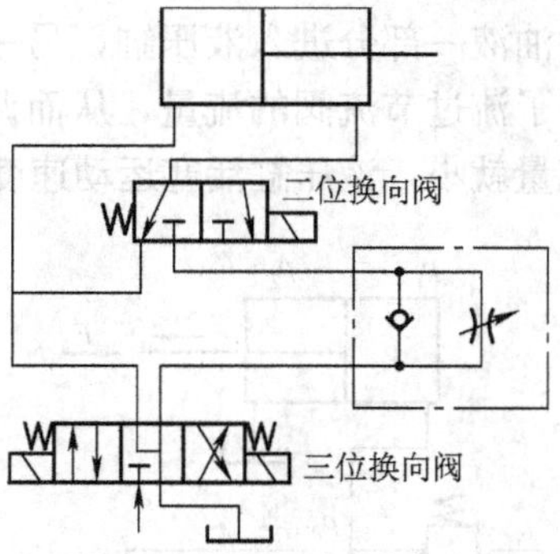

图 9-35　差动液压缸快速运动回路

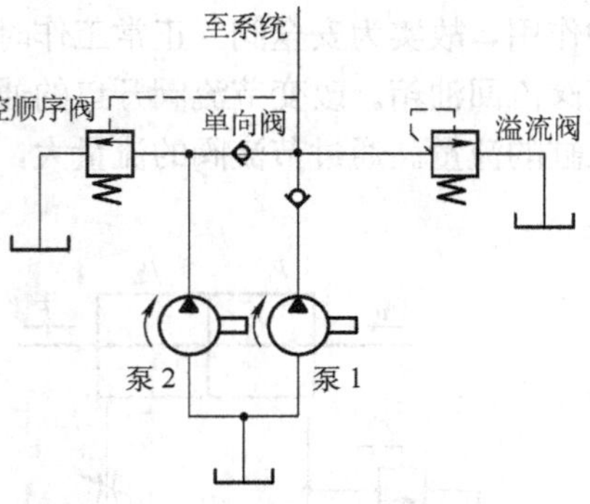

图 9-36　双泵供油的快速回路

9.6.4　多缸控制回路

在多缸液压系统中，各液压缸之间往往需要有一定的控制要求，如顺序动作或同步动作。这就需用多缸控制回路来实现其要求。

1. 顺序动作回路

顺序动作回路通常有行程控制和压力控制两种方式。图 9-37 是采用行程换向阀控制的顺序动作回路。1YA 通电，使阀的右位接入系统，进入 A 缸左腔的液压油推动活塞向右运动。当挡铁压下行程阀后，B 缸的活塞便向右运动。随后使 1YA 断电，使换向阀左位接入系统，液压泵输出的油液便进入液压缸 A 的右腔，其活塞向左运动。待挡铁松开行程阀以后，液压缸 B 的活塞就向左运动。

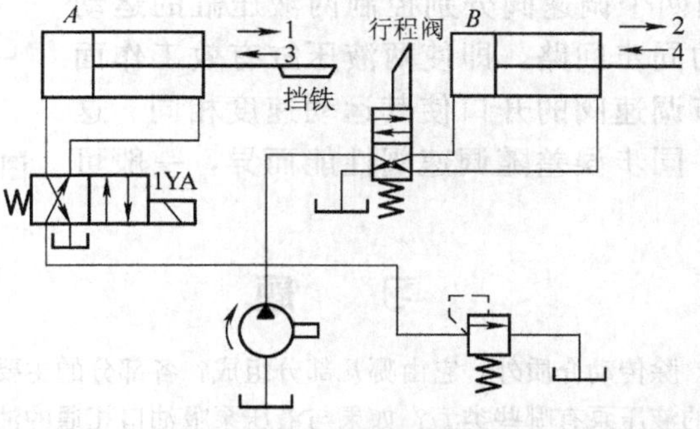

图 9-37　行程换向阀控制的顺序动作回路

图 9-38 是用压力控制的顺序动作回路。采用的主要元件为顺序阀。当换向阀的右位接入系统，液压泵输出的油液先进入液压缸 B 的左腔，使活塞向右运动。当活塞运动到右端停止后，系统中的压力升高，打开单向顺序阀 1，油液进入液压缸 A 的左腔，使活塞向右运动。若换向阀左位接入系统，液压缸 A 的活塞先退回到左端，停止后，油液压力升高打开单向顺序阀 2，油液进入 B 缸的右腔，使活塞向左退回。

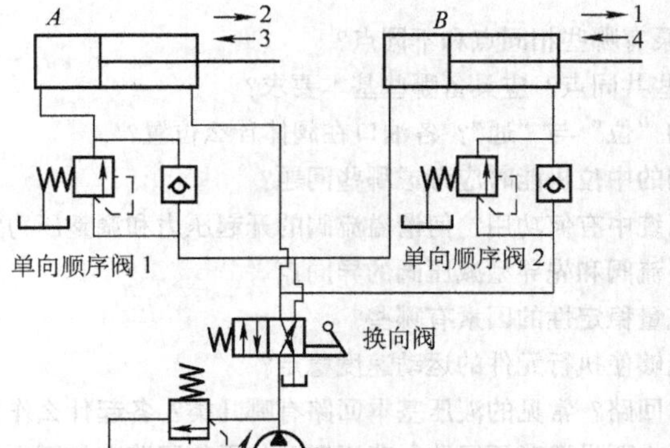

图 9-38　顺序阀控制的顺序动作回路

在这个回路里，单向顺序阀的调整压力必须大于另一个缸的最大工作压力，而溢流阀的调整压力必须大于单向顺序阀的调整压力，才能保证液压缸按要求的顺序正确动作。

2. 同步回路

使两个或多个液压缸同时运动并保持相同位移或相等速度的回路称为同步回路。当使用一个泵同时向两个结构尺寸完全相同的液压缸供油时，由于负载和摩擦阻力不同，所以两缸运动不可能完全一样。同步回路的作用就是克服这些影响，使两缸运动步调一致。图 9-39 所示为串联液压缸的同步回路。液压缸 A 回油腔排出的油液输入液压缸 B 的进油腔。两缸的有效工作面积相等，它们的运动是同步的。但是由于泄漏和制造误差，同步精度不高，尤其是活塞往复运动多次后，同步将可能受到严重影响。

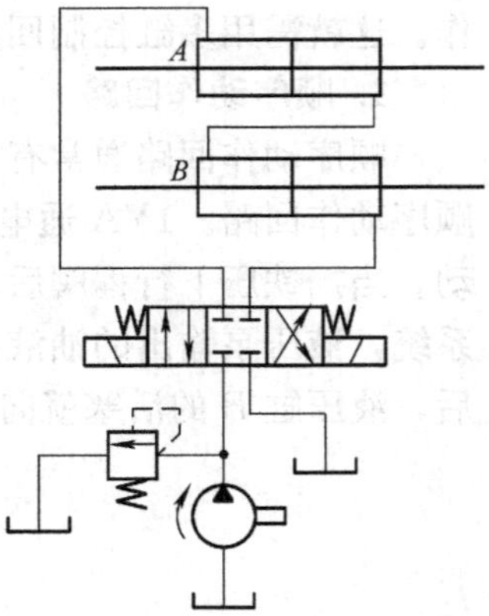

图 9-39　串联液压缸同步回路

此外，还可以采用两个调速阀分别控制两液压缸的运动速度，组成调速控制的同步回路。即使两液压缸有效工作面积不相等，也可以调节调速阀的开口使其运动速度相同。这种同步回路结构简单，同步误差随调速阀性能而异，一般可达5%～7%。

习　题

9-1　什么是流体传动？除传动介质外，它由哪几部分组成？各部分的主要作用是什么？

9-2　液压传动中常用的液压泵有哪些类型？如果与液压泵吸油口相通的油箱是完全封闭的，不与大气相通，液压泵能否正常工作？

9-3　什么叫液压泵的工作压力、最高压力和额定压力？三者有何关系？

9-4　什么叫液压泵的排量、流量、理论流量、实际流量和额定流量？它们之间有什么关系？

9-5　齿轮泵的径向力不平衡是怎样产生的？会带来什么后果？消除径向力不平衡的措施有哪些？

9-6　单向阀与普通节流阀能否都做背压阀使用？它们的功用有何不同之处？当单向阀作背压阀使用时，需采用什么措施？

9-7　什么是困油现象？外啮合齿轮泵、双作用叶片泵和轴向柱塞泵存在困油现象吗？它们是如何消除困油现象的影响的？

9-8　液压马达和液压泵有哪些相同点和不同点？

9-9　液压控制阀有哪些共同点？应具备哪些基本要求？

9-10　什么是换向阀的“位”与“通”？各油口在阀体什么位置？

9-11　选择三位换向阀的中位机能时应考虑哪些问题？

9-12　溢流阀在液压系统中有何功用？何谓溢流阀的开起压力和调整压力？

9-13　试比较先导型溢流阀和先导型减压阀的异同点。

9-14　影响节流阀的流量稳定性的因素有哪些？

9-15　为什么调速阀能够使执行元件的运动速度稳定？

9-16　什么是液压基本回路？常见的液压基本回路有哪几类？各起什么作用？

9-17　液压系统中为什么要设置背压回路？背压回路与平衡回路有何区别？

9-18　如图 9-40 所示，一个液压泵驱动两个液压缸串联工作。已知两液压缸尺寸相同，缸体内径 $D=90\text{mm}$，活塞杆直径 $d=60\text{mm}$，负载力 $F_1=F_2=10000\text{N}$，液压泵输油量 $Q=25\text{L/min}$，不计容积损失和机械损失，求液压泵的输油压力及活塞运动速度（$1\text{L}=10^6\text{mm}^3$）。

9-19　图 9-41 所示的泵缸系统中，液压缸缸筒内径 $D=100\text{mm}$，液压泵流量 $Q=63\text{L/min}$，溢流阀调定压力 $P_y=5\text{MPa}$，试分别就负载 $F=0$ 和 $F=60000\text{N}$ 时（不计任何损失，$1\text{L}=10^6\text{mm}^3$）计算：

（1）液压缸工作压力 p？

（2）活塞运动速度 v 和溢流阀的溢流量 Q_y？

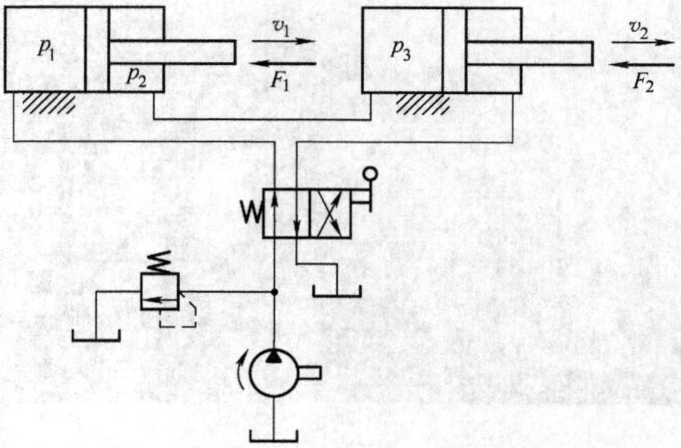

图 9-40　习题 9-18 图

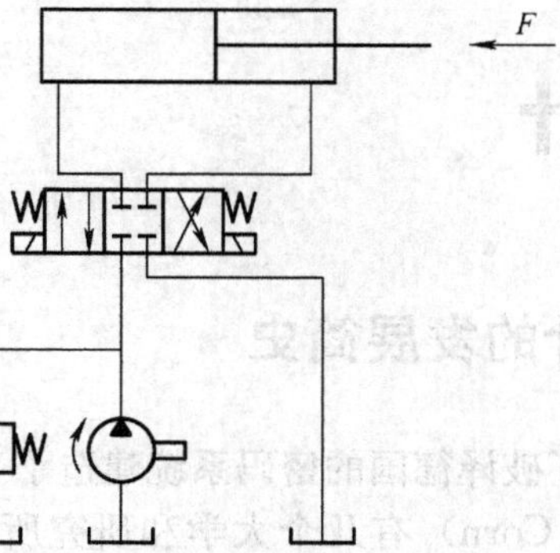

图 9-41　习题 9-19 图

第 10 章

计算机辅助设计

10.1 计算机辅助设计的发展简史

1943 年年底，英国人为了破译德国的密码系统建造了一台叫做“Colossus”的电子计算机。与此同时在美国的康恩（Corn）有几个大学和研究所为了进行高速度的数值计算也在研制计算机。到 1946 年，具有真正意义的第一代计算机“ENIAC”诞生了。

1952 年，麻省理工学院（MIT）的伺服机构实验室完成了数控铣床的研究，首先将计算机用于机械制造。随后，H. J. Gerber 根据数控加工的原理为波音公司生产了世界上第一台绘图仪。随着使用计算机的经验逐渐增加，人们利用计算机进行复杂的数值计算、非数值计算和事务处理的能力迅速提高，同时开始了“人工智能”的研究。随后人们利用计算机证明了数学定理、进行了语言翻译、解出了几何问题、在国际象棋中击败了人。

1962 年，D. T. Ross 和机械工程系的 S. A. Coons 合作，开始在机械设计方面探索计算机辅助的可能。Coons 在题为《计算机辅助设计需求纲要》的报告中，对计算机辅助设计作了如下的描绘：设计者坐在显示器前用光笔操作，从概念设计、生产设计直到制造，都通过人机对话方式获得计算机的协助。这在当时只是科学家的梦想，但后来这个梦想逐步变成了现实。与此同时，另一个具有划时代意义的工作由 MIT 的林肯研究所完成。I. E. Sutherland 提出了用光笔在显示器上选取、定位图形要素的 Sketch-pad 系统。使用该系统，设计者可以在控制台上处理问题，实现了人机对话式的交互作业。通常要花几周时间的工作，在这里只要 10～15min 就能完成。系统采用不同的层来表示某一工程图的轮廓、端面线和尺寸，为交互式图形学和计算机辅助绘图技术奠定了基础。

汽车工业对计算机辅助设计技术的发明首先做出了响应。美国通用汽车公司和 IBM 公司率先开发了 DAC-1（Design Augmented by Computer）系统，用来设计汽车外形与结构。美国洛克希德公司和 IBM 公司联合开发了基于大型计算机的图形增强设计与制造软件包

CADAM，用于设计与绘图，并具有三维结构分析能力。随后计算机辅助绘图、设计、制造、分析技术在英、日、意等国的汽车公司也都获得了广泛的应用，并逐渐扩展到其他部门。

由于早期的计算机非常昂贵，最早使用的计算机辅助绘图、设计、制造、分析系统都是集中式主机型系统。这种系统由一台集中的大型机（或中、小型机）与若干图形终端连接而成，有一个集中的数据库统一管理所有数据。由于各种软件都存储在主机里，一旦主机出现故障将影响所有用户的工作。另一方面，当计算量过大时，系统响应变慢，甚至会出现个别终端等待的现象。为了减少主机的负荷，不久出现了智能终端型（Intelligent Terminal）系统。这种系统的终端设备采用微机控制。大容量的分析计算、数据库的控制和管理由主机承担。通信控制、图形处理等由其他处理器承担。

到了20世纪70年代，出现了将硬件与软件配套交付用户使用的"交钥匙系统"（Turn-Key System），这种系统是在小型机和超级小型机的基础上增加图形处理功能，按分时处理的原则，一台主机可以带几个到几十个终端。这个时期计算机在机械行业得到了广泛的应用，中小企业开始采用计算机辅助绘图、设计、制造、分析技术。

20世纪80年代初期，随着计算机制造技术的发展，所有配套的软硬件都可以集成到一台工作站上。再加上计算机网络的迅速发展，工作站很快取代了"交钥匙系统"。工作站系统可以作为一个独立的单用户系统，到80年代中后期就成为计算机辅助绘图、设计、制造、分析的主流系统。

进入20世纪90年代以来，随着个人计算机（PC）的飞速发展，其性能迅速赶上了10年前高档工作站的性能。由于个人计算机的价格低、使用方便，以个人计算机为硬件平台的计算机辅助绘图、设计、制造、分析系统迅速崛起，市场逐步扩大。

互联网（Internet）起源于60年代末，兴盛于90年代，目前已经把世界上各种类型的计算机如大、中、小型机、工作站和个人计算机连接成一个有机的整体，实现全球范围的资源共享、数据共享和设备共享。利用成熟的Internet技术建立企业内部网络（Intranet），将计算机辅助绘图、设计、分析、制造和管理系统密切地联系在一起相互协作的工作模式，已经在各种企业中迅速推广和普及。

计算机辅助设计的发展为机械工业带来了革命性的变革，反过来计算机在机械工业中的应用也推动了计算机技术的迅速发展。新的设备、新的操作系统、新的软件、新的数据交换标准，正在迅速扩大计算机在工业中的应用范围，掀起一场新技术革命的浪潮，成为20世纪全球最杰出的工程技术成果。

10.2 计算机辅助设计的特点和应用

1. 计算机辅助设计及相关问题

计算机辅助设计是一种用计算机硬件、软件系统辅助人们对产品或工程进行设计的方法和技术，是一门多学科综合应用的新技术，能更好地帮助人们实现设计自动化。

到目前为止计算机应用已经渗透到了机械产品生产的各个环节。利用计算机可以进行产品的计算机辅助设计（CAD）、计算机辅助制造（CAM）、计算机辅助工程（CAE）、计算机辅助工艺规划（CAPP）、产品数据管理（PDM）、企业资源计划（ERP）等。这些技术一开始是各自独立、平行地开发应用的，因而被称为孤岛技术。由于这些技术在研发上和应用上都密切相关，在工程实践中逐渐结合在一起，为企业带来了更大的经济效益。计算机辅助绘图主要解决机械制图问题，是计算机辅助设计的一个组成部分，也是计算机辅助设计的一个重要的应用领域。

CAD 系统准确地讲是指计算机辅助设计系统，其内容涵盖产品设计的各个方面。把计算机辅助设计和计算机辅助制造集成在一起，称为 CAD/CAM 系统。由于机械设计、制造和分析密切相关，很多 CAD 系统逐渐添加 CAM 和 CAE 的功能，所以习惯上工程界把 CAD/CAM 系统或者 CAD/CAM/CAE 系统仍然叫做 CAD 系统，这样就扩大了 CAD 系统的内涵。企业资源计划 ERP 在制订生产计划、销售计划和采购计划时，需要从 CAD 系统获得产品结构，从计算机辅助工艺规划 CAPP 系统获得制造每个零件的工时和材料定额等基础数据，同时需要产品数据管理 PDM 系统作为集成的桥梁。因此出现了 CAD/CAM/CAPP/ERP/PDM 的集成。这些技术不同程度的集成，可以满足从构建中小规模 CAD/CAM 系统，到建立企业级计算机集成制造系统（CIMS），实施并行工程等各个层次的需求。

2. CAD 技术的特点

CAD 技术是一项综合性的，集计算机图形学、数据库、网络通信等计算机及其他领域知识于一体的高新技术，是先进制造技术的重要组成部分，也是提高设计水平、缩短产品开发周期、增强行业竞争能力的一项关键技术。

CAD 技术能够提高产品的设计质量，缩短科研和新产品开发周期，降低消耗，提高新产品的可信度，大幅度提高劳动生产率，实现脑力劳动自动化。总体来讲，CAD 技术具有以下优点：

（1）缩短产品开发周期　由于计算机运算速度及数据查询速度极快，用户根据设计目标向计算机发出指令，计算机则根据人的意图做出反应。对特定的产品，利用专门的软件或程序，设计速度可以提高几十倍。由于计算机能够直观地将设计结果展示出来，设计者根据计算机的显示可以做出快速的反应。在计算机上修改设计比在图样上修改要容易得多，而且计算机能提供复制、查询等功能。因此采用 CAD 技术能够极大地提高设计效率。

（2）提高产品设计质量　由于计算精度高和便于优化设计，设计人员在具备专业知识的基础上，利用 CAD 技术可以完成更高质量的设计。设计人员利用实体造型可以直观地在计算机中将产品制作出来。采用先进的参数化设计、全相关数据库技术可以最大限度地避免设计上的疏忽。

（3）降低生产成本　由于 CAD 技术能够缩短设计、加工和装配的时间，降低废品率，减少库存，所以将大大降低企业的生产成本。

（4）提高管理水平　CAD 技术所生成的设计结果主要是计算机数据，保存和检索都比较容易。在已经建立企业内部网的前提下，采用产品数据管理技术易于实现全局性的管理，提高企业的管理水平。

尽管 CAD 技术功能非常强大，但如果没有人能够正确地操作和使用，根本不可能产生经济效益。CAD 技术对操作者的专业知识、外语能力和计算机水平要求较高。技术人员一般需要较长的时间熟悉、了解其功能和用法。因此培养优秀的 CAD 系统使用人员是当务之急。

10.3 计算机辅助设计的应用

计算机辅助设计开始用于机械行业，到现在已是一个包括范围很广的概念。概括来说，CAD 的对象有两大类，一类是机械、电气、电子、轻工和纺织产品，另一类是工程建筑。而如今，CAD 技术的应用范围已经延伸到艺术、电影、动画、广告和娱乐等领域，产生了巨大的经济及社会效益，有着广泛的应用前景。

CAD 技术在机械制造行业的应用最早，也最为广泛。采用 CAD 技术进行产品设计不但可以使设计人员“甩掉图板”，更新传统的设计思想，实现设计自动化，降低产品的成本，提高企业及其产品在市场上的竞争能力。还可以使企业由原来的串行式作业转变为并行作业，建立一种全新的设计和生产技术管理体制，缩短产品的开发周期，提高劳动生产率。如今世界各大航空、航天及汽车等制造业巨头不但广泛采用 CAD/CAM 技术进行产品设计，而且投入大量的人力物力及资金进行 CAD/CAM 软件的开发，以保持自己技术上的领先地位和国际市场上的优势。

计算机辅助建筑设计（Computer Aided Architecture Design，简称 CAAD）是 CAD 技术在建筑方面的应用，它为建筑设计带来了一场真正的革命。随着 CAAD 软件从最初的二维通用绘图软件发展到如今的三维建筑模型软件，CAAD 技术已开始被广为采用，这不但可以提高设计质量，缩短工程周期，还可以节约 2%～5%的建设投资，而近几年来我国每年的基本建设投资都有几千亿元之多，如果全国大小近万个工程设计单位都采用 CAAD 技术，则可以大大提高基本建设的投资效益。

CAD 技术还被用于轻纺及服装行业中。以前我国纺织品及服装的花样设计、图案的协调、色彩的变化、图案的分色、描稿及配色等均由人工完成，速度慢、效率低，而目前国际市场上对纺织品及服装的要求是批量小、花色多、质量高、交货迅速，这使得我国纺织产品在国际市场上的竞争力不强。采用 CAD 技术以后，大大加快了我国纺织及服装企业走向国际市场的步伐。

如今，CAD 技术已进入到人们的日常生活中，在电影、动画、广告和娱乐等领域大显身手。电影拍摄中利用 CAD 技术已有十余年的历史。动画和广告制作中也充分利用了计算机造型技术，实质上也是一种虚拟现实技术。虚拟现实技术还被用于各种模拟器及景物的实时漫游、娱乐游戏中。

近十年来，在 CIMS 工程和 CAD 应用工程的推动下，我国计算机辅助设计技术应用越来越普遍，越来越多的设计单位和企业采用这一技术来提高设计效率、产品质量和改善劳动条件。目前，我国从国外引进的 CAD 软件有好几十种，国内的一些科研机构、高校和软件公司也都立足于国内，开发出了自己的 CAD 软件，并投放市场，我国的 CAD 技术应用呈现出一片欣欣向荣的景象。

10.4 CAD 技术展望

1. CAD 技术的推广和应用

CAD 技术是 20 世纪全球最杰出的工程技术成果之一，是跨世纪的关键技术。因此

CAD技术的发展与应用水平已成为衡量一个国家工业现代化的重要标志，在一定程度上反映出一个国家的综合实力。

推广CAD技术是提高产品和工程设计技术水平的一项重大措施，企业在激烈的市场竞争中要想立于不败之地，就必须以新产品为龙头，以CAD技术应用为手段，使其转化为生产力，推动企业快速发展。

在企业中应用CAD系统，首先是为了改变传统的设计、生产、管理模式，建立一种新的设计、生产、营销管理体制。最终将企业的人、财、物、产、经、销信息用计算机统一管理、科学决策、提高效益、实现企业的信息化。CAD技术是企业争夺市场份额和生存发展的不可缺少的手段。现在国际上几乎所有重大工程都实行招标承包的制度。如果没有用CAD系统绘制的工程总体设计方案和相应的投标文档，连投标的资格都没有。可以说CAD技术已成为企业进入世界市场的"入场券"。

企业推广CAD技术可以按照效益驱动、总体规划、分步实施、重点突破的原则进行。第一步建立以"甩掉图板"为目标的计算机辅助绘图与设计系统。第二步建立以资源共享、权限控制为目标的产品信息管理系统。由此可以甩掉纸介质的图样文档，并且在企业中实现设计生产和管理信息的集成，逐步实现甩掉工艺卡。第三步引进先进的计算机辅助设计、分析、仿真模拟、加工集成系统。建立全局产品模型，实现无纸化设计、加工。第四步实现以控制产品生命周期为目标的并行工程。并行工程的基本要素是优化设计，并且从产品性能设计、产品制造工艺性设计、产品可检测性设计、产品可维护性设计以及产品依从性设计入手进行优化，加速新产品的开发周期。

2. CAD技术的发展趋势

CAD技术涉及面广而复杂、技术变化快，对新的理论、技术和方法的研究从未停止过。目前从总体上讲，CAD技术的发展趋势呈现参数化、智能化、集成化和标准化的特点。

（1）参数化　传统的CAD绘图软件都是用固定的尺寸值定义几何元素，要进行图面修改只有删除原有的线条后重画，而新产品的打样设计不可避免地要进行多次的修改，进行零件形状和尺寸的综合协调、优化，而且大多数设计工作都是在原有设计基础上的改进。所以，现代CAD技术开始向参数化设计发展。

参数化设计一般是指设计对象的结构形状比较定型，可以用一组参数来约定尺寸关系，设计结果的修改受尺寸驱动。生产中最常用的系列化标准件就是属于这一类型。而另一种更先进的CAD技术理念——变量化设计正开始引起研究者的注意。变量化设计（Variational Design）是指设计对象的修改需要更大的自由度，通过求解一组约束方程来确定产品的尺寸和形状。约束方程可以是几何关系，也可以是工程计算条件，设计结果的修改受到约束方程驱动。变量化设计允许尺寸欠约束的存在，这样设计者便可以采用先形状后尺寸的设计方式，将满足设计要求的几何形状放在第一位而暂不用考虑尺寸细节，设计过程相对宽松。变量化设计可以用于公差分析、运动机构协调、设计优化、初步方案设计选型等，尤其在做概念设计时更显得得心应手。

（2）智能化　现有的计算机辅助设计系统智能化程度越来越高，原来繁琐的操作逐渐由计算机智能化地进行处理。如图样尺寸标注，原来每增加一个尺寸，都要作很多操作。现在用户只要指明要标注的对象，尺寸就能在图上适当的位置标注出来。甚至对整个设计对象自动标注尺寸。图形的修改更加方便了，用户只需要很少的操作就能把图形作合理的修改。在图形的绘制方面，很多系统增加了智能导引的机制。系统始终猜测用户的设计意图，并根据当时的设计环境提供不同的人机交互工具，使用户感觉非常顺手。

人工智能是计算机几大功能之一，将人工智能引入 CAD 技术，使其具有专家的经验和知识，具有学习、推理、联想和判断的能力以及智能化的视、听、说的功能，从而达到设计自动化的目的。

要真正使产品的质量好、成本低、市场竞争能力强，就需要采用最好的设计、最好的加工和最好的管理，就需要总结国内外相关产品的设计制造经验和教训，把成功的设计制造经验融入到智能设计、智能制造系统中指导新产品的设计制造，只有这样才能使企业的产品具有创造性。

（3）集成化　集成化的内涵是借助计算机，把企业中与制造有关的各种技术系统地集成起来，进而提高企业适应市场竞争的能力。这个概念强调了两个方面：一方面是企业的各个生产环节不可分割，需要统一安排组织。另一方面是产品制造过程实质上是信息采集、传递、加工处理的过程。集成化主要包含信息集成、过程集成和企业集成三个部分：

1）信息集成主要是指在企业内部实现信息正确、高速地共享和交换，是改善企业技术和管理水平必须首先解决的问题。

2）过程集成是指把产品设计中的各个串行过程尽可能多地转变为并行工程，在设计时考虑到下面工序中的可制造性、可装配性，则可以减少反复，缩短开发时间。并行工程便是基于这一思想的一种先进制造模式。

3）企业集成是指为提高自身的市场竞争力，企业必须面对全球制造的新形势，充分利用全球的制造资源，以便更好、更快、更省地响应市场。

4）标准化　随着 CAD 技术的不断发展和日益成熟以及各行业 CAD 技术应用的不断深入，CAD 技术标准化工作越来越显示出了它的重要性。

目前，在微机和工作站上用于数据交换的图形文件标准主要有：AutoCAD 系统的 DXF（Data Exchange File）文件，美国标准 IGES（Initial Graphics Exchange Specification）及国际标准 STEP（Standard for The Exchange of Product model data）。其他一些较为重要的标准还有：在欧洲信息技术研究与开发战略规划（ESPRIT）资助下的 CAD-I 标准（仅限于有限元和外形数据信息），德国的 VDA-FS 标准（主要用于汽车工业），法国的 SET 标准（主要应用于航空航天工业）等。

CAD 技术标准化工作作为高新技术标准化的一部分，在 CAD 技术工作中占有很重要的位置，国家科技部和国家技术监督局于“八五”期间共同发布了《CAD 通用技术规范》，规定了我国 CAD 技术各方面的标准。而其中 CAD 数据交换问题是 CAD 技术广泛应用后各行业所面临的重要问题。由于 CAD 数据的急剧膨胀，不同的 CAD 系统产生的数据文件又采用不同的数据格式，甚至各个 CAD 系统中数据元素的类型也不尽相同，这种状况潜在地阻碍了 CAD 技术的进一步应用和发展。所以，如何能使企业的 CAD 技术信息实现最大限度的共享并进行有效的管理是标准化所面临的非常重要的课题。

10.5　主流 2D/3D 软件简介

（1）AutoCAD　它是美国 Autodesk 公司于 1982 年开发的自动计算机辅助设计软件。该软件功能强大、使用方便，广泛应用于机械行业。

(2) AutoCAD Civil 3D　它是美国 Autodesk 公司开发的一款面向土木工程行业的建筑信息模型（BIM）解决方案。主要应用在交通运输、土地开发以及环境项目。该软件采用基于模型的方法，有助于简化耗时的任务并保持设计的协调性，进而提高文档和可视化作品的质量。

(3) 3DS Max　它是由美国 Autodesk 公司开发的全功能的 3D 建模、动画、渲染和视觉特效解决方案，广泛用于制作游戏以及电影和视频内容。

(4) Inventor　它是美国 Autodesk 公司的产品，集三维机械设计、仿真、工装模具的可视化和文档编制工具为一体。

(5) Maya　它是美国 Autodesk 公司的产品，具有衣料、毛发、毛皮、流体和粒子模拟工具。具有高动态范围合成系统、摄像机跟踪器、批处理渲染和网络渲染队列管理器。其使用者多为艺术家、设计师和三维爱好者，常用来制作动画。

(6) CATIA　英文全称为 Computer Aided Tri-Dimensional Interface Application，是法国 Dassault 公司的产品开发旗舰解决方案。产品开发商 Dassault 成立于 1981 年，主要产品 CATIA 是世界上主流的 CAD/CAE/CAM 一体化软件。支持从项目的前期准备到具体的设计、分析、模拟、组装、维护在内的全部工业设计流程。广泛应用于航空航天、汽车制造、造船、机械制造、电子、电器、消费品行业，它的集成解决方案覆盖所有的产品设计与制造领域。

(7) UG（Unigraphics NX）　它是美国 UGS（Unigraphics Solutions）公司的主导产品，是集 CAD/CAE/CAM 于一体的三维参数化软件，是面向制造行业的高端软件，是当今最先进，最流行的工业设计软件之一。它集合了概念设计、工程设计、分析与加工制造的功能，实现了优化设计与产品生产过程的组合。被广泛应用于机械、汽车、航空航天、家电以及化工等各个行业。

(8) Pro/Engineer（简称 Pro/E）　它是美国参数技术公司（Parametric Technology Corporation，PTC）推出的三维设计软件，是一款提供了产品的三维设计、加工、分析及绘图等功能的完整的 CAD/CAM/CAE 解决方案，是一款基于单一数据库、参数化设计、特征造型和全相关概念的通用 CAD 系统。其模块众多，用户可利用 Pro/E 及其相关软件 Pro/Designer、Pro/Mechanica 等进行工业设计、有限元结构仿真分析和加工制造等设计开发工作。Pro/E 软件将设计至生产的全过程几乎全部整合到一起，可实现各部门的协同工作，即实现并行工程。同时针对不同用户对于 CAD 软件的不同需要，Pro/E 还提供了较大的二次开发的空间，使其适应性更强。

(9) SolidWorks　它是由美国 SolidWorks 公司研制开发的一套 CAD/CAE/CAM/PDM 桌面集成系统，是基于 Windows 平台的全参数化特征造型软件。其采用参数化驱动的设计模式，可以通过修改相关的参数来完善设计方案，支持设计中的动态修改，使设计更加灵活。SolidWorks 软件套件包括有三维机械设计软件 SolidWorks（三维建模）、数据管理软件 PDMWorks Client 以及用于设计交流的常用工具 eDrawings 专业版（基于 e-mail 的设计交流工具）、3D Instant Website（即时网页发布工具）、PhotoWorks（高级渲染）、SolidWorks Animator（动画工具）。

(10) SolidEdge　它是 Siemens PLM Software 公司旗下的三维 CAD 软件，采用 Siemens PLM Software 公司自己拥有专利的 Parasolid 作为软件核心，将普及型 CAD 系统与世界上最具领先地位的实体造型引擎结合在一起，是基于 Windows 平台的功能强大且易用的三维 CAD 软件。

（11）Imageware　它是世界上著名的逆向工程软件。当需要将具体的实物模型的外形精确地输入计算机成为电子模型时，就需要采用逆向工程软件。一般首先利用三坐标测量仪器测出模型表面点阵数据，再通过逆向工程软件进行处理，就可以获得物体的曲面。

（12）I-DEAS　它是美国SDRC公司开发的一套完整的CAD/CAM系统，其侧重点是工程分析和产品建模。它采用开放型的数据结构，把实体建模、有限元模型与分析、计算机绘图、实验数据分析与综合、数控编程以及文件管理等集成为一体，因而可以在设计过程中较好地实现计算机辅助机械设计。通过公用接口以及共享的应用数据库，把软件各模块集成于一个系统中。其中实体建模是I-DEAS的基础，它包括了工程设计、工程制图、模块、制造、有限元仿真、测试数据分析、数据管理以及电路板设计七大模块。

（13）Master CAM　它是一种应用广泛的中低档CAD/CAM软件，由美国CNC Software公司开发，运行于Windows系统。该软件三维造型功能稍差，但操作简便实用，容易学习。其加工选项中的多种功能可以任意选择，使用户具有更大的灵活性，如多曲面径向切削和将刀具轨迹投影到数量不限的曲面上等功能。该软件还包括C轴编程功能，可顺利将铣削和车削结合。

（14）ThinkDesign　高档机械设计软件，超现代造型设计软件。

（15）CAXA　由北京数码大方科技有限公司开发，通过与IRONCAD合并，获得了三维功能，目前的CAXA软件包括9大系列30多种CAD、CAPP、CAM、DNC、PDM、MPM以及PLM软件产品和解决方案，覆盖了制造业信息化设计、工艺、制造和管理四大领域。产品包括实体设计、电子图板、工艺图表（CAPP）、制造工程师（CAM）、线切割（CAM）等。

（16）Rhino 3D NURBS（Non-Uniform Rational B-Spline，非均匀有理B样条曲线）　它是一个功能强大的高级建模软件，三维建模使用者一般称其为犀牛软件。它是美国Robert McNeel & Assoc开发的PC上强大的专业3D造型软件，它可以广泛地应用于三维动画制作、工业制造、科学研究以及机械设计等领域。

（17）SINOVATION　SINOVATION可以拆分为SINO＋INOVATION，SINO是中国的意思，INOVATION有创新的意思。该软件是华天公司通过与日本企业合作拥有自主版权的CAD/CAM软件，支持二轴、三轴、五轴固定数控铣加工，具有混合型建模、参数化设计、特征造型功能，并提供了先进的冲压模具、注塑模具和激光切割控制等应用技术。适合汽车、机床、通用机械、模具及工艺装备等行业的设计及加工应用。

（18）PKPM　PKPM是一个大系列，除了集建筑、结构、设备（给排水、采暖、通风空调、电气）设计于一体以外，目前PKPM还有建筑预算系列（钢肋计算、工程量计算、工程计价）、施工软件系列（投标系列、安全计算系列、施工技术系列）、施工企业信息化系统（目前全国很多特级资质的企业都在用PKPM的信息化系统）。

10.6　常用机械计算机辅助设计软件介绍

10.6.1　二维机械设计软件——AutoCAD

常用二维机械设计软件无论从软件功能或软件应用市场占有率来说应首推——AutoCAD。如前一节所述，AutoCAD现已经成为国际上广为流行的二维制图软件。dwg文件格式已成为二维制图的事实标准格式。

1. AutoCAD 特点

1）具有完善的图形绘制功能。

2）有强大的图形编辑功能。

3）可以采用多种方式进行二次开发或用户定制。

4）可以进行多种图形格式的转换，具有较强的数据交换能力。

5）支持多种硬件设备。

6）支持多种操作平台。

7）具有通用性、易用性，适用于各类用户。

此外，从 AutoCAD2000 开始，该系统又增添了许多强大的功能，如 AutoCAD 设计中心（ADC）、多文档设计环境（MDE）、Internet 驱动、新的对象捕捉功能、增强的标注功能以及局部打开和局部加载的功能，从而使 AutoCAD 系统更加完善。

2. AutoCAD 基本功能

（1）平面制图　AutoCAD 能以多种方式创建直线、圆、椭圆、多边形、样条曲线等基本图形对象。另外为了实现简洁而有效的精确制图，AutoCAD 提供了正交、对象捕捉、极轴追踪、捕捉追踪等制图辅助工具。正交功能使用户可以很方便地绘制水平、竖直直线，对象捕捉可帮助拾取几何对象上的特殊点，而追踪功能使画斜线及沿不同方向定位点变得更加容易（图 10-1）。

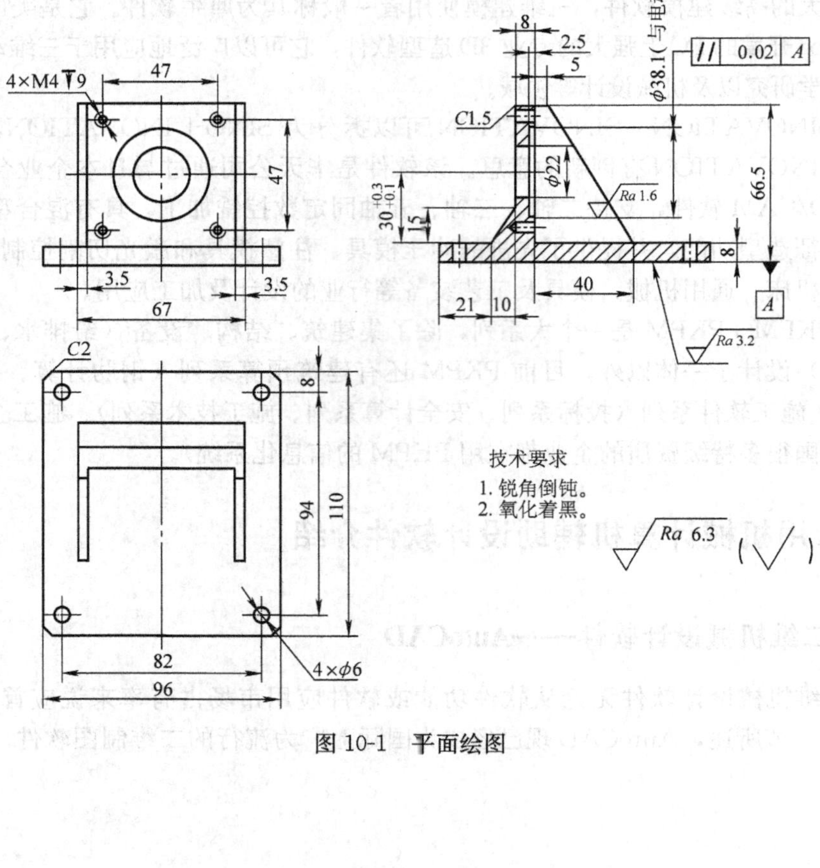

图 10-1　平面绘图

（2）编辑图形　AutoCAD具有强大的编辑功能，可以实现移动、复制、旋转、阵列、拉伸、延长、修剪、缩放对象等。

（3）标注尺寸　AutoCAD可以创建多种类型尺寸，标注外观可以自行设定。

（4）书写文字　AutoCAD能轻易在图形的任何位置、沿任何方向书写文字，可设定文字字体、倾斜角度及宽度缩放比例等属性。

（5）图层管理功能　AutoCAD图形对象都位于某一图层上，可设定图层颜色、线型、线宽等特性。

（6）三维绘图　AutoCAD可创建3D实体及表面模型，能对实体本身进行编辑。

（7）网络功能　可将图形在网络上发布，或是通过网络访问AutoCAD资源。

（8）数据交换　AutoCAD提供了多种图形图像数据交换格式及相应命令。

（9）二次开发　AutoCAD允许用户定制菜单和工具栏，并能利用内嵌语言Autolisp、Visual Lisp、VBA、ADS、ARX等进行二次开发。

3. AutoCAD应用领域

AutoCAD具有多种应用包括工程制图（建筑工程、装饰设计、环境艺术设计、水电工程、土木施工等）、工业制图（精密零件、模具、设备设计等）、服装加工（服装制版）、电子制图（印刷电路板设计）等。广泛应用于土木建筑、装饰装潢、城市规划、园林设计、电子电路设计、机械设计、服装鞋帽、航空航天、轻工化工等诸多领域。

4. AutoCAD版本分类

针对不同的行业，Autodesk开发了很多专用的版本和插件。在机械设计与制造行业中发行了AutoCAD Mechanical版本，在电子电路设计行业中发行了AutoCAD Electrical版本，在勘测、土方工程与道路设计行业中发行了Autodesk Civil 3D版本。而学校教学、培训中所用的一般都是AutoCAD Simplified版本。一般没有特殊要求的服装、机械、电子、建筑行业的公司都是用的AutoCAD Simplified版本。所以AutoCAD Simplified基本上算是通用版本。较详细的分类如下：

1）AutoCAD——通用设计。

2）AutoCAD LT——专业的二维绘图和详图设计。

3）AutoCAD Architecture——建筑设计。

4）AutoCAD MEP——水暖电设计。

5）AutoCAD Mechanical——机械设计。

6）AutoCAD Electrical——电气控制设计。

7）AutoCAD Map 3D——空间数据创建和管理。

8）AutoCAD Civil 3D——土木工程和建筑信息模型（BIM）。

9）AutoCAD P&ID——工艺流程设计。

10）AutoCAD Plant 3D——工厂设计。

10.6.2　常用三维机械设计软件

机械结构设计行业的大体趋势是由传统平面设计转向三维结构设计，目前市场上常用的设计软件主要有Pro/Engineer、UG、CATIA、SolidWorks等。这些综合三维设计软件的应用可以缩短产品设计周期，在一个平台上就可以完成零件设计、装配、工程分析、工程制图、加工、数据管理等，大大地提高了企业的效率。

1. CATIA

CATIA 是由法国著名飞机制造公司 Dassault 开发并由 IBM 公司负责销售的 CAD/CAM/CAE/PDM 应用系统，CATIA 起源于航空工业，其最大的标志客户即美国波音公司，波音公司通过 CATIA 建立起了一整套无纸化飞机生产系统，在飞机设计制造中全面使用计算机技术，使波音 777 成为“无纸飞机”，取得了巨大的成功。CATIA 的主要功能和模块包括：

1）创成式造型（Generic Shape Design）。简称 GSD，非常完整的曲线操作工具和最基础的曲面构造工具，除了可以完成所有曲线操作以外，还可以完成拉伸、旋转、扫描、边界填补、桥接、修补碎片、拼接、凸点、裁剪、光顺、投影、高级投影和倒角等功能。生成封闭片体连续性高，软件操作参数化，功能全面。

2）自由风格造型（Free Style Surface）。简称 FSS，造型自由度高。除了包括 GSD 中的所有功能以外，还可完成诸如曲面控制点（可实现多曲面到整个产品外形同步调整的控制点、变形）、自由约束边界、去除参数达到汽车 A 面标准的曲面桥接、倒角、光顺等功能，所有命令都可以非常轻松地达到很高的建模连续性。凭借 GSD 和 FSS，CATIA 曲面功能已经非常卓越。

3）汽车 A 级曲面（Automotive Class A）。简称 ACA，完全自由建模，此模块提供了强大的曲线、曲面编辑功能和无比强大的一键曲面光顺功能。几乎所有命令可达到非常高的建模连续性，而且不破坏原有光顺外形。可实现多曲面甚至整个产品外形的同步曲面操作（控制点拖动、光顺、倒角等）。对于一些制造者对 A 级曲面要求近乎疯狂的要求，可应付自如。目前只有少数造型软件，比如 Alias，Rinho 可以达到同样水平。

4）自由风格草图绘制（FreeStyle Sketch Tracer）。简称 FST，可根据产品的三视图或照片描出基本外形曲线。

5）数字曲面编辑器（Digitized Shape Editor）。简称 DSE，根据输入的点云数据，进行采样、编辑、裁剪已达到最接近产品外形的要求，可生成高质量的小三角片体。自由度很高。

6）快速曲面重构（Quick Surface Reconstruction）。根据输入的点云数据或者蒙皮以后的小三角片体，提供各种方式生成曲线，以供曲面造型，自由度很高。

7）小三角片体外形编辑（Shape Sculpter）。可以对小三角片体进行各种操作，功能强大，自由度高。

8）汽车白车身紧固（Automotive BIW Fastening）。用于设计汽车白车身各钣金件之间的焊接方式和焊接几何尺寸。

9）图片和形状框（Image&Shape）。可以像捏橡皮泥一样拖动、拉伸、扭转产品外形，以达到理想的设计外形。可以极其快速地完成产品外形概念设计。

10）修补助手（Healing Assistant）。一个极其强大的曲面修补工具，可以将各种破面缺陷自动找出并修补。

CATIA 的应用范围也很广泛，主要包括：

1）航空航天。CATIA 源于航空航天工业，是业界重要的应用软件。一直以来以其精确、安全、可靠性高满足航空航天领域各种应用的需要。

在航空航天工业项目中，CATIA 被应用于开发虚拟的原型机，其中包括波音公司（美国）的波音 777（图 10-2）和波音 737 客机、Dassault 公司（法国）的阵风（Rafale）战斗机、Bombardier 公司（加拿大）的 Global Express 公务机以及 Lockheed Martin 公司（美国）的 Darkstar 无人驾驶侦察机。波音公司在波音 777 项目中，应用 CATIA 设计了除发动机以外的所有机械零件，并将包括发动机在内的所有零件进行了预装配。波音 777 也是迄今为止唯一进行全数字化设计和装配的大型喷气客机。参与波音 777 项目的工程师、工装设计师、技师以及项目管理人员超过 1700 人，分布于美国、日本、英国的不同地区。他们通过 1400 套 CATIA 工作站联系在一起，进行并行工作。波音的设计人员对波音 777 的全部零件进行了三维实体造型，并在计算机上对整个波音 777 进行了全尺寸的预装配。预装配使工程师不必再制造一个物理样机，工程师在预装配的数字样机上即可检查和修改设计中的干涉和不协调。波音飞机公司宣布，在波音 777 项目中，由于应用 CATIA 节省了 50％的重复工作和错误修改时间。尽管首架波音 777 的研发时间与应用传统设计流程的其他机型相比，其节省的时间并不是非常的显著，但波音公司预计，波音 777 后继机型的开发至少可节省 50％的时间。CATIA 的后参数化处理功能在波音 777 的设计中也显示出了其优越性和强大功能。为迎合特殊用户的需求，利用 CATIA 的参数化设计，波音公司不必重新设计和建立物理样机，只需进行参数更改，就可以得到满足用户需要的电子样机，用户可以在计算机上进行预览。

图 10-2　应用 CATIA 的波音 777

2）汽车工业。CATIA 是汽车工业的重要标准，是欧洲、北美和亚洲众多汽车制造商所使用的计算机辅助制造软件系统。CATIA 在造型、车身及引擎设计等方面具有独特的长处，为各种车辆的设计和制造提供了全套的解决方案。CATIA 涉及产品、加工和人三个关键领域，其可伸缩性和并行工程能力可显著缩短产品上市时间。

一级方程式赛车、跑车、轿车、卡车、商用车、有轨电车、地铁列车、高速列车等各种车辆在 CATIA 上都可以作为数字化产品，在数字化工厂内，通过数字化流程，进行数字化工程实施。CATIA 的技术在汽车工业领域内广泛应用，并且被各国的汽车零部件供应商所认可。从近来一些著名汽车制造商所做的采购决定，如 Renault、Toyota、Karman、Volvo、Chrysler 等，足以证明数字化车辆的发展动态。Scania 是居于世界领先地位的卡车制造商，总部位于瑞典，其卡车年产量超过 50000 辆，借助于 CATIA 系统，已经将卡车零部件减少了一半。现在，Scania 公司在整个卡车研制开发过程中，使用更多的分析仿真，以缩短开发周期，提高卡车的性能和可维护性。

3）造船工业。CATIA为造船工业提供了优秀的解决方案，包括专门的船体设计、船载设备和机械加工解决方案。船体设计解决方案已被应用于众多船舶制造企业，涉及所有类型船舶的零件设计、制造、装配。船体的结构设计与定义是基于三维参数化模型的，使零件之间具有相关性，更改相关零件时，可以直接影响船体的外形。船体设计解决方案与其他CATIA产品是完全集成的。CATIA实体和曲面造型功能用于基本设计和船体光顺。创成式外形设计作为工具，进行新产品的概念设计和与其他已有船舶结构设计方案进行数据交换。

使用CATIA设计和建造船体时，大量的系统、部件需要一个综合的，有效的产品数据管理系统（PDM）进行产品定义的管理，不仅仅是一个材料单，而是所有三维数字化产品和加工设备。

我国广州的文冲船厂也对CATIA进行了成功地应用。使用CATIA进行三维设计，取代了传统的二维设计。

4）厂房设计。以CATIA为基础，IBM和Dassault公司为造船厂、发电厂、加工厂和工程建筑公司开发了专门的厂房设计方案，包括管道、装备、结构和自动化文档，CATIA是行业中的第一个面向对象的知识工程技术系统。

CATIA已被成功应用于众多企业厂房设计。使用CATIA仿真对正在建设中的工厂设计进行修改，可以明显的节省设计费用，并且对将来企业的运作有着深远的影响。

Haden International公司的涂装生产线主要应用于汽车和宇航工业。Haden International应用CATIA设计其先进的涂装生产线，明显缩短了设计与安装的时间。

5）加工和装配。一个产品仅有设计是不够的，还必须制造出来。CATIA擅长为设备和零件作2D/3D关联、分析和数控加工规划。CATIA的混合建模方式能保证高速生产和组装精密产品（如机床、医疗器械、胶印机、钟表及工厂设备等）做到一次成功。

在机床工业中，用户要求产品能够迅速地进行精确制造和装配。CATIA的强大功能使其应用于产品设计与制造的众多领域。大的制造商像Staubli从Dassault System的产品中受益匪浅。Staubli使用CATIA设计和制造纺织机械和机器人。Gidding&Lewis使用CATIA设计和制造大型机床。

CATIA也同样应用于众多小型企业。Klipan使用其设计和生产电站的电子终端和控制设备，Polynorm使用其设计和制造压力设备，Tweko使用其设计焊接和切割工具。

6）消费品。全球有各种各样的消费品公司信赖CATIA，因为CATIA具有高水平的建模工具和渲染工具，可以容易地设计出风格新颖的产品。CATIA已用于设计和制造如餐具、计算机、厨房设备、电视和收音机以及庭院设备等多种产品。

另外，为了验证一种新的概念在美观和风格选择上的一致性，CATIA可以从数字化定义的产品，生成具有真实效果的渲染照片。在真实产品生成之前，即可用于产品宣传。

2. UG（Unigraphics NX）

来自Siemens PLM的UG（图10-3）使企业能够通过新一代数字化产品开发系统实现向产品全生命周期管理转型的目标。UG是目前市场上功能全面的产品设计工具，它不但拥有现今CAD/CAM软件中性能优秀的实体建模核心技术，更提供高效能的曲面造型能力，能够完成很复杂的设计，主要为汽车、交通、航空航天、日用消费品、通用机械以及电子工业等领域提供多级化的、集成的、企业级的服务。UG的主要功能包括：

1）工业设计和造型。UG 提供了一整套灵活的造型、编辑及分析工具，集成在完整的数字化产品开发解决方案中（图 10-4）。

图 10-3　UG NX7.5

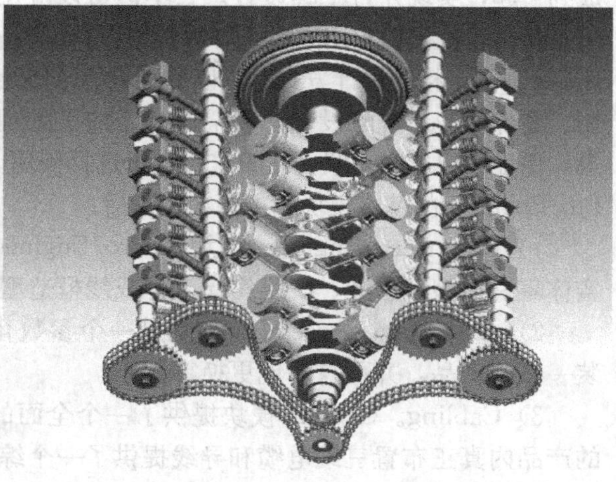

图 10-4　工业设计和造型应用

2）包装设计。UG 提供了理想的工具集应对消费品、食品、饮料等行业的包装设计。

3）机械设计。UG 的机械设计工具提供细致、全面的功能，灵活、高效同时具有协同开发能力。

4）机电系统设计。UG 利用集成机械、电气和电子组件的解决方案来简化和加速机电系统设计，提供更为流畅和全面的机电系统设计平台。

5）机械仿真。UG 提供了针对机械结构的仿真实验方法，通过全面高效的解算器，充分满足在模型准备、解析及后处理方面的需要。

6）机电仿真。UG 能够进行针对机电产品所有主要故障模式的仿真实验，包括：温度、振动、粉尘以及湿度等。

7）工装模具和夹具设计。UG 可以使产品设计延伸到产品制造。通过与产品模型建立动态联系，可以准确地制造工装模具及工件夹具。

8）机械加工。UG 为数控机床编程提供了完整的自动化工具，能够让各种先进的数控机床实现高效率工作（图 10-5）。

9）工程流程管理。UG 提供了产品工程流程的管理工具，并与 CAD、CAM 和 CAE 完美地集成在一起，形成了一套完整的产品工程流程管理系统。

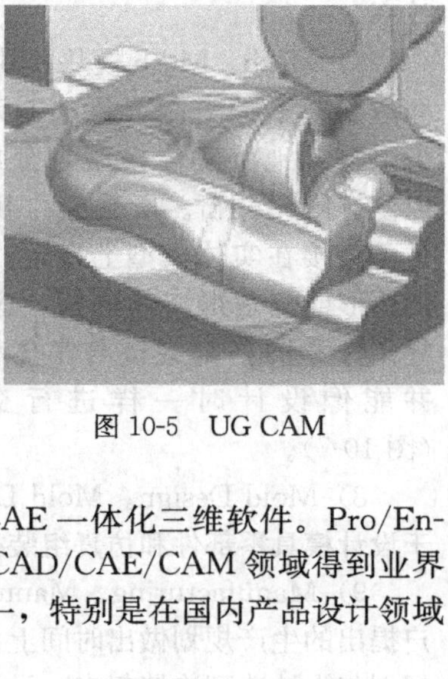

图 10-5　UG CAM

3. Pro/Engineer

Pro/Engineer 是美国参数技术公司开发的 CAD/CAM/CAE 一体化三维软件。Pro/Engineer 以参数化著称，是参数化技术的最早应用者。在机械 CAD/CAE/CAM 领域得到业界广泛地认可和推广，是现今常用的 CAD/CAM/CAE 软件之一，特别是在国内产品设计领域占据重要位置（图 10-6）。

Pro/Engineer采用了单一数据库来解决模型特征的相关性问题，能够将设计至生产全过程集成到一起，实现并行工程设计。它不但可以应用于工作站，也可以应用到个人计算机上。Pro/Engineer采用了模块设计方式，可以分别进行草图绘制、零件制作、装配设计、钣金设计、加工处理等，保证用户可以按照自己的需要进行选择使用。Pro/Engineer的基本模块和主要功能包括：

图 10-6　Pro/Engineer

1）Engineer。Engineer模块是Pro/Engineer的基本部分，可以进行参数化功能定义、实体零件造型及组装、三维实体上色或线框造型及完整工程图的绘制。

2）Assembly。Assembly模块是一个参数化零件模型组装管理系统，能使用户自行组装一系列产品，并可自动地更换零件。

3）Cabling。Cabling模块提供了一个全面的电缆布线功能，它为在Pro/Engineer设计的产品内真正布置三维电缆和导线提供了一个综合性的工具。

4）Cat。Cat模块是选用性模块，提供Pro/Engineer与CATIA的双向数据交换接口，使CATIA的造型可直接输入Pro/Engineer，并可加上Pro/Engineer的功能定义和参数工序。而Pro/Engineer也可将其造型输出到CATIA。这种高度准确的数据交换技术令设计者得以在节省时间及设计成本的同时，扩充现有软件系统的功能。

5）Detail。Pro/Engineer模块提供了一个很完善的自动绘制工程图的能力，包括：自动尺寸标注、模型绘制、全尺寸修饰及自动生成投影面、辅助面、截面和局部视图。Detail模块扩展了Pro/Engineer这些基本功能，允许直接从Pro/Engineer的实体造型产品按ANSI、ISO、JIS、DIN等标准的要求绘制工程图。

6）Libraryaccess。Libraryaccess模块提供了超过2万个通用标准零件的扩展库，用户可以很方便地拾取任意工业标准的零件，并将它们插入进产品的设计中，明显提高了设计效率。

7）Mesh。Mesh模块提供了实体模型和薄壁模型的有限元网格自动划分功能。可以自动地将实体模型划分成有限元素，以便有限元分析。所受应力载荷和边界条件可直接在实体模型上指定，并自动生成四边形或三角形实体网格。应力载荷、边界条件和网格都直接与实体模型相关联，并能像设计时一样进行交互式修改（图10-7）。

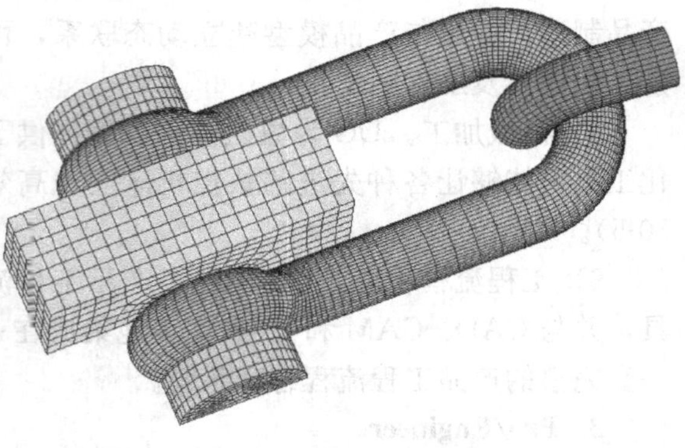

图 10-7　利用Mesh自动划分实体模型网格

8）Mold Design。Mold Design模块用于设计模具零部件和仿真组装模具。

9）Manufacturing。Manufacturing模块用来管理生产过程规划，刀具轨迹并能根据用户提出的生产规划做出时间上及价格成本上的估计。Manufacturing模块将生产过程、生产规划与设计造型连接起来，设计上任何的改变，都能由软件自动地将已有的生产规划修改正确。而无需用户自行修正。Manufacturing 模块将具备完整关联性的Pro/Engineer产品线延伸至加工制造当中，容许用户采用参数化的方法规划数控刀具轨迹并自动编译成数控机床所用编码，赁此就可将Pro/Engineer 生成的模型进行实际加工（图 10-8）。

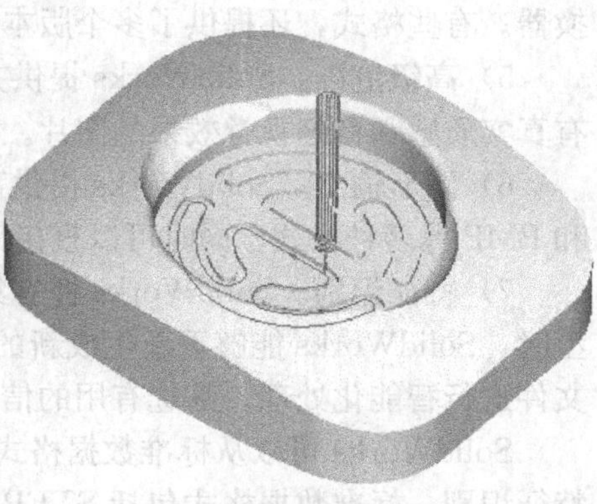

图 10-8　自动规划数控刀具轨迹

10）Project。Project 模块提供一系列数据管理工具，用于大规模复杂设计的数据管理，适合多组设计人员同步工作的工程作业环境，用户可集中管理所有设计文档。从概念性设计到加工制造工序，Project 模块均能对所有 Pro/Engineer 或非Pro/Engineer类型的数据操控自如。其中包括产品的组态管理、多重存取控制、数据加密、自定义用户管理、报表生成及查询等功能。

11）Sheet Metal。SheetMetal 模块扩展了 Pro/Engineer的设计功能，用户可建立任意的钣金造型并进行组装，包括生成钣金设计模型以及将它们展开成平面图形（图 10-9）。

图 10-9　Sheet Metal 模块的钣金设计

12）Surface。Surface 模块是一个选择性模块，它扩展了 Pro/Engineer 的复杂曲面和曲线的造型和编辑功能。Surface 模块提供了一系列必要的工具，使得工程师们很容易地设计出理想的曲线和曲面，是 Pro/Engineer 中主要的曲面和曲线造型模块。

4. SolidWorks

SolidWorks 是世界上第一个基于 Windows 开发的三维 CAD 软件，由于符合 CAD 技术的发展潮流和趋势，SolidWorks 公司曾经成为 CAD/CAM 产业中获利最高的公司。1997 年由法国 Dassault 公司收购。收购后的 SolidWorks 以原来的品牌和管理技术队伍继续独立动作，成为 CAD 行业一家高素质的专业化公司，SolidWorks 三维机械设计软件也成为 Dassault 公司中最具竞争力的 CAD 产品之一。

由于使用了 Windows OLE 技术、直观式设计技术、先进的实体建模内核以及良好的第三方软件的集成技术，SolidWorks 成为全球装机量最大、最常用的三维 CAD 软件之一。SolidWorks 的主要功能包括：

1）实体建模。SolidWorks 提供了非常优秀的、基于特征的实体建模功能。通过拉伸、旋转、放样、高级抽壳、阵列以及钻孔等操作来实现产品的设计。草图与实体模型相关联，都可以相互影响。

2）曲面建模。通过带控制线的扫描、放样、填充以及拖动操作设计人员可以方便的绘制各种复杂曲面，并直观地对曲面进行修剪、延伸、倒角和缝合等操作。

3）钣金设计。SolidWorks 提供了优秀的、全面的钣金设计功能。设计人员可以直接使用各种类型的法兰、薄片等标准件。并且通过人机优化使正交切除、角处理以及边线切口等钣金操作变得非常容易。

4）数据转换。SolidWorks 提供了当今市场上几乎所有 CAD 软件的输入、输出格式转换器。有些格式，还提供了多个版本的转换器供设计人员使用。

5）高级渲染。SolidWorks 提供方便、易用的高品质渲染功能。帮助设计人员制作出具有真实质感和良好视觉效果的图片。

6）图形输出。SolidWorks 提供高效的图形输出功能，支持包括 PostScript、jpg、TIF 和 BMP 等多种格式。同时可以直接完成图形打印功能。

7）特征识别。SolidWorks 拥有集成的特征识别功能。当输入其他 CAD 软件的三维模型时，SolidWorks 能够重新生成新的模型，引进新的设计思路。SolidWorks 对静态的转换文件进行智能化处理，筛选有用的信息，减少了重建模型所花的时间。

SolidWorks 可以从标准数据格式转换器转换的几何模型中捕捉所有的数据，然后进行特征识别。标准数据格式包括 STEP，IGES，SAT（ACIS），VDAFS 和 Parasolid。最适合识别规则的机加工轮廓和钣金特征。

5. Inventor

Inventor 是美国 Autodesk 公司推出的一款三维可视化实体建模软件。该软件加入了用于缆线设计、管道设计及 PCB IDF 文件输入的专业功能模块，并集成了业界领先的有限元功能，可以直接在 Inventor 软件中进行应力分析。在此基础上，设计人员还可利用集成的数据管理软件 Vault 管理设计数据。Inventor 集成了众多 Autodesk 公司的相关软件，提供了一个无风险的二维到三维工作平台。其主要功能包括：

1）零件设计。Inventor 可以帮助设计人员更为轻松地利用已有的设计数据，生动地表现设计意图。借助其全面关联的模型，零件设计中的任何变化都可以反映到装配模型和工程图文件中。由此，设计人员的工作效率将得到显著提高。

Inventor 可以使经常使用的自定义特征和零件标准化和系列化，从而提高客户的设计效率。利用 Inventor 可以轻松设置智能零件库，以确保始终以同种标准创建常用零件。

2）钣金设计。Inventor 能够帮助用户简化复杂钣金零件的设计。Inventor 中的实体模型结合了加工信息（如冲压加工参数）、精确的钣金折弯模型以及模型展开编辑环境。在模型展开编辑环境中，制造工程师可以对钣金展开模型进行细微的改动，能够帮助用户提高设计钣金零件的效率。

3）装配设计。Inventor 将自动检测工具与易于使用的装配工具相结合，使用户可以确保装配设计中每一个零部件的安装正确，精确地验证干涉情况和各种属性，以便一次性创建高质量的产品。Inventor 提供的完善工具可有效控制和管理大型装配设计中的数据，因此用户只需专心工作在需要修改的部分零部件上即可。

4）工程图绘制。Inventor 中的自动创建视图功能和绘图工具将工程图的绘制效率提高到了新的水平。此外，Inventor 还支持所有主流的绘图标准与三维模型的完全关联。在三维模型变更时，工程图将同步更新，并以 DWG 输出格式，因此是创建和共享 DWG 工程图的理想选择。

5）数据管理与沟通。Inventor 使设计数据可以高效、安全地进行交换，支持不同工程环节（包括工业设计、产品设计和制造）之间的协作。这种功能支持设计工作组管理和跟踪一个项目中的所有零部件设计，帮助设计人员更出色地管理关键的设计数据、物料清单，及早实现制造团队与客户间的协作。

通过一系列全面的格式转换器，Inventor 具有了出色的互操作性。在那些三维数据来源于多个CAD软件的项目中，Inventor也可以统一管理。

6）自定义与自动化。Inventor可以自动化常用的操作，并按照设计标准和工程流程实现特有流程的自动化。而且设计人员可以创建符合特定标准的工程图，并向资源中心发布自定义的零件，以确保所有设计人员在设计中使用合适的零件，提高设计速度和工作效率。

7）运动仿真。借助Inventor的运动仿真功能，设计人员能了解产品在真实条件下如何运转，而节省花费在构建物理样机上的成本、时间和高额的咨询费用。

8）管路设计。Inventor可以帮助用户节约设计管材、管件布置所需要的时间。使用Inventor中规范的布管工具来设计管路，可以确保管路符合一般的设计规则。

9）电缆设计。Inventor可以对从电路设计软件导出的导线表进行直接的三维设计。在包含电缆的三维模型中，设计人员可以准确计算路径长度，避免过小的弯曲半径，并确保电器零部件与机械零部件匹配，从而节约大量时间和成本。

10）与AutoCAD集成。Inventor能够帮助用户充分利用原有的AutoCAD功能和设计数据，从而使设计更加方便。借助Inventor，设计人员可以轻松访问原有的二维信息，重复利用宝贵的设计数据。此外，由于设计人员可以将Inventor的工程图保存为AutoCAD文件，因此他们可以将从三维实体模型中获得的分析结果在AutoCAD中直接展示。从三维零件和装配设计中生成的视图，如示意图和工厂布置图等，也可以与AutoCAD数据相集成。设计人员可以通过修改旧的三维设计视图来改变的二维工程图，以降低升级现有设备的成本。

近年来各公司的CAD软件不断完善，增加了越来越多的实用功能，如绿色设计、动态分析、振动仿真等。必将使设计工作更加高效。

附录A 化工设备机械基础课程设计

化工设备机械基础课程设计是针对高等院校化工工艺类、高分子材料专业化工设备机械基础而设置的；是为配合学生在学习了有关机械课程的基本理论和基本知识后，对其基本技能的训练；是培养学生设计能力和解决实际问题能力的重要教学环节。

通过课程设计，使学生掌握化工过程典型设备的结构设计和强度计算，以及了解机械设计对化工工艺参数的影响。

1. 课程设计的目的

1）鼓励学生把化工设备机械基础课程及其相关课程所学的理论知识，在课程设计中综合地加以运用，把化工工艺条件与化工设备设计有机地结合起来，巩固和强化有关机械课程的基本理论和基本知识。

2）培养学生对化工工程设计的技能以及独立分析问题、解决问题的能力。树立正确的设计思想，掌握化工基本设备设计的基本方法和步骤，为今后创造性地设计化工设备及机械打下一定的基础。

3）培养学生查阅并综合运用各种有关的设计手册、规范、标准、图册等设计技术资料。进一步培养学生识图、制图、运算、编写设计说明书等基本技能；完成作为工程技术人员在机械设计方面所必备的设计能力的基本训练。

2. 课程设计的要求

1）树立正确的设计思想。在设计中要自始至终本着对工程设计负责的态度，从难从严要求，综合考虑经济性、实用性、安全可靠性和先进性，严肃认真地进行设计，高质量地完成设计任务。

2）具有积极主动的学习态度和进取精神。在课程设计中遇到问题不敷衍，通过查阅资料和复习有关教材，积极思考提出个人见解，主动解决问题，注重能力培养。强调独立思考，有创造性的设计，并不等于凭空设想。学生在课程设计中学会收集、理解、熟悉和使用各种资料，正是培养设计能力的重要方面，也是设计能力的重要表现。

3）学会正确使用标准和规范，使设计有法可依、有章可循。当设计与标准规范相矛盾时，必须严格计算和验证，直到符合设计要求，否则应优先按标准选用。

4）学会正确的设计方法，统筹兼顾，抓主要矛盾。对于初学者，往往把设计片面的理解为是理论上的强度、刚度等的计算，认为这些计算结果不可更改。实际上，对于设备的合理设计，其计算结果只是设计时某方面的依据，设计时还要考虑结构等方面的要求。

在设计中还应注意处理好尺寸的圆整。若按几何关系计算而得的尺寸，一般不能随意圆整变动；若按经验公式得来的尺寸，一般应圆整到标准规格尺寸。对于强度、刚度等计算结果，从设备安全性出发，应向上圆整。同时，要兼顾到经济性，即圆整要适度。

在设计中还要处理好计算与结构设计的关系。设计中要求计算、制图、选型、修改同步进行，但零件的尺寸，以最后图样标注的为准。对尺寸作出修改后，可以根据修改幅度、原强度裕度及计算准确程度等来判断是否有必要再进行强度计算。

3. 课程设计的内容

完成一种典型化工设备的机械设计，工作量应包括：设备总装配图1张，零部件图1～2张，设计计算说明书1份。

4. 课程设计的步骤

（1）准备阶段

1）设计前应预先准备好设计资料、手册、图册、计算和绘图工具、图纸及报告纸等。

2）认真研究设计任务书，分析设计题目的原始数据和工艺条件，明确设计要求和设计内容。

3）设计前应认真复习有关教科书、熟悉有关资料和设计步骤。

4）有条件的应结合现场参观，熟悉典型设备的结构，比较结构的优缺点为己所用。没有现场条件的，也要先读懂几张典型设备图。

（2）机械设计阶段　化工设备的机械设计是在设备的工艺设计后进行的。根据设备的工艺条件（包括工作压力、温度、介质特性、结构形式和尺寸、管口方位、标高等），围绕着设备内、外附件的选型进行机械结构设计、围绕着确定厚度大小进行强度、刚度和稳定性的设计和校核计算。这一步往往通过“边算、边选、边画、边改”的做法来进行。一般步骤如下：

1）全面考虑按压力大小、温度高低和腐蚀性大小等因素来选材。通常先按压力因素来选材。当温度高于200°或低于－40°时，温度就是选材的主要因素。在腐蚀强烈或对反应物及物料污染有特定要求的，腐蚀因素又成了选材的主要依据。在综合考虑以上几方面的同时，还要考虑材料的加工性能、焊接性能及材料的来源和经济性。

2）选用零部件。设备内部附件结构类型（如塔板、搅拌器）常由工艺设计而定。外部附件结构形式（如法兰、加强圈、开孔附件等），在满足工艺要求基础上，由受力条件、制造、安装等因素决定。

3）计算外载荷，包括内压、外压、设备自重，零部件的偏载、风载、地震载荷等，常用列表法、分项统计的方法来进行。

4）强度、刚度、稳定性设计和校核计算。根据结构形式、受力条件和材料的力学性能、耐腐蚀性能等进行强度、刚度和稳定性计算，最后确定出合理的结构尺寸。因大多数工况下强度是主要矛盾，所以有的设备设计不进行后两项计算。

5）传动设备的选型、计算。对带有机械传动、液压传动的设备，大部分零部件已经标准化，可参考有关手册进行计算、选型。

6）绘制设备总装配图。对初学者，常采用“边算、边选、边画、边改”的方法，初步计算后，确定大体结构尺寸，分配图纸幅面，给出视图底稿，待尺寸最后确定后再绘制正式图样。

7）绘制零部件图。根据总装配图绘制零部件图常称拆图。对于标准零部件，有专门厂家生产的，可以不必拆图。对于具有独立结构的零部件要进行拆图，以便加工制造。

8）提出技术要求。对设备制造、装配、检验和试车等工序提出合理的要求，以文字形式标注在总装配图上。

（3）设计计算说明书　设计计算说明书是图样设计的理论依据，是设计计算的整理和总结，是审核设计的技术文件之一。其内容大致包括：

1）目录。

2）设计任务书。

3）设计方案的分析和拟定。

4）各部分结构尺寸的确定和设计计算。

5）设计小结。

6）参考资料。

设计计算说明书要求计算正确。

（4）课程设计答辩　课程设计的图样及说明书全部完成后，经指导老师审阅，得到认可后，方能参加答辩。课程设计的成绩要根据图样、说明书和答辩所反映的设计质量和能力，以及设计过程中的学习态度综合加以评定。

5. 课程设计参考题目

（1）染料蒸发器的设计

1）染料蒸发搅拌器设计，设计技术参数如下表：

技术特性指标				简图
操作条件	操作压力	罐内	0.3MPa	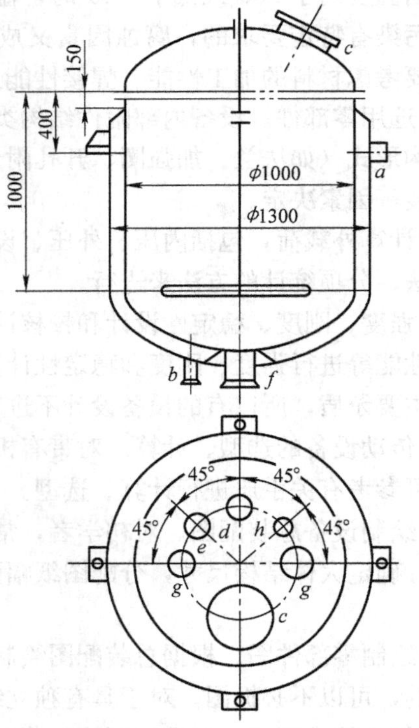
		夹套内	0.5MPa	
	操作温度	罐内	≤120℃	
		夹套内	≤120℃	
	介质	罐内	染料及有机溶剂	
		夹套内	水蒸气	
		腐蚀性	微弱	
工艺几何参数见简图				
工艺接管表				
接管代号		名称	内径/mm	
a		蒸气入口	$\phi25$	
b		冷却水出口	$\phi25$	
c		人孔或手孔		
d		温度计接口	$\phi50$	
e		进料口	$\phi50$	
f		出料口	$\phi50$	
g		视镜		
h		放空管	$\phi25$	
设备安装场所			室内	
备注	浆式搅拌器，搅拌功率 P=2kW；转速 n=200r/min			

2）设计要求

① 进行罐体和夹套设计计算。

② 选择支座形式并进行计算。

③ 手孔校核计算并选择接管、管法兰、设备法兰。

④ 进行搅拌传动系统设计。包括：电机选择、减速装置选择、轴承选择、联轴器选择、搅拌轴结构设计、搅拌轴与搅拌器的连接结构设计等。

⑤ 机架结构、凸缘及安装底盖结构设计，轴封形式选择。

⑥ 绘制装配图及主要零件图。

（2）连续搅拌罐设计

1）设计一连续搅拌罐，设计技术参数如下表：

技术特性指标			
操作条件	操作压力	罐内	0.1MPa
		夹套内	0.3MPa
	操作温度	罐内	≤60℃
		夹套内	≤60℃
	介质	罐内	无机盐水溶液
		夹套内	水蒸气
		腐蚀性	有腐蚀
工艺几何参数见简图			
工艺接管表			
接管代号	名称		内径/mm
a	蒸气入口		ϕ20
b	冷凝水入口		ϕ20
c	人孔或手孔		
d	温度计接口		ϕ60
e	进料口		ϕ60
f	出料口		ϕ120
g	视镜		
h	放空管		ϕ20
设备安装场所			室内
备注	推进式搅拌器，搅拌功率 P=3.68kW；转速 n=320r/min		

简　图

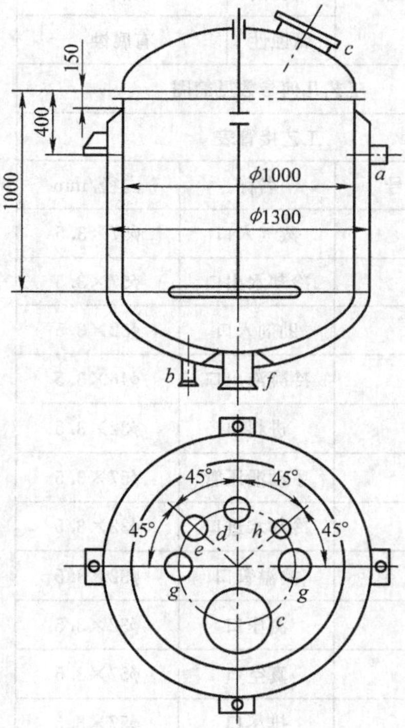

2）设计要求

① 进行罐体和夹套设计计算。

② 选择支座形式并进行计算。

③ 手孔校核计算并选择接管、管法兰、设备法兰。

④ 进行搅拌传动系统设计。包括：电机选择、减速装置选择、轴承选择、联轴器选择、

搅拌轴结构设计、搅拌轴与搅拌器的连接结构设计等。

⑤ 机架结构、凸缘及安装底盖结构设计，轴封形式选择。

⑥ 绘制装配图及主要零件图。

（3）聚醚聚合反应釜设计

1）设计一台 1000L 聚醚聚合反应釜，设计技术参数如下表：

技术特性指标				简图
操作条件	操作压力	罐内	0.6MPa	
		夹套内	0.6MPa	
	操作温度	罐内	≤140℃	
		夹套内	≤150℃	
	介质	罐内	聚醚	
		夹套内	水蒸气	
		腐蚀性	有腐蚀	
工艺几何参数见简图				
工艺接管表				
接管代号	名称	内径/mm		
a	蒸气入口	φ57×3.5		
b	冷却水出口	φ57×3.5		
c	助剂入口	φ32×3.5		
d	冷凝液出口	φ46×3.5		
e	进料口	φ32×3.5		
f	手动泄压管	φ57×3.5		
g	冷却水进口	φ32×3.5		
h	测温管口	φ32×3.5		
i	测压口	φ32×3.5		
j	真空口	φ57×3.5		
k	排尽口	φ57×3.5		
备注	锚式搅拌器，搅拌功率 $P=5$kW；转速 $n=60$r/min			

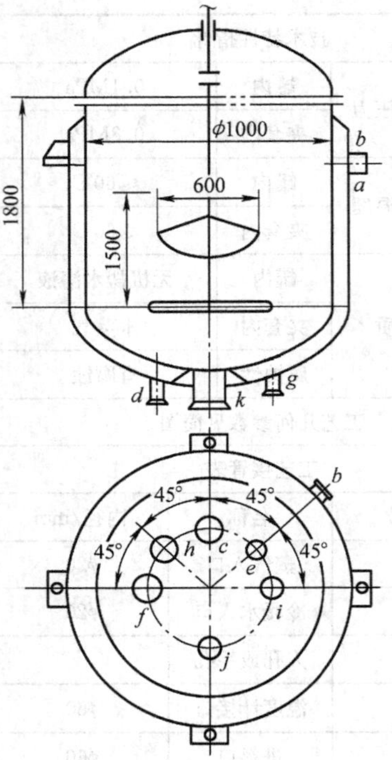

2）设计要求

① 进行罐体和夹套设计计算。

② 选择支座形式并进行计算。

③ 手孔校核计算并选择接管、管法兰、设备法兰。

④ 进行搅拌传动系统设计。包括：电机选择、减速装置选择、轴承选择、联轴器选择、搅拌轴结构设计、搅拌轴与搅拌器的连接结构设计等。

⑤ 机架结构、凸缘及安装底盖结构设计，轴封形式选择。

⑥ 绘制装配图及主要零件图。

(4) 聚合反应釜设计

1) 设计一台 800L 聚合反应釜，设计技术参数如下表：

技术特性指标			
操作条件	操作压力	罐内	0.3MPa
		夹套内	0.5MPa
	操作温度	罐内	≤160℃
		夹套内	≤180℃
	介质	罐内	聚醚
		夹套内	水蒸气
		腐蚀性	有腐蚀
工艺几何参数见简图			

简　图

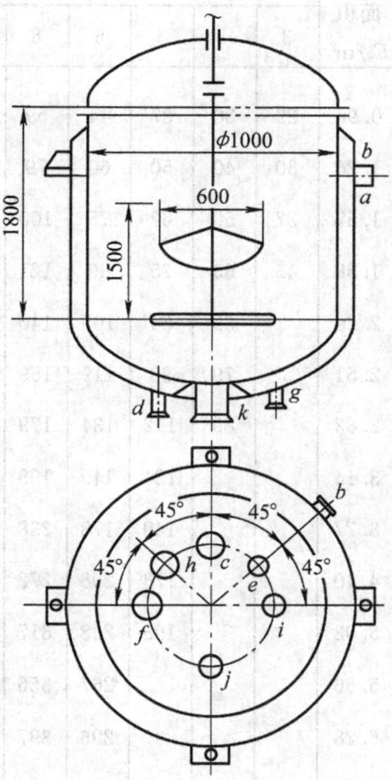

工艺接管表

接管代号	名称	内径/mm
a	蒸气入口	φ32×3.5
b	冷却水出口	φ32×3.5
c	助剂入口	φ18×3.5
d	冷凝液出口	φ25×3.5
e	进料口	φ18×3.5
f	手动泄压管	φ32×3.5
g	冷却水进口	φ18×3.5
h	测温管口	φ18×3.5
i	测压口	φ18×3.5
j	真空口	φ32×3.5
k	排尽口	φ32×3.5
备注	锚式搅拌器，搅拌功率 $P=4\text{kW}$；转速 $n=100\text{r/min}$	

2) 设计要求

① 进行罐体和夹套设计计算。

② 选择支座形式并进行计算。

③ 手孔校核计算并选择接管、管法兰、设备法兰。

④ 进行搅拌传动系统设计。包括：电机选择、减速装置选择、轴承选择、联轴器选择、搅拌轴结构设计、搅拌轴与搅拌器的连接结构设计等。

⑤ 机架结构、凸缘及安装底盖结构设计，轴封形式选择。

⑥ 绘制装配图及主要零件图。

附录 B　压力容器常用零部件

附表 B-1　筒体的容积、面积和质量

公称直径 DN/mm	1米高的筒容积 V/m^3	1米高的筒内表面积 F_s/m^2	1米高筒节钢板理论质量，(单位为 kg)															
			厚度 δ，(单位为 mm)															
			3	4	5	6	8	10	12	14	16	18	20	22	24	26	28	30
300	0.071	0.94	22	30	37	44	59											
400	0.126	1.26	30	40	50	60	79	99	119									
500	0.196	1.57	37	50	62	75	100	125	150	175								
600	0.283	1.88	45	60	75	90	121	150	180	211								
700	0.385	2.20		69	84	105	140	176	213	250								
800	0.503	2.51		79	99	119	159	200	240	280								
900	0.636	2.83		89	112	134	179	224	270	315	363	408						
1000	0.785	3.14			124	149	199	249	296	348	399	450	503					
1200	1.131	3.77			149	178	238	298	358	418	479	540	602	662				
1400	1.539	4.40			173	208	278	348	418	487	567	630	700	770	840	914	986	1058
1600	2.017	5.03			198	238	317	397	476	556	636	720	800	880	960	1040	1124	1206
1501	2.545	5.66				267	356	446	536	627	716	806	897	987	1080	1170	1263	1353
2000	3.142	6.28				296	397	495	596	695	795	895	995	1095	1200	1300	1400	1501
2200	3.801	6.81				322	436	545	655	714	874	984	1093	1204	1318	1429	1540	1650
2400	4.524	7.55				356	475	596	714	834	960	1080	1194	1314	1435	1556	1677	1798
2600	5.309	8.17					514	644	771	903	1030	1160	1290	1422	1553	1684	1815	1946
2800	6.159	8.80					554	693	831	970	1110	1250	1390	1531	1671	1812	1953	2094
3000	7.030	9.43					593	742	881	1040	1190	1338	1490	1640	1790	1940	2091	2242
3200	8.050	10.05					632	791	950	1108	1267	1425	1587	1745	1908	2069	2229	2390
3400	9.075	10.08					672	841	1008	1177	1346	1517	1687	1857	2027	2197	2367	2533
3600	10.180	11.32					711	890	1070	1246	1424	1606	1785	1965	2145	2325	2505	2685
3800	11.340	11.83					751	939	1126	1315	1514	1693	1884	2074	2263	2453	2643	2834
4000	12.566	12.57					790	988	1186	1383	1582	1780	1980	2185	2380	2585	2785	2985

附表 B-2　以内径为公称直径的椭圆封头的型式和尺寸

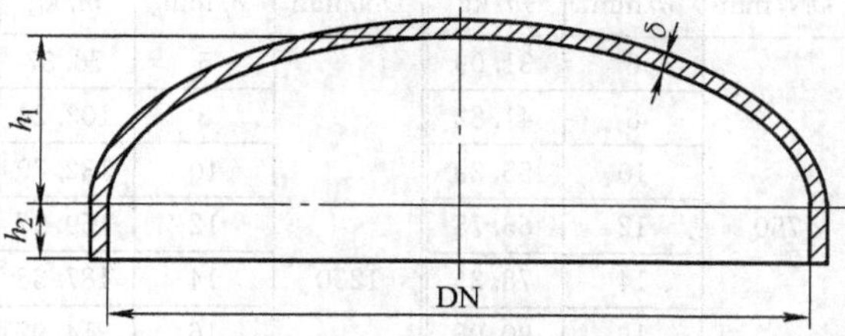

公称直径 DN/mm	曲边高度 h_1/mm	直边高度 h_2/mm	内表面积 A/mm²	容积 V/m³
300	75	25	0.1211	0.0053
350	88	25	0.1608	0.0080
400	100	25	0.2049	0.0115
		40	0.2237	0.0134
450	112	25	0.2548	0.0159
		40	0.2761	0.0183
500	125	25	0.3103	0.0123
		40	0.3338	0.0242
		50	0.3495	0.0262
550	137	25	0.3711	0.0277
		40	0.3970	0.0313
		50	0.4143	0.0337
600	150	25	0.4374	0.0353
		40	0.4656	0.0396
		50	0.4845	0.0424
650	162	25	0.5090	0.0442
		40	0.5397	0.0492
		50	0.5601	0.00525
700	175	25	0.5861	0.0545
		40	0.6191	0.0603
		50	0.6411	0.0641
750	188	25	0.6686	0.0663
		40	0.7040	0.0729
		50	0.7276	0.0773
800	200	25	0.7566	0.0796
		40	0.7943	0.0871
		50	0.8194	0.0922
900	225	25	0.9487	0.1113
		40	0.9911	0.1209
		50	1.0194	0.1272
1000	250	25	1.1625	0.1505
		40	1.2096	0.1623
		50	1.2411	0.1702

公称直径 DN/mm	曲边高度 h_1/mm	直边高度 h_2/mm	内表面积 A/mm²	容积 V/m³
1100	275	25	1.3980	0.1980
		40	1.4499	0.2122
		500	1.4844	0.2217
1200	300	25	1.6652	0.2545
		40	1.7117	0.2714
		50	1.7494	0.2827
1300	325	25	1.9340	0.3208
		40	1.9953	0.3407
		50	2.0361	0.3540
1400	350	25	2.2346	0.3977
		40	2.3005	0.4202
		50	2.3445	0.4362
1500	375	25	2.5568	0.4860
		40	2.6275	0.5125
		50	2.6746	0.5301
1600	400	25	2.9007	0.5864
		40	2.9761	0.6166
		50	3.0263	0.6367
1700	425	25	3.2662	0.6999
		40	3.3463	0.7339
		50	3.3998	0.7566
1800	450	25	3.6535	0.8270
		40	3.7383	0.8652
		50	3.7949	0.8906
2000	500	25	4.4930	1.1257
		40	4.5873	1.1729
		50	4.6501	1.2043
2200	550	25	5.4193	1.4889
		40	5.5229	1.5459
		50	5.5921	1.5839
2400	600	25	6.4323	1.9227
		40	6.5453	1.9905
		50	6.6207	2.0358

注：当封头厚度 $\delta<10$mm 时，封头直边高度 h_2 取 25，当封头厚度 $10\text{mm}\leqslant\delta<20$mm 时，封头直边高度 h_2 取 40mm，当封头厚度 $\delta\geqslant20$mm 时，封头直边高度 h_2 取 50mm。

附表 B-3　以内径为公称直径的椭圆封头的质量

公称直径 DN/mm	厚度 δ/mm	质量 m/kg	公称直径 DN/mm	厚度 δ/mm	质量 m/kg	公称直径 DN/mm	厚度 δ/mm	质量 m/kg	公称直径 DN/mm	厚度 δ/mm	质量 m/kg
300	6	5.79	750	6	31.09	1200	6	76.37	1800	10	287.91
	8	7.84		8	41.82		8	102.24		12	346.41
350	6	7.62		10	55.29		10	132.79		14	405.22
	8	10.29		12	66.75		12	159.97		16	464.35
400	6	9.69		14	78.35		14	187.38		18	523.78
	8	13.06		16	90.08		16	214.97		20	582.5
	10	18.03		18	101.95		18	242.78		22	653.46
	12	21.87	800	6	35.14		20	179.83		24	714.74
450	6	12.01		8	47.13		22	305.68		26	776.33
	8	16.17		10	62.26	1300	10	154.53		28	838.24
	10	22.12		12	75.14		12	186.11	1900	10	319.52
	12	26.8		14	88.16		14	217.92		12	384.39
500	6	14.57		16	101.33		16	249.96	2000	12	424.34
	8	19.61		18	114.64		18	282.22		14	496.26
	10	22.62		20	132.15		20	321.22		16	568.52
	12	32.23	900	6	43.97	1400	10	177.92		18	641.12
	14	37.92		8	58.93		12	214.23		20	724.02
550	6	17.38		10	77.42		14	250.78		22	798.32
	8	23.37		12	93.39		16	287.57		24	872.96
	10	31.52		14	109.51		18	324.61		26	947.96
	12	38.14		16	125.79		20	368.9		28	1023.3
	14	44.86		18	142.24	1500	10	202.95	2100	12	466.27
600	6	20.44		20	163.39		12	244.31		14	545.23
	8	27.47	1000	6	53.78		14	285.94	2200	12	510.17
	10	36.86		8	72.05		16	327.82		14	596.5
	12	44.56		10	94.24		18	369.96		16	683.21
	14	52.37		12	113.61		20	419.87		18	770.29
	16	60.29		14	133.16		22	463.29		20	868.7
650	6	23.75		16	152.89	1600	10	299.63		22	945.65
	8	31.89		18	182.79		12	276.37		24	1046.98
	10	42.59		20	197.91		14	323.4		26	1136.68
	12	51.46		22	218.69		16	370.7		28	1226.77
	14	60.45	1100	6	64.58		18	418.27	2400	12	603.88
	16	69.56		8	86.49		20	474.12		14	705.95
700	6	27.3		10	112.69		22	523.06		16	808.42
	8	36.64		12	135.8	1700	12	310.41		18	911.31
	10	48.73		14	159.11		14	363.16		20	1026.54
	12	58.86		16	182.61		16	416.21		22	1131.45
	14	69.11		18	206.31		18	469.55		24	1236.77
	16	79.49		20	235.73		20	531.66		26	1342.51
	18	90.01		22	260.38		22	586.45		28	1448.66

附表 B-4　甲型平焊法兰系列尺寸

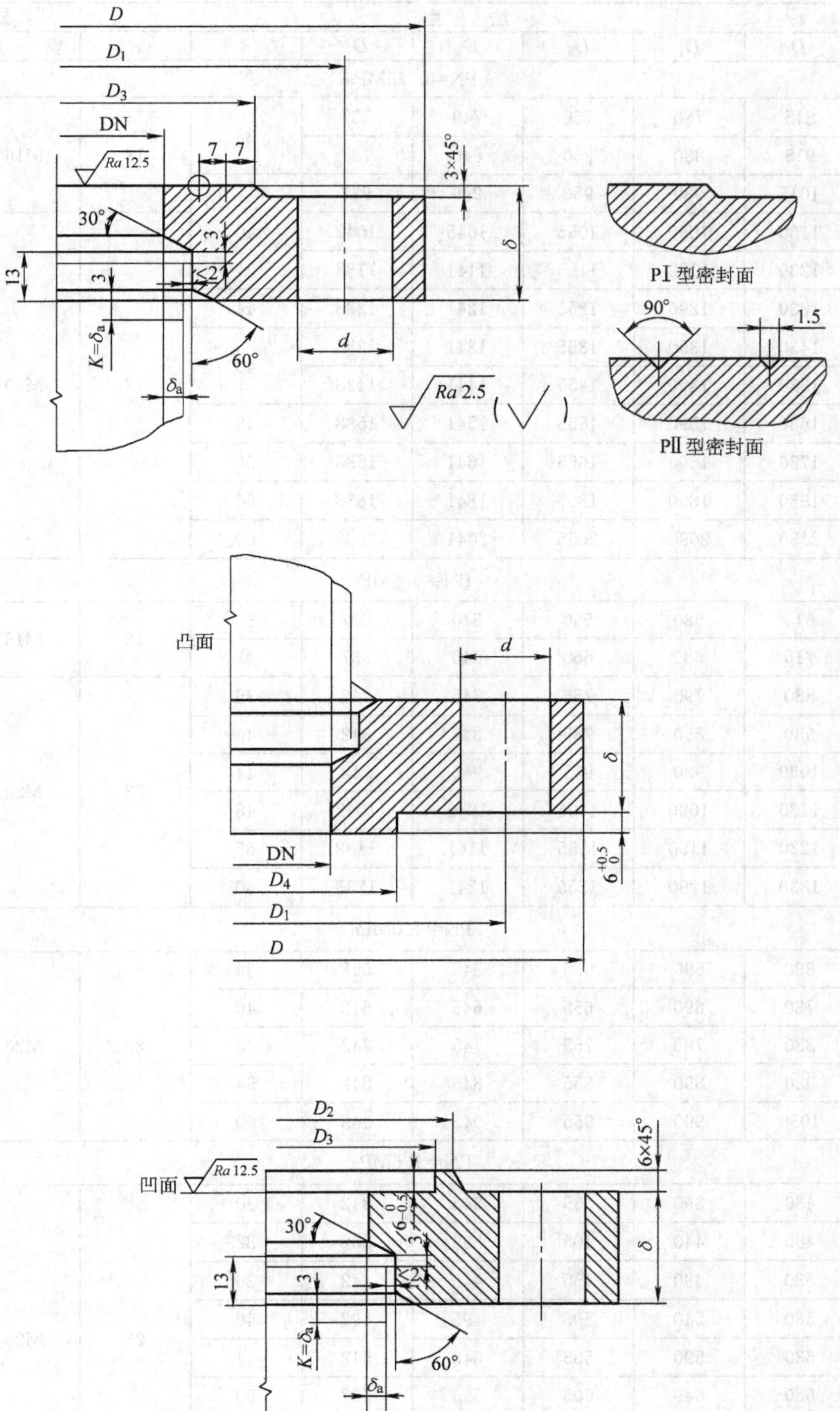

（续）

（单位：mm）

公称直径	法兰							螺柱	
DN	D	D_1	D_2	D_3	D_4	δ	d	规格	数量/个
PN=0.25MPa									
700	815	780	750	740	737	36	18	M16	28
800	915	880	850	840	737				32
900	1015	980	950	940	937				36
1000	1130	1090	1055	1045	1042	40	23	M20	32
(1100)	1230	1190	1155	1141	1138				
1200	1330	1290	1255	1241	1238	44			36
(1300)	1430	1390	1355	1341	1338	46			40
1400	1530	1490	1455	1441	1438				
(1500)	1630	1590	1555	1541	1538	48			44
1600	1730	1690	1655	1641	1638	50			48
1800	1930	1890	1855	1841	1838	56			52
2000	2130	2090	2055	2041	2038	60			60
PN=0.6MPa									
500	615	580	550	540	537	30	18	M16	20
600	715	680	650	640	637	32			24
700	830	790	755	745	742	36	23	M20	
800	930	890	785	845	842	40			
900	1030	990	955	945	942	44			32
1000	1130	1090	1055	1045	1042	48			36
(1100)	1230	1190	1155	1141	1138	55			44
1200	1330	1290	1255	1241	1238	60			52
PN=1.0MPa									
500	630	590	555	545	542	34	23	M20	20
600	730	690	655	645	642	40			24
700	830	790	755	745	742	46			32
800	930	890	855	845	842	54			40
900	1030	990	955	945	942	60			48
PN=1.6MPa									
300	430	390	355	345	342	30	23	M20	16
(350)	480	440	405	395	382	32			16
400	530	490	455	445	442	36			20
(450)	580	540	505	495	492	40			24
500	630	590	555	545	542	44			28
(550)	680	640	605	595	592	50			36
600	730	690	655	645	642	54			40
(650)	780	740	705	695	692	58			44

附表 B-5　甲型平焊法兰质量　（单位：kg）

公称直径 DN/mm	法兰质量			公称直径 DN/mm	法兰质量		
	平　面	凸　面	凹　面		平　面	凸　面	凹　面
PN=0.25MPa				PN=0.60MPa			
700	37.07	39.04	37.36	(1100)	96.74	99.89	97.93
800	44.28	46.52	44.91	1200	113.9	117.4	115.2
900	52.03	54.55	52.73	PN=1.0MPa			
1000	65.13	68.3	65.9	300	12.52	13.39	12.77
(1100)	71.54	74.68	72.73	(350)	14.36	15.37	14.65
1200	85.31	88.74	86.6	400	18.51	19.66	18.84
(1300)	96.11	99.82	97.51	(450)	23.18	24.46	23.54
1400	103.4	107.4	104.9	500	29.11	30.73	29.52
(1500)	115.2	119.4	116.8	(550)	35.21	36.98	35.65
1600	127.5	132	129.2	600	40.28	42.2	40.75
(1700)	140.4	145.2	142.4	(650)	47.39	49.47	47.01
1800	160.2	165.3	162.1	700	52.77	55.01	53.33
(1900)	168.6	174	170.6	800	69.54	82.1	70.17
2000	189.7	195.4	191.8	900	84.28	87.14	84.98
PN=0.60MPa				PN=1.60MPa			
(450)	20.64	21.92	21	300	16.36	17.36	16.62
500	22.76	24.18	23.17	(350)	20.02	21.17	20.32
(550)	26.35	27.91	26.79	400	25.05	26.36	25.39
600	28.62	30.31	29.1	(450)	30.65	32.11	31.02
(650)	34.52	36.35	35.04	500	36.81	38.43	37.21
700	42.01	44.25	42.57	(550)	43.95	45.73	44.4
800	47.78	50.33	48.41	600	52.23	54.16	52.71
900	64.59	67.45	65.29	(650)	60.18	62.26	60.7
1000	77.68	80.85	78.46				

附表 B-6　凸缘法兰主要尺寸

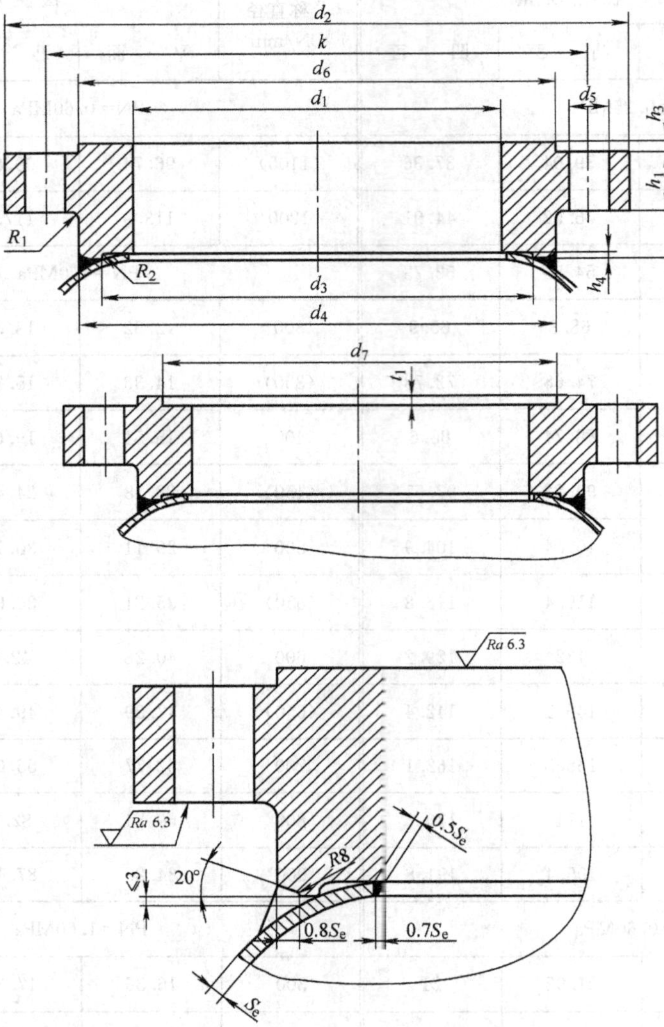

（单位：mm）

公称直径 DN	d_1	d_2	k	d_3	d_4	h_1	h_2	h_4	螺栓 数量/个	螺栓 螺纹	d_5	R_1	R_2	质量/kg	R型 d_6	R型 h_3	M型 d_7	M型 t_1
200	200	340	395	220	245	34		4	8					19	266	3	250	4.5
250	245	395	350	280	300	36	65		12	M20	22			26	320		304	
300	280	445	400	325	350			5				4	2	33.5	370		354	
400	410	565	515	430	455	42	85	7	16					46	481		462	5
500	430	670	620	520	560	46	90	8	20	M24	36		3	102	585	4	566	
700	530	830	780	670	720	60	100	14	28			5	4	198	745		725	5.5
900	720	1045	990	860	920	68	110	15	36	M27	30			417	945		725	

附表 B-7　安装底盖的主要尺寸

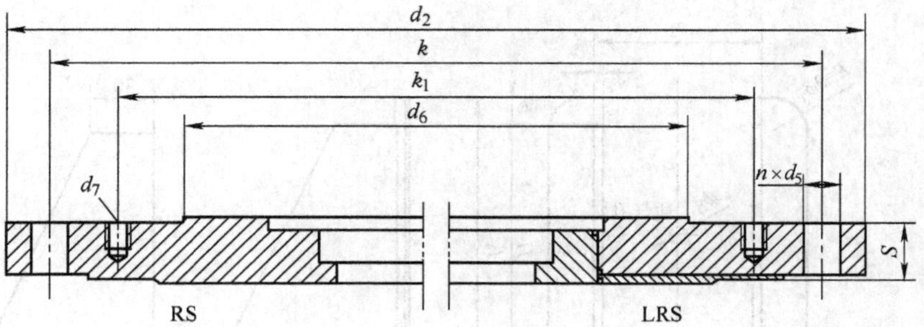

（单位：mm）

安装底盖公称直径 DN	机架公称直径	d_2	k	d_5	d_6（h7）	k_1	d_7	S
200	200	340	295	8～22	245	—	—	40
250	250	395	350	12～22	290	—	—	40
300	300	445	400	12～22	320	—	—	50
400	250	565	515	16～26	290	350	12-M20	50
	300				320	400	12-M20	
	400				415	—	—	
500	300	670	620	20～26	320	400	12-M20	65
	400				415	515	16-M20	
	500				520	—	—	
700	300	830	780	28～26	320	400	12-M20	82
	400				415	515	16-M24	
	500				520	620	20-M24	
	700				670	—	—	
800	400	1054	990	36～30	415	515	16-M24	100
	500				520	620	20-M24	
	700				670	780	28-M24	

附表 B-8　耳式支座主要尺寸

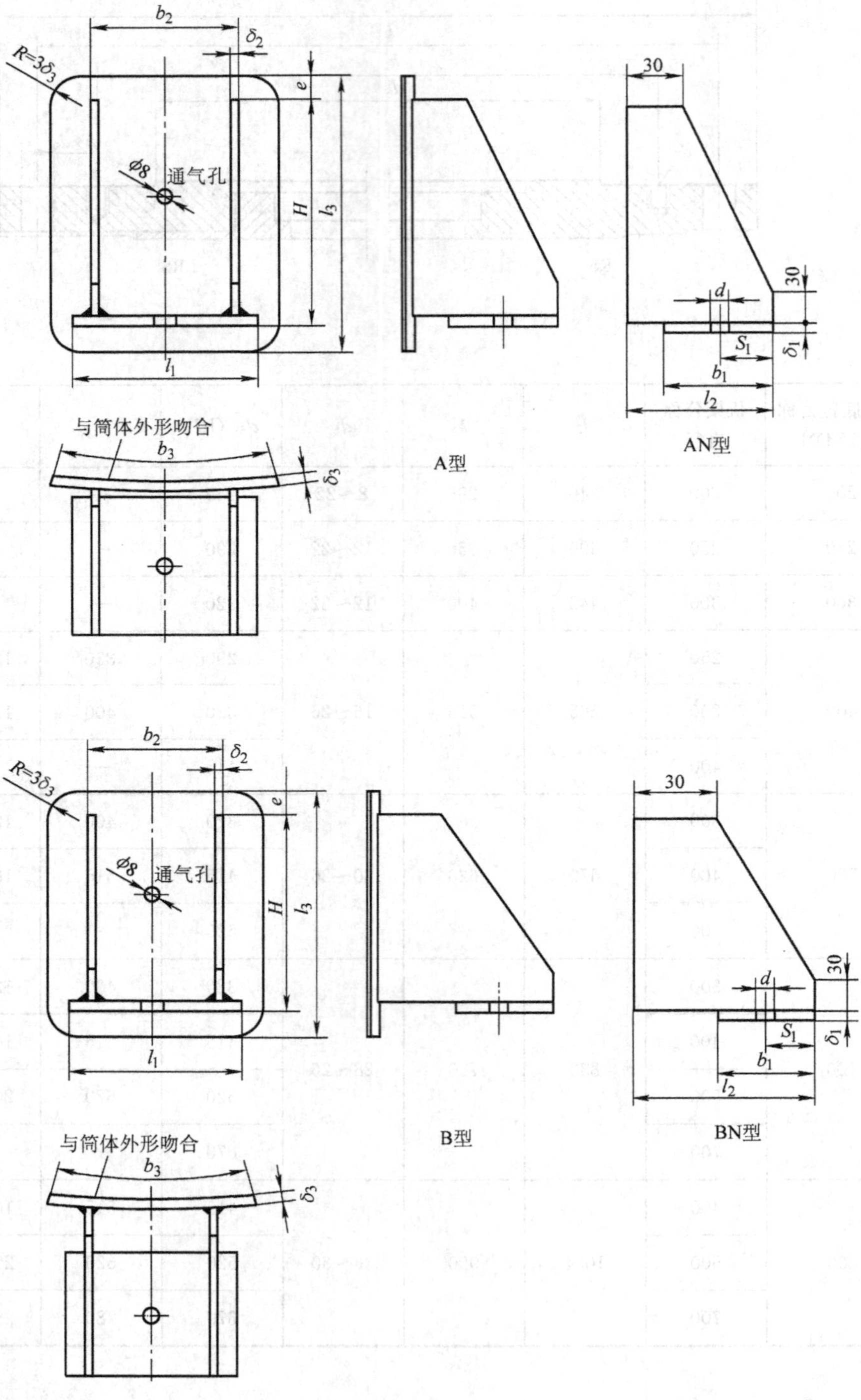

（续）

（单位：mm）

允许载荷 Q/kN	适用容器公称直径 DN	高度 H	底板				垫板			
			l_1	b_1	δ_1	S_1	l_3	b_3	δ_3	e
10	300～600	125	100	60	6	30	160	125	6	20
20	500～1000	160	125	80	8	40	200	160	6	24
30	700～1400	200	160	105	10	50	250	200	8	30
60	1000～2000	250	200	140	14	70	315	250	8	40
100	1300～2600	320	250	180	16	90	400	320	10	48
150	1500～3000	400	315	230	20	115	500	400	12	60
200	1700～3400	480	375	280	22	130	600	480	14	70
250	2000～4000	600	480	360	26	145	720	600	16	72

允许载荷 Q/kN	支座号	A 型肋板			B 型肋板			地脚螺栓		支座质量/kg			
		l_2	b_2	δ_2	l_2	b_2	δ_2	d	M	A 型	AN 型	B 型	BN 型
10	1	80	80	4	160	80	5	24	M20	1.7	0.7	2.5	1.6
20	2	100	100	5	180	100	6	24	M20	3.0	1.5	4.3	2.8
30	3	125	125	6	205	125	8	30	M24	6.0	2.8	8.3	5.2
60	4	160	160	8	290	160	10	30	M24	11.1	—	15.7	—
100	5	200	200	10	330	200	12	30	M24	21.6	—	28.7	—
150	6	250	250	12	380	250	14	36	M30	40.8	—	51.8	—
200	7	300	300	14	430	300	16	36	M30	67.3	—	81.5	—
250	8	380	380	16	510	380	18	36	M30	120.4	—	140.8	—

附表 B-9　标准突面板式平焊钢制管法兰主要尺寸

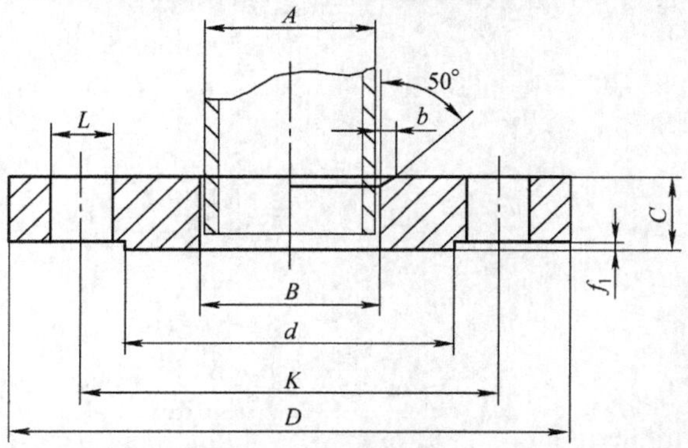

（续）

（单位：mm）

公称通径DN	管子外径A	连接尺寸				六角头螺栓、螺柱			密封面尺寸		法兰厚度C	法兰内径B	坡口宽度b	法兰理论质量/kg
		法兰外径D	螺栓孔中心圆直径K	螺栓孔直径L	螺栓孔数量n/个	螺纹Th	螺栓长度l	螺柱长度l	d	f_1				
10	14	75	50	11	4	M10	45	60	35	2	12	15		0.32
15	18	80	55	11	4	M10	45	60	40	2	12	19		0.36
20	25	90	65	11	4	M10	50	60	50	2	14	26		0.54
25	32	100	75	11	4	M10	50	60	60	2	14	33		0.65
32	38	120	90	14	4	M12	55	70	70	2	16	39		1.09
40	45	130	100	14	4	M12	55	70	80	3	16	46		1.20
50	57	140	110	14	4	M12	55	70	90	3	16	59		1.31
65	76	160	130	14	4	M12	55	70	110	3	16	78		1.61
80	89	190	150	18	4	M16	65	85	128	3	18	91		2.60
100	108	210	170	18	4	M16	65	85	148	3	18	110		3.02
125	133	240	200	18	8	M16	70	90	178	3	20	135		4.10
150	159	265	225	18	8	M16	70	90	202	3	20	161		4.65
200	219	320	280	18	8	M16	70	95	258	3	22	222		6.24
250	273	375	335	18	12	M16	75	95	312	3	24	176		8.23
300	325	440	395	22	12	M20	80	105	365	4	24	328		10.5
350	377	490	445	22	12	M20	85	110	415	4	26	381		13.0
400	426	540	495	22	16	M20	90	115	465	4	28	430		15.4
450	480	595	550	22	16	M20	95	120	520	4	30	485		18.7
500	530	645	600	22	20	M20	95	125	570	4	32	535		21.7
600	630	755	705	26	20	M24	110	140	670	5	36	636		30.4
700	720	860	810	26	24	M24	120	150	775	5	40	724		45.3
800	820	975	920	30	24	M27	130	165	880	5	44	824		63.1
900	920	1075	1020	30	24	M27	135	170	980	5	48	924		77.6
1000	1020	1175	1120	30	28	M27	145	180	1080	5	52	1024		92.5
1200	1220	1405	1340	33	32	M30×2		200	1295	5	60	1224		155.1
1400	1420	1630	1560	36	36	M33×2		220	1510	5	68	1424		234.0
1600	1620	1830	1760	36	40	M33×2		235	1710	5	76	1624		297.6
1800	1820	2045	1970	39	44	M36×2		265	1920	5	84	1824	17	394.9
2000	2020	2265	2180	42	48	M39×2		285	2125	5	92	2024	18	521.9

参考文献

[1] 喻健良．化工设备机械基础［M］．大连：大连理工大学出版社，2009.
[2] 赵军，赵有忱，段成红．化工设备机械基础［M］．北京：化学工业出版社，2003.
[3] 李继庆，陈作模．机械设计基础［M］．北京：高等教育出版社，2006.
[4] 刁玉伟，王立业．化工设备机械基础［M］．大连：大连理工大学出版社，2006.
[5] 刘鸿文．材料力学［M］．北京：高等教育出版社，1992.
[6] 匡国驻，史启才．化工单元过程及设备课程设计［M］．北京：化学工业出版社，2008.
[7] 蔡纪宁，张秋翔．化工设备机械基础课程设计指导书［M］．北京：化学工业出版社，2000.
[8] 袁文，刘岩．化工制图［M］．哈尔滨：哈尔滨工业大学出版社，2010.
[9] 吴宗泽．机械设计实用手册［M］．北京：化学工业出版社，1999.
[10] 中国石化集团洛阳石油化工工程公司．石油化工设备设计便查手册［M］．北京：中国石化出版社，2007.
[11] 许福玲，陈尧明．液压与气压传动［M］．北京：机械工业出版社，2007.
[12] 张绍甫，张莹，李铁成．机械工程基础［M］．北京：高等教育出版社，2003.
[13] 吉继贤．机械工程基础［M］．北京：中国建材工业出版社，1996.
[14] 卢光贤．机床液压传动与控制［M］．西安：西北工业大学出版社，2006.

《化工设备机械基础应用教程》

（蔡晓君　主编）

信息反馈表

尊敬的老师：

您好！感谢您多年来对机械工业出版社的支持和厚爱！为了进一步提高我社教材的出版质量，更好地为我国高等教育发展服务，欢迎您对我社的教材多提宝贵意见和建议。另外，如果您在教学中选用了本书，欢迎您对本书提出修改建议和意见。

一、基本信息

姓名：＿＿＿＿＿＿　性别：＿＿＿＿＿＿　职称：＿＿＿＿＿＿　职务：＿＿＿＿＿＿

邮编：＿＿＿＿＿＿　地址：＿＿＿＿＿＿＿＿＿＿＿＿＿＿＿＿＿＿＿＿

任教课程：＿＿＿＿＿＿　电话：＿＿—＿＿＿＿＿＿（H）＿＿＿＿＿＿（O）

电子邮件：＿＿＿＿＿＿＿＿＿＿＿＿　手机：＿＿＿＿＿＿＿＿＿＿＿＿

二、您对本书的意见和建议

（欢迎您指出本书的疏误之处）

三、您对我们的其他意见和建议

请与我们联系：

100037　北京百万庄大街22号　机械工业出版社·高教分社　余皞　收

Tel：010—88379730（O），68994030（Fax）

E-mail：597989465@qq.com